世纪精品·计算机等级考试书系

普通高等教育“十一五”国家级规划教材

浙江省高等教育重点教材

Visual Basic 程序设计基础

陈庆章　主编

浙江科学技术出版社

图书在版编目(CIP)数据

Visual Basic 程序设计基础/陈庆章主编. —杭州：浙江科学技术出版社，2012.8(2017.8 重印)
(世纪精品·计算机等级考试书系)
ISBN 978-7-5341-4762-3

Ⅰ. ①V… Ⅱ. ①陈… Ⅲ. ①BASIC 语言—程序设计—水平考试—自学参考资料 Ⅳ. ①TP312

中国版本图书馆 CIP 数据核字(2012)第 165316 号

丛 书 名　世纪精品·计算机等级考试书系
书　　名　**Visual Basic 程序设计基础**
主　　编　陈庆章

出版发行　**浙江科学技术出版社**
杭州市体育场路 347 号　邮政编码：310006
办公室电话：0571-85176593
销售部电话：0571-85171220
网址：www.zkpress.com
E-mail：zkpress@zkpress.com
排　　版　杭州大漠照排印刷有限公司
印　　刷　浙江新华数码印务有限公司

开　　本　787×1092　1/16　　**印张**　20.5
字　　数　486 000
版　　次　2002 年 2 月第 1 版　2004 年 8 月第 2 版
2012 年 8 月第 3 版　2017 年 8 月第 30 次印刷
书　　号　ISBN 978-7-5341-4762-3　　**定价**　31.00 元

责任编辑　张祝娟　　**责任美编**　金　晖
责任校对　胡　水　　**责任印务**　崔文红

《Visual Basic 程序设计基础》
编纂委员会

主　任　胡维华

委　员　(以姓氏笔画为序)

王让定　何钦铭　陈庆章

赵建民　胡维华　俞瑞钊

凌　云　楼程富　鲍铁虎

主　编　陈庆章

副主编　郭艳华　庄　红　胡同森

编著者　郭艳华　庄　红　胡同森

林　征　徐俏虹

再版前言

人生在世，很多人想尽各种方法追求长寿，尽管我们都知道人不可能长生不老，但其追求生命长久的本身，也有热爱生活的一面，从这一点讲，也可以理解。

人也照顾着各种植物和动物，人们付出很大精力，来支撑它们能够绿叶繁茂或青春常在，渴求身边的这些生灵长生，也是人们热爱大自然的表现之一。

人在开辟自己的事业中，更注重很多生命力永驻的东西，例如悠久的品牌、凝固的建筑、长存的企业等等，这都是人在这个大千世界孜孜追求的东西。

可见，生命力常在，一方面说明了人们的美好愿望，一方面也说明了这种拥有无限生命力的东西，是适应社会发展需求和事物发展客观规律的。

在这个浮躁的年代，要想让一件东西有生命力，其实是很难的。但还是有很多人永不言弃，在锐意追求生命长青。

这本书的作者，就是一群在尽力追求生命力常在的人！当然，他们不是在思考自己，而是在思考如何让一本教材能够生命力常在，以不辜负读者们的信任，不辜负学生们的学习，不辜负出版社的付出，不辜负书店的经营，不辜负作者自己付出的心血和职业良心。

那么一本教材的生命力何在呢？她一定是满足学生学习需要的书籍，她一定是紧跟技术发展趋势的书籍，她一定是陈述富有逻辑的书籍，她一定是深入浅出、理论与实践结合紧密的书籍，她一定是让读者能掌握立足社会、有谋生金刚钻的书籍，她也一定是支撑读者进一步发展的书籍。有了这些“一定”，一本教材，其生命力能不长青吗！

这本教材从 2002 年开始出版，至今已经十个年头，印刷了 20 多次，十年来，在全国各个省市高校，尤其是在浙江省高校中，得到普遍欢迎并长期被采用，无论是教师还是学生，对此书都给予很高的评价。由此，她获得了浙江省重点教材的支持，获得了国家“十一五”规划教材的荣誉。

十年来，这本教材不断修订完善，以适应技术发展和教学需要，顺应教师、学生和一般读者的愿望，我们此次进行了大幅改进，形成此书的第三版。本书共分 9 章，其中第 1 章，第 7 章由温州医学院林征老师编写，第 2 章，第 9 章由杭州电子科技大学的郭艳华老师编写，第 3 章、第 4 章、第 6 章由浙江工业大学的胡同森老师编写，第 5 章由浙江理工大学的庄红老师编写，第 8 章由浙江工业大学的徐俏虹老师编写。

请大家放心阅读，此书作者们就是本着向读者高度负责的精神来撰写第三版的，就是站在读者角度来写下每一个字、说出每一句话的，每章每节都经过细细琢磨才铸就的。相信，读者们会从此书的字里行间体会到作者的苦心。

也特别推荐一下 Visual Basic 这个程序设计语言，其实她已经是一种应用开发工具。她简单易学，功能丰富，强有力地支持应用软件开发，读者可以轻松地在短时间内获得程序设计的成就感，愉快和有效率的开发出极有市场价值的应用软件。事业，可能从此开始起步！

更特别感谢各个高校的教师们对本书第一版曾提出许多宝贵意见和建议，感谢所有读者对书本给予的厚爱。你们是支持该书生命力长青的最主要因素。

陈庆章

2012 年 6 月 18 日

于杭州屏峰山

前　言

Visual Basic 是目前进行 Windows 应用程序设计的最佳工具之一，也是最佳的程序设计入门语言，这一看法已经得到普遍认可。

非计算机专业计算机基础教学的 3 个不同层次，分别解决的是“操作技能”、“思维训练”、“综合应用能力”问题。学习一门程序设计语言，主要目的是要提高读者分析归纳、解决问题的能力，在思维训练方面受益，并使得读者通过系统、深入的学习后开发实用程序成为可能。

因此，本书在内容上精选了 Visual Basic 6.0 中最基础、最常用并实用的部分；在编排和风格上力图体现循序渐进、深入浅出的特点；以样本程序示例教学，阶段性构筑读者的成就感，使得艰苦的程序设计工作升华为一种艺术创作，提供了一条通往程序设计高手的捷径。

本书的编写得到了浙江省高校计算机教学研究会的大力支持。本书共分 9 章，第 1 章、第 7 章由浙江科技学院的罗朝盛教授编写，第 2 章、第 3 章、第 4 章、第 6 章由浙江工业大学的胡同森教授编写，第 5 章由浙江理工大学的庄红副教授编写，第 8 章由胡同森和浙江师范大学的朱建新编写，第 9 章由杭州电子科技大学的郭艳华副教授编写。附录部分包括 ASCII 字符集、Visual Basic 常用系统函数、Visual Basic 常用属性、Visual Basic 常用事件、Visual Basic 常用方法以及部分对象能使用的常用方法，为大家使用 Visual Basic 进行程序设计提供查找资料的方便。全书由浙江工业大学陈庆章担任主编，由胡同森统稿。

另外，与本教材配套使用的另一本教学或自学参考书《Visual Basic 学习及实践指导》已出书。书中有本教材习题的参考答案和《Visual Basic 学习及实践指导》中附加习题的参考答案。此书是教师教学、学生或读者自学非常实用的辅助参考书。

希望所有读者和从事计算机基础教学的各位同仁，对本书多提宝贵意见，使其逐步完善。在此，致以我们深深的谢意。

本书编委会

2004 年 7 月

目 录

第1章　Visual Basic 6.0程序设计概述

本章介绍 Visual Basic 6.0 及开发集成环境，Visual Basic 的基本概念，窗体对象的常用属性、事件和方法，并通过一个简单例子说明 Visual Basic 应用程序设计的一般过程。通过本章学习使读者对 Visual Basic 的特点及面向对象的程序设计语言有一个初步了解。

1.1　Visual Basic 简介

1.1.1　Visual Basic 的发展过程

Basic(Beginners All-Purpose Symbol Instruction Code——初学者通用指令代码)语言，是早期微型计算机中广泛使用的程序设计高级语言之一。Visual Basic 是在原有 Basic 语言基础上的，她融合了 Basic 语言和 Windows 操作系统的优点，为初学者在 Windows 环境下编写应用程序提供了良好的开发环境。“Visual”的原意是指“可视的”或“看得见的”，为用户开发图形用户界面(GUI)提供了一种方法。用户不需要编写大量代码去描述界面元素的外观和位置，而只要把预先建立的对象加到屏幕上的适当位置，再进行简单的设置即可。

1991 年，微软公司推出了 Visual Basic 1.0 版，这在当时引起了很大的轰动。许多专家把 Visual Basic 的出现当作是软件开发史上的一个具有划时代意义的事件。而现在看来，Visual Basic1.0 的功能实在是太弱了，但在当时却是第一个“可视”的编程软件。

在随后的几年中，Visual Basic 几经修改完善，版本不断升级。1998 年，微软公司又推出了 Visual Basic 6.0，较以前版本而言其功能和性能都大大增强了，还提供了新的、灵巧的数据库和 Web 开发工具，如增加了新的 SQL Server 交互方法，包括数据库的访问、使用数据库的新工具和控件等。

Visual Basic 6.0 共有 3 种版本，分别为学习版、专业版和企业版。

◆ 学习版是最基本的版本，允许编写许多类型的程序，与其他版本相比，所带工具较少。

◆ 专业版为专业人员而设计，不仅包含学习版的全部内容，还包含许多其他功能，如具有创建 ActiveX 控件和 ActiveX 文档的能力，提供 Internet 开发功能，具有更多使用数据库的工具。

◆ 企业版是 Visual Basic 6.0 最完善的版本，该版本主要用于开发企业级分布式应用程序，它包含了许多附加工具，还提供了完全集成 SQL Server 的所有工具。

这 3 个版本是在相同的基础上建立起来的，以满足不同层次用户的需要。对大多数用户来说，专业版就可以满足要求。本书使用的是 Visual Basic 6.0 的企业版（中文），书中介绍的内容尽量做到与版本无关。

1.1.2 Visual Basic 的特点

Visual Basic 是一种可视化的、面向对象和采用事件驱动方式的结构化高级程序设计语言，能用于 Windows 环境下的各种应用软件的开发，是目前较为流行的应用软件开发平台，除了支持动态数据交换（DDE）、动态链接库（DLL）和对象的链接与嵌入（OLE）外，还具有下列显著的特点与优点：

1. 提供了面向对象的可视化编程工具

Visual Basic 采用的是面向对象的程序设计方法（OOP），它把程序和数据封装在一起而视作为一个对象。它提供了可视化的设计工具，把 Windows 界面设计的复杂性“隐藏”起来，开发人员只需按设计要求、用系统提供的工具在屏幕上画出各种对象，并设置这些对象的属性，这样就可以在屏幕上“画”出所需的用户界面，不必为界面设计而编写大量的程序代码，因而大大提高程序设计的效率。

2. 事件驱动的编程方式

传统的程序设计是一种面向过程的方式，程序总是按事先设计好的流程运行，用户不能随意改变、控制程序的流向。在 Visual Basic 中，事件（用户的动作）控制着程序的流向，每个事件都能驱动一段程序的运行。程序员只需编写响应用户动作的代码，而各个动作之间不一定有联系，这样的应用程序代码一般比较短，所以程序易于编写与维护。

3. 结构化的程序设计语言

Visual Basic 具有丰富的数据类型和结构化程序结构，其特点是：增强了数值和字符串处理功能，比传统的 Basic 语言有许多的改进；提供了丰富的图形及动画指令，可方便地绘制各种图形；提供了定长和动态（变长）数组，有利于简化内存管理；增加了递归过程调用，使程序更为简练；提供了一个可供应用程序调用的包含多种类型的图标库；具有完善的调试、运行出错处理。

4. 提供了易学易用的应用程序集成开发环境

在 Visual Basic 的集成开发环境中，用户可设计界面、编写代码、调试程序，直至将应用程序编译成可执行文件在 Windows 上运行，使用户在友好的开发环境中工作。

5. 支持多种数据库系统的访问

利用 Visual Basic 的数据控件，可访问 Microsoft Access、Dbase、Microsoft FoxPro、Paradox 等，也可以访问 Microsoft Excel、Lotusl 1－2－3 等多种电子表格。

6. 完备的 Help 联机帮助功能

与 Windows 环境下的其他软件一样，在 Visual Basic 中，利用帮助菜单和功能键，用户可随时方便地得到所需的帮助信息。Visual Basic 帮助窗口中显示了有关的示例代码，通过复制、粘贴操作可获得大量的示例代码，为用户的学习和使用提供了极大的方便。

1.2　Visual Basic 6.0 可视化编程环境

1.2.1　Visual Basic 6.0 的集成开发环境主窗口

Visual Basic 6.0 集成开发环境(IDE)提供了整套工具,方便用户开发应用程序。它在一个公共环境里集成了许多不同的功能,如设计、编辑、编译和调试。

当启动 Visual Basic 6.0 时,出现如图 1-1 所示的窗口,提示需选择要建立的工程类型。

图 1-1　Visual Basic 6.0 中可以建立的工程类型

使用 Visual Basic 6.0 可以生成下列 13 种类型的应用程序(图中仅看到 10 种,通过滚动条可看到另外 3 种)。

在图 1-1 的窗口中有 3 个选项卡:“新建”选项卡,列出了 11 种可生成的工程类型;“现存”选项卡,列出了可以选择和打开的现有工程;“最新”选项卡,列出了最近使用过的工程,用户可以选择和打开一个需要的工程。

当选择“新建”选项卡中的“标准 EXE”图标并单击“打开”按钮,可以打开如图 1-2 所示的 Visual Basic 集成开发环境窗口。

需要说明的是,在正常启动时,可能看不到图 1-2 所示的“立即”窗口。在 Visual Basic 集成环境中的其他类似窗口,都可以通过“视图”菜单中的相应命令来打开和关闭。

1. 标题栏

图 1-3 所示自上而下分别为标题栏、菜单栏和工具栏。

标题栏显示窗口标题及工作模式,Visual Basic 的 3 种工作模式分别是设计模式、运行模式和中断模式,启动时显示“工程 1 - Microsoft Visual Basic[设计]”表示当前处于设计模式。

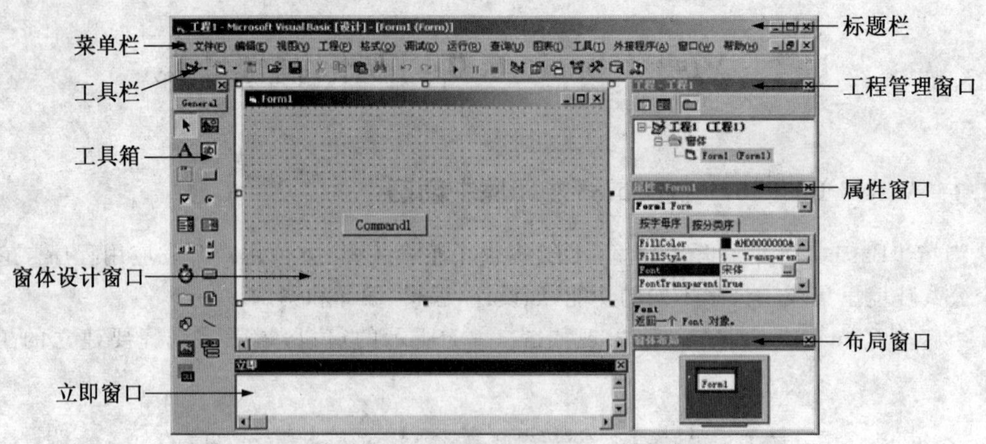

图 1－2 Visual Basic 6.0 集成开发环境

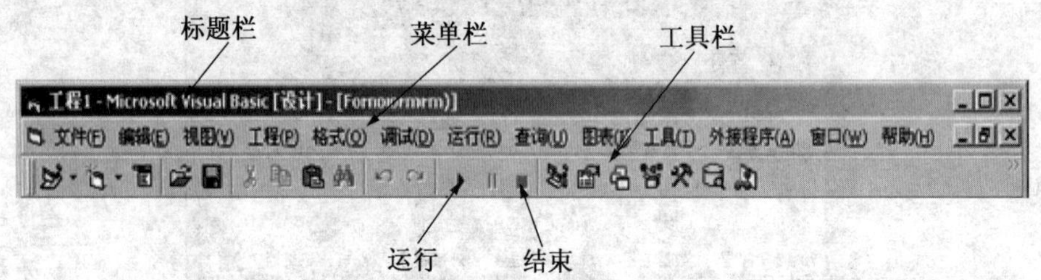

图 1－3 集成开发环境主窗口中的标题栏、菜单栏和工具栏

设计模式中，可进行用户界面设计和代码编制，以完成应用程序的开发，如图 1－2 所示。

运行模式中，可运行应用程序而不可编辑代码，也不可编辑界面。此时，标题栏中显示“工程 1 Microsoft Visual Basic［运行］”。

在中断模式中，应用程序暂时中断运行，这时可编辑代码但不可编辑界面，标题栏中显示“工程 1 Microsoft Visual Basic［break］”。按 F5 键或单击图 1－3 所示菜单栏中的“运行”按钮，程序继续运行，单击“结束”按钮，程序停止运行。

2. 菜单栏

菜单栏中包含 Visual Basic 所需要的命令，共 13 项菜单，其基本菜单项共 13 项，如图 1－3所示。

3. 工具栏

工具栏在编程环境下提供对于常用命令的快速访问。单击工具栏上的按钮，即可执行该按钮所代表的操作。在缺省模式下，启动 Visual Basic 之后将显示“标准”工具栏。其他工具栏，如“编辑”、“窗体设计”和“调试”工具栏可以从“视图”菜单中的“工具栏”命令中移进或移出。

1.2.2 窗体设计窗口

“窗体设计窗口”也称为对象窗口。Windows 的应用程序运行后都会打开一个窗口，窗体设计窗口是应用程序最终面向用户的窗口。通过在窗体中添加控件并设置相应的属性来完成应用程序界面的设计。

每个窗体必须有一个名字，系统启动后自动创建的窗体缺省名为 Form1，用户可通过“工程/添加窗体”来创建新窗体或将已有的窗体添加到工程中。每个窗体保存后都有一个窗体文件名（扩展名为.frm），应注意窗体名即窗体的“Name”属性和窗体文件名的区别。

1.2.3 工具箱

系统启动后缺省的工具箱就会出现在屏幕左边，其中每个图标表示一种控件，共有 20 个常用“部件”（即控件），如图 1－4 所示。

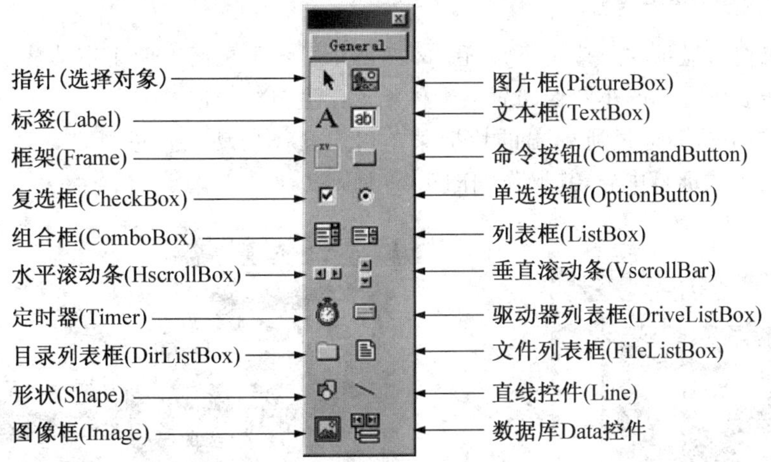

图 1－4 Visual Basic 工具箱中的常用控件类型

用户可以通过“工程”菜单中的“部件”命令或从“工具箱”快捷菜单中选定“部件”选项卡，将不在工具箱中的其他控件放到工具箱中，详细方法将在本书第 7 章中介绍。

1.2.4 工程资源管理器

工程是指一个应用程序的所有文件的集合，工程资源管理器列出工程中的窗体和模块，如图 1－5 所示。在工程资源管理器窗口中的工具栏内有 3 个按钮。

按“查看代码”按钮，可打开“代码编辑器”查看代码；按“查看对象”按钮，可打开“窗体设计器”查看在设计的窗体；按“切换文件夹”按钮，可隐藏或显示包含在对象文件夹中的项目列表。

1.2.5 属性窗口

对象的属性反映对象的特征。在设计模式中打开的属性窗口内，列出了选定对象的所有属性值，用户可以设置这些属性值，如要设置命令按钮 Command1 界面显示的字符，可以选择对象 Command1，在其属性窗口修改“Caption”属性为“开始”，如图 1－6 所示。

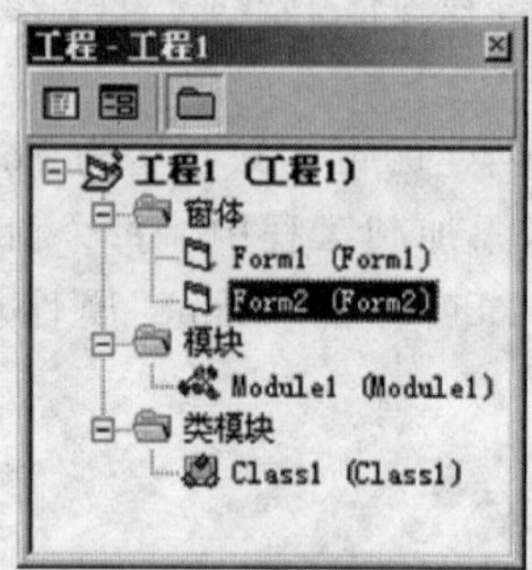

图 1-5　工程资源管理器

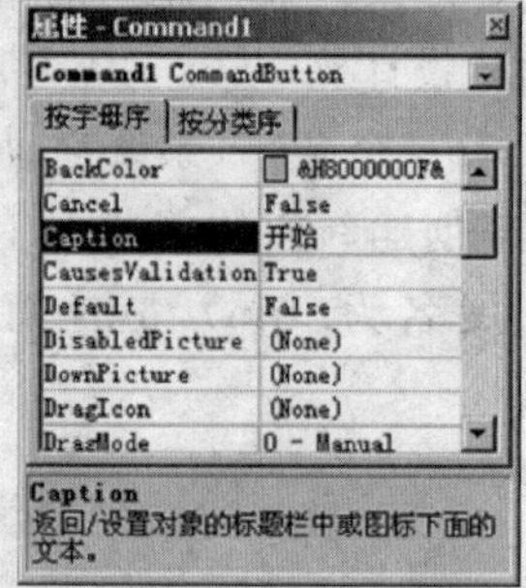

图 1-6　属性设置窗口

1.2.6　窗体布局窗口

窗体布局窗口显示在屏幕右下角，图 1-7 所示显示了桌面上两个窗体放置及其相对位置。用户可用表示屏幕的小图像布置各窗体相对于主窗体的位置。

右键单击小屏幕，通过所弹出的快捷菜单可对窗体启动位置进行设计，如要设计窗体 Form1 启动位置居屏幕中心，其操作如图 1-8 所示。

图 1-7　窗体布局窗口

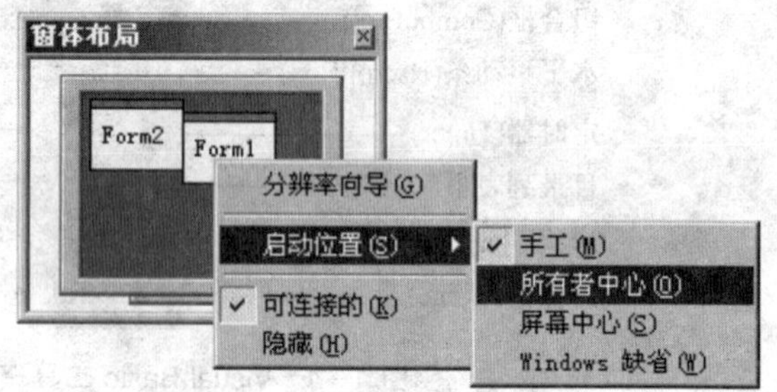

图 1-8　设计窗体启动位置

1.2.7　代码编辑窗口

在设计模式中，通过双击窗体或窗体上的任何对象，或单击“工程资源管理器”窗口中的“查看代码”按钮，都可打开代码编辑器窗口，输入或修改程序代码，如下所示。

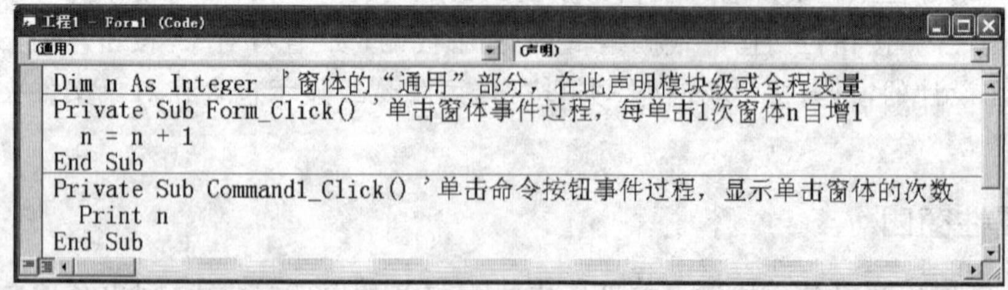

窗口分为两部分：在前端“通用”部分声明程序中的模块级或全程变量；其后为各事件过程的代码。其所示程序的功能是按 Command1 后显示之前单击窗体的次数。

1.2.8 立即窗口

在“视图”下拉菜单栏中选择“立即窗口”，即可打开如图 1-9 所示的立即窗口。“立即”窗口是 Visual Basic 所提供的一个系统对象，称为 Debug 对象，用作调试程序，可详见第 2 章中的介绍。

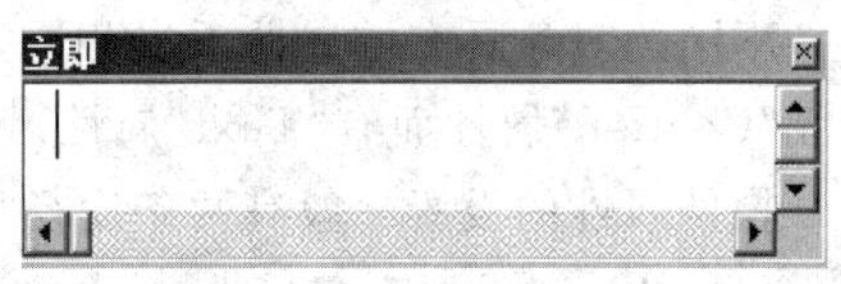

图 1-9 立即窗口

1.3 Visual Basic 中的基本概念

1.3.1 可视化编程

面向过程的编程方法，其缺点是用户始终要关心什么时候发生什么事情，用于 Windows 环境、事件驱动方式下的编程，工作量太大。

Visual Basic 采用的是面向对象、事件驱动的编程机制，用户只需编写响应用户动作的程序(如移动鼠标、单击鼠标等不同事件发生时应做何操作)，编写代码相对较少。

可视化编程方法，是面向对象编程技术的简化版。Visual Basic 提供多种控件支持可视化编程，利用它们可以快速创建强大的应用程序而不需要涉及不必要的细节。

在 Visual Basic 环境中，程序员不仅可以利用控件来创建对象，而且还可以建立自己的控件，这是 Windows 环境下编程的新概念。

1.3.2 对象与类

1. 对 象

对象(Object)是数据(若干属性)和代码(若干事件与方法过程)的集合。

以日常生活为例，如果说一台电脑是一个对象，那么其尺寸、性能指标等为其属性。一台电脑又可以拆分为主板、CPU、内存等部件，这些部件是电脑的“子”对象，因此电脑也可称为一个对象容器(Container)。在窗体中可以建立标签、命令按钮等对象，窗体也是对象容器。

在 Visual Basic 6.0 中，对象可以由系统设置好，直接供用户使用，也可以由程序员自己设计。Visual Basic 设计好的对象有：窗体、各种控件、菜单、屏幕、剪贴板等。

2. 类

类是同一种对象的统称，是一个抽象的整体概念，也是创建对象实例的模板，而对象则是类的实例化。属于同一类的所有对象具有同一组属性、方法与事件，只是其属性值不同，对事件的响应不同(取决于程序员的编程)。

Visual Basic 中工具箱上的控件是类，画在窗体中的各控件则是类的事例化，即是对象。

1.3.3 属 性

属性是用来描述和反映对象特征的参数。每一种对象都有其属性，属性值决定了对象的外观和行为。例如，“控件名称”(Name)、“颜色”(Color)、“是否可见”(Visible)等属性决定了对象展现给用户的界面具有怎样的外观及功能。

不同的对象具有的属性不尽相同，如命令按钮有“Caption”属性而无“Text”属性，文本框无“Caption”属性而有“Text”属性。

控件属性的设置一般有两条途径：

(1) 设计时设置对象属性。只要在属性窗口中选中要修改的属性，然后在右列中键入新的值即可设置对象的属性。

(2) 运行时动态地更改对象属性。执行事件过程中的语句“对象名.属性名=属性值”，可动态更改对象的属性，如在 Command1_Click()过程中输入“Label1.Caption="第一个应用程序"”，运行时单击命令按钮 Command1，标签控件 Label1 的界面则显示为“第一个应用程序”。

1.3.4 方　法

方法是面向对象程序设计语言提供用来完成特定操作的过程和函数。在 Visual Basic 中已将一些通用的过程和函数编写并封装起来，作为方法供用户直接调用，给用户编程带来极大的方便。因为方法是面向对象的，在调用时一般要指明对象。

对象方法的调用格式为：**[对象.]方法[参数名表]**

省略对象名称指当前对象，一般指窗体。例如，在窗体 Form1 上显示“VB 程序设计”执行语句“Form1.Print "VB 程序设计"”，当前窗体是 Form1 时则可写为“Print "VB 程序设计"”。

1.3.5 对象事件与事件过程

1. 事　件

事件是 Visual Basic 预定义、对象能识别的动作，如窗体加载事件(Load)、鼠标单击事件(Click)、鼠标双击事件(DblClick)等。

事件由用户(如 Command1_Click)或系统(如 Form_Load)激活。

例如，窗体上有名为“Command1”的命令按钮对象，鼠标移动时系统将跟踪鼠标针位置，当鼠标在单击该对象时，系统给鼠标指针指向对象发送一个 Click 事件，如果该事件已编写了程序代码，系统则执行过程的程序代码。执行结束后控制权交还给系统，等待下一个事件。

2. 事件过程

事件发生后所要执行的一段程序代码称为事件过程，对象的事件过程格式如下：

```
Sub 对象名_事件过程名[(参数列表)]
    …(事件过程代码)
End Sub
```

例如，单击名为 Command1 命令按钮后，要使该命令按钮变为不可见，对应事件过程如下：

```
Sub Command1_Click()
  Command1.Visible=False
End Sub
```

通常，控件都可识别一个或一个以上的事件，对一个对象至少能够建立一个事件过程，来对用户或系统的事件做出相应反应。不必为每个事件过程编写代码，应根据实际需要有选择地为相应事件过程编程。

1.4　窗　体

窗体(Form)是 Visual Basic 编程中最基本的对象,各种控件对象必须建立在窗体上或窗体之上的容器控件内,一个窗体对应一个窗体模块。

1.4.1　窗体的结构

同 Windows 环境下的应用程序窗口一样,Visual Basic 的窗体也具有控制菜单、标题栏、"最大化"按钮、"最小化"按钮、"关闭"按钮以及边框等。

窗体的操作与 Windows 下的窗口操作一样。通过鼠标左键拖动标题栏可以移动窗体;鼠标对准窗体边框,当出现双向箭头时拖动鼠标可以改变窗体的大小。

建立窗体后,它的大小、背景颜色、标题及窗体名称等特征可根据应用程序的要求设置。

1.4.2　窗体的属性

窗体的基本属性有:Name、Left、Top、Height、Width、Visible、Enabled、Font、ForeColor、BackColor 等。这些属性如果出现在其他控件中,具有相同的含义。

1. Name 属性

Visual Basic 中任何对象都有 Name 属性,在程序代码中通过该属性引用、操作具体对象。

首次在工程中添加窗体时,该窗体的名称被缺省为 Form1;添加第二个窗体,其名称被缺省为 Form2,依此类推。每个控件都有一个缺省的名称,但也允许用户修改。

2. Left、Top、Height、Width 属性

窗体在屏幕(screen)中,屏幕是窗体的容器,因此窗体的 Left、Top 属性值是相对屏幕左上角的坐标值。对其他控件而言,Left、Top 则是相对于控件所在"容器"左上角的坐标值。

Height、Width 属性反映对象的高度和宽度,所采用的度量单位,为控件所在"容器"的度量单位。图 1-10 所示是屏幕、窗体(Form1)和命令按钮(Command1)的 Left、Top、Height、Width 属性表示,读者要注意 Left、Top 属性值是相对"容器"左上角的坐标值。

例 1-1　在窗体 Form1 被加载时,将其大小设置为屏幕大小的 1/2,并居中显示。

程序运行时,首先要加载窗体,系统会自动自行窗体的 Load 事件过程。因此,为窗体编制 Load 事件过程如下:

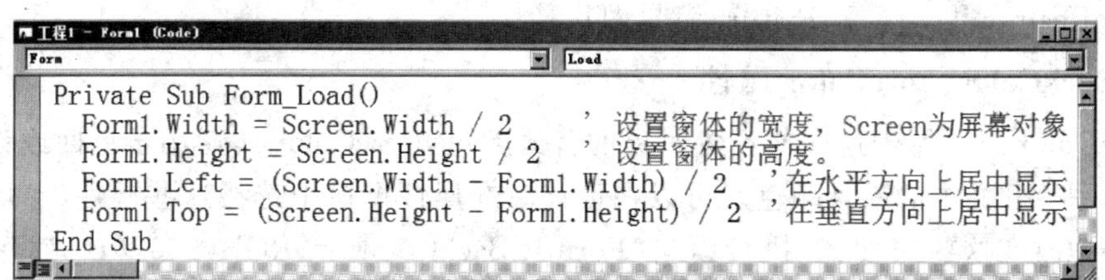


```
Private Sub Form_Load()
  Form1.Width = Screen.Width / 2      ' 设置窗体的宽度, Screen为屏幕对象
  Form1.Height = Screen.Height / 2    ' 设置窗体的高度。
  Form1.Left = (Screen.Width - Form1.Width) / 2   '在水平方向上居中显示
  Form1.Top = (Screen.Height - Form1.Height) / 2  '在垂直方向上居中显示
End Sub
```

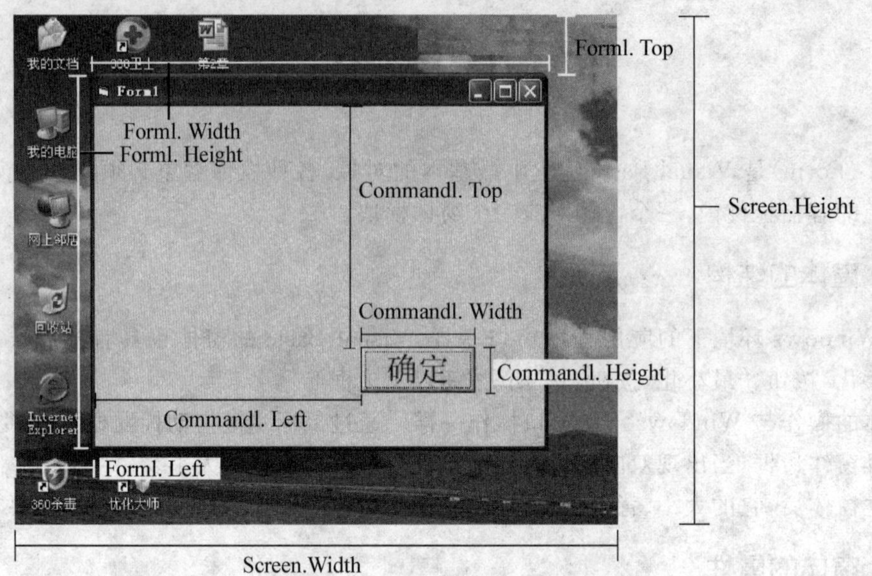

图 1-10　对象的 Left、Top、Height、Width 属性

3. Caption 标题属性

该属性值决定窗体标题栏上显示的文本，也是窗体被最小化后出现在窗体图标下的文本。

4. 字体 Font 属性组

FontName 属性，字符型，决定对象上正文的字体（缺省为宋体）。

FontSize 属性，整型，决定对象上正文的字体大小（缺省为 9 磅）。

FontBold 属性，逻辑型，决定对象上正文是否是粗体（缺省为 False）。

FontItalic 属性，逻辑型，决定对象上正文是否是斜体（缺省为 False）。

FontStrikeThru 属性，逻辑型，决定对象上正文是否加删除线（缺省为 False）。

FontUnderLine 属性，逻辑型，决定对象上正文是否带下划线（缺省为 False）。

5. Enabled 属性

该属性决定控件是否能对用户产生的事件做出反应，若在运行时将控件的 Enabled 属性设置为 True 或 False，可使控件成为有效或无效。

6. Visible 属性

该属性决定控件运行时是否可见，若要在单击 Command3 后隐藏其所在窗体 Form1，可在过程 Command3_Click 中加入语句"Form1. Visible = False"。

AutoReelraw 自动重画 Picture 背景图片。

7. BackColor、ForeColor 属性

BackColor 属性用于返回或设置对象的背景颜色，ForeColor 属性用于返回或设置在对象里显示图片和文本的前景颜色。可以在设计时在属性窗口中选择这些属性，也可以在运行时动态地改变这些属性，如执行语句"Form1. BackColor = RGB(255,0,0)"，可将窗体 Form1 的背景色设置为红色，关于在 Visual Basic 中颜色的表示与相关函数的运用，在第 6 章中将详细介绍。

8. WindowsState 属性

该属性决定窗体运行的初始(大小)状态,其 3 个值对应的 3 种状态如下:

WindowsState 为 0:正常窗口状态,保持设计时的窗口位置、大小。

WindowsState 为 1:最小化状态,以图标方式运行,界面显示为任务栏上的 1 个图标。

WindowsState 为 2:最大化状态、全屏显示。

读者一下子要记住这些属性是有一定困难的,要熟悉并应用这些窗体属性,最好的办法是上机实践。在"属性"窗口中更改窗体的一些属性,然后运行该应用程序并观察修改的效果。

1.4.3 窗体的事件

与窗体有关的事件较多,Visual Basic 6.0 中有 30 多个,读者只需掌握一些常用事件,了解这些事件的触发机制。下面对几个常用窗体事件作一下介绍:

1. Click 事件

运行时单击窗体,Visual Basic 将调用窗体的 Form_Click 事件。如果单击的是窗体内的控件,则只能调用相应控件的 Click 事件。

2. DblClick 事件

运行时双击窗体内,将触发两个事件,先触发 Click 事件,再触发 DblClick 事件。

3. Load 事件、Resize 事件、Activate 事件

在程序运行时,当窗体被装入工作区时,将触发 Load 事件。该事件通常用来在启动应用程序时对控件属性和变量做初始化设置。

窗体装入后,系统将在屏幕上"画出"窗体,还将触发 Resize 事件。事实上,运行时若调整窗体的边界,也将触发 Resize 事件。

在窗体加载的全过程结束后,将触发 Activate 事件。该窗体将成为当前活动窗体,可接受用户事件的驱动。

4. Unload 事件

卸载窗体时触发该事件。

1.4.4 窗体的方法

窗体常用的方法有 Print(输出)、Cls(清除)、Show(显示)、Hide(隐藏)以及 Move(移动)等。

1. Print 方法

用于在窗体上输出信息。

其格式为:**窗体名.Print [输出项列表]**

例如,执行语句"Print x, y, "WINDOWS"",则在窗体上输出 x,y 的值和"WINDOWS"。关于 Print 方法的使用,在第 2 章中将作详细介绍。

2. Cls(清除)方法

Cls 方法用来清除运行时在窗体上显示的文本或绘制的图形。

其格式为：**窗体名.Cls**

3. Move(移动)方法

Move方法用来在屏幕上移动窗体。

其格式为：**窗体名.Move Left[,Top[,Width[,Height]]]**

其中，Left、Top、With、Height均为单精度数值型数据，分别用来表示窗体相对于屏幕左边缘的水平坐标、相对于屏幕顶部的垂直坐标、窗体的新宽度和新高度。

Move方法至少需要一个Left参数值，其余均可缺省。如果要指定其余参数值，则必须按顺序依次给定前面的参数值。例如，不能只指定Width值，而不指定Left和Top值，但允许只指定前面部分的参数，而省略后面部分。例如，允许只指定Left和Top，而省略Width和Height，此时窗体的宽度和高度在移动后保持不变。

例1-2　用Move方法移动窗体。双击窗体，窗体移动并定位在屏幕的左上角，同时窗体的长宽也缩小一半。

窗体Forml代码窗口中的代码如下：

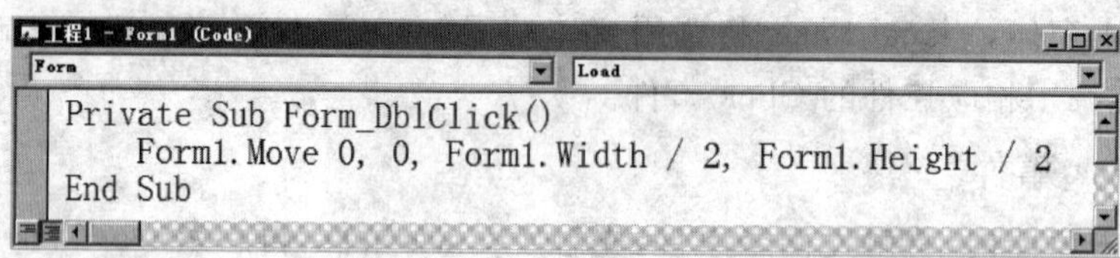

```
Private Sub Form_DblClick()
    Form1.Move 0, 0, Form1.Width / 2, Form1.Height / 2
End Sub
```

4. Show(显示)方法

Show方法用于使指定窗体可见，调用Show方法与设置窗体Visible属性为True具有相同效果。如果要显示的窗体事先未装入，系统将自动调用Load命令装入该窗体再显示。

其格式为：**窗体名.Show**

5. Hide(隐藏)方法

Hide方法用于使指定的窗体不显示，但不从内存中删除窗体。

其格式为：**窗体名.Hide**

当一个窗体从屏幕上隐去时，其Visible属性被设置成False，并且该窗体上的控件也变得不可访问，但对运行程序间的数据引用无影响。若要隐去的窗体没有装入，则Hide方法会装入该窗体，但不显示。

1.5　Visual Basic 程序的组成及工作方式

1.5.1　Visual Basic 应用程序的组成

一个Visual Basic的应用程序称为一个工程，由若干文件所组成，通常应包括下列文件：

(1) 工程文件(＊.vbp)，用来管理构成应用程序的所有文件，包括窗体文件、标准模块文件等。双击工程文件图标，可以恢复到上一次关闭、保存工程时的状态。

(2) 窗体文件(.frm)中，记录窗体中界面设计、过程设计的全部相关信息。

(3) 标准模块文件(.bas)中,包含若干可以被其他函数或过程调用的自定义通用过程或函数。

此外,工程中还可能包含窗体的二进制数据文件(.frx),如果控件数据属性含有二进制属性(如图片或图标),当保存窗体文件时,就会自动产生同名的.frx文件。

1.5.2　创建应用程序的步骤

创建 Visual Basic 应用程序的主要步骤包括:界面设计,使用工具箱在窗体上放置所需控件,设置各控件属性值;过程设计,通过代码窗口为对象的相关事件编写代码;运行与调试,测试所编程序,若运行结果有错或对用户界面不满意,则可通过前面的步骤修改,继续测试直到运行结果正确、用户满意为止,保存工程。

1.6　一个简单的 Visual Basic 程序的创建实例

本节通过一个简单的 Visual Basic 程序的实例,向读者介绍 Visual Basic 应用程序的开发过程与集成开发环境的使用,使读者初步掌握程序的开发过程,理解程序的运行机制。

例 1-3　设计一个程序,实现简单的加减运算。

具体要求如下:运行时的初始界面如图 1-11 所示。用户在文本框中输入两个操作数后:单击"+"按钮,则在标签中显示加法运算结果,如图 1-12 所示;单击"-"按钮,则在标签中显示减法运算结果,界面如图 1-13 所示;单击"清空"按钮,则清空两个文本框和显示结果标签中的内容;单击"结束"按钮,则结束程序运行。

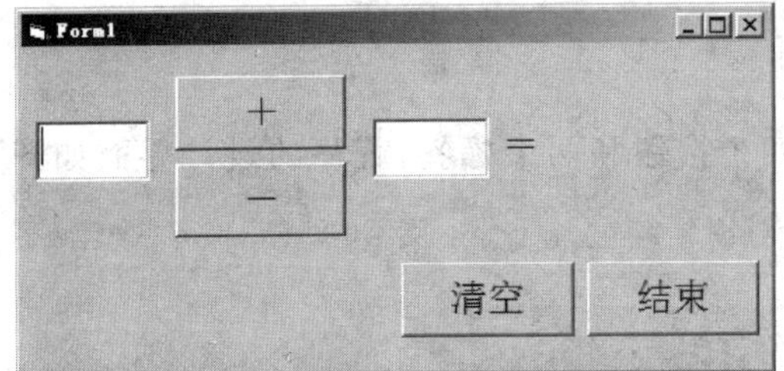

图 1-11　程序运行后初始界面

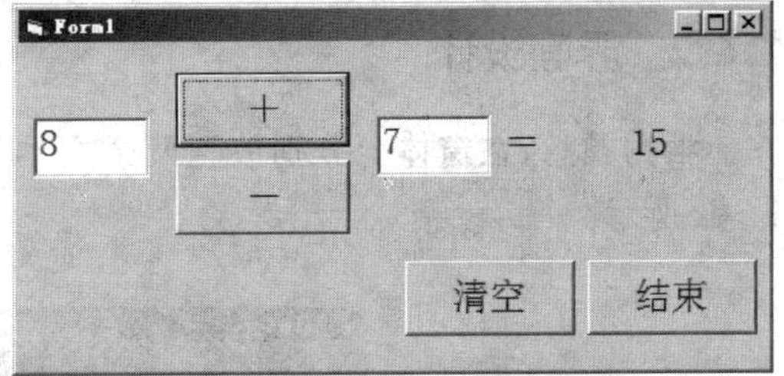

图 1-12　单击"+"按钮后的程序界面

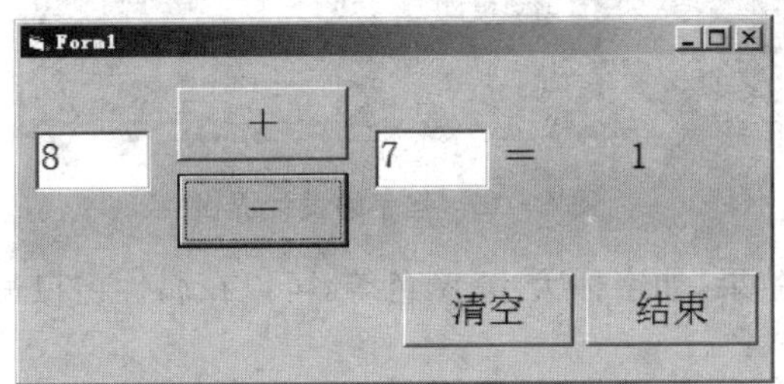

图 1-13　单击"-"按钮后的程序界面

界面设计使用了 3 种基本控件:命令按钮,标签,文本框。

标签控件可以显示用户不能直接改变的文本,在窗体上显示说明性信息。

文本框用于显示用户输入的信息，还可以作为接受用户输入数据的接口。文本框的常用属性除 Name 属性外，还有 Text 属性。用户在文本框中输入的信息存放在 Text 属性中。

这 3 个控件是 Visual Basic 程序设计中使用最多的控件，在第 5 章中还将详细介绍。

1.6.1 新建工程

启动 Visual Basic 6.0，将出现"新建工程"对话框(图 1-14)，从中选择"标准 EXE"，单击"打开"按钮，即进入 Visual Basic 的"设计工作模式"，这时 Visual Basic 创建了一个带有单个窗体的新工程，系统默认工程为"工程 1"。

图 1-14 Visual Basic 6.0"新建工程"对话框

1.6.2 界面设计

根据题意，在窗体上分别放置两个文本框，四个按钮和两个标签，程序的设计界面如图 1-15所示。

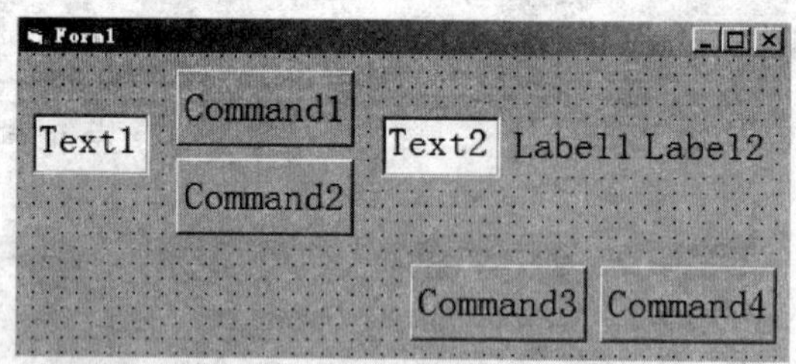

图 1-15 程序的设计界面

各控件界面显示的效果，如字体大小、颜色等，可以在属性窗口适当设置。

1.6.3 过程设计

双击图 1-15 所示的任一控件，就可进入代码编辑窗口编写程序代码，或通过"资源管理窗口"的"查看代码"按钮也可以进入代码窗口。

单击“选择对象”下拉列表框的下拉按钮，从中选择“Command1”对象，再从“选择事件”下拉列表框中选择“Click”事件，则在代码窗口中会出现事件过程的框架，如图 1-16 所示。

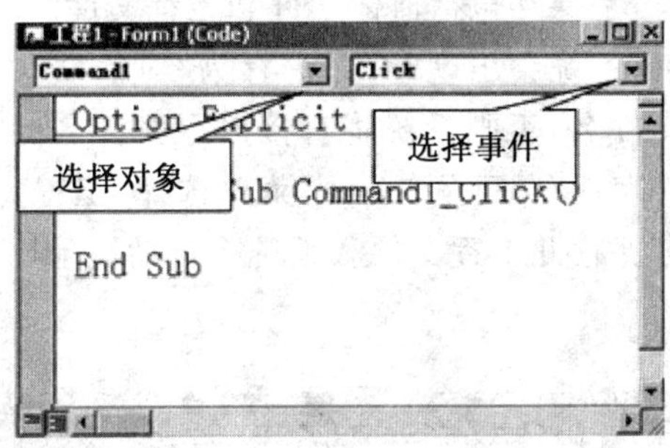

图 1-16　代码窗口

Load 事件过程代码如下：

```
Private Sub Form_Load()
    Text1.Text = ""         '清空文本框，用于输入第1个操作数
    Text2.Text = ""         '清空文本框，用于输入第2个操作数
    Command1.Caption = "+"        '在按钮上显示加法符号
    Command2.Caption = "-"        '在按钮上显示减法符号
    Command3.Caption = "清空"       '在按钮上显示“清空”
    Command4.Caption = "结束"       '在按钮上显示“结束”
    Label1.Caption = "="          '在标签上显示等于号
    Label2.Caption = ""           '清空标签，用于显示结果
End Sub
```

各命令按钮的单击事件过程代码如下：

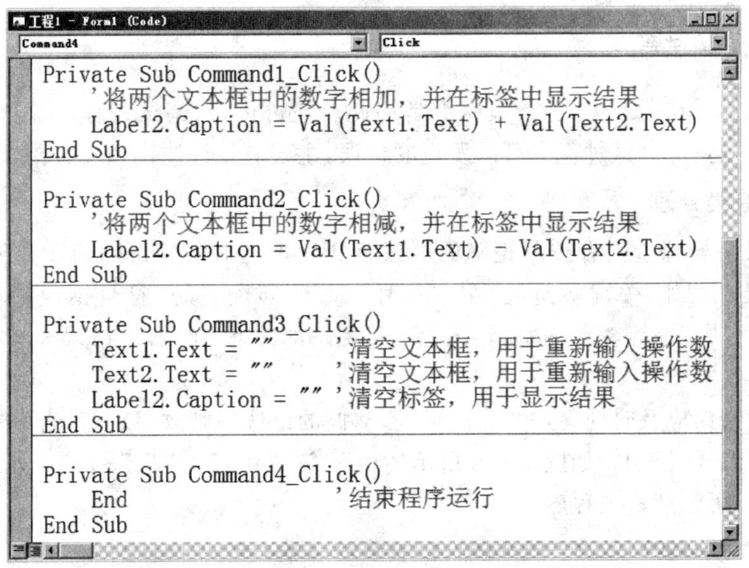

```
Private Sub Command1_Click()
    '将两个文本框中的数字相加，并在标签中显示结果
    Label2.Caption = Val(Text1.Text) + Val(Text2.Text)
End Sub

Private Sub Command2_Click()
    '将两个文本框中的数字相减，并在标签中显示结果
    Label2.Caption = Val(Text1.Text) - Val(Text2.Text)
End Sub

Private Sub Command3_Click()
    Text1.Text = ""         '清空文本框，用于重新输入操作数
    Text2.Text = ""         '清空文本框，用于重新输入操作数
    Label2.Caption = "" '清空标签，用于显示结果
End Sub

Private Sub Command4_Click()
    End                     '结束程序运行
End Sub
```

1.6.4 保存工程

使用“文件”菜单中的“保存工程”命令，或者单击工具栏上的“保存”按钮，系统会提示将所有内容保存。对本例而言，是保存包括窗体文件和工程文件。

如果是第一次保存文件，系统会出现“文件另存为”对话框，如图 1－17 所示，要求用户选择保存文件位置和输入文件名，否则系统将直接以原文件名保存工程中所有文件。若要将更新后的工程以新的文件名保存，可从“文件”菜单选择“工程另存为”，同样将出现“文件另存为”对话框，用新文件名保存此工程文件。系统会自动提示用户是否保存修改过的窗体或模块。

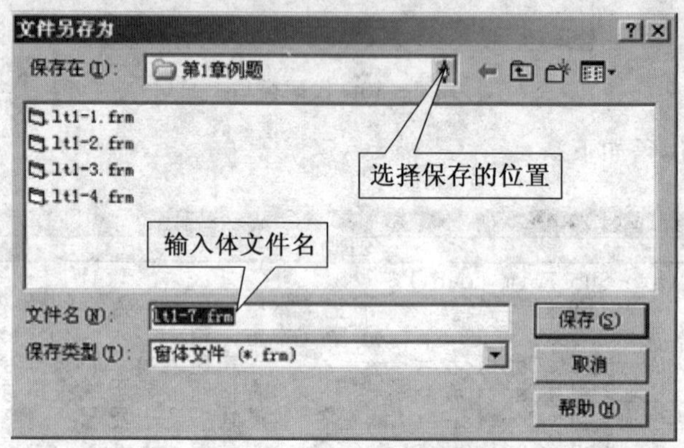

图 1－17　保存窗体文件

运行程序前应先保存程序，以避免由于出错造成界面设计和程序代码的丢失。调试、运行结束后应保存工程，系统先保存窗体文件和其他文件，最后才是工程文件。应将一个工程中的所有文件保存在一个文件夹中。

1.6.5 运行、调试程序

程序中的错误在所难免，复杂程序更是如此。通过运行、调试过程，应尽可能地发现错误、解决问题。运行、调试过程中可以发现的错误，主要有编译错误和实时错误。

1. 编译错误处理

编译错误一般源于没有按照正确的语法规则书写程序，Visual Basic 在编译时就会检测到这些错误。例如，关键字错误，左右括号个数不匹配，标点符号错误，Next 语句没有 For 语句与之对应，等等。在编辑(输入)程序代码的过程中，编译错误会即时显示，如图 1－18所示。

对于编译错误应及时处理，一般应根据所掌握的语法规则改写程序(否则在运行时还会继续提示该项编译错误)。如图 1－18 所示的代码窗口中，将“a”改为“as”。处理完即时显示的编译错误后，可继续输入程序。

2. 实时错误处理

运行时若执行一个不能执行的语句时，产生实时错误，如执行“y=z/x”，若 x 当前值为 0，则除法不能执行；又如数组下标超界、试图打开一个不存在的文件，等等。程序中可包含

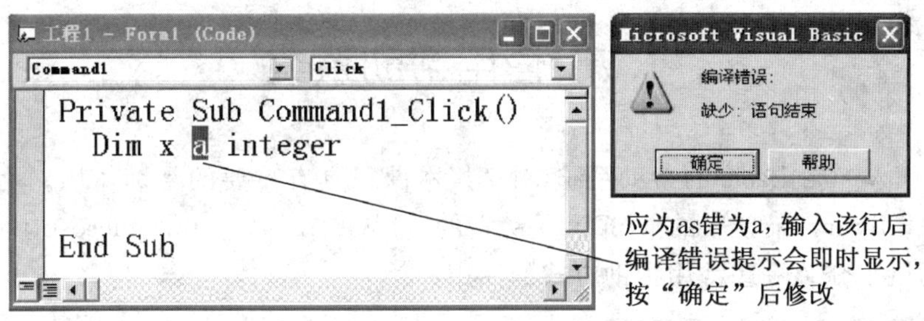

图 1－18　即时显示的编译错误提示

处理运行错误的代码，在错误发生时俘获并处理它们，有关介绍请参阅第 3 章中相关内容。

例如，程序代码中将"Text1"错写成"Txet1"(Text1 为文本框控件名称)，在编译时系统是无法发现的(系统理解 Txet1 为变量名称)，而进入运行状态后会出现如图 1－19 所示的实时错误信息对话框。

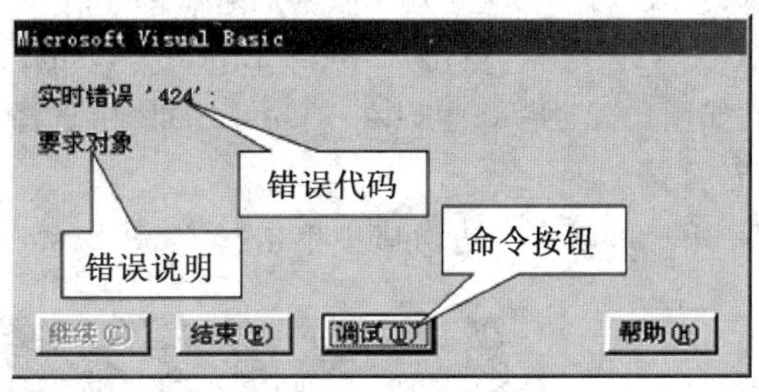

图 1－19　程序运行出错时的对话框

在有一张完备的索引表的前提下，可以根据"错误代码"确定错误的性质和纠正方法。但通常是采用"调试"的方法来发现错误原因，并纠正之。

若单击"结束"按钮，回到设计工作模式在代码窗口中修改错误代码。

若单击"调试"按钮，进入中断工作模式，此时出现代码窗口，光标停在有错误的行上，并用黄色显示错误行，如图 1－20 所示。修改完实时错误后，再继续运行。

若单击"帮助"可获得系统的详细帮助信息。

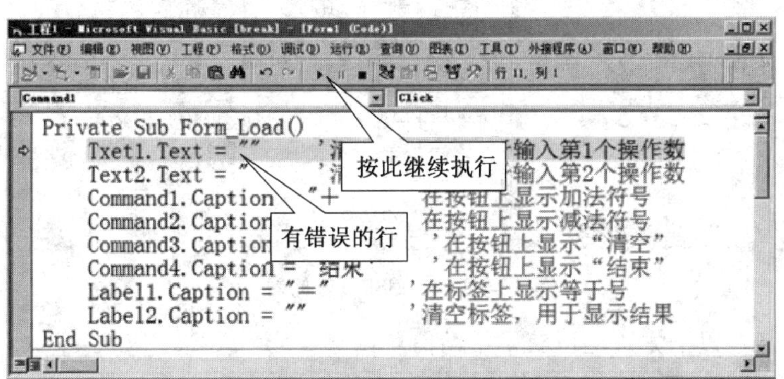

图 1－20　中断工作模式下显示实时错误所在

运行调试程序的过程直到满意为止，应保存修改后的程序。

存在编译错误的程序则无法运行，存在实时错误的程序则不会产生正确的结果。而在有正确运算结果的程序中，未必不存在逻辑错误。因逻辑错误的原因是更为深刻的错误，较难被发现，只有通过对应用程序做大量测试，并认真分析计算结果才能检验出来。

1.7 使用帮助系统

学会使用 Visual Basic 的帮助系统，对学好本课程具有重要的帮助作用。为此，用户需安装 MSDN Library，最新版的 MSDN 是免费的，可从 http://www.microsoft.com/china/msdn/获取，以下介绍一些常用帮助方式的使用：

1. 使用 MSDN Library 查阅器

安装了 MSDN Library 后，在 Windows“程序”菜单选择“Microsoft Developer Network”子菜单，单击“MSDN Library Visual Studio 6.0(CHS)”，就可打开 MSDN 查询界面，如图1-21所示；也以在 Visual Basic 中选择“帮助”菜单中“内容”或“索引”菜单项进入查询界面。

用户可以在右边窗口中单击“Visual Basic”打开 Visual Basic 文档，查阅帮助信息。

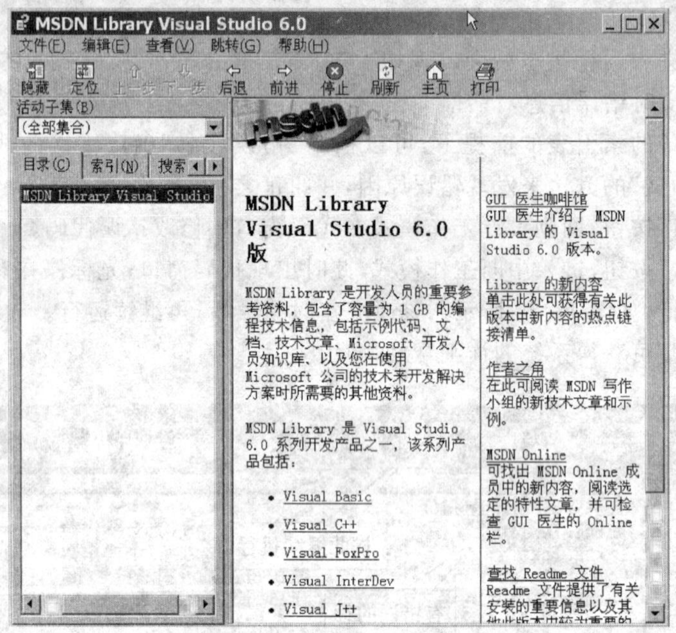

图 1-21 MSDN查阅器

一般可以通过以下方法定位获得帮助信息：

(1)“目录”标签，列出一个完整主题的分级列表，通过目录树查找信息。

(2)“索引”标签，以索引方式通过索引表查找信息。

(3)“搜索”标签，通过全文搜索查找信息。

2. 使用上下文相关帮助

Visual Basic 的许多部分是上下文相关的。上下文相关意味着不必搜寻“帮助”菜单就可直接获得有关这些部分的帮助。例如，为了获得有关 Visual Basic 语言中任何关键词的帮助，只需将插入点置于“代码”窗口中的关键词上并按“F1”键。

在 Visual Basic 界面的任何上下文相关部分上按“F1”键，就可显示有关该部分的信息。

一旦打开“帮助”，按“F1”键就可获得怎样使用帮助的信息。实践证明，用上下文帮助是最直接、最好的获得帮助的手段，要充分加以利用。

3. 运行“帮助”中的代码示例

“帮助”中的许多程序语言主题包含代码示例，在 Visual Basic 中可运行它们，观察其效果，也可查看代码领会各控件的使用和编程思想。

4. 从 Internet 上获取帮助

可以在 Visual Basic 中选择“帮助”菜单中“Web 上的 Microsoft”选项，连接到网上 Microsoft 公司主页，其地址为 http://www.microsoft.com/vbasic/，该站点含有程序员感兴趣的几个区，如新功能的更新、产品发布、相关产品、会议和特殊的事件；有关 Visual Basic 功能的附加信息，包含白皮书、技巧和教程以及资源；产品支持服务中最常见问题的答案等等。

1.8　小　结

本章介绍 Visual Basic 开发集成环境、Visual Basic 的基本概念及窗体对象等基本控件的常用属性、方法、事件，并通过一个简单的程序实例，介绍 Visual Basic 应用程序的建立过程。

读者应掌握：面向对象程序设计的概念；对象、对象的属性、对象的方法的概念；事件和事件过程的概念；Visual Basic 程序的工作机制；等等。

学习 Visual Basic 程序设计课程的目的，是要在掌握一门程序设计语言的同时，培养和提高分析、归纳问题的能力，而重点落实在应用上。

在操作和应用层面，需要熟练掌握的是运行和调试程序的方法，以及正确地保存应用程序。

编制 Visual Basic 应用程序主要分三步。

(1) 界面设计：根据应用程序的需要，选择工具箱中的控件在窗体上一一画出，并设置各个对象的有关属性。

(2) 过程设计：根据应用程序的需要，为有关控件编写过程代码。

(3) 运行调试：运行程序，若运行结果不满意或程序代码错误，则需要作进一步修改。

一个 Visual Basic 应用程序由多个文件组成：扩展名为“.vbp”的文件为工程文件，扩展名为“.frm”的文件为窗体文件，扩展名为“.frx”的文件为外部数据文件。窗体文件包含了在窗体中描述的所有对象的外观、行为的程序代码以及描述事件过程的程序代码、通用模块等。外部数据文件包含了窗体中控件所调用的外部数据（如 Picture 控件调用的图形文件）等。工程文件就是与该工程有关的所有文件和对象的清单。

在保存时，窗体文件和工程文件需要分别加以保存，为保证应用程序的完整性，建议将一个程序的所有文件都保存在同一文件夹中。

习题一

一、判断题

1. Visual Basic 是以结构化的 Basic 语言为基础、以事件驱动作为运行机制的可视化程序设计语言。
2. 属性是对 Visual Basic 对象性质的描述，对象的数据就保存在属性中。
3. 在 Visual Basic 中，有一些通用的过程和函数作为方法供用户直接调用。
4. 控件的属性值不可以在程序运行时动态地修改。
5. 许多属性可以直接在属性表上设置、修改，并立即在屏幕上看到效果。
6. 所谓保存工程，是指保存正在编辑的工程的窗体。
7. 决定对象是否可见的属性是 Visible 属性，决定对象可用性的属性是 Enabled 属性。
8. 若工程包含多个窗体或模块，则系统先保存工程文件，再分别保存各窗体或模块文件。
9. xxx. vbp 文件是用来管理构成应用程序 xxx 的所有文件和对象的清单。
10. 事件是由 Visual Basic 预先定义的对象能够识别的动作。
11. 事件过程可以由某个用户事件触发执行，它不能被其他过程调用。
12. 窗体中的控件，是使用工具箱中的工具在窗体上画出的各图形对象。
13. 在打开工程进行修改后，要另存为一个版本，只需单击“工程另存为…”就行，因为系统将同时保存其他文件。
14. “方法”是用来完成特定操作的特殊子程序。
15. “事件过程”是用来完成事件发生后所要执行的程序代码。

二、选择题

1. 工程文件的扩展名为________。

   A. . frx　　B. . bas　　C. . vbp　　D. . frm

2. 以下 4 个选项中，属性窗口未包含的是________。

   A. 对象列表　　B. 工具箱　　C. 属性列表　　D. 信息栏

3. 下列不属于对象的基本特征的是________。

   A. 属性　　B. 方法　　C. 事件　　D. 函数

4. 在设计模式双击窗体中的对象后，Visual Basic 将显示的窗口是________。

   A. 项目(工程)窗口　　B. 工具箱
   C. 代码窗口　　D. 属性窗口

5. Visual Basic 中“程序运行”允许使用的快捷键是“________”。

   A. F2　　B. F5　　C. Alt+F3　　D. F8

6. 改变控件在窗体中的上下位置应修改该控件的________属性。

   A. Top　　B. Left　　C. Width　　D. Right

7. 窗体模块的扩展名为________。

   A. . exe　　B. . bas　　C. . frx　　D. . frm

8. 窗体的 FontName 属性的缺省值是________。

A. 宋体　　B. 仿宋体　　C. 楷体　　D. 黑体

9. FontSize 属性用以设置字体大小，窗体的 FontSize 属性缺省值为________。

A. 5　　B. 9　　C. 12　　D. 16

10. 将 Visual Basic 程序保存在磁盘上，至少会产生何种文件________。

A. .doc 与 .txt　B. .com 与 .exe　C. .bat 与 .frm　D. .vbp 与 .frm

三、填空题

1. 面向对象的程序设计是一种以________为基础，由________驱动对象的编程技术。

2. 对象的三要素是________、________、________。

3. 窗体是用来存放________的容器，窗体的 left 和 top 属性是相对________对象的。

4. 改变控件在窗体中的左右位置，应修改该控件的________属性。

5. 改变控件在窗体中的上下位置，应修改该控件的________属性。

6. 设置对象的属性有两种办法，一种是在设计时在________窗口中设置；另一种是在运行时设置，设置格式为____________。大部分属性可以用以上两种方法进行设置，而有些属性只能用其中一种方法设置。

7. 对窗体 Form 内各控件不能用鼠标任意精确定位是由于窗体中的________起作用。

8. 新建工程时系统会自动将窗体标题设置为________。

9. 在打开某窗体时，初始化该窗体中的各控件，可以选用________事件。

10. 每当一个窗体成为活动窗口时触发________事件，当另一个窗体或应用程序被激活时在原活动窗体上产生________事件。

四、程序设计题

1. 编程，运行时初始界面如图 1-22 所示，当用户在文本框中输入姓名如“张三”后，单击“确定”按钮，则程序的运行情况如图 1-23 所示，如果单击“结束”按钮，即结束程序运行。

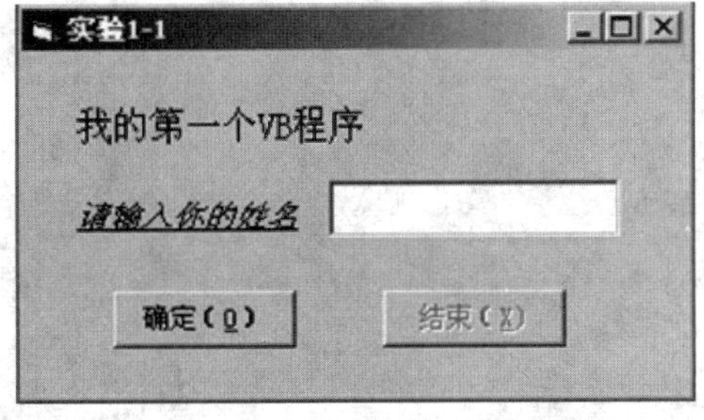

图 1-22　程序运行初始界面

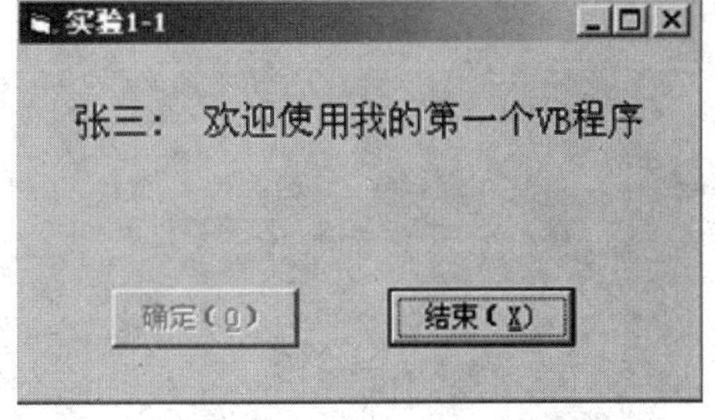

图 1-23　单击“确定”按钮后的程序界面

2. 在窗体上建立 4 个命令按钮 Command1～Command4，具体要求如下。

(1) 命令按钮的 Caption 属性分别为“字体变大”、“字体变小”、“加粗”和“标准”。

(2) 每单击 Command1 按钮和 Command2 按钮一次，字体变大或变小 3 个单位。

(3) 单击 Command3 按钮时，字体变粗；单击 Command4 按钮时，字体又由粗体变为标准。

(4) 4 个按钮每单击一次都在窗体上显示“欢迎使用 VB”。

(5) 双击窗体后可以退出。

3. 编程,窗体上有 1 个文本框、1 个命令按钮(标题为“结束”)。

运行时文本框中显示“Visual Basic 程序设计”,文本框及命令按钮能随窗体大小的调整而自动调整大小及位置。其中调整文本框 Left、Top 均为 0,宽度和高度都为窗体的一半;命令按钮始终位于窗体右下角位置。

提示:

(1) 用代码初始化各控件(写在 Form_Load 事件中)。

(2) 文本框控件随窗体的大小而调整大小的代码,以及调整命令按钮位置始终位于窗体右下角的代码(调整大小位置的代码写在 Form_Resize 事件中)。

第 2 章　程序设计基础

本章将以实际问题的分析和求解为导引，介绍算法与语法，程序构成元素，数据类型以及变量与常量等程序设计的基础知识和相关概念。通过本章学习使读者不仅能够掌握一定程度的编程技能，而且在分析、归纳和求解问题的过程中，逻辑推理和计算思维能力都得到了很好的挖掘、提升和锻炼。

2.1　程序设计与程序设计语言

“我们所使用的工具影响着我们的思维方式和思维习惯，从而也将深刻地影响着我们的思维能力。”这是著名的计算机科学家、1972 年图灵奖获得者 Edsger Dijkstra 曾经说过的一句话。

也许，每个人未必都要成为专业的程序设计员，正如我们学习高等数学，未必每个人都要成为数学家一样。但是，无论从事何种领域的工作，每个人却都必须具备洞悉事物、分析归纳、逻辑推理和解决问题的思维技能。

我们生存在一个信息爆炸的计算机时代，在工作、生活甚至娱乐中，我们会遇到很多与信息处理相关的问题，并需要解决各种各样的问题。当我们必须求解一个特定的问题时，首先会问：解决这个问题有多么困难？怎样才是最佳的解决方法？这时就不仅仅是考虑传统的手工处理方式，而应该将计算机的因素考虑其中，因为我们要借助计算机帮我们解决问题。诸如：

- ◆ 常规我们怎么处理这个问题？
- ◆ 利用计算机来实现是可行的吗？
- ◆ 需要做哪些规律性的归纳和一致性的整合？
- ◆ 实现的效率是我们可以接受的吗？
- ◆ 怎样在人与计算机之间找到一个最佳的契合点？
- ◆ 计算机提供的软件工具平台如何使用？
- ◆ 语法规则与数据描述有哪些？
- ◆ 如何将算法转换为实现的程序代码？

要想有效地利用计算机来实现问题的求解和处理，就必须具备计算思维能力和程序设计编程技能。

问题的分析、归纳、建模和整理算法（粗框架）的过程属于计算思维范畴；而具体的实现算法（细化）、数据描述、控制结构、特定软件环境工具运用、编码、调试和实现的过程就属于程序设计范畴。

程序设计（Programming），就是运用计算思维分析问题、确定算法，选定软件平台、编制计算机程序并实现求解等步骤来解决问题的全过程。

程序设计语言（Programming Language），是用于书写计算机程序的语言。语言的基础是一组记号和一组规则。根据规则由记号构成的记号串的集合就是语言。

计算机程序就是选用特定的程序设计语言，按照解决实际问题的算法步骤，而编制好的具有特殊功能的指令序列。

程序设计的过程大致分以下几个步骤：

◆ 选定一种高级程序设计语言(如 Visual Basic)。

◆ 安装好选定语言的运行环境(语言处理程序)。

◆ 启动并进入程序编辑状态。

◆ 依照算法和高级程序设计语言语法规则编制计算机程序源代码。

◆ 运行计算机程序并经过调试实现应用问题的求解。

可以简单地表示为：数据结构＋算法＝程序。

其中，算法在整个程序设计过程中具有重要的作用，它能够提供一种思考问题的方向和问题求解的方法。通过计算思维可以归纳出问题的算法思路，借助高级程序设计语言作为程序设计的工具，结合相应的数据结构，可以验证算法的可行性并实现问题的最终求解。

2.2 算法与语法

认识了 Visual Basic 的集成开发环境，掌握了简单的界面程序设计方法，接下来就要关注一个具体问题的求解过程中，如何描述和表达问题求解的算法；如何描述和表示求解问题过程中的数据和算式；如何将算法过渡到程序代码；到底需要哪些代码构成元素以及有哪些程序代码书写规则。

掌握 Visual Basic 6.0 的算法描述与语法规则是开发应用程序的基础和关键。

2.2.1 算法要素与性质

算法(Algorithm)是指解题方案的准确而完整的描述，是一系列解决问题的方法步骤或清晰指令的陈述。

算法代表着用系统的方法描述解决问题的策略机制，也就是说，能够对一定规范的输入，在有限时间内获得所要求的输出。如果一个算法有缺陷，或不适合于某个问题，执行这个算法将不会解决这个问题。

一个算法的优劣可以用空间复杂度(指算法需要消耗的内存空间)与时间复杂度(指执行算法所需要的时间)来衡量。不同的算法可能用不同的时间、空间或效率来完成同样的任务。

1. 算法要素

一个算法是由操作与控制结构两个要素组成的。

◆ 操作：计算机最基本的操作有算术运算、关系运算、逻辑运算和数据传送等。

◆ 控制结构：各操作之间的执行顺序为算法的控制结构，包括顺序结构、选择结构和循环结构。

2. 算法性质

算法的性质一般归纳为以下五点：

◆ 输入：要求若干个信息的输入。

◆ 有穷性：任意一个算法在执行有限个计算步骤后必须终止。

◆ 可行性：有限个步骤应该可以在一个合理的范围内进行。

◆ 确定性：每一个计算步骤，必须是精确的定义、无二义性。

◆ 输出：有若干个输出信息即处理结果。

2.2.2　算法描述

可以使用多种方法描述算法：自然语言、流程图、伪代码和计算机语言。例如，分析一天中，根据时间归纳出一个人的日程安排情况。下面用了四种方法描述算法：

1. 自然语言

用自然语言表达算法，就是把算法的各个步骤，依次用人们所熟悉的自然语言表示出来。

步骤 1：如果时间在九点以前，那么处理私人事务；

步骤 2：否则如果时间在 9 点到 18 点之间，那么工作时间；

步骤 3：否则下班时间；

步骤 4：判断结束。

2. 流程图

流程图是用一些图框、线条以及文字说明来形象地、直观地描述算法。图 2－1 所示为常用流程图的符号图形框。如图 2－2 所示用流程图方式描述问题求解算法。

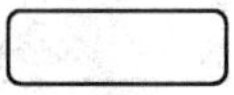	起止框，表示算法的开始和结束
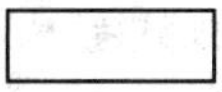	处理框，表示初始化或运算赋值等操作
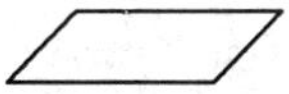	输入/输出框，表示数据的输入/输出操作
	判断框，表示根据一个条件决定执行两种不同操作中的其中一个
	流程线，表示流程的方向
	连接点，用于流程的分页连接

图 2－1　常用流程图的符号图形框

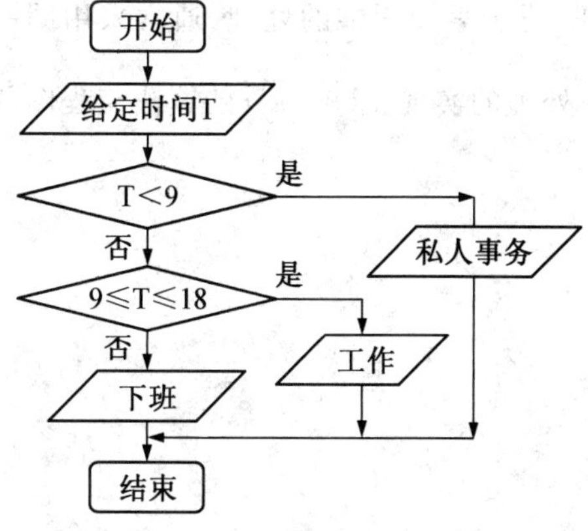

图 2－2　流程图描述算法

3. 伪代码

用一些介于自然语言与高级语言之间的符号语言表达算法，依次用人们所熟悉的并简洁的方式表示出来。图 2-3 所示用伪代码描述的问题求解算法。

4. 计算机语言

计算机无法识别和执行自然语言、流程图、伪代码，这些方法只是为了帮助人们描述、梳理算法，要用计算机解决问题，最终就要用计算机程序设计语言来描述算法，这里涉及大量的代码语言元素、语法规则和语言环境工具。如图 2-4 所示用 Visual Basic 程序设计语言编写的问题求解算法代码。

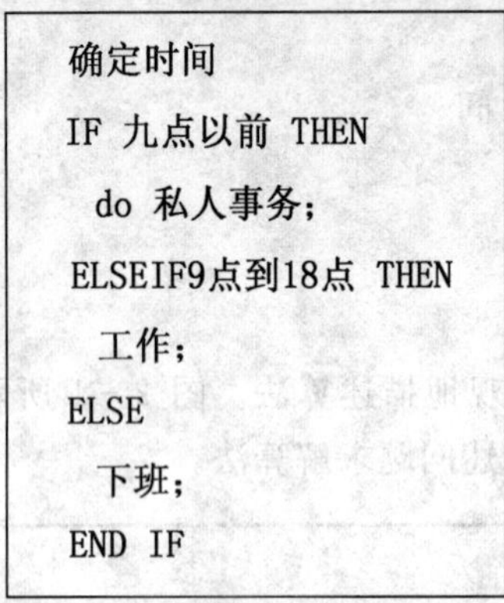

```
确定时间
IF 九点以前 THEN
  do 私人事务;
ELSEIF9点到18点 THEN
  工作;
ELSE
  下班;
END IF
```

图 2-3 伪代码描述算法

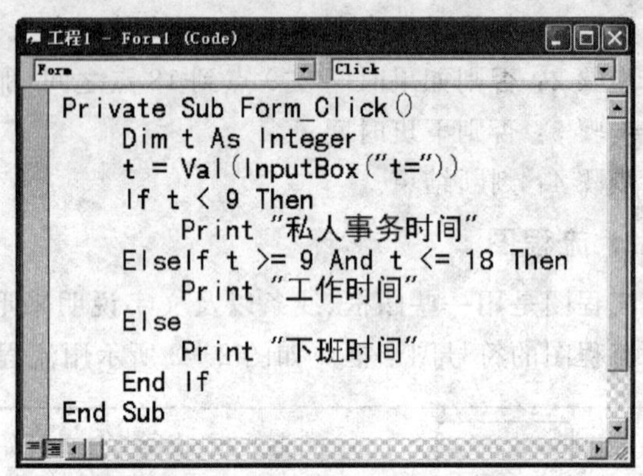


```
Private Sub Form_Click()
    Dim t As Integer
    t = Val(InputBox("t="))
    If t < 9 Then
        Print "私人事务时间"
    ElseIf t >= 9 And t <= 18 Then
        Print "工作时间"
    Else
        Print "下班时间"
    End If
End Sub
```

图 2-4 VB 程序代码实现算法

2.2.3 常用算法描述范例

虽然可以使用多种方法描述算法，但比较直观易学并便于编程的方法当属流程图描述算法。下面罗列一些比较常用和经典的算法流程图范例，便于后续问题分析和梳理思路的参考。

1. 累加累乘

计算机在实现一些重复有规律的问题计算时，通常如 $\sum_{i=1}^{n} i$ 和 $n!$ 采用循环控制算法，基于计算机内存存储信息的特征，对于累加累乘的处理，通常采用同一个变量的循环累次赋值，这样既节省内存又便于循环处理的实现。求解 $\sum_{i=1}^{n} i$ 的算法流程图如图 2-5 所示，求解 $n!$ 的算法流程图如图 2-6 所示。

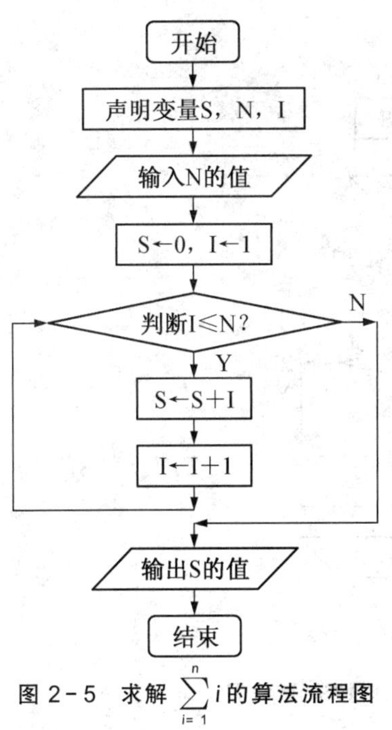

图 2-5　求解 $\sum_{i=1}^{n} i$ 的算法流程图

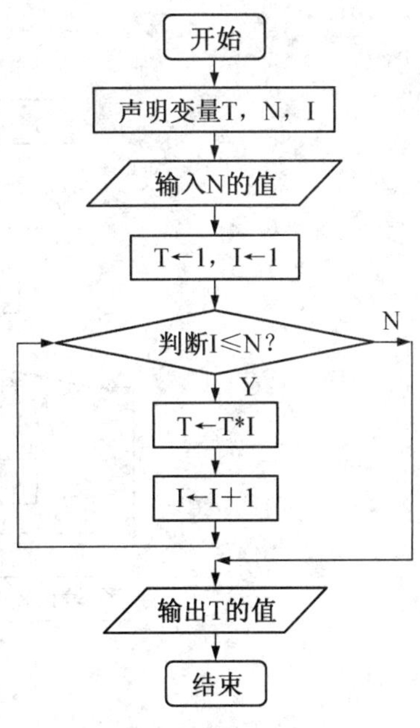

图 2-6　求解 $n!$ 的算法流程图

2. 整除求余(两个整数的最大公约数和最小公倍数)

两个正整数的最小公倍数和最大公约数分别指公倍数中最小的那个数和公约数中最大的那个数。根据这一特性，比较普通容易理解的算法是，可以运用数值的整除和求余算法配合循环，在两个数中较大的那个数到两个数的积之间，来判断给定的两个数的最小公倍数；在 1 到两个数中较小的那个数之间，求最大公约数。

由于最小公倍数和最大公约数之间存在一定的关联(给定的两个数的积等于最小公倍数和最大公约数的积)，因此在实际处理时，只要求出其中一个，另一个就可以换算出来。

但是处理效率比较高的两种经典算法是“辗转相除法”(“欧几里得算法”)求最大公约数和“叠加倍数法”求最小公倍数。求解最大公约数流程图如图 2-7 所示，求解最小公倍数流程图如图 2-8 所示。

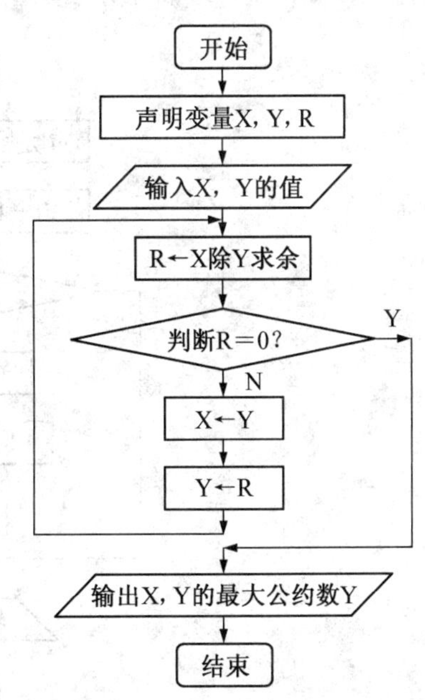

图 2-7　求解最大公约数(辗转相除法)流程图

3. 递推算法

递推法和穷举法是数学中常用的两种推理计算法。

递推算法，即通过已知条件，利用数据之间的特定关系得出中间推论，直至得到最终结果的算法。

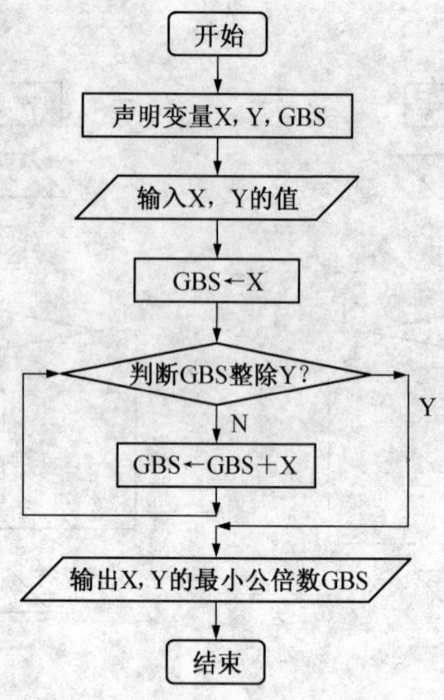

图 2-8 求解最小公倍数(叠加倍数法)流程图

穷举法，也叫枚举法或列举法。在研究对象是由有限个元素构成的集合时，把所有对象一一列举出来，再对其一一进行研究。有时穷举法用于破译密码，又称为暴力破解法，即将密码进行各种可能组合逐个推算直到找出真正的密码为止。

Fibonacci(斐波拉契)数列和杨辉三角形都属于比较典型的递推算法。而百钱买百鸡算是一种有趣味意义的穷举算法。求 Fibonacci 的第 100 项值的流程图如图 2-9 所示，百钱买百鸡的流程图如图 2-10 所示。

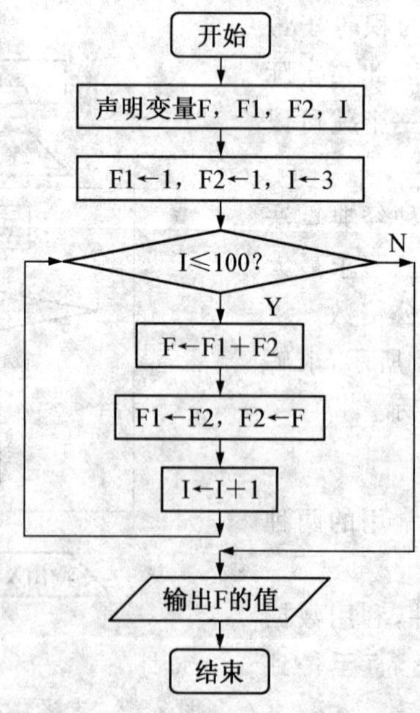

图 2-9 求 Fibonacci 的第 100 项值的流程图

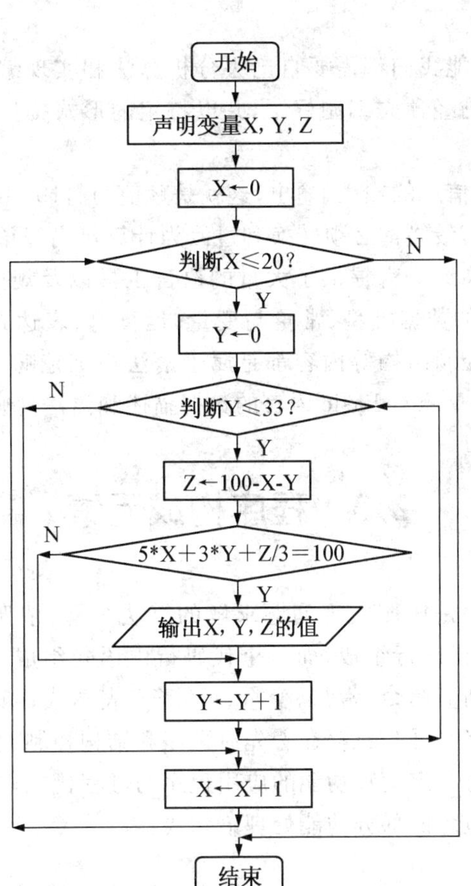

图 2-10 百钱买百鸡的流程图

2.2.4 语法规则

一种计算机程序设计高级语言，实际上是一套描述计算机解题步骤(算法)的规则体系。规则体系一旦制定，它就是对语言处理系统使用者的一种约束，使用者一定要按照这些规则编写程序，来描述解题步骤，不可逾越；否则就无法得到问题的真正求解和实现。

既然都是一些条条框框、规则体系，那么，只要死记硬背就足够了，程序设计者的计算思维能力与创造性又体现在哪里呢？我们学习程序设计语言的意义又在哪里呢？

关于 Visual Basic 语言，我们只能遵守规则而不能去创造规则，但这些只是我们解决问题过程中所必须借助的工具和平台而已，而我们学习 Visual Basic 程序设计的真正意义在于用高级语言编写程序去验证我们的分析算法并最终实现问题的求解。

虽然 Visual Basic 程序设计所能解决和应用的问题类型包括：数学运算问题；非数值信息处理问题；界面绘图、简单动画、网页制作、趣味游戏；数据库访问和信息查询等方面。但是所有的问题求解都离不开信息的处理，那么，无论是输入、输出或者中间处理，只要有信息，在计算机处理过程中就需要有相应的表示和存储这些信息的方式，这就是常量、变量和数据类型。

无论是怎样的信息类型，只要是信息处理，都会涉及具体的运算和表示，这就是运算符和表达式。

对于大部分的程序功能我们都需要自己去分析算法和实现编程，而有些特定功能的程序代码，计算机语言系统已经预先编制好了，并以特定的形式提供给编程者使用，这就是内部函数。

所有的问题都离不开信息的输入、输出，这就是赋值与打印。

所有问题求解的算法，最终都必须转换和过渡为计算机高级语言程序代码来实现，对应问题算法的描述，计算机高级语言提供了大量的语言工具以及规则来驾驭算法的实施和运作。而 Visual Basic 语言的数据类型、常量与变量、运算符、表达式、输出打印语句、赋值语句、常用内部函数和程序控制结构等内容都是属于语法规则范畴，要实现问题的求解，就必须先学会如何遵守和使用 Visual Basic 语言的数据描述和语法规则。

2.3 程序构成元素

Visual Basic 应用程序是按照实现问题求解的算法步骤，依照语法规则书写的过程代码。过程代码由一行行的代码行组成，而每个代码行由语句组成。语句就是完成某一项特定的操作，语句中包含了功能命令、常量、变量、运算符、表达式、函数和输入、输出相关的各种程序元素。而语句与语句之间，也存在着先后顺序和结构控制关系。

一般来说，任何一个有一定运算功能的应用程序的过程代码，在不考虑应用程序界面状态设置的情况下，都至少包含四部分功能处理语句块：

- ◆ 变量的声明。
- ◆ 原始数据的预设置或输入。
- ◆ 数据的运算和处理。
- ◆ 结果的输出。

下面将从具体问题出发，在问题的分析和求解的过程中，引入和介绍程序构成元素的语法、规则、作用和意义。

2.3.1 问题求解范例

例 2-1 计算表达式：$\frac{e^{2x}}{yz}(|x^3-y^2|+\ln\sqrt{|x|}+\frac{y}{z})e^{|x+y|}+\log_{10}|yz|\sin 30^\circ\cos 70^\circ$

问题分析。这是一个比较简单的数学求值问题，算式中有 3 个未知量 x，y，z，依照数学概念，其取值范围可以是 $y\neq0$ 和 $z\neq0$ 的实数。

首先这些量值必须要先从键盘输入，然后将 x，y，z 的值代入算式，可是算式中还有多种数学专用运算符号，如平方、立方、根号、绝对值、对数和三角函数等，这些特定的符号是无法直接从键盘上输入的，所以必须先将数学算式中的每个单项数学符号逐一转换为 Visual Basic 可理解的算术符号或表达式。

当所计算的算式完全可以用 Visual Basic 的表达式表示出来，那么具体的计算就交给计算机去算吧，我们只要输出计算的结果即可。

算法归纳。

(1) 分析问题涉及的量值，根据取值范围和运算需求选择合适的存储和表示方式。

(2) 算式中的未知量必须在计算之前获取，或输入或直接赋值。

(3) 由于算式的单项中出现了许多无法直接输入求值的数学运算符，所以必须先运用相关的运算符、函数和表达式将对应单项转换为 Visual Basic 可理解的求值项。

(4) 计算表达式的值；

(5) 输出显示最终表达式的计算结果。

算法流程图如图 2－11 所示。

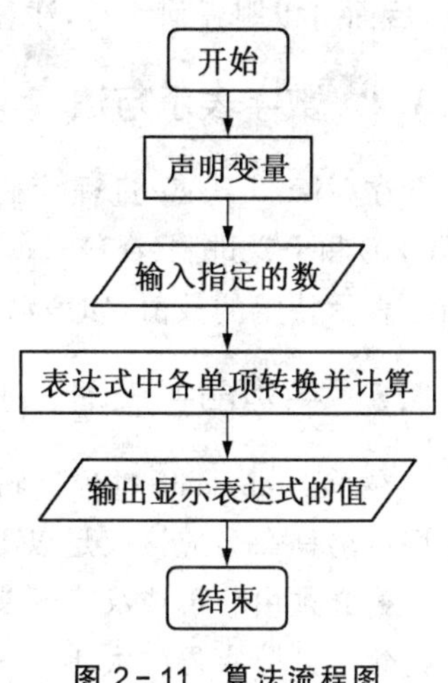

图 2－11 算法流程图

语句语法。

(1) 变量的数据类型声明和常量的书写规则。

(2) 变量的赋值以及输入实现方法。

(3) 各种数学运算符和表达式的表示与书写规则。

(3) 相关的函数的使用与调用规则。

(4) 输出信息的显示方法。

过程代码。本范例的 Visual Basic 应用程序过程代码如下。

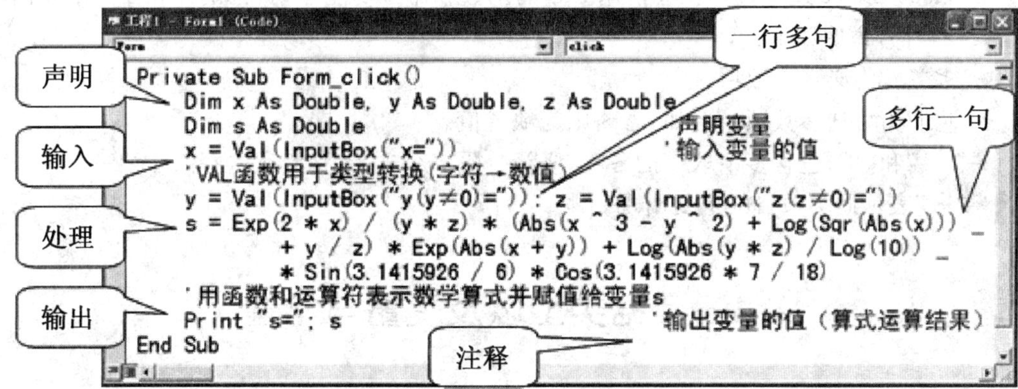

2.3.2 代码行和语句

Visual Basic 应用程序的过程代码由一行行的代码行组成，而每个代码行由语句组成。

◆ 一行代码行可以只写一条语句。

◆ 一行代码行也可以同时写多条语句，但语句之间必须用冒号“：”分隔。

◆ 一行代码行也可以是一条语句的一部分，当一条语句太长时，可以用续行符(后面不可以跟注释)，即一个空格后面跟一个下划线“ _”，将一条语句分成多行，系统执行时会理解为一条语句。

2.3.3 代码注释方法

Visual Basic 为程序代码提供了注释说明功能。注释是对代码行的文字说明，便于程序代码的阅读和理解，并不属于语句的一部分，所以内容不会被执行。注释用半角单引号“'”开

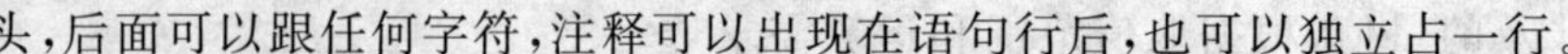

头,后面可以跟任何字符,注释可以出现在语句行后,也可以独立占一行。

2.3.4 数字表示方法

在 Visual Basic 过程代码中的数字表示方法可以是十进制(15、16)、八进制(&O17、&O20)和十六进制(&HF、&H10)。此外,系统预定义了很多冠以"VB"开头的符号常量,用于表示特定的数值,如表示颜色值的 VbRed、VbBlue、VbBlack 和 VbYellow 等。

2.3.5 名称命名规则

在 Visual Basic 过程代码中会使用多种元素,如常量、变量、过程和控件等,这些元素的标识符名称命名应该满足以下规则:

◆ 必须由字母或汉字开头,可包含数字和下划线符。

◆ 不区分字母的大小写。

◆ 字符个数在 1～255(控件和模块名不能超过 40 个)之间。

◆ 不能使用 Visual Basic 的关键字作为变量名。关键字是指 Visual Basic 系统中已经定义的词(语句、函数、运算符的名称等)。

2.3.6 函数、命令的语法描述规则

在 Visual Basic 过程代码中会使用大量的函数和命令功能语句,在函数和命令语句的语法格式中,符号说明如下:

◆ "< >"为必选参数项。

◆ "[ ]"为可选参数项。例如,省略则为缺省值。

◆ "{ }"和"|",包含多中取一的各项,竖线分隔多个选择项,必须选择其中之一。

◆ "…"表示同类项目的重复出现。

2.4 数据类型以及变量与常量

一个具体问题的求解一定离不开数据信息,数据信息是程序处理的原材料和结果。不同种类的数据信息,在计算机内存中会有不同的存储形式,运算规则也各不相同,呈现方式也各有千秋。

为了让计算机分清楚不同类型的信息形式,计算机语言都会提供多种形式的数据类型,供编程者选择,以便分门别类地把程序的数据信息定位,目的就是方便计算机的存储、表示和处理。

所以程序设计的第一步,就是要先分析问题涉及的数据信息的数量和种类,参照计算机语言提供的数据类型来确定数据信息的存储和表示形式。

2.4.1 数据类型

数据是程序的必要组成部分,也是程序处理的对象。数据类型是数据的表现存储形式。Visual Basic 预定义了丰富的数据类型,见表 2-1。

表 2-1 Visual Basic 6.0 的数据类型

类 型	类型符	名 称	字节数	取值范围和有效位数
整 型	%	integer	2	精确表示－32768～32767 范围内的整数
长整型	&	Long	4	精确表示－2147483648～2147483667 范围内的整数
单精度浮点型	!	Single	4	$-3.402823\times10^{38}\sim3.402828\times10^{38}$ 6 位有效位数
双精度浮点型	#	Double	8	$-1.79769313486232\times10^{308}\sim1.79769313486232\times10^{308}$ 15 位有效位数
字节型		Byte	1	0～255
变长字符	$	String	每个字符占 1 个字节，每个字符串最多可存放约 20 亿个字符	
定长字符	$	String * size	size 是小于 65535 的无符号整常数，为字符串长度	
逻辑型		Boolean	2	True(－1)或 False(0)
货币型	@	Currency	8	－922337203685477.5808～922337203685477.5807
日期型		Date	8	100.11～9999.12.31
对象型		Object	4	任何对象的引用
变体型		Variant	≥16	若存数值数据，占 16 个字节，最大达 Double 的范围若存放字符数据，字节数与字符串长度相同

对于前面例 2-1 中的问题求解，算式中的三个未知量 x，y，z，依照数学概念，其取值范围可以是 y≠0 和 z≠0 的实数。依照 Visual Basic 提供的数据类型，x，y，z 的数据类型就可以选择单精度浮点型 Single 类型，其在内存占用 4 个字节，取值的范围为：$-3.402823\times10^{38}\sim3.402823\times10^{38}$，有效数位数为 6 位。如果想要更大的取值范围和更多的有效数位数，也可以选择双精度浮点型 Double 类型，其在内存占用 8 个字节，取值的范围为：$-1.79769313486232\times10^{308}\sim1.79769313486232\times10^{308}$，有效数位数为 15 位。

需要特别说明的是，Visual Basic 的 Single 类型和 Double 类型的数据，表示各自数值范围内的数据是有误差的。因为将一个十进制的实数转换为二进制数，实际上用二进制是无法精确表示十进制的实数，即计算机不可能用无限位数来表示一个实数，误差由此而产生。

另外，变体型 Variant 类型是 Visual Basic 为程序中所有未声明类型的数据所确定的类型，可以用于存放各种类型的数据，因此占用比实际需要更多的存储空间。为培养良好的编程习惯，建议任何数据信息最好先声明后使用，最好尽量不使用变体型数据。

数据类型的选择原则是适合和够用即可，不需要每次都选最大的，那样会消耗太多的内存空间。就好比我们吃自助餐一样，吃多少拿多少，只拿对的不拿贵的，不要浪费。

2.4.2 变 量

对于前面例 2-1 中的问题求解，有三个未知量 x，y，z，在进行具体的 Visual Basic 程序设计过程中，这些未知量统一用变量来表示。

变量可以保存程序运行时用户输入的数据、特定运算的结果以及要在窗体上显示的一组数据等。简而言之,变量是用于跟踪几乎所有类型信息的存放容器工具。

变量是一段有名字的内存存储空间。在程序设计源代码中通过定义变量来申请并命名这样的存储空间,并通过变量的名字来使用这个存储空间。变量是程序中数据的临时存放场所。在代码中可以使用多个变量,变量中可以存放文字、数值、日期以及属性等信息。

使用变量并不需要了解变量在计算机内存中的地址,只要通过变量名引用变量就可以查看或更改变量的值。一个变量某个时刻只能存储一个值。

描述变量通常由五方面因素决定:变量的命名、变量的类型、变量的声明、变量的作用域和变量的生存周期。

1. 变量的命名

分析问题,确定问题中涉及的信息个数,依照 2.3.5 名称命名规则分别为变量命名。另外,Visual Basic 不区分变量名的大小写,即大小写是一样的,如 X 与 x 是同一变量。在同一个使用范围内,变量名必须是唯一的,范围就是可以引用变量的作用域:一个过程或一个窗体内等。同时变量取名也应该尽量做到"顾名思义",以提高程序的可读性。

2. 变量的类型

分析问题,确定问题中涉及的信息形式,选择合适的数据类型来存储和表示。Visual Basic 中的数据类型主要分为五大类:数值型、字符型、日期型、逻辑型和对象型。

其中的字节型 Byte、整型 Integer、长整型 Long、单精度浮点 Single、双精度浮点 Double 和货币型 Currency 都属于数字型,用于存储和处理可以进行数学计算的数值信息。

其中的变长字符 String 和定长字符 String * size 类型都属于字符型,用于存储和处理不能进行数学运算的文字信息。另外,逻辑型 Boolean 用来存储和处理只有二值的逻辑问题;日期型 Date 用来存储和处理与日期有关的信息。

3. 变量的声明

在 Visual Basic 程序设计代码中,建议在程序的一开始先声明程序中所有的变量,然后再使用。变量的声明分为:显式声明和隐性声明。

(1) 显式声明。

声明格式:{**DIM** | **STATIC** | **PRIVATE** | **PUBLIC**}**<变量名>** [**AS <类型>**]

可以在一个过程的首部或一个模块的通用部分,用上述格式声明一个或多个变量。

(2) 隐性声明。如果不声明变量的类型,那么变量默认为 VARIANT 变体类型。但如果在变量名后面加上类型符(表 2-1),称为对变量的隐性声明,如变量名为 x%,表示其为整型 Integer。虽然这种方法看似用起来很方便,但是如果把变量名拼错了的话,会导致难以查找的错误。

(3) 强制声明。在窗体或标准模块的通用部分写入语句:OPTION EXPLICIT,则 Visual Basic 会自动检查程序中是否有未声明的变量,若存在,则显示出错信息,提示编程者声明所使用的变量。建议先声明再使用变量,有利于程序调试和纠错。

(4) 变量的初值。声明了变量以后,Visual Basic 自动将数值类型的变量赋初值 0,变长字符串被初始化为零长度的字符串(""),定长字符串则用空格填充,日期型的变量初值为:

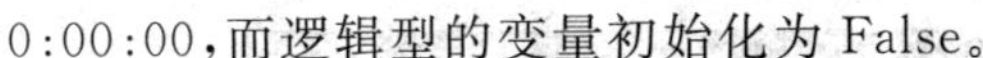

0:00:00，而逻辑型的变量初始化为 False。

4. 变量的作用域

在 Visual Basic 的程序代码中，根据声明变量语句出现的位置和命令关键字，决定了声明的该变量的作用域。所谓作用域指的是变量可使用的范围。如果作用域范围只是某个过程，则称为过程级或局部；如果作用域范围是某个窗体或标准模块，则称为模块级；如果作用域范围是工程中的所有程序范围，则称为全局级。

- 动态过程级（在过程中声明）：**DIM ＜变量名＞［AS ＜类型＞］**
- 静态过程级（在过程中声明）：**STATIC ＜变量名＞［AS ＜类型＞］**
- 模块级（在通用处声明）：**PRIVATE（或 DIM）＜变量名＞［AS ＜类型＞］**
- 全局级（在通用处声明）：**PUBLIC ＜变量名＞［AS ＜类型＞］**

在一个过程内部用 DIM 语句声明的变量，只有在该过程执行时才临时申请内存空间而存在。过程一结束，该变量的内存空间就被回收，变量的值也就消失了。用 STATIC 关键字声明一个局部变量，那么，即使过程结束，变量的存储空间仍然保留着，所以值也就不会消失，但是这个变量值只能在执行该过程时才能使用。

此外，过程中声明的变量值对过程来说是局部的，也就是说，无法在一个过程中访问另一个过程中的同名变量。由于这些特点，在不同过程中就可使用相同的变量名，而不必担心有什么冲突和意想不到变故。如果不在过程内部，而在窗体或标准模块的通用部分用 PRIVATE（或 DIM）声明变量，这将使变量对模块中的所有过程都有效；如果用 PUBLIC 关键字声明变量，这将使变量在整个应用程序中有效。

5. 变量的生命周期

变量的生命周期由变量的声明方式和作用域决定，包括过程级、模块级和全局级。

- 过程级。用 DIM 声明的变量，其生命周期随所在过程的结束而完结；用 STATIC 声明的变量，其生命周期随所在的模块的结束而完结，但其仅仅属于所在过程。
- 模块级。其生命周期随所在的模块的结束而完结。
- 全局级。其生命周期随所在的工程的结束而完结。

在不同级别或不同过程之间的变量同名时，依照就近原则归属其被管辖的范围；级别低的屏蔽级别高的变量；同级别不同过程的（显示声明过）同名变量视为不同变量。

例 2－2　阅读并观察下面给出的事件过程代码和运行界面信息显示，了解并掌握变量声明以及变量作用域与生命周期的关系，解释运行界面的效果来由。

变量声明与作用域示例过程代码如下所示：变量作用域示例运行界面（按钮 1234 自左到右顺排）：

问题分析。对照程序代码和的程序运行界面，变量的作用域与生命周期分析如下：

在窗体通用的部分，变量 n 声明为模块级变量，其作用域是整个窗体模块，其生命周期是当窗体加载时生效，窗体卸载时失效。

```
Option Explicit                         '强制声明变量
Dim n As Integer                        '变量n为模块级变量
Private Sub Command1_Click()
    Dim n As Integer                    '变量n为过程级变量，屏蔽同名模块变量
    n = n + 1                           '变量在原来值的基础上递增1（变量计数）
    Command1.Caption = n
End Sub
Private Sub Command2_Click()
    Static n As Integer                 '变量n为静态过程级变量，屏蔽同名模块变量
    n = n + 1                           '静态变量的生命周期同模块级变量
    Command2.Caption = n                '但作用域却仅限当前过程 Command2_Click
End Sub
Private Sub Command3_Click()
    n% = n% + 1                         '变量n在过程中隐性声明，归属同名模块变量管辖
    Command3.Caption = n%
End Sub
Private Sub Command4_Click()
    n = n + 1                           '变量n在过程中未声明，归属同名模块变量管辖
    Command4.Caption = n
End Sub
Private Sub Form_Load()
    Form1.Caption = "变量作用域与生命周期测试"
    Command1.Caption = ""
    Command2.Caption = ""
    Command3.Caption = ""
    Command4.Caption = ""               '将命令按钮的标题属性赋值为空字符
End Sub
```

当单击命令按钮 command1 时，变量 n 声明为过程级变量，那么上面的模块级同名变量 n 被屏蔽。所以根据过程级变量的作用域和生命周期，无论单击多少次命令按钮 command1，其标题显示的数字永远是 1。

当单击命令按钮 command2 时，变量 n 声明为静态过程级变量，那么同样上面的模块级同名变量 n 被屏蔽。所以根据静态过程级变量的作用域和生命周期，每单击一次命令按钮 command2，其标题显示的数字就会自动递增 1。

当单击命令按钮 command3 或命令按钮 command4 时，变量 n 在过程中并没有显式声明，那么根据就近原则，其归属上面的模块级同名变量 n 的管辖范围。所以根据模块级变量的作用域和生命周期，每单击一次命令按钮 command3 或命令按钮 command4，其标题显示的数字就会自动递增 1。但显然，命令按钮 command3 和命令按钮 command4 单击事件过程中的变量 n 是归属于同一个上级，因此是同一个变量，那么当交替单击两个按钮时，按钮标题上的数字是交替递增的。

2.4.3 常数与常量

程序设计过程中，不仅仅涉及大量的变量，也会涉及一些已知固定的数据，这些数据在 Visual Basic 中用常数表示。常数是直接写在程序中的数据，常数的书写格式可以决定常数的数据类型。

1. 数值常数

◆ 正数、负数、整数都可以用日常数学中的惯用书写方式来表示数值常数。

◆ 表示小数时，小数点前面的 0 通常是被省略掉，如－0.123 显示为：－.123。

◆ 超过 15 位有效数字的实数，Visual Basic 用科学表示法，也就是指数形式表示。日常的一个实数 1.2345×10^{15}，用科学表示法书写为：1.2345E+15，其中的 E 相当于 10，后面的数相当于 10 的幂次，幂次必须是整数，但可正可负。

◆ 如果一个数超出了其数值类型的有效范围,就会出现"溢出"(Overflow)错误。

◆ Visual Basic 中的常数一般采用十进制数,但有时也使用十六进制数(数值前加前缀&H)或八进制数(数值前加前缀 &O)。

2. 字符串常数

字符串常数是用双引号括起来的一串字符,如格式为: "ABCD"、"12SDDFG"、"Chr(13)"(回车符)、"无效数据输入"等。每个字符占 1 个字节。

3. 逻辑常数

逻辑常数只有两个值: 真(True)和假(False)。当把数值常数转换为 Boolean 时,0 为 False,非 0 值为 True;当把 Boolean 常数转换为数值时,False 转换为 0,True 转换为-1。

4. 日期常数

日期常数用来表示日期和时间,Visual Basic 可以表示多种格式的日期和时间,输出格式由 Windows 设置的格式决定。日期常数用两个"#"把表示日期和时间的值置于其间,如#02/22/2012#、#2012-02-22 22:22:22 PM#,等等。

5. 符号常量

当程序中多次出现某个常用的常数时,如数学中的 π。为便于程序修改和阅读,可以给它赋予一个名字,以后用到这个常数时就用名字代表,这个名字就称为符号常量。

定义格式: [**PUBLIC/PRIVATE**] **CONST** <符号常量名> [**AS** <类型>]=<表达式>

可以在窗体模块的任何地方定义符号常量。在窗体通用部分声明和在事件过程中声明的符号常量与变量的作用域类似。

2.5 输入、输出语句以及函数

任何问题的求解,都少不了需要输入原始数据和输出计算和处理的结果。Visual Basic 提供了多种命令语句和函数来实现输入、输出功能。

2.5.1 赋值语句

用来表明赋给某一个变量一个具体确定值的语句叫做赋值语句。在算法语句中,赋值语句是最基本的语句。

格式: **<变量名>=<表达式> 或 <控件名>.<属性名>=<表达式>**

功能: 计算表达式的值并转换为相同类型数据后为等号左边的变量或控件属性赋值。

用法: A=A+B * 5 * 6/34 :Command1. Caption="确定" :X=Val(Text. text)

说明:

(1) 为数值变量赋值时,表达式的值不得超过数值变量的数值范围,否则显示错误信息。

(2) 值为浮点类型的表达式四舍五入后向整型变量赋值。

(3) 任何类型表达式都可以向字符类型的变量赋值。

(4) 赋值号不等同于数学算式中的等号。

2.5.2 Print 语句

使用 Print 语句可以在容器对象上输出表达式的值。

格式：[<对象名称>.] **Print** [<输出项>[[{,|;}][<输出项>]]...]

功能：在指定容器对象中显示输出指定的一项或多项输出项信息。

用法：Form1. Print “hello!” :Debug. Print “s=”;2 * 3/4;”p=”;67－4 * 3/5

说明：其中，<对象名称>可以是窗体（Form）、图片框（PictureBox）和立即窗口（Debug）等。具体说明如下：

(1) 输出项之间的分隔符“,”为分段格式，“;”为紧凑格式。Visual Basic 将一行分为若干段，每 14 列为 1 段，若两个输出项之间用逗号间隔，则第 2 个数据项的输出位置从下一段开始；若两个输出项之间用分号间隔，则第 2 个数据以“紧凑”格式输出。

(2) 语句末尾为分隔符“,”或“;”，则该语句最后的输出位置为下一条 print 语句输出的起始位置。

(3) 若省略输出项，则输出一空行。

(4) 书写程序代码时，可以直接用？替代 Print。

需要特别提示：

无论是分段格式还是紧凑格式，数值数据输出前面有符号位，后面尾随一个空格。字符类型的数据原样显示引号内的内容。日期类型的数据输出井字号内的内容，后面尾随一个空格。逻辑类型数据直接输出 True 或 False。

例 2－3　阅读并观察图 2－12 所示的立即窗口中的代码和显示信息，了解并掌握不同类型变量的赋值方式与输出格式的异同，解释运行界面的效果来由。

观察图 2－12 所示的立即窗口信息，不同类型的变量在运算和输出上都有所差别，具体分析如下：

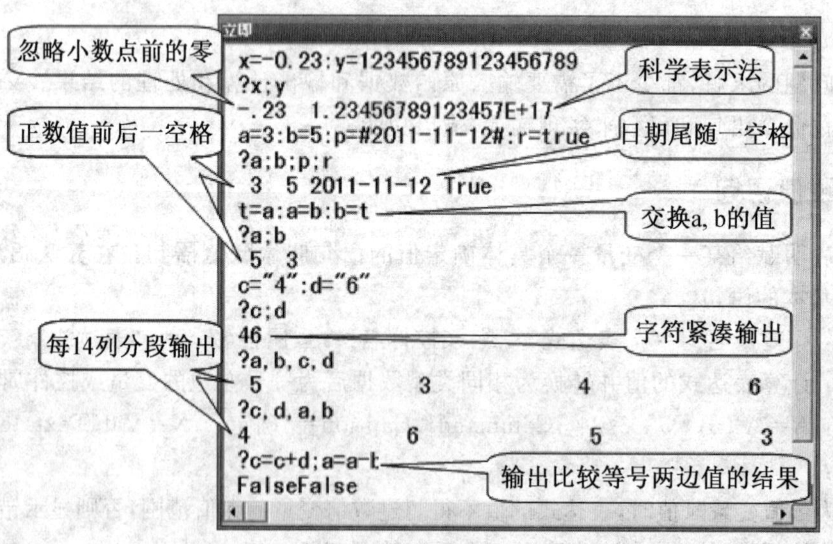

图 2－12　不同类型数据的赋值与输出

对于数值型纯小数，在输出时小数点前的零被忽略不显示。对于有效数字超过 15 以上的实数，用科学表示法显示输出。

一个变量一次只能存储当前值，新赋值的内容会覆盖之前赋值的内容。交换两个变量的值，必须借助第三个变量做暂存，这就好比我们要将装满牛奶和咖啡的两杯饮料互换杯子的过程，需要第三个杯子是一个原理。

数值数据在以紧凑格式(分号分割)输出时，前面预留一位符号位后面尾随一个空格，所以两个数值之间有两个空格；以分段格式(逗号分隔)输出时，每项数据输出在 14 列内，没有内容，就由空格填满。

对于语句？a=a－b 的解读是先判断变量 a 的值(5) 与等号右边的表达式(a－b)的值(5－3=2)是否相等，然后再将比较的结果 False(逻辑值)显示输出。

字符类型的赋值方式，是先将等号右边的表达式进行字符黏合运算，然后将黏合出的字符串赋值给等号左边的变量。字符数据在以紧凑格式输出时，数据与数据之间完全贴合，没有空格。

对于语句？c=c＋d 的解读是先判断变量 c 的值(“4”)与等号右边的表达式(c＋d)的值(字符串“4”＋“6”=“46”)是否相等，然后再将得到的结果 False(逻辑值)显示输出。

例 2－4　观察并阅读图 2－13 所示的运行界面信息显示，了解并掌握常量与变量的声明与值的关系，说明符号常量和变量的作用。

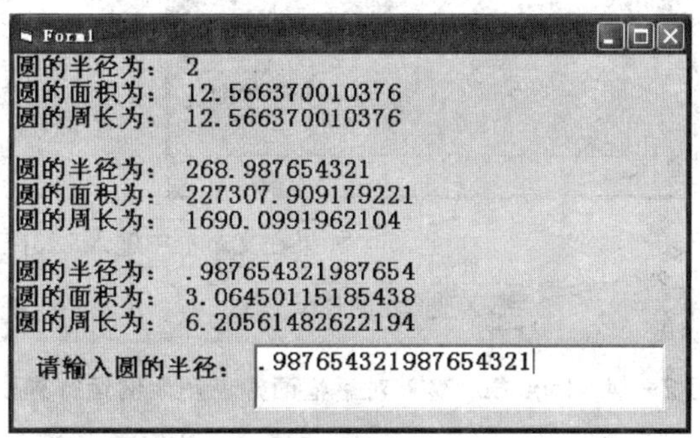

图 2－13　常量与变量使用示例运行界面

对照图 2－13 所示的程序运行界面，常量与变量的使用示例的过程代码如下：

```
Private Sub Form_Load()
    Text1.Text = ""                              '将文本框清空（空字符）
    Label1.Caption = "请输入圆的半径：" '将标签的标题属性赋值（字符类型）
End Sub
Private Sub Form_Click()
    Dim area As Double                           '定义存放面积、半径和周长的变量为双精浮点类型
    Dim radius As Double, perimeter As Double
    Const pi As Single = 3.1415926               '定义符号常量pi为π值，为单精浮点类型
    radius = Text1.Text
    area = pi * radius * radius                  '计算面积和周长
    perimeter = 2 * pi * radius
    Print "圆的半径为："; radius
    Print "圆的面积为："; area                   '输出显示计算出的面积和周长
    Print "圆的周长为："; perimeter
    Print
End Sub
```

计算圆的面积和周长都需要基础数据圆周率和圆半径，圆周率是一个常数，半径需要临

时从键盘输入，而实际处理过程是一个纯粹的数学运算问题，需要参与运算的基础数据都是数值类型的。可是通过文本框输入的数据都是字符类型的，所以必须将文本框的值赋值给声明为数值类型的变量，这样变量值的数据类型也就随之而改变。

为了保证较高的运算精度，所以将存放半径、周长和面积的变量都声明为双精浮点数值类型，而 x 的值使用了定义为单精浮点数值类型的符号常量 PI 来表示。观察运行界面，可以看到输出值的精度表示情况。

2.5.3 InputBox 函数和 MsgBox 函数

Visual Basict 提供了界面输入/输出对话框函数，方便信息的输入和输出。

1. InputBox 函数

InputBox 函数也称为输入对话框，返回用户在对话框中输入的信息。

格式：**<变量名>=InputBox([<提示信息>][,[<对话框标题>][,<默认值>]]**

用法：图 2-14 所示为 InputBox 输入对话框函数在立即窗口的使用和运行示例。

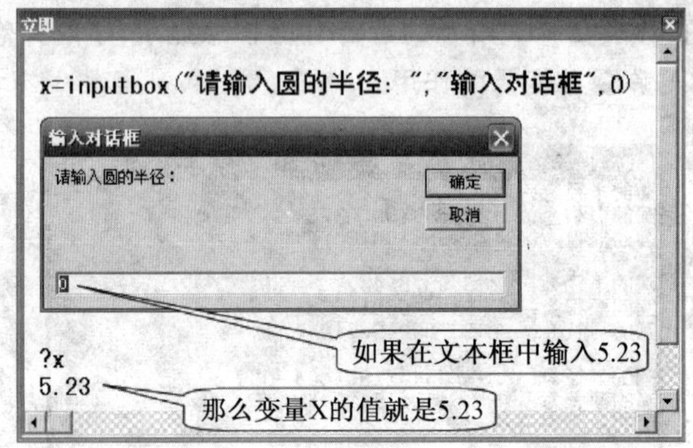

图 2-14 InputBox 输入对话框函数使用示例运行界面

说明：

(1) <提示信息> 指定在对话框中出现的文本信息。

(2) <对话框标题> 指定对话框的标题信息。

(3) <默认值> 可以指定文本框中显示的默认信息。

(4) 该函数输入的数据为字符类型。如果变量为非字符类型，需要通过函数将字符类型转换为与变量同一类型后赋值给变量，否则可能会出现类型不匹配的错误。

2. MsgBox 函数

MsgBox 函数也称为消息对话框，返回一个整数以标明单击了哪个按钮。

格式：**[<变量名>] = MsgBox(<提示信息>[,[<对话框类型>][,<对话框标题>]])**

用法：图 2-15 所示为 MsgBox 信息对话框函数在立即窗口的使用和运行示例。

说明：

(1) <提示信息> 指定在对话框中出现的文本信息。

(2) <对话框类型> 指定对话框中出现的按钮和图标样式。

(3) <对话框标题> 指定对话框的标题信息。

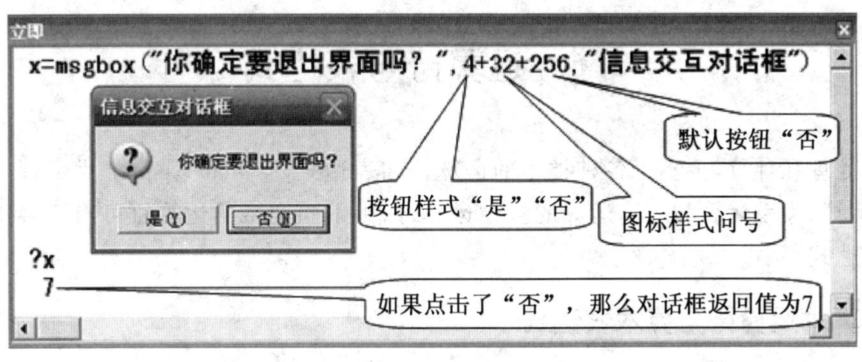

图 2-15 MsgBox 信息对话框函数使用示例运行界面

<对话框类型>通过 3 个参数的不同取值来获得所需要的按钮样式、图标样式以及默认按钮。详细规则见表 2-2、表 2-3 和表 2-4。

函数 MsgBox 对用户在消息对话框中所单击的不同按钮，将返回产生不同的数值，根据不同的返回值，可以实现预设的设计意图。其对应关系见表 2-5。

表 2-2 默认按钮

值	Visual Basic 常量	说　明
0	VbDefaultButton1	第一按钮为默认按钮
256	VbDefaultButton2	第二按钮为默认按钮
512	VbDefaultButton3	第三按钮为默认按钮

表 2-3 图标样式

值	Visual Basic 常量	图标样式
16	VbCritical	停止图标
32	VbQuestion	问号(?)图标
48	VbExclamation	感叹号(!)图标
64	VbInformation	消息图标

表 2-4 按钮样式

值	Visual Basic 常量	按钮样式
0	VbOKOnly	"确定"按钮
1	VbOKCancle	"确定"和"取消"按钮
2	VbAbortRetryIgnore	"终止"、"重试"和"忽略"按钮
3	VbYesNoCancle	"是"、"否"和"取消"按钮
4	VbYesNo	"是"和"否"按钮
5	VbRetryCancle	"重试"和"取消"按钮

表 2-5 单击消息对话框中不同按钮返回的不同值

返回值	按　钮	返回值	按　钮
1	"确定"按钮	5	"忽略"按钮
2	"取消"按钮	6	"是"按钮
3	"终止"按钮	7	"否"按钮
4	"重试"按钮		

2.6 运算符与表达式

信息处理和计算，少不了各种类型的运算符和表达式，Visual Basic 提供了针对算术运算、字符运算、关系运算和逻辑运算的多种运算符，由不同类型的运算符可以连接组成不同类型的表达式。

2.6.1 算术运算符与算术表达式

Visual Basic 共有 8 个算术运算符，见表 2－6，除了负号是单目运算符，其他都是双目运算符。由算术运算符组成的算式为算术表达式。

表 2－6 算术运算符

优先级	运算符	名 称	实 例
高	^	乘方	2^3 值为 8，－2^3 值为 8
↓	－	取负	－3
↓	*	乘法	5 * 8
↓	/	除法	7/2 值为 3.5
↓	\	整除	7/2 值为 3，12.58\3.45 值为 4(两边的操作数舍入后再运算)
↓	Mod	求余数	7mod2 值为 1，12.58 Mod3.45 值为 1(两边先四舍五入再运算)
↓	＋	加法	1＋2
低	－	减法	5－8

例 2－5 在立即窗口完成下列指定的计算处理。

(1) 求将三位正整数(345)的倒序后的三位正整数(543)；

(2) 求收费找零的金额(99)中各种面额钞票的张数(50 元、20 元、10 元、5 元、2 元和 1 元)。

图 2－16 和图 2－17 所示是在立即窗口实现题目要求的计算界面。

2.6.2 字符串运算符与字符串表达式

字符运算符有两个："＋"和"&"，均为双目运算符，用于连接两边的字符表达式。

字符连接符"&"具有自动将非字符类型的数据转换成字符后再进行连接的功能，而"＋"则不能，如果"＋"两边的值都是字符类型，那么直接将两个值粘合为一个字符串；如果"＋"两边的值有一个是数值类型，而另一个是字符类型，那么"＋"将进行数值运算，也就是自动将字符类型的值转换为数值类型的值，然后实施数值加法运算；如果字符类型的值无法转换为数值类型的值，就会跳出错误信息："类型不匹配"。

例 2－6 在立即窗口完成下列指定的处理：测试字符运算符"＋"和"&"的异同。

图 2－18 所示是在立即窗口实现题目要求的处理界面。

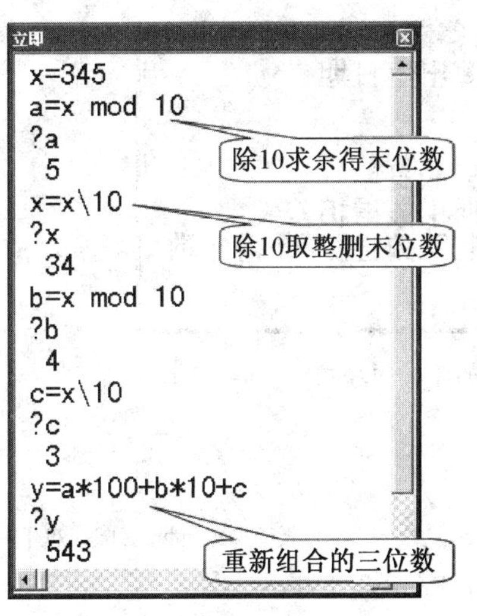

图 2-16　三位正整数倒序计算处理

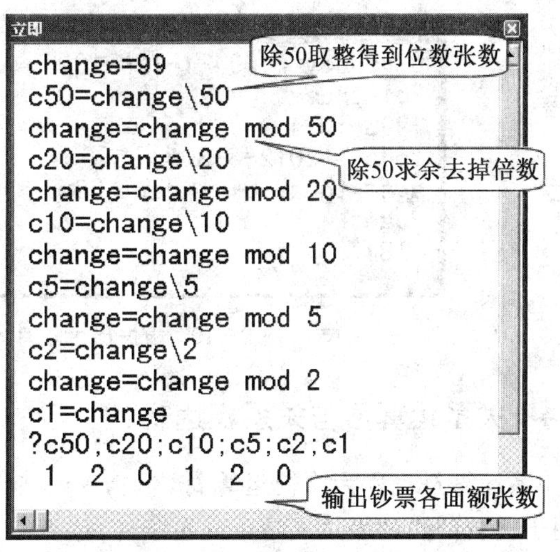

图 2-17　收费找零面额钞票的张数计算处理

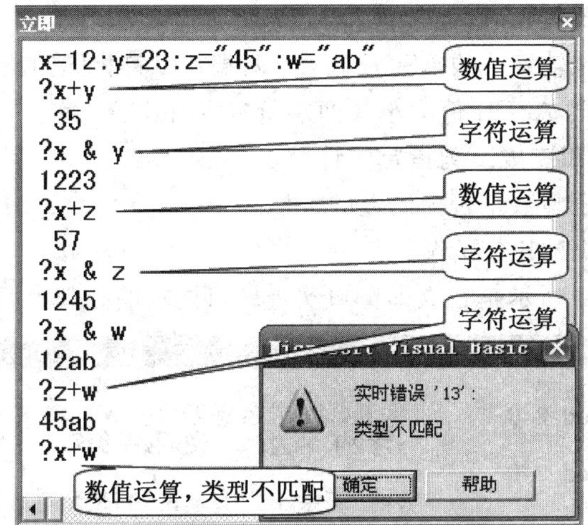

图 2-18　字符运算符“+ ”和“&”的异同

2.6.3　日期运算符与日期表达式

日期运算符有两个：“＋”和“－”，均为双目运算符。由日期运算符组成的算式为日期表达式。日期类型的数据加上或减去一个数值类型的数据，得到一个新日期数据，相当于加上若干天或减去若干天后的日期。

两个日期类型的数据相减，得到两个日期相差的天数。

例 2-7　在立即窗口完成下列指定的计算：1994 年 1 月 12 日是小明出生 100 天的日期，计算小明的实际年龄。

图 2-19 所示是在立即窗口实现题目要求的处理界面。

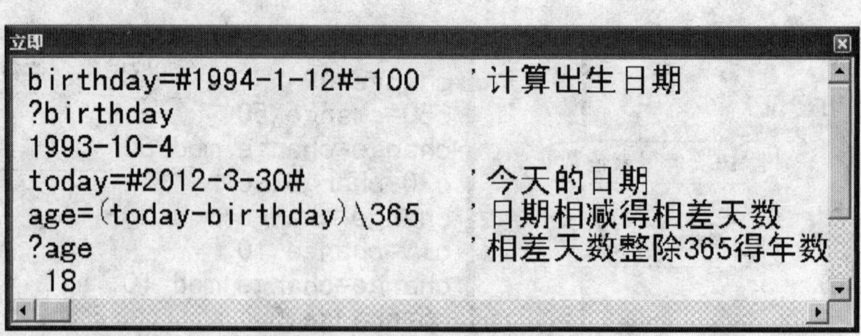

图 2-19 根据出生年月计算的年龄的算式

2.6.4 关系运算符与关系表达式

关系运算符也称为比较运算符，包括 <、<=、>、>=、=、<> 6 种，均为双目运算符，用于比较两边的表达式是否满足条件，运算结果为 True 或 False。

在关系表达式求值时：

(1) 数值数据比较大小，如 3<=5 为 True。

(2) 日期类型数据比较先后，如 #11/18/1999# > #03/05/2001# 为 False。

(3) 字符类型数据比较字符的 ASCII 码：若两端首字符相同则比较第二个字符，依次类推直到比较出相应字符的 ASCII 值大小或两端所有字符比较结束。

例 2-8 在立即窗口完成下列指定的计算。

(1) 构造判断一个正整数是否为偶数的条件式。

(2) 示范字符型数据的比较情况。

图 2-20 和图 2-21 所示是在立即窗口实现题目要求的处理界面。

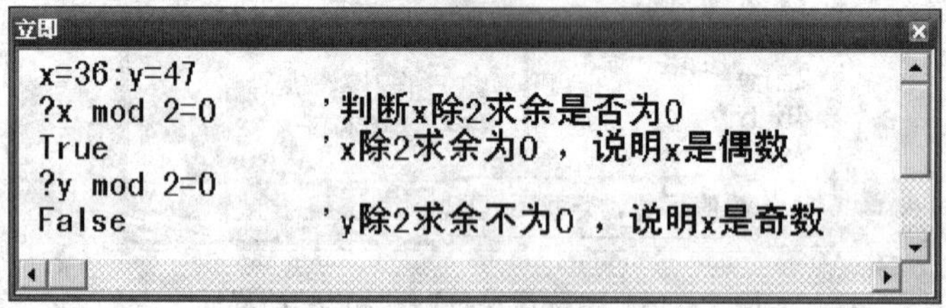

图 2-20 偶数的判断条件式

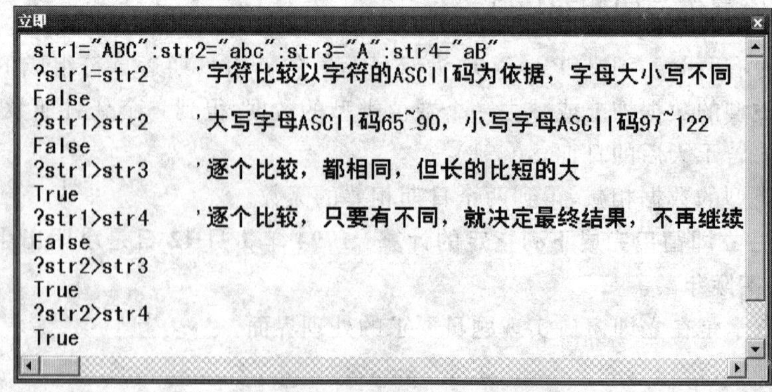

图 2-21 字符型数据的比较

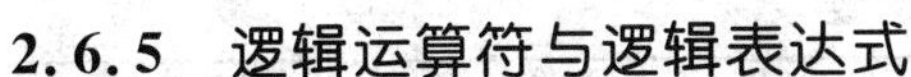

2.6.5　逻辑运算符与逻辑表达式

常用的逻辑运算符有 3 种；And(与)、Or(或)、Not(非)，逻辑运算符的优先级是：先 Not，次 And，后 Or。由逻辑运算符组成的算式为逻辑表达式。

多种运算符混合运算的优先级关系为：先算术运算符，次关系运算符，后逻辑运算符。

例 2-9　在立即窗口完成下列指定的计算。

(1) 构造判断三角形的三条边是否能构成三角形的条件式。

(2) 构造判断一个坐标点是否落在指定半径的圆周内的条件式。

(3) 构造判断一个年份是否闰年的条件式。

图 2-22 所示的立即窗口信息给出题目要求的表达式的书写代码与运行效果。

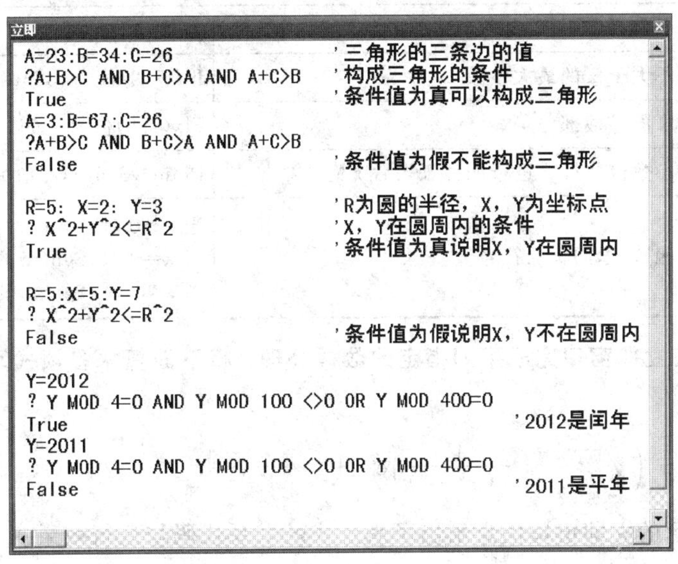

图 2-22　逻辑运算符与表达式

2.7　常用内部函数

Visual Basic 提供了大量的内部函数，用于完成特定的功能。在具体的程序设计过程中，如果需要函数的功能，只需要直接调用，而不需要自己编写代码，非常方便。Visual Basic 的内部函数按类型分类，主要有数学计算类函数、字符处理类函数、日期类函数、转换类函数和其他综合类函数。

2.7.1　数学计算类函数

常用数学计算类函数见表 2-7 所示。

表 2-7　数学计算类函数

函　数	说　明	示　例
Sin(x)	分别返回正弦值、余弦值、正切值和反正切值 三解函数的自变量 x 必须是弧度	sin30°，应写作： sin(30 * 3.1416/180)
Cos(x)		
Tan(x)		
Atan(x)		
Abs(x)	返回 x 的绝对值	|-3|，应写作：Abs(-3)
Exp(x)	返回 e 的指定次幂，即 e^x	e^2，应写作：Exp(2)
Log(x)	返回以 e 为底的自然对数，若求以 10 为底的对数，需换底	Ln(10)，应写作：Log(10)
Sqr(x)	返回 x 的平方根	$\sqrt{2}$，应写作：Sqr(2)
Int(x)	返回不大于 x 的最大整数	Int(7.8)值为 7，Int(-7.8)值为-8
Fix(x)	返回 x 的整数部分	Fix(7.8)值为 7，Fix(-7.8)值为-7
Round(x,n)	返回小数位数按 n 进行四舍五入后 x 的值	Round(5.678,2)值为 5.68
Sgn(x)	符号函数，返回 x 的符号值	当 x>0 时，Sgn(x)的值为 1 当 x=0 时，Sgn(x)的值为 0 当 x<0 时，Sgn(x)的值为-1

例 2-10　在立即窗口完成下列指定的数据处理：将下面算术多项式写成 Visual Basic 的表达式。

$$\sin 20^\circ \cos 70^\circ + \left(\sqrt{|x|} + \frac{1}{x(x-1)}\right)e^{2x} + \lg|x| - x^2$$

图 2-23 所示的立即窗口信息给出了表达式的书写代码与运行效果。

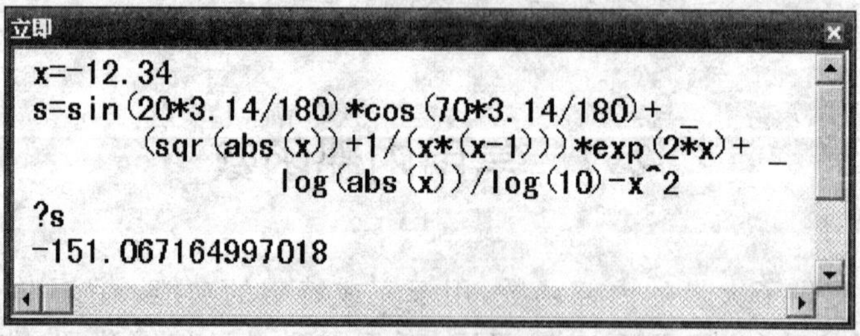

```
立即
x=-12.34
s=sin(20*3.14/180)*cos(70*3.14/180)+ _
     (sqr(abs(x))+1/(x*(x-1)))*exp(2*x)+ _
            log(abs(x))/log(10)-x^2
?s
-151.067164997018
```

图 2-23　多项式计算

其中在调用三角函数 sin(x)或 cos(x)时，需要将相应的度数转换为弧度，如 sin(20 * 3.14/180)。

另外，在调用自然对数函数 log(x)时，需要换底将以 e 为底的对数换成以 10 为底的对数，如：log(abs(x))/log(10)。

2.7.2　字符处理类函数

常用字符处理类函数见表 2-8。

表 2-8　字符类函数

函　数	说　明	示　例
Ltrim(x)	返回删除字符串 x 前导空格符后的字符串	Ltrirm(" ab　cd ")值为"ab　cd "
Rtrim(x)	返回删除字符串 x 尾随空格符后的字符串	Rtrim(" ab　cd ")值为" ab　cd"
Trim(x)	返回删除字符串 x 前导和尾随空格符后的字符串	Trim(" ab　cd ")值为"ab　cd"
Left(x,n)	返回字符串 x 前 n 个字符所组成的字符串	Left("abcd",2)值为"ab"
Right(x,n)	返回字符串 x 后 n 个字符所组成的字符串	Right("abcd",2)值为"cd"
Mid(x,m,n)	返回字符串 x 从第 m 个截取 n 个字符后的字符串	Mid("abcd",2,2)值为"bc"
Len(x)	返回字符串 x 的长度,如果 x 是变量名,则返回 x 所点存储空间的字节数	Len("abcdefg")的返回值为 7 Len(k%)的返回值为 2
Space(n)	返回由 n 个空格字符组成的字符串	"ab"＋Space(5)＋"cd"值为"ab　cd"
String(n,x)	返回由 n 个 x 字符组成的字符串	String(5,"*")值为"*****"
Instr(s,x,y)	字符串查找函数,返回字符串 y 在字符串 x 中从第 s 个字符开始首次出现的位置。如果 y 不是 x 的子串,即 y 没有出现在 x 中,则返回值为 0	a＝"abcdefgcdxy" instr(a,"cd")的值为 3(从第 1 个开始) Instr(4,a,"cd")的值为 8
Lcase(x)	返回以小写字母组成的字符串	Lcast("abCDe")返回值为"abcde"
Ucase(x)	返回以大写字母组成的字符串	Ucase("abCDe")返回值为"ABCDE"

例 2-11　在立即窗口完成下列指定的数据处理。

(1) 构造判断字符串 C 的第一个字符是英文字母且最后一个字符是数字字符的条件式。

(2) 将 0～9 之间的阿拉伯数字转换为中文数字。

(3) 搜索一个字符串在另一个字符串中出现的所有位置。

图 2-24、图 2-25 和图 2-26 所示的立即窗口信息给出了各式表达式的书写代码与运行效果。

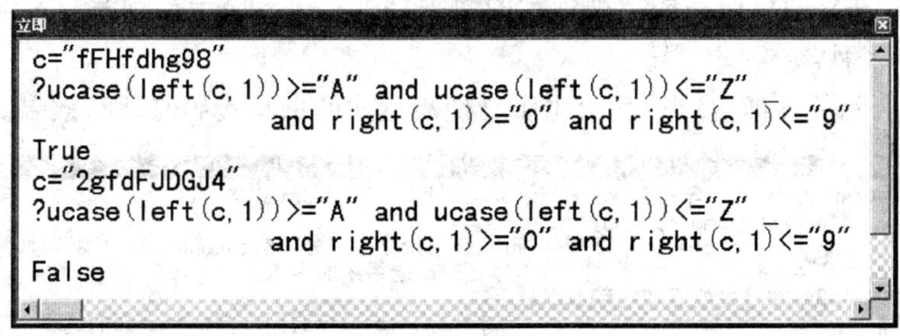

图 2-24　判断字符串

```
立即
c="〇一二三四五六七八九"
x=3
s=mid(c,x+1,1)
?x;s
 3 三
x=8
s=mid(c,x+1,1)
?x;s
 8 八
x=0
s=mid(c,x+1,1)
?x;s
 0 〇
```

图2-25　阿拉伯数字转换为中文数字

```
立即
c="hell0!are y0u d0ing?":r="0":p=0
p=instr(p+1,c,r)
?p
 5
p=instr(p+1,c,r)
?p
 12
p=instr(p+1,c,r)
?p
 16
p=instr(p+1,c,r)
?p
 0
```

图 2-26　搜索字符串

2.7.3　日期类函数

常用日期类函数见表 2-9。

表 2-9　日期类函数

函　数	说　明	示　例
Date	返回系数当前日期	在立即窗口输入：? Date　按回车后显示为：2012－1－8
Time	返回系数时间	输入：? Time　　显示为：9:04:50
Now	返回系统当前日期、时间	输入：? Now　　显示为：2012－1－8 9:04:50
Year(Date)	返回年份(数值类型)	输入：? Year(Date)　　显示为：2012
Month(Date)	返回月份(数值类型)	输入：? Month(Date)　　显示为：1
Day(Date)	返回天数(数值类型)	输入：? Day(Date)　　显示为：8
Weekday	返回星期(数值类型)	输入：? Weekday(Date)　　显示为：5
Weekdayname	返回星期(字符类型)	输入：? Weekdayname(Weekday(Date))　显示为：星期四
Hour(Time)	返回时(数值类型)	输入：? Hour(Time)　　显示为：9
Minute(Time)	返回分(数值类型)	输入：? Minute(Time)　　显示为：4
Secoud(Time)	返回秒(数值类型)	输入：? Second(Time)　　显示为：50

例 2-12　在立即窗口完成下列指定的数据处理：输出显示当前是：×年×月×日 星期× ×时×分×秒。

图 2-27 所示的立即窗口信息给出了日期表达式的书写代码与运行效果。

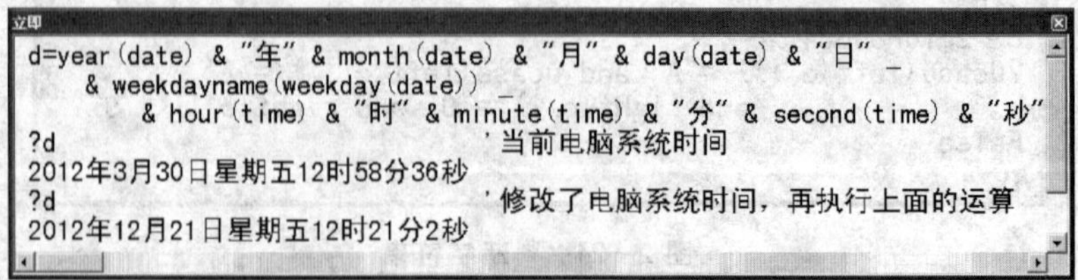

图 2-27　日期函数应用

2.7.4　转换类函数

常用转换类函数见表 2-10。

表 2-10　转换类函数

函　数	说　明	示　例
Str(x)	把数值型 x 转换为字符型	Str(－123.45)值为"－123.45";Str(123.45)值为" 123.45"(有符号位)
CStr(x)	把数值型 x 转换为字符型	CStr(－123.45)值为"－123.45";CStr(123.45)值为"123.45"(无符号位)
Val(x)	把字符型 x 转换为数值型	Val("123")值为 123;Val("12A3B")值为 12;Val("A12B3")值为 0
Chr(x)	返回 ASCII 值对应的字符	Chr(65)值为"A"
Asc(x)	返回字符对应的 ASCII 值	Asc("ABcde")值为 65
Hex	十进制转换为十六进制	Hex(15)值为"F"
Oct	十进制转换为八进制	Oct(15)值为"17"

例 2-13　在立即窗口完成下列指定的数据处理：将输入对话框的输入的值转换为数值型赋给变量，并查看输出格式。

图 2-28 所示的立即窗口信息给出转换前后的书写代码与运行效果。

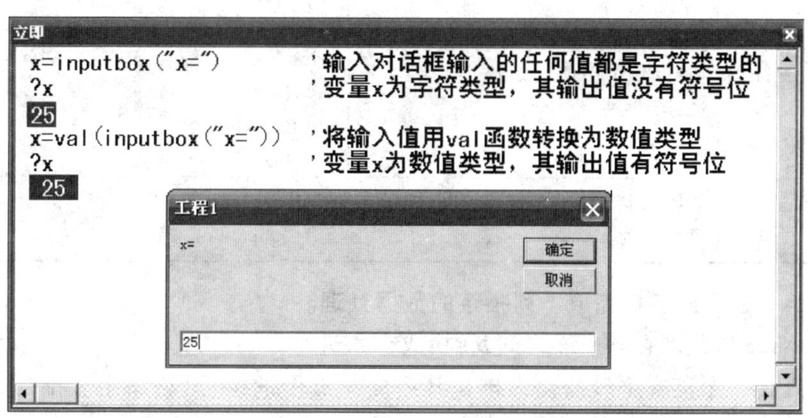

图 2-28　字符类型转换为数值类型

2.7.5　其他综合类函数

另外，Visual Basic 还有很多不同功能的函数，表 2-11 仅罗列部分常用函数。

表 2-11　其他综合类函数

函　数	说　明	示　例
Rnd	随机函数,产生 0～1 之间的随机小数。要得到[a,b]之间的随机整数,可用公式：Int(Rnd * (b+a+1))+a,使用 Randomize 语句,可以产生不重复的随机数序列	Int(Rnd * 90)+10 产生两位整数 Int(Rnd * 100) 产生 0～100 之间整数(不包括 100)
Tab(n)	将输出起始点定位到从第 n 列开始,如果输出起始定位点被前面的信息占用,则另起一行定位在新行的第 n 列。该函数只能出现在 Print 语句中	在立即窗口输入语句,会显示为： Print Tab(5);123,Tab(10);"abc" 123 abc (123 后面还有 6 个空格;因为 123 后面跟逗号,占去 14 列,abc 另起一行定位在第 10 个起始点)
Spc(n)	输出 n 个空格,同 Spacc(n),但只能出现在 Print 语句中	Print Spc(5);123,Spc(10);"abc"显示为： 123　　　　　　abc
Rgb(R,G,B)	R、G、B 分别表示红、绿、蓝三色,其取值范围为 0～255	Rgb(255,0,0)表示红色,Rgb(0,255,0)表示绿色,Rgb(255,255,255)表示白色, Rgb(0,0,255)表示蓝色,Rgb(0,0,0)表示黑色
Qbcolor(X)	X 取值为 0～15 之间的整数	Qbcolor(0)表示黑色,Qbcolor(7)表示白色
IIF(a,b,c)	根据条件 a 返回值 b 或值	IIF(3>5,3,5)值为 5
Format(x[,format])	Format 函数把数字值转换为文本字符串,从而能够对该字符串的外观进行控制	Print Format(Now,"dddd,mmmm dd, yyyy") Tuesday, November 15,2011 Print Format(8315.4,"@@@@@@@@") 8315.4 Print Format(8315.4 "$ #.00") $8315.40
Replace(a,b,c)	字符替换函数,将 a 串中出现的 b 串替换为 c 串	Replace("abcdabcd","ab","99") 值为"99cd99cd"

例 2-14　在立即窗口完成下列指定的数据处理。

(1) 将 X(取值范围在 0～15 之间)转换成十六进制。

(2) 将任何一个英文字母变换为排在其后面第五个的字母(英文字母排列方式是首尾相衔接)。

(3) 随机产生[10,99]之间的两位随机正整数或[0,100]之间的正负随机整数。

(4) 用 Format 函数转换不同日期输出格式和字符大小写。

图 2-29、图 2-30、图 2-31 和图 2-32 所示的立即窗口信息给出了各表达式的书写代码与运行效果。

```
立即
d=15                                         '十进制数
h=iif(d>9,chr(asc("A")+d-10),trim(str(d)))'十进制转换到十六进制
?h                                           '十六进制
F
d=10                                         '十进制数
h=iif(d>9,chr(55+d),cstr(d))                 '另一种转换方法
?h                                           '十六进制
A
d=8                                          '十进制数
h=iif(d>9,chr(55+d),cstr(d))
?h                                           '十六进制
8
```

图 2-29　十六进制转换

```
立即
c="a"       '英文字母排序顺序"abcdefghijklmnopqrstuvwxyz"
s=iif(lcase(c)>"u",chr(asc(c)-21),chr(asc(c)+5))
?c;"→";s   '转换后的原字母与新字母
a→f
c="A"
s=iif(lcase(c)>"u",chr(asc(c)-21),chr(asc(c)+5))
?c;"→";s
A→F
c="y"
s=iif(lcase(c)>"u",chr(asc(c)-21),chr(asc(c)+5))
?c;"→";s
y→d
```

图 2-30　英文字母变换

```
立即
? int(rnd*90)+10                    '随机产生两位正整数[10, 99]
 36
 62
 58
 73
?int(rnd*101)-int(rnd*101)   '随机产生正负整数[0, 100]
-17
-90
 9
 42
-46
 67
```

图 2-31　产生随机数

```
立即
?Format(now,"今天是:yyyy年mm月dd日,星期w,HH时MM分SS秒",vbMonday)
今天是:2012年04月03日,星期2,19时14分11秒

?Format(now, "dddd, mmmm-dddd-yyyy, hh:mm:ss")     '日期格式输出
Tuesday, April-Tuesday-2012, 19:14:05

?Format("hello!",">")     '大写转换
HELLO!

?Format ("WHY ?","<")     '小写转换
why ?
```

图 2-32　用 Format 函数转换日期格式和字符大小写

2.8 实 例

学习和掌握了 Visual Basic 变量的数据类型声明和常量的书写规则、变量的赋值以及输入实现方法、各种类型的运算符和表达式的表示与书写规则、相关函数的使用与调用规则以及输出信息的显示方法之后，对于我们在本章一开始提出的基本问题求解，已经具备了实现的条件。

例 2-15　计算下列算术式的值。

$$\frac{e^{2x}}{yz}(|x^3-y^2|+\ln\sqrt{|x|}+\frac{y}{z})e^{|x+y|}+\log_{10}|yz|\sin 30^\circ\cos 70^\circ$$

问题解析。这是一个比较简单的求值问题，算法的关键是：首先应该选择合适的数据类型用于存放算式中的各个变量；其次必须先将算式中的每个单项转换为 Visual Basic 可理解的算术表达式；最后是通过输入值代入计算并输出计算结果。

实现算法。

(1) 分析问题涉及的量值，命名变量 x、y、z 和 s 分别用于存放算式中的三个未知量和最终的算式结果。数据类型选择双精浮点数，变量的声明用 Dim 语句实现。

(2) 算式中的未知量必须在计算之前获取，选用输入对话框函数 InputBox 输入变量 x、y、z 的值并通过函数 Val 完成字符数据到数值数据的转换。

(3) 由于算式的单项中出现了许多无法直接输入求值的数学运算符，所以必须先运用相关的运算符、函数和表达式将对应单项转换为 Visual Basic 可理解的求值项，这里用到的数学运算函数有：绝对值函数 Abs、平方根函数 Sqr、自然指数函数 Exp、自然对数函数 Log 和正弦余弦函数 Sin、Cos(参数要求是弧度)以及算术表达式书写规则。

(4) 计算表达式的值，通过赋值语句(=)实现表达式值的计算和存储。

(5) 输出显示最终表达式的计算结果，可以通过表达式输出语句 Print 或信息输出函数 MsgBox 实现。

程序代码如下所示：

工程1 - Form1 (Code)

Form　　click

```
Private Sub Form_click()
    Dim x As Double, y As Double, z As Double
    Dim s As Double                              '声明变量
    x = Val(InputBox("x="))                      '输入变量的值
    'VAL函数用于类型转换(字符→数值)
    y = Val(InputBox("y(y≠0)=")): z = Val(InputBox("z(z≠0)="))
    s = Exp(2 * x) / (y * z) * (Abs(x ^ 3 - y ^ 2) + Log(Sqr(Abs(x))) _
          + y / z) * Exp(Abs(x + y)) + Log(Abs(y * z) / Log(10)) _
          * Sin(3.1415926 / 6) * Cos(3.1415926 * 7 / 18)
    '用函数和运算符表示数学算式并赋值给变量s
    Print "s="; s                               '输出变量的值（算式运算结果）
End Sub
```

运行界面。程序代码执行后的界面如图 2-33 所示，单击窗体后输入指定的值即可得到运行结果。

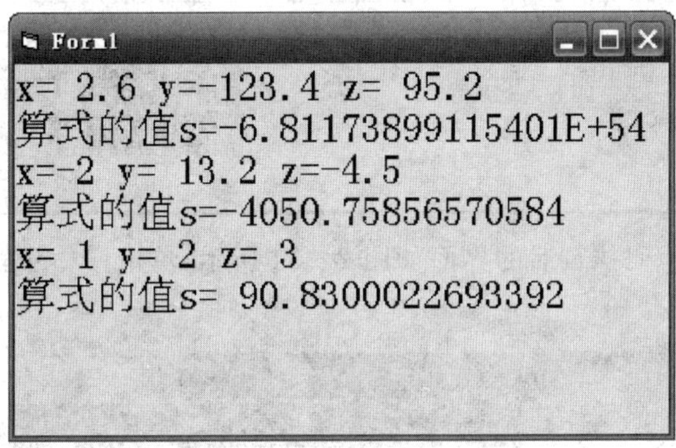

图 2-33　程序代码的运行界面

例 2-16　编写程序将从键盘输入的阿拉伯数字（0、1、2、…、9）转换为中文大写数字（〇、一、二、…、九）。转换结果，如 5→五。

问题解析。这是一个数字到字符的对应转换问题，算法的关键是：找出数字与对应待转换的中文大写字符之间的关系，相当于从字符串“〇一二三四五六七八九”中每次获取一个汉字字符。程序算法就是寻求规律和归纳公式的过程，不难发现，任何一个 0～9 的数字 X 与汉字字符串的关系，就是 X+1 的位置关系。

实现算法。

(1) 根据转换取值声明相关变量及其数据类型，其中输入的数字命名为变量 X，数据类型选择字节类型；汉字字符串命名为变量 C，数据类型选择字符类型；转换之后的汉字大写数字命名为 S，数据类型选择字符类型。变量的声明用 Dim 语句实现。

(2) 首先输入需要转换的阿拉伯数字，选用输入对话框函数 InputBox 并通过函数 Val 完成字符数据到数值数据的转换。

(3) 要将数字转换为字符，必须先提供目标字符，具体做法是将中文大写数字依次紧密排列作为一个字符串存放在一个变量中（C=“〇一二三四五六七八九”），以备截取。

(4) 具体转换时，根据输入的阿拉伯数字值 X，在存放中文大写数字的变量 C 中进行有规律地对应截取（0 从第一个字符取一个、1 从第二个字符取一个、2 从第三个字符取一个、……、9 从第十个字符取一个），可以运用字符串截取函数 Mid(C,X+1,1)实现；将转换后的结果赋值给变量 S。

(5) 输出显示转换结果，可以通过表达式输出语句 Print 或信息输出函数 MsgBox 实现。

实现算法流程图读者不妨自己试着画一下。

程序代码如下所示：

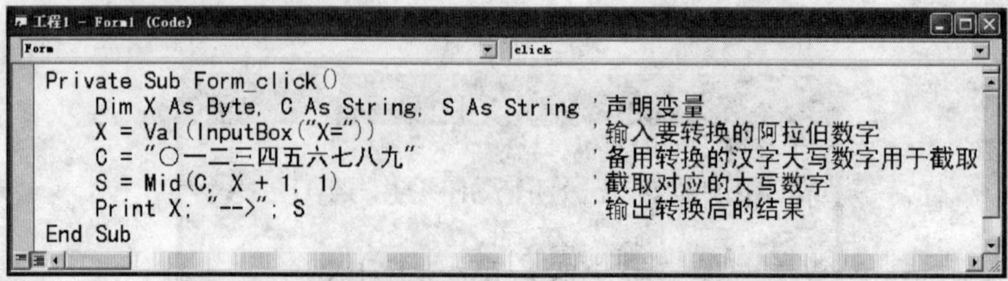

```
Private Sub Form_click()
    Dim X As Byte, C As String, S As String  '声明变量
    X = Val(InputBox("X="))                  '输入要转换的阿拉伯数字
    C = "〇一二三四五六七八九"                 '备用转换的汉字大写数字用于截取
    S = Mid(C, X + 1, 1)                     '截取对应的大写数字
    Print X; "-->"; S                        '输出转换后的结果
End Sub
```

运行界面。程序代码执行后的界面如图 2－34 所示，单击窗体后输入指定的值即可得到运行结果。

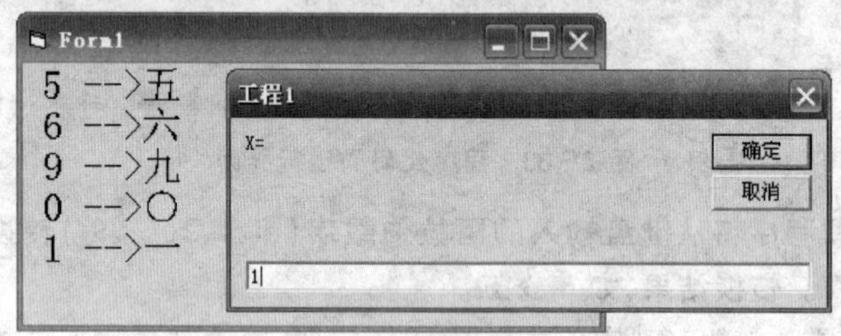

图 2－34　程序代码的运行界面

从上面两个简单的问题求解实现，我们不难体会到，在确定了解决问题的程序设计算法之后，选用合适的语言环境工具、命令或函数来完成预期的功能，是相当重要的。这就要求对程序代码中的命令和函数的熟练把握和灵活运用。

2.9　小　结

本章首先介绍了程序设计与算法的概念，并以具体问题出发简单概括了 Visual Basic 的程序基本构成，接着介绍了 Visual Basic 的基本数据类型、不同类型常量的书写方式及不同类型变量的声明语句，目的是为了在程序设计时，根据所要解决问题的实际需要，选择合适的数据类型、书写常量和定义变量。然后介绍了 Visual Basic 的算术、关系、逻辑运算符和常用 Visual Basic 内部函数。这些内容都是后续课程的重要基础，必须熟练掌握和正确理解，同时需要记忆运算符及其优先级、内部函数的书写形式和用法，以便能正确书写 Visual Basic 表达式和程序。

习题二

一、判断题

1. 整型变量有 Byte、Integer、Long 类型 3 种。
2. Byte 类型的数据，其数值范围在－255～255 之间。
3. Visual Basic 的 Double 类型数据可以精确表示其数值范围内的所有实数。
4. 在逻辑运算符 Not、Or、And 中，运算优先级由高到低依次为 Not、Or、And。

5. 关系表达式是用来比较两个数据的大小关系的，结果为逻辑值。
6. 一个表达式中若有多种运算，在同一层括号内，计算机按函数运算→逻辑运算→关系运算→算术运算的顺序对表达式求值。
7. 赋值语句的功能是计算表达式值并转换为相同类型数据后为变量或控件属性赋值。
8. 用 DIM 定义数值变量时，该数值变量自动赋初值为 0。
9. 函数 InputBox 的前 3 个参数分别是输入对话框的提示信息、标题以及默认值。
10. 函数 MsgBox 的前 3 个参数分别表示默认按钮、按钮样式以及图标样式。

二、选择题

1. Integer 类型数据能够表示的最大整数为________。
   A. 2^{15}　　B. $2^{15}-1$　　C. 2^{16}　　D. $2^{16}-1$
2. 货币类型数据小数点后面的有效位数最多只有________。
   A. 1 位　　B. 6 位　　C. 16 位　　D. 4 位
3. 输入对话框 InputBox 的返回值的类型是________。
   A. 字符串　　B. 整数　　C. 浮点数　　D. 长整数
4. 运算符"\"两边的操作数若类型不同，则先________再运算。
   A. 取整为 Byte 类型　　B. 取整为 Integer 类型
   C. 四舍五入为整型　　D. 四舍五入为 Byte 类型
5. Int(Rnd * 100) 表示的是________范围内的整数。
   A. [0,100]　　B. [1,99]　　C. [0,99]　　D. [1,100]
6. 下列程序段的输出结果是________。
   a=10:b=10000:x=log(b)/log(a):Print "lg(10000)=";x
   A. lg(10000)=5　　B. lg(10000)=4
   C. 4　　D. 5
7. 返回删除字符串前导和尾随空格符后的字符串，用函数________。
   A. Trim　　B. Ltrim　　C. Rtrim　　D. mid
8. Print 语句的一个输出表达式为________，则输出包括日期、时间信息。
   A. Date　　B. Month　　C. Time　　D. Now
9. 语句 Print "5 * 5" 的执行结果是________。
   A. 25　　B. "5 * 5"　　C. 5 * 5　　D. 出现错误提示
10. 语句"Form1. Print Tab(10);"#""的作用是在窗体当前输出行________。
   A. 第 10 列输出字符"#"　　B. 第 9 列输出字符"#"
   C. 第 11 列输出字符"#"　　D. 输出 10 个字符"#"

三、填空题

1. 语句"Dim C As ________"定义的变量 C，可用于存放控件的 Caption 的值。
2. 长整型变量(Long 类型)占用________个字节。
3. 表达式 Right(String(65, Asc("abc")), 3)的值是________。
4. 表达式 2 * 4^3 + 4 * 6 / 3 + 3^2 的值是________。
5. 表达式 16 / 2 - 2 ^ 3 * 7 Mod 9 的值是________。
6. 表达式 81 \ 7 Mod 2 ^ 2 的值是________。

7. 已知字符串变量 x 存放"1234",表达式 Val("&H"+Left$(x, Len(x)/2))的值是________。

8. 语句 Print Not 10>15 And 8<5+2 的输出结果为________。

9. 设 x 为一个两位数,将其个位和十位数交换后所得两位数的 Visual Basic 表达式是________。

10. 用随机函数产生一个两位整数的 Visual Basic 表达式是________。

11. 求 a 与 b 之积除以 c 的余数,用 Visual Basic 表达式可表示为________。

12. 算术式 ln(x)+sin(30°)的 Visual Basic 表达式为________。

13. 声明单精度常量 PI 代表 3.1415926 的语句是________。

14. #20/5/01#表示________类型常量。

15. 设 I 为大于 0 的实数,写出大于 I 的最小整数的表达式________。

四、程序设计题

1. 设计窗体程序,输入 x、y 的值,计算数学式子 $\sqrt{(x^3+e^{-6}\ln y)\dfrac{\sin x\cos y}{x^2+y^2}+\dfrac{2\sin 90^\circ+2xe^y}{\sqrt{|xy|}}}$ 的值,并在输出信息框中显示计算结果值。

2. 设计窗体程序,输入圆的半径,计算并输出圆面积和周长,按下列要求分别实现:

(1) 在窗体上创建一个文本框控件用于输入圆的半径,单击命令按钮后通过标签控件显示计算结果。

(2) 修改界面,删除文本框并修改程序,单击命令按钮后,调用 Inputbox 函数输入圆的半径,通过标签控件显示计算结果。

(3) 要求计算结果具有 15 位有效位数。

(4) 新建一个文件夹,保存工程(工程文件、窗体文件等,可以用缺省的名称,也可以重命名)在该文件夹中,然后退出 Visual Basic。

3. 设计一个抓不住按钮的窗体,窗体上只有 1 个命令按钮,但运行时用鼠标无法捕捉到命令按钮(只要鼠标接近按钮,按钮就移动到一个新的位置,但按钮不会移出窗体的可视范围)。

4. 设计一个被动按钮的窗体,窗体上只有 1 个命令按钮,但运行时用鼠标点击命令按钮一下,按钮才移动一下(按钮不会移出窗体的可视范围)。

5. 设计一个投骰子窗体界面,窗体上有 1 个命令按钮,3 个标签,3 个文本框,运行时用鼠标点击命令按钮一下,就自动在前两个文本框中随机产生两个 1~6 之间的整数,在第三个文本框中显示前两个文本框的点数和,同时窗体背景色随机变色。界面运行效果如图 2-35 所示。

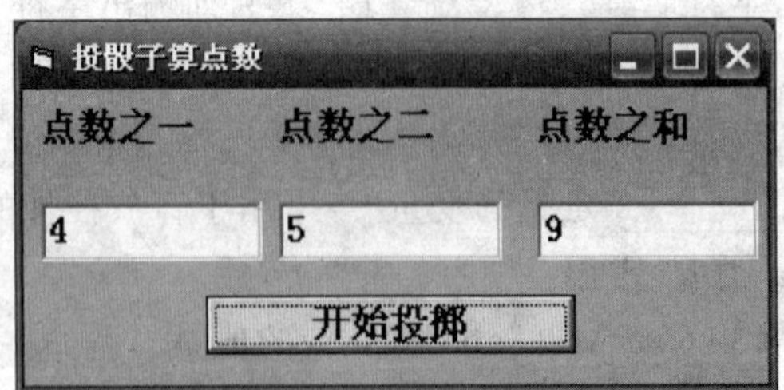

图 2-35 程序运行后的界面

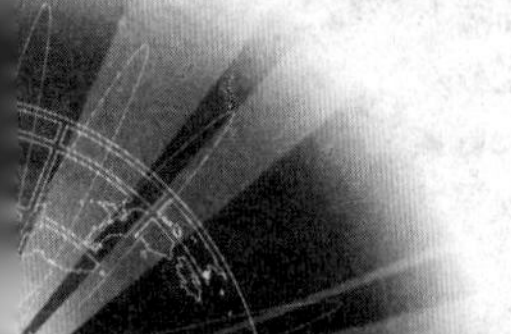

第 3 章　结构化程序设计与数组

本章介绍结构化程序设计的基本思想，以及 3 种基本的控制结构。通过详细介绍 Visual Basic 描述选择结构、循环结构的语句，数组声明、数组元素引用的相关规则，以及大量实例，使读者具有结构化程序设计的初步能力。

3.1　3 种基本的控制结构

程序设计的起码要求，是使程序能够在计算机上运行并得到正确的结果。

但仅此还很不够，一个高质量的程序，还应具有占用内存少、运算速度快等特点，尤其是要具有较好的易读性。

设计程序的过程需多次地阅读、修改程序，如果易读性差、书写紊乱、过多使用 GoTo 语句（早期的 Basic 语言程序中充斥着大量这种语句），则难以阅读和验证程序，即使运行结果正确，但维护（如以后对程序作修改）会相当复杂和困难。

结构化程序设计的基本思想是：任何程序都可以用 3 种基本结构表示，即顺序结构、选择结构和循环结构（图 3－1），由这 3 种基本结构或 3 种基本结构的复合嵌套构成的程序称为结构化程序。

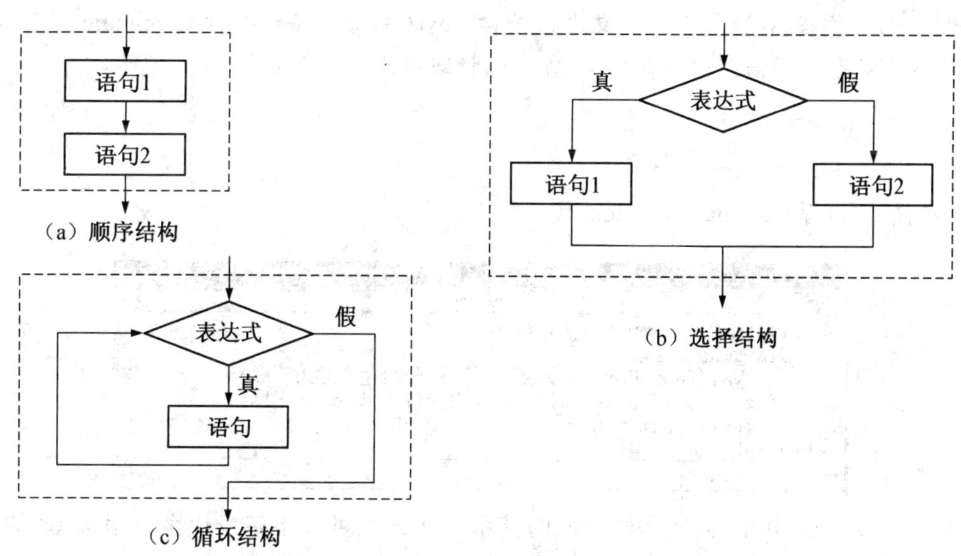

图 3－1　3 种基本结构流程图

从图 3－1 所示的流程图可以看出，一个结构化程序以及它的每一个结构，应具有的特点如下：

(1) 只有一个入口。

(2) 只有一个出口。

(3) 没有死循环,没有死语句,即每一语句都有被执行的可能。

使用这 3 种基本结构或用它们嵌套而编写的程序,具有结构清晰、易于理解、易于修改的优点。Visual Basic 的选择结构语句、循环结构语句以及多模块的程序结构,有力地支持结构化程序设计,为我们编写易读性好、结构清晰的程序提供了条件。

3.2 选择结构

选择结构的特点是:根据所给定的条件成立与否,决定从各种实际可能的不同分支中选择执行某一分支的相应操作。Visual Basic 提供用来实现选择结构的语句,主要有 IF 和 Select。

3.2.1 IF 结构

1. 行 IF 语句

格式:**IF <条件> THEN <语句 1> [ELSE <语句 2>]**

功能:如果条件成立,则执行语句 1;否则,执行语句 2,如图 3-1(b)所示。

语句中,可以缺省“ELSE <语句 2>”;行 IF 语句必须在同一行内写完,在此前提下,“语句 1”或“语句 2”可以是用冒号间隔的多条语句。

Visual Basic 规定,如果 1 条语句太长、需要写在多行上,则应在行结束处插入“ _”(空格加下划线)后再按回车键,见例 3-1 的编程。

例 3-1 编程,在窗体上建立文本框控件 Text1 和命令按钮控件 Command1。输入 x,求下列分段函数 f(x)值。用 InputBox 输入 x,计算结果 f(x)输出到 Text 控件。

$$f(x)=\begin{cases}1-x^2 & x\leqslant 5\\(x-5)^{1/4} & x>5\end{cases}$$

编制事件过程 Command1_Click,代码如下:

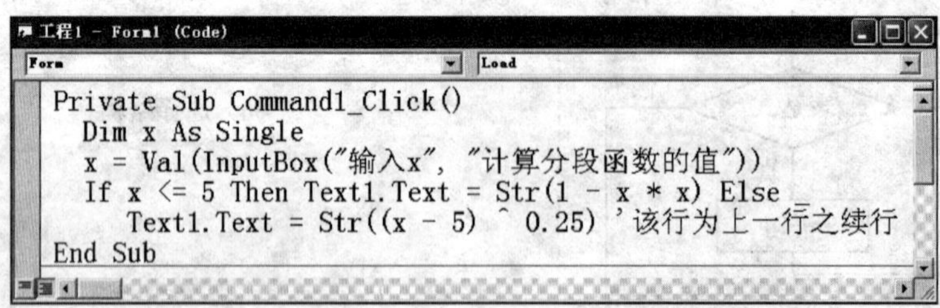

```
工程1 - Form1 (Code)
Form                                   Load
Private Sub Command1_Click()
  Dim x As Single
  x = Val(InputBox("输入x", "计算分段函数的值"))
  If x <= 5 Then Text1.Text = Str(1 - x * x) Else _
     Text1.Text = Str((x - 5) ^ 0.25) '该行为上一行之续行
End Sub
```

Visual Basic 6.0 中,向文本框赋值的算术表达式也可以不转换成字符串类型,如直接写作“Text1. Text = 1-x * x”。

例 3-2 编程,输入 x、y,仅当 x<y 时,交换 x、y 值,然后输出 x、y 的值(在 Text 控件输入,输出到 Label 控件)。

建立文本框控件 Text1、Text2、标签控件 Label1,编制事件过程 Form_Click 如下:

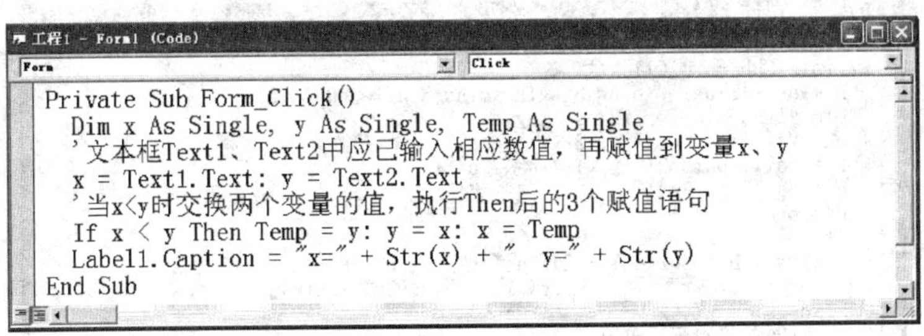

```
Private Sub Form_Click()
  Dim x As Single, y As Single, Temp As Single
  '文本框Text1、Text2中应已输入相应数值，再赋值到变量x、y
  x = Text1.Text: y = Text2.Text
  '当x<y时交换两个变量的值，执行Then后的3个赋值语句
  If x < y Then Temp = y: y = x: x = Temp
  Label1.Caption = "x=" + Str(x) + "  y=" + Str(y)
End Sub
```

程序中表达式"x="+str(x)+" y="+str(y)不可以写作"x="+x+" y="+y，因为字符类型与数值类型数据不可以用"+"连接。

2. 块 IF 语句

格式：**If <条件> Then**

　　　　<语句 1>

　　　[Else

　　　　<语句 2>]

　　　End If

其中：语句 1、语句 2 可以是包含选择结构、循环结构的多条执行语句。

例 3－3　求 $ax^2+bx+c=0$ 的根，用 InputBox 函数输入，结果在文本框 Text1 中显示。

界面设计略，过程设计如下：

```
Private Sub Form_Click()
  Dim a As Single, b As Single, c As Single, d As Single
  Dim x1 As Single, x2 As Single
  a = Val(InputBox("输入2次项系数a"))
  b = Val(InputBox("输入1次项系数b"))
  c = Val(InputBox("输入常数项系数c"))
  d = b * b - 4 * a * c
  If d >= 0 Then
    x1 = (-b + Sqr(d)) / 2 / a: x2 = (-b - Sqr(d)) / 2 / a
    Text1.Text = "x1=" + Str(x1) + "   x2=" + Str(x2)
  Else
    'x1保存解的实部系数，x2保存解的虚部系数。
    x1 = -b / 2 / a: x2 = Sqr(-d) / 2 / a
    Text1.Text = "x1=" + Str(x1) + "+" + Str(Abs(x2)) + "i" + _
       Chr(13) + Chr(10) + "x2=" + Str(x1) + "-" + Str(Abs(x2)) + "i"
  End If
End Sub
```

本例全面考虑了实根、复根的情况，即当 d>=0 时求实根；当 d<0 时求复根，复根表示为实部系数连接虚部系数并后缀虚数单位"i"的形式。

向 Text 属性赋值的字符串中如需要换行，则欲换行处应加入字符串"Chr(13)+Chr(10)"，如果输出结果不能换行，请检查 Text1 控件允许多行显示的"MultiLine"属性是否为 True。

例 3－4　编程，在窗体上输出字符串"欢迎使用 Visual Basic"。第一次单击时以黑体显示；第二次单击时以楷体显示；第三次单击时以隶书显示；第四次单击则清除窗体上的信息。

界面设计略，过程代码如下所示。

IF 结构的语句 1 或语句 2 中，若又包含 IF 语句时，必须注意 IF 与 End If 的对应关系（必须匹配）。

```
Private Sub Form_Click()
  Dim a As Single, b As Single, c As Single, d As Single
  Dim x1 As Single, x2 As Single
  a = Val(InputBox("输入2次项系数a"))
  b = Val(InputBox("输入1次项系数b"))
  c = Val(InputBox("输入常数项系数c"))
  d = b * b - 4 * a * c
  If d >= 0 Then
    x1 = (-b + Sqr(d)) / 2 / a:  x2 = (-b - Sqr(d)) / 2 / a
    Text1.Text = "x1=" + Str(x1) + "    x2=" + Str(x2)
  Else
    'x1保存解的实部系数，x2保存解的虚部系数。
    x1 = -b / 2 / a: x2 = Sqr(-d) / 2 / a
    Text1.Text = "x1=" + Str(x1) + "+" + Str(Abs(x2)) + "i" +
       Chr(13) + Chr(10) + "x2=" + Str(x1) + "-" + Str(Abs(x2)) + "i"
  End If
End Sub
```

上述 IF 结构也可以写作如下形式，请读者注意其中关键字 ElseIf 的用法，实际上是将 Else 行与后面的 IF 行合并，减少一个 End IF 行。

```
Private Sub Form_Click()
  If n = 1 Then
    n = n + 1: Form1.FontName = "黑体": Print s
  ElseIf n = 2 Then
    n = n + 1: Form1.FontName = "楷体_GB2312": Print s
  ElseIf n = 3 Then
    n = n + 1: Form1.FontName = "隶书": Print s
  Else
    n = 1: Cls
  End If
End Sub
```

程序运行的情况如图 3-2 所示。

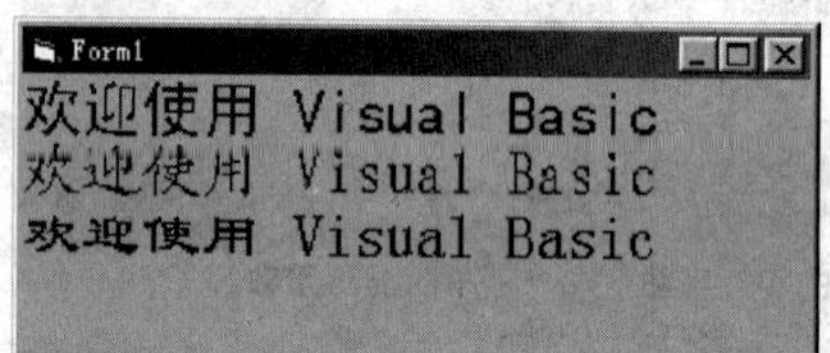

图 3-2　例 3-4 运行时清屏前出现的输出结果

3.2.2　情况选择结构

情况选择结构：可用于多路选择，根据测试表达式的不同取值，决定执行该结构的哪一个分支。测试表达式可以为数值、字符等类型，常用的一般为整型或字符串类型。

情况选择结构格式如下：

Select Case <**测试表达式**>

　[**Case** <**表达式列表 1**>

　　[<**语句块 1**>]]

　[**Case** <**表达式列表 2**>

　　[<**语句块 2**>]]

　…

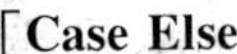

[Case Else

  [<语句块 n+1>]]

End Select

(1) 测试表达式：可为任何类型的表达式，若比较其与其他表达式的关系，则用“Is”表示，如测试表达式为 Single 类型变量 x，“Case Is>5： y=Sin(x)”表示当 x 大于 5 时为 y 赋值。

(2) 表达式列表：多个表达式用逗号间隔，即为表达式列表，如“1”或“1,3,5,7 To 15, 20”都是合法的表达式列表。

(3) 执行流程：自上而下顺序判断测试表达式的值与表达式列表中的哪一个匹配，如有匹配，则执行相应语句块，然后转到 End Select 的下一语句；否则执行 Case Else 所对应的语句块，如省略 Case Else，则直接转移到 End Select 的下一语句。

例 3-5　输入 x、n，根据下列公式计算多项式 p(n,x)的值。

$$p(x,n)=\begin{cases}1 & n=0\\ x & n=1\\ (3x^2-1)/2 & n=2\\ (5x^2-3)\cdot x/2 & n=3\\ ((35x^2-30)\cdot x^2+3)/8 & n=4\end{cases}$$

界面设计略，过程代码如下：

```
Private Sub Form_Click()
  Dim x As Single, p As Single, n As Byte
  x = Val(InputBox("输入x"))
  n = Val(InputBox("输入n"))
  Select Case n
    Case 0: p = 1
    Case 1: p = x
    Case 2: p = (3 * x * x - 1) / 2
    Case 3: p = (5 * x * x - 3) * x / 2
    Case 4: p = ((35 * x * x - 30) * x * x + 3) / 8
    Case Else: Print "n值超出范围(0-4)"
  End Select
  If n >= 0 And n <= 4 Then Print p
End Sub
```

例 3-6　输入年、月份，输出该月天数。

计算 y 年是否为闰年的条件为“y Mod 4 = 0 And y Mod 100<>0 Or y Mod 400 = 0”

界面设计略，过程代码如下：

```
Private Sub Form_Click()
  Dim y As Integer, m As Integer, d As Integer
  y = Val(InputBox("输入年份"))
  m = Val(InputBox("输入月份"))
  Select Case m
    Case 1, 3, 5, 7, 8, 10, 12     '7,8也可以写作7 To 8
      d = 31
    Case 4, 6, 9, 11
      d = 30
    Case 2
      If y Mod 4 = 0 And y Mod 100 <> 0 Or y Mod 400 = 0 Then
        d = 29
      Else
        d = 28
      End If
  End Select
  Print y; "年"; m; "月有"; d; "天"
End Sub
```

运行时单击窗体后输入年份如 2012、月份如 3，显示当年当月天数如"2012 年 3 有 31 天"。

例 3－7　分析以下程序，理解情况选择结构的执行流程(运行时先后输入 3、－1、4 和 125，查看在 Label1 上的信息分别是什么)。

界面设计略，过程代码如下：

```
工程1 - Form1 (Code)
Form                                    Click
Private Sub Form_Click()
  Dim a As Integer, w As Integer
  a = Val(InputBox("输入a"))
  Select Case a Mod 5
    Case Is < 4              ' Is表示表达式 a Mod 5的值
      w = a + 10
    Case Is < 2
      w = a * 2
    Case Else
      w = a - 10
  End Select
  Label1.Caption = "w=" + Str(w)
End Sub
```

3.2.3　On Error GoTo 语句

程序在编辑时，Visual Basic 会自动显示其中的编译错误，要求及时修改，如输入某行语句为"x="后，系统将自动显示编译错误对话框，提示信息为"要求表达式"。

编译错误一般为语法错误，应根据所学 Visual Basic 的规则予以纠正。有些明显的错误，因为按照 Visual Basic 的规则能够解释(如一个语句只有一个字符"a"，被解释为调用无参过程 a)，则会在运行时出错或产生错误的结果。

另一类错误是所谓"适时错误"，即运行时产生的错误。常见的有"下标超界"、"除数为 0"等。适时错误一般为逻辑错误，应仔细检查程序设计的全过程，改正其中的错误。

若产生运行错误，将终止执行程序。对可预见的运行错误，可以用 On Error GoTO 语句捕获，并将控制转去执行一段预先写好的处理错误的语句。

格式：**On Error GoTo L1**

功能：在执行该语句后，若发生运行错误，控制将转去执行标号为 L1 的语句。

例如，下列事件过程用于输出变量 x 的倒数 1/x，其中 x 的值通过文本框控件 Text1 输入。如果调用该事件过程前 Text1.Text 值为空，就要产生 0 作除数的错误。

下列事件过程可以在错误发生时显示一行提示信息，程序继续运行。

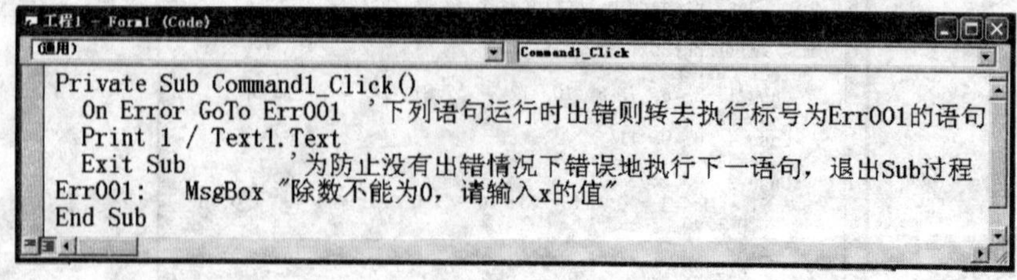

```
工程1 - Form1 (Code)
(通用)                                  Command1_Click
Private Sub Command1_Click()
  On Error GoTo Err001   '下列语句运行时出错则转去执行标号为Err001的语句
  Print 1 / Text1.Text
  Exit Sub             '为防止没有出错情况下错误地执行下一语句，退出Sub过程
Err001:  MsgBox "除数不能为0，请输入x的值"
End Sub
```

3.3 循环结构

循环是指程序运行时有规律地反复执行某一程序块的现象，被重复执行的程序块称为“循环体”。Visual Basic 提供的设计循环结构的语句有：For/Next、While/Wend、Do/Loop 等。

3.3.1 For /Next 语句

格式：**FOR <控制变量 X> = <初值 e1> TO <终值 e2> [STEP <步长 e3>]**

循环体

NEXT <控制变量 X>

该语句的流程如图 3－3 所示。注意：在每次执行完循环体后，控制变量 x 自动加 e3。

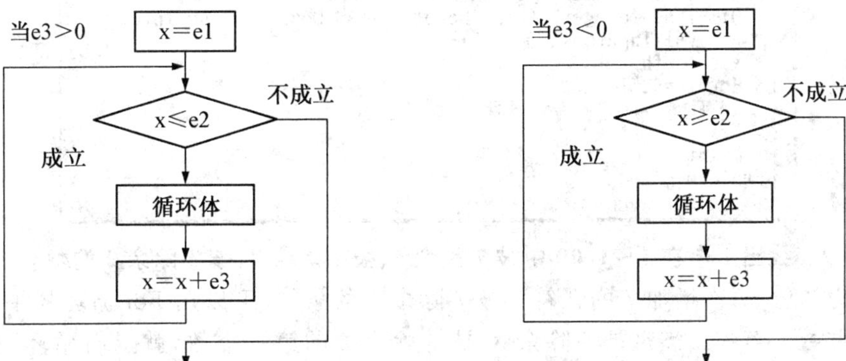

图 3－3 For/Next 结构流程图

例如，计算 1～100 之间奇数和的程序段可编写为：

```
For n = 1 to 99 step 2
  s = s + n
Next n
```

也可以写作：For n = 99 to 1 step －2：s = s + n：Next n

在 For/Next 结构中：

(1) 步长缺省值为 1。

(2) 循环变量取值不合理，则不执行循环体，如下列循环一次也不执行。

```
For n=99 to 1 step 2
  s = s + n
Next n
```

(3) 循环体中可以出现语句“Exit For”，用于将控制转移到 Next 后一语句。

(4) 循环正常结束(未执行 Exit For 等控制语句)后，控制变量为最后 1 次取值加步长。

例 3－8 求下列表达式的值。

$$1-\frac{1}{2}+\frac{1}{3}-\frac{1}{4}+\cdots+(-1)^{n-1}\frac{1}{n}$$

多项式求和的问题实际是一个逐步累加的过程。我们不妨先来看一个更简单的例子，求 1～10 的和。若变量 y 的初值为 0，让变量 i 从 1 变化到 10，每次变化的值都累加到 y 中，可以编写出如下程序段：

```
y = 0
For i = 1 To 10
   y = y + i
Next i
```

本例中，所求多项式每一项的分母有规律地从 1 变化到 n，其符号也有规律地正负变化，可以设置一个依次取值在 1、−1 的变量 fh 实现。

界面设计略，过程代码如下：

```
工程1 - Form1 (Code)
(通用)                         Command1_Click

Private Sub Command1_Click()
  Dim i As Integer, fh As Double, y As Double, n As Integer
  n = Val(InputBox("输入n"))
  y = 1: fh = 1
  For i = 2 To n
     fh = -fh: y = y + fh / i
  Next i
  Print y
End Sub
```

例 3-9　找出 1 个在 1～1000 中被 7 除余 5、被 5 除余 3、被 3 除余 2 的数。

以 5 为初值、每次增加 7 的数符合被 7 除余 5 的条件，可以用 For 循环枚举 5～1000 中所有这些数。若找出满足被 5 除余 3、被 3 除余 2 的第一个数，就退出循环（执行 Exit For 语句）。

界面设计略，过程代码如下：

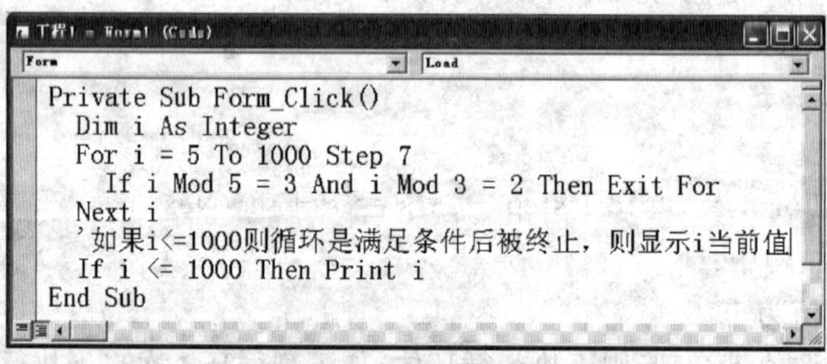

```
工程1 - Form1 (Code)
Form                           Load

Private Sub Form_Click()
  Dim i As Integer
  For i = 5 To 1000 Step 7
    If i Mod 5 = 3 And i Mod 3 = 2 Then Exit For
  Next i
  '如果i<=1000则循环是满足条件后被终止，则显示i当前值
  If i <= 1000 Then Print i
End Sub
```

例 3-10　输入 n 个数，输出其中的最大值。

问题分析：迄今为止，我们掌握了用 IF 语句比较两个数的大小。若先预设初值到变量 max 中，然后逐个输入各个数，若大于 max，则将 max 用该数替换。重复读数、比较替换的过程，结束后，变量 max 的值即为这 n 个数中的最大值。

算法归纳：按图 3-4 所示算法，输入 n 后再输入 n 个正数，运算结果是正确的。但如果输入 n 个负数，则变量 max 最终值为 0 是错的，而 0 甚至不是这 n 个数中的任何 1 个。

因此，比较最大值，存放比较后结果的变量的初值应该比其中最小值还小；反之，比较最小值，存放比较后结果的变量的初值应该比其中最大值还大。

所以，若按图 3-4 所示算法编制的程序在逻辑上是错误的，是一个需要改进的算法。

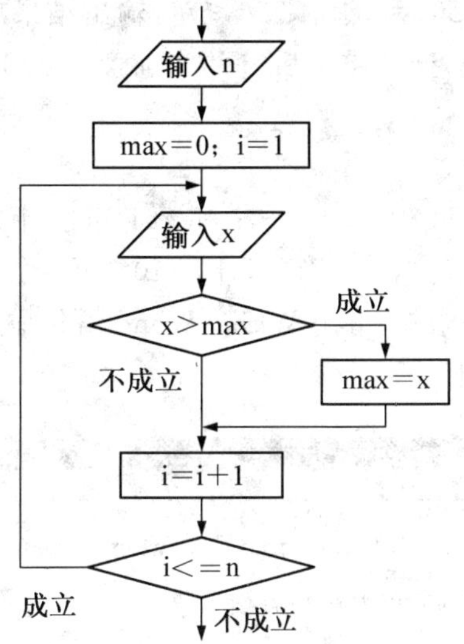

图 3-4　例 3-10 未改进算法的流程图

在本例中，由于所输入的 n 个数的数值范围不能事先确定，因此必须将这 n 个数中的 1 个作为 max 的初值。如将第一个输入变量 x 的数据直接赋值到 max，作为 max 的初值，此后输入的 n－1 个数再与 max 比较并确定是否为 max 重新赋值，如此才能保证在所参与比较的数据中不存在伪数据，并最终得到正确的计算结果。

界面设计略，反映改进后算法的过程代码如下：

```
Private Sub Command1_Click()
  Dim i As Integer, n As Integer
  Dim x As Single, max As Single
  n = Val(InputBox("请输入数据个数: "))
  For i = 1 To n
    x = Val(InputBox("输入第"+Str(i)+"个数:"))
    If i = 1 Then
      max = x
    Else
      If x > max Then max = x
    End If
  Next i
  Print max
End Sub
```

3.3.2　While/Wend 语句

格式：**While ＜条件＞**

　　　循环体

　　Wend

功能：当条件为真(True)时执行循环体。其特点是：先判断条件、后执行循环体，常用于编制某些循环次数预先未知的程序。While/Wend 语句流程图如图 3-5 所示。

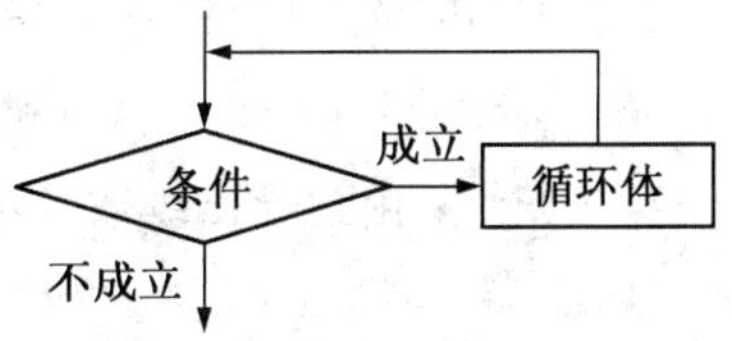

图 3-5　While/Wend 语句流程图

例 3-11　输入 m,求 n 的最大值,使得 n! ≤m<(n+1)!。

问题分析：如输入 m 为 726,因 6! ≤726<7!,输出结果应为 6。执行计算 n! 的程序段直到 n! 大于或等于 m 为止,循环结束后 n 的当前值是大于正确结果的,考虑显示 n－1 的值。

算法归纳：

与程序段“s=0: for i=1 To 10: s=s+i: Next i”可以计算 1 至 10 的和相类似,程序段“s=1: for i=1 To 10: s=s＊i: Next i”可以计算 10!。

由于本例中循环次数事先未知,可用 While/Wend 语句描述。

界面设计略,过程代码如下：

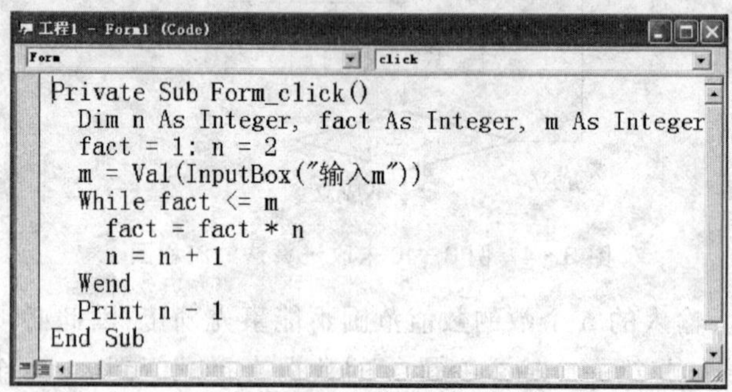

```
Private Sub Form_click()
  Dim n As Integer, fact As Integer, m As Integer
  fact = 1: n = 2
  m = Val(InputBox("输入m"))
  While fact <= m
    fact = fact * n
    n = n + 1
  Wend
  Print n - 1
End Sub
```

程序的运行结果是错误的,如果运行时输入 726,显示结果是 7 而不是 6! 因此,应修改程序中的语句“Print n－1”为“Print n－2”。

分析程序时,可以对与循环有关的变量列表,追踪它们值的变化,从而发现程序中可能存在的错误：假设程序运行时输入 10(m 为 10,则 n 应为 3),追踪循环的执行过程,对各变量值的变化情况列表如下：

初始值：fact=1　n=2　m=10。

第一次循环：条件 1<=10 成立,fact 变为 2、n 变为 3；

第二次循环：条件(2<=10)成立,fact 变为 6、n 变为 4；

第三次循环：条件(6<=10)成立,fact 变为 24、n 变为 5；

第四次循环：条件(24<=10)不成立,结束循环,最终 fact=24、n=5,应显示 n－2 的值。

读者要逐渐掌握用列表写出程序输出结果的方法。目标是提高编程能力,而读程序的能力也是与编程能力密切相关的。

例 3-12　编程,输入 x,求下列级数和直至末项小于 10^{-5} 为止。

$$1+x+\frac{x^2}{2!}+\frac{x^3}{3!}+\frac{x^4}{4!}+\cdots+\frac{x^n}{n!}+\cdots$$

问题分析：级数前项与后项之间的关系如下。

$$a_0=1,a_1=a_0\cdot x/1,a_2=a_1\cdot x/2,a_3=a_2\cdot x/3,\cdots,a_n=a_{n-1}\cdot x/n$$

算法归纳：由此导出级数各项的递推公式如下。

$$a_i=\begin{cases}1 & i=0\\ a_{i-1}\cdot x/i & i>0\end{cases}$$

界面设计略，窗体的 Click 事件过程如下：

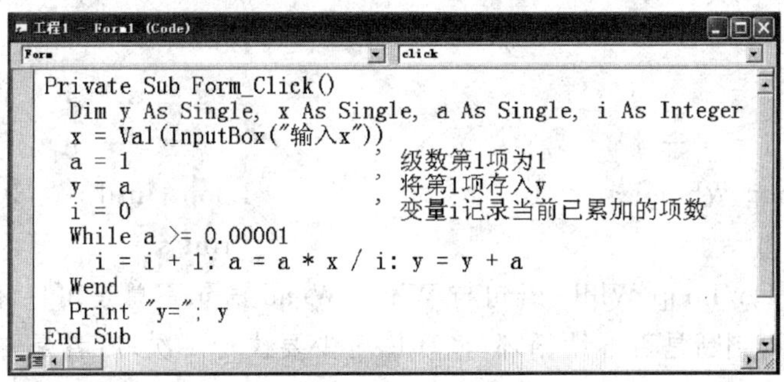

```
Private Sub Form_Click()
  Dim y As Single, x As Single, a As Single, i As Integer
  x = Val(InputBox("输入x"))
  a = 1                          ' 级数第1项为1
  y = a                          ' 将第1项存入y
  i = 0                          ' 变量i记录当前已累加的项数
  While a >= 0.00001
    i = i + 1: a = a * x / i: y = y + a
  Wend
  Print "y="; y
End Sub
```

3.3.3　Do / Loop 语句

格式 1：**Do [{While|Until}＜条件＞]**　　'先判断条件、后执行循环体

　　循环体

Loop

格式 2：**Do**　　'先执行循环体、后判断条件

　　循环体

Loop [{While|Until}＜条件＞]

(1) 选项“While”当条件为真时执行循环体，选项“Until”当条件为假时执行循环体。

(2) 循环体中可以出现语句“Exit Do”，将控制转移到 Do/Loop 结构后一语句。

其中，Do/Loop While 语句的流程图如图 3－6 所示。

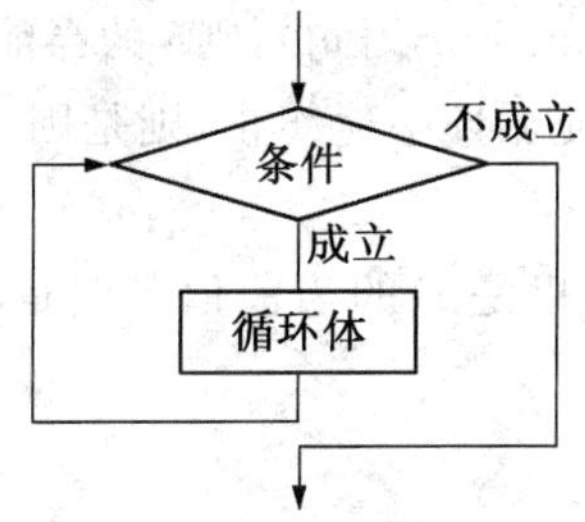

图 3－6　Do/Loop While 语句流程图

下列用以上格式组合的 4 种 Do/Loop 循环，同样可以输出 1 至 10 的平方和，请读者比较。

(1) Do While/Loop 格式

```
s = 0:i = 1
Do While i <= 10
   s = s + i * i
   i = i + 1
Loop
Print s
```

(2) Do Until/Loop 格式

```
s = 0:i = 1
Do Until i > 10
   s = s + i * i
   i = i + 1
Loop
Print s
```

(3) Do/Loop While 格式

```
s = 0:i = 1
Do
  s = s + i * i
  i = i + 1
Loop While i <= 10
Print s
```

(4) Do/Loop Until 格式

```
s = 0:i = 1
Do
  s = s + i * i
  i = i + 1
Loop Until i > 10
Print s
```

虽然如此，但 Do/Loop While 语句与 While/Wend 语句不总是可以相互替代的：前者是先执行循环体、再判断是否继续循环，循环体至少要执行 1 次；后者是先判断是否继续循环、再执行循环体，循环体可能 1 次也不执行。读者在使用中，要加以区分。

例 3-13　判断所输入的大于 1 的任意正整数是否为素数。

界面设计：图略。文本框控件 Text1 用于输入，命令按钮 Command1 的 Caption 属性为“判断”，命令按钮 Command2 的 Caption 属性值为“结束”，文本框控件 Text2 用于输出判断结果。

问题分析：只能被 1 和它自身整除的数称为素数，若 n 不能被 2～n－1 的任何一个数整除，则 n 就是素数。考虑到减少计算，把除数的枚举范围缩小到 2～Sqr(n)。因为若 $n = n1 \times n2$，设两个因子中 n1 较小，则 n1 必定不大于 Sqr(n)。判断 n 是否为素数的过程就是用从 2～Sqr(n)的每一个数依次去整除 n 的过程，如果其中有一个数能够整除 n，则 n 肯定不是素数。

算法归纳：如果 n 为 2 或 3，则 n 是素数，否则，执行下列循环。

```
For i = 2 To Sqr(n)
    if n mod i=0 Then Exit For
Next
```

循环若为正常结束(未执行 Exit For 语句)，则 i 的当前值一定大于 Sqr(n)，n 也一定是素数；否则，执行了 Exit For 语句使循环中途终止，则是因 n 能够被循环中枚举的若干个整数中的 1 个整除，n 必然不是素数。

根据循环结束后控制变量(这里是 i)的当前值判断运行结果，是程序中常用的方法之一，希望读者能够掌握。

过程代码如下：

```
工程1 - Form1 (Code)
(通用)                    Command2_click

Private Sub Command1_click()
  Dim n As Integer, i As Integer
  n = Val(Text1.Text)
  If n = 2 Or n = 3 Then
    Text2.Text = Text1.Text + "是素数"
  Else
    For i = 2 To Sqr(n)
      If n Mod i = 0 Then Exit For
    Next i
    If i > Sqr(n) Then
      Text2.Text = Text1.Text + "是素数"
    Else
      Text2.Text = Text1.Text + "不是素数"
    End If
  End If
End Sub
Private Sub Command2_click()
  End
End Sub
```

考虑到在过程 Command1_click 中无须将 n=2 或 3 作单独处理，也能得出正确的判断结果，可以按照图 3-7 所示的流程图编制程序。

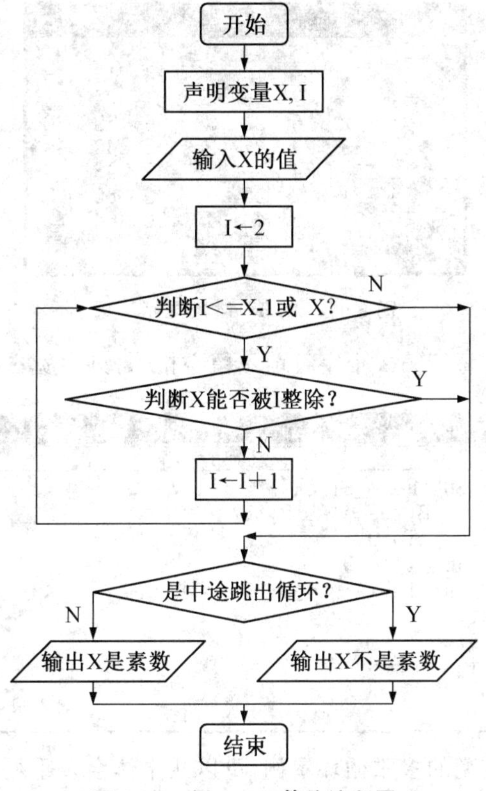

图 3-7　例 3-13 算法流程图

3.4　多重循环

多重循环即循环结构的完全嵌套，内层循环的控制变量一般与外层循环的控制变量不同名。有关多重循环的规则，不在此赘述，请参看下列例题：

例 3-14　输出九九乘法口诀表。

问题分析：程序的显示结果应如图 3-8 所示，各行分别显示下列数据：

第 1 行，显示 1*1、1*2、1*3、...、1*9，换行

第 2 行，显示 2*1、2*2、2*3、...、2*9，换行

...　...　...　...　...　...

第 9 行，显示 9*1、9*2、9*3、...、9*9，换行

算法归纳：用伪代码描述，归纳为"For i = 1 To 9：输出第 i 行 ：换行 ：Next i"，而其中第 i 行的输出，又可以细化为"For j = 1 To 9：print i*j；：Next j"，综合如下。

```
For i = 1 To 9
  For j = 1 To 9: Print i * j; : Next j
```

```
  Print
Next i
```

```
Form1
1  2   3   4   5   6   7   8   9
2  4   6   8   10  12  14  16  18
3  6   9   12  15  18  21  24  27
4  8   12  16  20  24  28  32  36
5  10  15  20  25  30  35  40  45
6  12  18  24  30  36  42  48  54
7  14  21  28  35  42  49  56  63
8  16  24  32  40  48  56  64  72
9  18  27  36  45  54  63  72  81
```

图 3-8　例 3-14 的显示结果

界面设计略。考虑到每行第 1 个字符前不留空格，每列定宽占 4 列，过程代码如下。

```
工程1 - Form1 (Code)
Form                    click
Private Sub Form_click()
  Dim i As Byte, j As Byte
  For i = 1 To 9
    For j = 1 To 9
      Print Tab(4 * (j - 1)); i * j;
    Next j
    Print
  Next i
End Sub
```

这是一个简单而又典型的多重循环示例，可以从中体会多重循环的执行步骤以及内、外循环的关系。

例 3-15　计算方程 $x^2+y^2+z^2=2000$ 的所有整数解。

问题分析：其中 x、y、z 的取值都在－44 与 44 之间，程序中应用三重循环枚举 x、y、z 的 89×89×89 种不同的取值，显示符合条件的那些 x、y、z 组合。

算法归纳与事件过程如下(界面设计略)：

```
工程1 - Form1 (Code)
Form                    Load
Private Sub Form_Click()
  Dim x As Integer, y As Integer, z As Integer
  For x = -45 To 45
    For y = -45 To 45
      For z = -45 To 45
        If x * x + y * y + z * z = 2000 Then Print x, y, z
      Next z
    Next y
  Next x
End Sub
```

例 3-16　编程，运行时单击窗体后，输入 n(n<10)，然后在窗体上输出如图 3-9 所示的 n 层数字金字塔(图中所示是输入 n=7 的结果)。

问题分析(以 n=7 为例)：

第 1 行，输出 7－1 个空格，输出 1 至 1；输出 0 至 1(步长－1，实际不执行)；换行

第 2 行：输出 7－2 个空格；输出 1 至 2；输出 1 至 1(步长－1，执行 1 次)；换行

第 3 行：输出 7－3 个空格；输出 1 至 3；输出 2 至 1(步长－1)；换行

…　　…　　…　　…　　…　…

第 7 行：输出 7－7 个空格；输出 1 至 7；输出 6 至 1 (步长－1)；换行

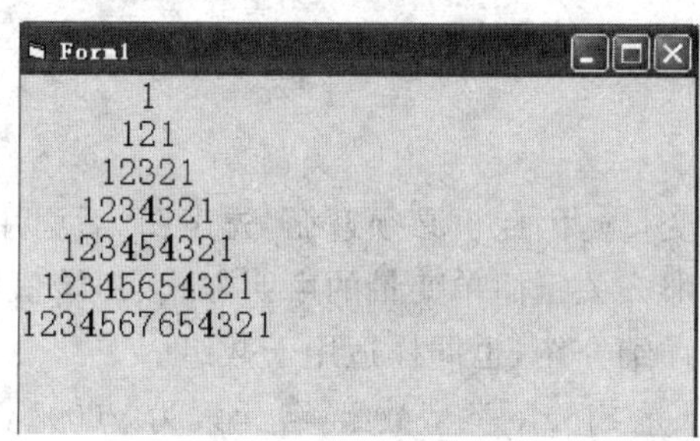

图 3-9　例 3-16 运行时输入 7 的输出结果

算法归纳，以伪代码表示如下：

For i = 1 To n

　输出 n－i 个空格：输出 1 至 i：输出 i 至 1(步长－1)；换行

Next i

过程代码如下：

```
工程1 - Form1 (Code)
Form                                   Click
Private Sub form_Click()
  Dim i As Integer, j As Integer, n As Integer
  Do               ' 控制输入n必须在给定范围内。
    n = Val(InputBox("n=", "输入1-9之间的整数"))
  Loop Until n > 0 And n < 10
  For i = 1 To n
    Print Space(n - i);        '输出n-i个空格
    For j = 1 To i             '输出1~i  递增序列
      Print Trim(Str(j));
    Next j
    For j = i - 1 To 1 Step -1  '输出i-1~1  递减序列
      Print Trim(Str(j));
    Next j
    Print              '换行
  Next i
End Sub
```

正数显示时正号以空格显示，程序中变量 j 是 1 位整数，语句“Print Trim(Str(j))”实际输出的字符串中去除了左端空格，也只有 1 位，保证了输出结果整体上看似一个等腰三角形。

3.5　数组及其应用

处理大量数据的问题，如排序、统计、矩阵运算等，很难用已有知识解决。因为，此前所使用的变量，只能标识一个数据，不同变量间是相互独立的。

譬如，输入 100 个数后按值从大到小顺序输出，为此声明 100 个不同名的变量，并对这 100 个变量作比较、交换，程序的繁琐程度是难以想像的。

Visual Basic 允许程序员使用数组：数组由多个同类型的元素组成，用同一个名、不同下标标识数组中不同元素。

3.5.1 数组声明与数组元素的引用

1. 数组声明

数组也是变量(成组的变量)，因此也必须遵循“先声明、后引用”的规则。如果把先前所介绍的变量称为简单变量，那么关于简单变量的声明方式、初始值同样适用于数组。第 4 章关于变量作用域、生存期的详细介绍，也同样适用于数组。

例如，下列语句声明：y 是 Single 类型数组，各元素为 y(0)、y(1)、…、y(5)；Integer 数组 m 有元素 m(0)、m(1)、…、m(6)；Single 数组 x 有元素 x(1)、x(2)、…、x(5)；等等。

```
Dim y(5) As Single,a As byte
Dim m(6) As Integer, x(1 To 5) As Single
```

语句中的 y(5)、m(6)、x(1 To 5)是所谓“数组说明符”。

2. 数组说明符

一维数组说明符格式：**数组名(<下标界>)**

二维数组说明符格式：**数组名(<下标界>,<下标界>)**

下标界格式：[**m1 To**] **m2**

其中：m1≤m2，m1、m2 必须是数值常量。

多维数组说明符格式依此类推，如三维数组说明符格式为“数组名(<下标界>,<下标界>,<下标界>)”等。

(1) 数组名的命名规则与(简单)变量相同。

(2) 下标界说明数组元素的最小下标、最大下标、决定数组中元素个数。

如果在下标界中缺省“[m1 To]”，则最小下标由 Option Base 语句决定：

在通用对象声明部分，可用语句 Option Base 1 声明本窗体中所有数组第一个元素下标为 1，Option Base 0 声明所有数组的第一个元素下标为 0(缺省值)。

(3) 下标界中的常量如果为浮点数，则自动取整，可以为负数。

数组声明决定了 Visual Basic 为该数组分配存储空间的大小、对各元素值的存取格式。

数组在内存中一般占用连续的存储空间：一维数组各元素按下标顺序存放，如 Integer 类型数组元素 a(0)的地址是 D，则 a(1) 的地址就是 D+2，等等；二维数组各元素按行存放，即一行接一行的按每列下标顺序存放。二维以上数组各元素的存储顺序，在此不再赘述。因为，对数组的访问(引用)只能是对各元素的访问，对一般读者来说，更重要的是如何正确地引用数组元素。

3. 数组元素的引用

引用一维数组元素：**数组名(<下标表达式>)**

引用二维数组元素：**数组名(<下标表达式 1>,<下标表达式 2>)**

请注意下列例题中数组的声明，数组元素的引用(如输入、输出)方法。

例 3－17　显示数列 1、1、2、3、5、8、…中前 36 项的值。

问题分析：这个数列的前两项是 1、1，以后每项都是其前两项之和。因此，数列中后面的项都可以在前面项的基础上，通过适当的运算得到，这种方法称为“递推”。

算法归纳：数列前两项为 1，从第 3 项起的每一项都是数列前两项之和，有递推公式如下。

$$f_i = \begin{cases} 1 & i = 1,2 \\ f_{i-1} + f_{i-2} & i >= 3 \end{cases}$$

(1) 如果不使用数组，声明 36 个变量 f1、f2、f3、…、f36，显然相应程序是烦琐的。设只用变量 f1、f2、f3 完成所有的计算：在完成计算“f3＝ f1＋f2”后，执行“f1＝f2：f2＝f3”，通过转存数据使重复计算“f3＝f1＋f2”可得下一项。

按“方法一”按钮执行的程序代码如下：

```
Private Sub Command1_Click()
  Dim f1 As Long, f2 As Long, f3 As Long
  Dim i As Integer, k As Byte
  Form1.Cls: f1 = 1: f2 = 1: k = 2
  Print Tab(0); f1; Tab(10); f2;   '每个数占10个字符宽度，每行6个数
  For i = 3 To 36
    f3 = f1 + f2: k = k + 1
    Print Tab((k - 1) * 10); f3;
    If k = 6 Then k = 0: Print    '每输出6个数换行，k为0、重新计数
    f1 = f2: f2 = f3
  Next i
End Sub
```

运行时的显示结果如下：

```
1         1         2         3         5         8
13        21        34        55        89        144
233       377       610       987       1597      2584
4181      6765      10946     17711     28657     46368
75025     121393    196418    317811    514229    832040
1346269   2178309   3524578   5702887   9227465   14930352

        [方法一]              [方法二]
```

(2) 该程序用数组实现更为方便，特别是程序的易读性大为提高。按“方法二”按钮执行的程序代码如下：

```
Private Sub Command2_Click()
  Dim f(36) As Long, i As Integer, k As Byte
  Form1.Cls: f(1) = 1: f(2) = 1
  For i = 3 To 36
    f(i) = f(i - 1) + f(i - 2)
  Next i
  For i = 1 To 36
    k = k + 1
    Print Tab((k - 1) * 10); f(i);
    If k = 6 Then k = 0: Print
  Next i
End Sub
```

其运行结果，与按“方法一”按钮完全一样。

通过此例可知，在声明一个数组之后，就可以使用数组了。每一个操作都是针对数组元素的，不能单独引用数组名，如不能期望用错误的语句“Print f”显示 f 数组中所有元素。

对数组元素的操作如赋值、运算、输入和输出等，与对简单变量的操作基本一样，但要注意引用数组元素时下标值应在数组声明时所规定的范围之内，否则将出现下标越界的错误。

例 3-18　编程，输入 x_1、x_2、x_3、…、x_{30}，按下列公式计算、输出各点的滑动平均值。

$$y_i=\begin{cases}x_i & i=1\text{ 或 }i=30\\(x_{i-1}+x_i+x_{i+1})/3 & 1<i<30\end{cases}$$

界面设计略，编制窗体 Click 事件过程如下：

```
Private Sub Form_Click()
  Dim y(30) As Single, x(30) As Single, i As Integer
  For i = 1 To 30
    x(i) = InputBox("x(" + Str(i) + ")=")
  Next i
  y(1) = x(1): y(30) = x(30)
  For i = 2 To 29
    y(i) = (x(i - 1) + x(i) + x(i + 1)) / 3
  Next i
  For i = 1 To 30
     Print y(i)
  Next i
End Sub
```

数组各元素必须逐个访问，因此输入、输出数组的所有元素在程序中都各用 1 个循环实现。

例 3-19　有 11 个人围成 1 圈发贺卡，依次给 1、3、6、8、11、2、5、7、10、1、4、6、…号发，问至少发到多少张时每人都有贺卡。

问题分析：用有 11 个元素的数组如 m 记录每人手中的贺卡数，m(i)值表示编号 i 的人手中贺卡数，初值为 0。变量 np 值表示将要为第几个人发，“m(np)＝m(np)＋1”表示为编号为 np 的人又发了 1 张，np 初值为 1。变量 num 值记录已发贺卡总数。

算法归纳：

```
DO
   m(np)=m(np)+1: num=num+1: 重新为 np 赋值，确定下一个人的标号
   如果每人都有贺卡则退出循环
Loop
```

以上用伪代码描述的发贺卡的算法，需要进一步细化。

关于“重新为 np 赋值，确定下一个人的标号”。

由于 np 的增量在 2、3 间摆动，可设变量 jg 初值为 2。计算“np＝np＋jg”确定下一张该发给谁(np＞11 则执行 np＝np－11)，执行“If jg＝2 Then jg＝3 Else jg＝2”可使 jg 在 2、3 间摆动。

“退出循环的条件”见下列命令按钮 Command1 的 Click 事件过程中的注释。

界面设计略，过程代码如下：

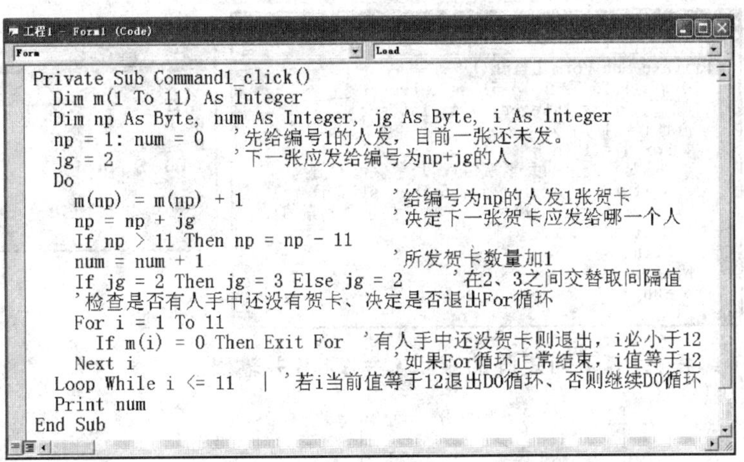

```
工程1 - Form1 (Code)
Form                                    Load
Private Sub Command1_click()
  Dim m(1 To 11) As Integer
  Dim np As Byte, num As Integer, jg As Byte, i As Integer
  np = 1: num = 0    '先给编号1的人发，目前一张还未发。
  jg = 2             '下一张应发给编号为np+jg的人
  Do
    m(np) = m(np) + 1                '给编号为np的人发1张贺卡
    np = np + jg                     '决定下一张贺卡应发给哪一个人
    If np > 11 Then np = np - 11
    num = num + 1                    '所发贺卡数量加1
    If jg = 2 Then jg = 3 Else jg = 2    '在2、3之间交替取间隔值
    '检查是否有人手中还没有贺卡、决定是否退出For循环
    For i = 1 To 11
      If m(i) = 0 Then Exit For  '有人手中还没贺卡则退出，i必小于12
    Next i                           '如果For循环正常结束，i值等于12
  Loop While i <= 11    '若i当前值等于12退出DO循环、否则继续DO循环
  Print num
End Sub
```

程序运行显示结果为 13，正确。如果问题是至少发到多少张时每人手中贺卡数相同，请读者自行修改程序，正确的结果应该为 22。

在实际应用中，如矩阵运算、成绩表处理等，不仅要指出数据元素的行位置，而且还要指出元素的列位置，要用双下标的二维数组来描述。例如，声明“Dim s(1 To 3,1 To 4) As Integer”，则定义 3 行 4 列的二维数组 s，数组元素有：

$$
\begin{array}{cccc}
s(1,1) & s(1,2) & s(1,3) & s(1,4) \\
s(2,1) & s(2,2) & s(2,3) & s(2,4) \\
s(3,1) & s(3,2) & s(3,3) & s(2,4)
\end{array}
$$

下面举几个简单的例子，说明二维数组的应用。

例 3-20　建立一个 3 行 5 列的二维数组。数组的前 4 列由输入对话框输入，第 5 列为同一行上前面 4 个数的和。

界面设计(略)，过程代码如下：

```
工程1 - Form1 (Code)
Form                                    Load
Private Sub Form_Click()
  Dim a(3, 5) As Single, i As Integer, j As Integer
  For i = 1 To 3
    a(i, 5) = 0
    For j = 1 To 4
      a(i, j) = InputBox("a(" & i & "," & j & ")=")
      a(i, 5) = a(i, 5) + a(i, j)
    Next j
  Next i
  For i = 1 To 3                  ' 输出3行5列的数组
    For j = 1 To 5
      Print a(i, j);
    Next j
    Print  '内循环输出1行中各列后，需要换行
  Next i
End Sub
```

例 3-21　建立一个 5 行 5 列的二维数组，两条对角线上的元素为 1，其余元素为 0。

界面设计(略)，过程代码与运行结果分别如下：

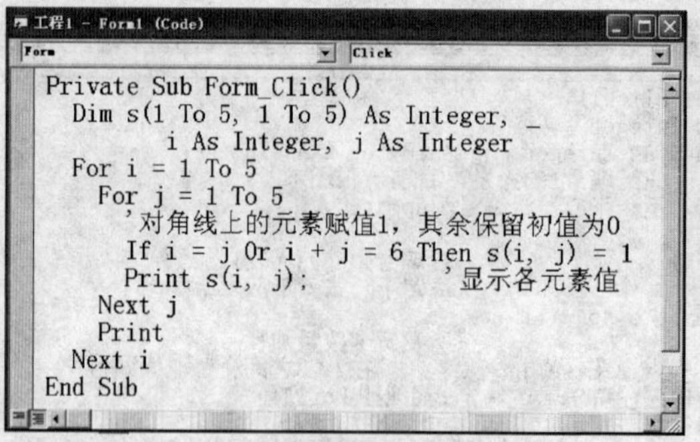

工程1 - Form1 (Code)

```
Private Sub Form_Click()
  Dim s(1 To 5, 1 To 5) As Integer, _
        i As Integer, j As Integer
  For i = 1 To 5
    For j = 1 To 5
      '对角线上的元素赋值1，其余保留初值为0
      If i = j Or i + j = 6 Then s(i, j) = 1
      Print s(i, j);          '显示各元素值
    Next j
    Print
  Next i
End Sub
```

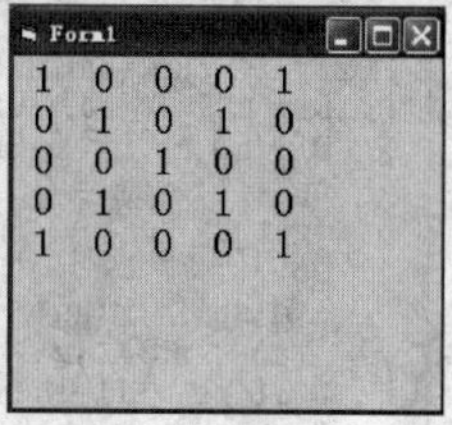

Form1

```
1  0  0  0  1
0  1  0  1  0
0  0  1  0  0
0  1  0  1  0
1  0  0  0  1
```

例 3-22　编程，计算下列矩阵的乘积 C＝A×B 并输出。

$$A = \begin{bmatrix} 12 & 8 & -3 & 0 \\ 4 & 11 & 9 & 11 \\ -3 & 9 & 6 & -5 \\ 6 & -4 & 7 & 8 \\ 7 & 3 & 12 & 11 \end{bmatrix} \quad B = \begin{bmatrix} -1 & 5 & 7 \\ 2 & 6 & -1 \\ 11 & -1 & 6 \\ 7 & 8 & 5 \end{bmatrix}$$

问题分析：运行时要输入 5×4＋4×3 个数据，可以用下列语句为数组 a 的 5 行 4 列元素分别赋值，为 b 数组输入数据的语句类似。

```
For i=1 To 5
  For j=1 To 4
    a(i,j) = Val(InputBox("a(" & i & "," & j & ")="))
  Next j
Next i
```

算法归纳：按矩阵乘积的定义，若 A 为 m 行 k 列，B 为 k 行 n 列（B 的行数必须等于 A 的列数），则 C＝A×B 为 m 行 n 列，且 C 矩阵各元素的计算公式如下（只需按公式计算 C 数组各元素）。

$$c_{i,j} = \sum_{t=1}^{k} (a_{i,t} \times b_{t,j}) \qquad \begin{matrix} i = 1,2,\cdots,m \\ j = 1,2,\cdots,n \end{matrix}$$

界面设计略，编制窗体的 Click 事件过程如下：

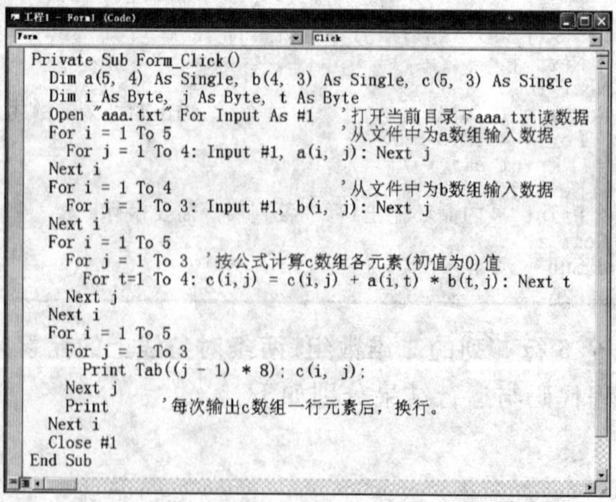

工程1 - Form1 (Code)

```
Private Sub Form_Click()
  Dim a(5, 4) As Single, b(4, 3) As Single, c(5, 3) As Single
  Dim i As Byte, j As Byte, t As Byte
  Open "aaa.txt" For Input As #1    '打开当前目录下aaa.txt读数据
  For i = 1 To 5                     '从文件中为a数组输入数据
    For j = 1 To 4: Input #1, a(i, j): Next j
  Next i
  For i = 1 To 4                     '从文件中为b数组输入数据
    For j = 1 To 3: Input #1, b(i, j): Next j
  Next i
  For i = 1 To 5
    For j = 1 To 3  '按公式计算c数组各元素(初值为0)值
      For t=1 To 4: c(i,j) = c(i,j) + a(i,t) * b(t,j): Next t
    Next j
  Next i
  For i = 1 To 5
    For j = 1 To 3
      Print Tab((j - 1) * 8); c(i, j);
    Next j
    Print       '每次输出c数组一行元素后，换行。
  Next i
  Close #1
End Sub
```

考虑到运行时要输入许多数据，个别数据的输入错误会使已输入数据前功尽弃。程序中引入了文本文件的操作，使读者对第八章“文件”的学习有所期待：

将 A、B 中的数据预先编辑在与本程序的所有文件同一个文件夹的文本文件 aaa.txt 中，运行时直接从文件中输入数据。

程序运行时，从文件 aaa.txt 中按行分别输入 a、b 数组中各元素值，各文件中数据与输出结果如图 3－10 所示。

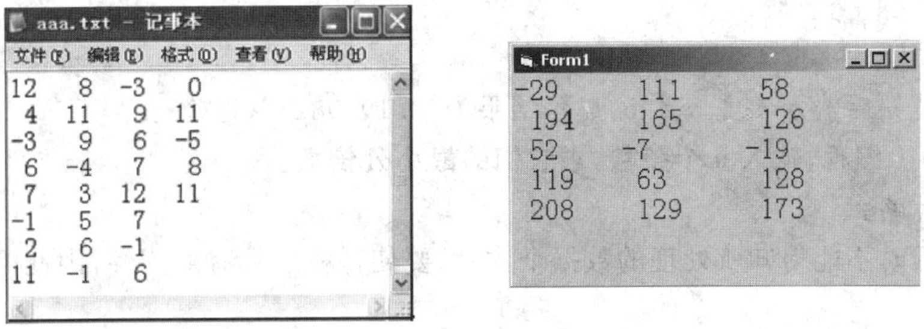

aaa.txt - 记事本

文件(F)　编辑(E)　格式(O)　查看(V)　帮助(H)

```
12   8  -3   0
 4  11   9  11
-3   9   6  -5
 6  -4   7   8
 7   3  12  11
-1   5   7
 2   6  -1
11  -1   6
```

Form1

```
-29      111      58
 194     165      126
 52      -7       -19
 119     63       128
 208     129      173
```

图 3－10　文本文件 aaa.txt 中的数据和运行时输出结果显示

3.5.2　动态数组

数组说明符中的下标界不能出现变量，因此试图用下列语句在运行时动态的声明数组的大小(数组元素个数)是错误的。

```
n = InputBox("请输入数组元素个数")
Dim a(n) As Integer
```

使用 Visual Basic 的动态数组可以满足这一类的需求，以提高程序的通用性。

动态数组声明格式：**ReDim 数组名(<下标界>[,...]) As 类型标识符** [,...]

例 3－23　编程，输入 n 后，输入 $a_1, a_2, \cdots, a_n$ 个整数，计算下列表达式的值并输出。

$$\cfrac{1}{a_n + \cfrac{1}{a_{n-1} + \cfrac{1}{\cdots + \cfrac{1}{a_2 + \cfrac{1}{a_1}}}}}$$

问题分析：按题义程序应具有通用性，而编程时不确定所处理的数据个数，需要在运行时确定，因此需要使用动态数组。计算步骤如下。

第一步，$y \Leftarrow \dfrac{1}{a_1}$　第二步，$y \Leftarrow \dfrac{1}{a_2 + y}$　第三步，$y \Leftarrow \dfrac{1}{a_3 + y}$；…；第 n 步，$y \Leftarrow \dfrac{1}{a_n + y}$

算法归纳。若 y 初值为 0，算法可描述为：

```
For i=1 To n
  y = 1 / (a(i) + y)
Next i
```

过程代码如下：

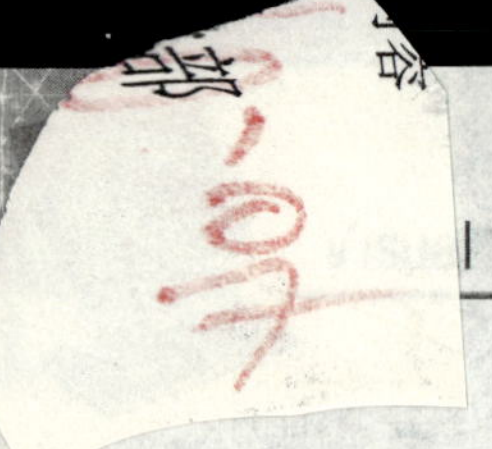


```
Private Sub Command1_Click()
  Dim n As Byte, i As Byte, y As Single
  n = Val(InputBox("请输入元素个数: "))  '先输入动态数组元素个数
  ReDim a(n) As Single                   '动态分配数组存储空间
  For i = 1 To n
    a(i) = Val(InputBox("a(" & i & ")"))
  Next i
  For i = 1 To n: y = 1 / (a(i) + y): Next i
  Print y
End Sub
```

运行时若先后输入 4、2、3、4、5，显示结果为"0.1910828"，正确。

例 3-24　编程，输入 n 个整数，求它们的最小公倍数。

界面设计略。

由于编程时不能得知所处理的数据个数，而要使得程序具有通用性，因此需要使用动态数组。

编制窗体的 Click 事件过程如下：

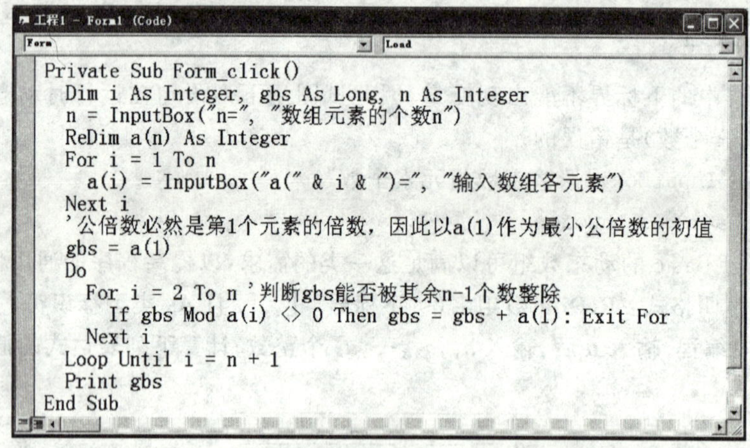

```
Private Sub Form_click()
  Dim i As Integer, gbs As Long, n As Integer
  n = InputBox("n=", "数组元素的个数n")
  ReDim a(n) As Integer
  For i = 1 To n
    a(i) = InputBox("a(" & i & ")=", "输入数组各元素")
  Next i
  '公倍数必然是第1个元素的倍数，因此以a(1)作为最小公倍数的初值
  gbs = a(1)
  Do
    For i = 2 To n '判断gbs能否被其余n-1个数整除
      If gbs Mod a(i) <> 0 Then gbs = gbs + a(1): Exit For
    Next i
  Loop Until i = n + 1
  Print gbs
End Sub
```

3.6　实　例

本章内容的重点或难点是如何从问题中确定解题的算法。

对下列计算题，比较易于归纳出算法：

◆ 求算式 $\frac{2\times2}{1\times3}+\frac{4\times4}{3\times5}+\frac{6\times6}{5\times7}+\cdots+\frac{22\times22}{21\times23}$，其通项为 $a_n=\frac{4n\times n}{(2n-1)(2n+1)}$

该算式共 11 项，计算该式的程序段可以写作：

s=0: For n=1 To 11: s=s+4 * n/(2 * n-1) * n/(2 * n+1): Next n

◆ 求算式 $1-\frac{1}{2}+\frac{1}{3}-\frac{1}{4}+\frac{1}{5}-\frac{1}{6}+\cdots$ 直到第 40 项的和。其通项为 $a_n=(-1)^{n+1}\frac{1}{n}$

计算该式的程序段可以写作：

s=0: For n=1 To 40: s=s+(-1)^(n+1)/n: Next n

并不是所有可以用循环结构解算的问题，都具有明显的规律性或“通项”。对于初学者来说，面对这类问题，开始常感到无从下手。对于可以用循环结构解算的、稍具复杂性的问题，可以使用下面所介绍的一种实用的编程方法。

其基本步骤是：

(1) 分析、展开：“展开”是针对计算机运算特点的展开。应当在分析的基础上，将复杂问题分解成若干个简单问题，把解题过程展开为多个基本的求解步骤。

(2) 归纳、提炼：从各求解步骤中归纳、提炼出循环算法。

(3) 编程、检验：编制程序，或上机验算，或模拟计算机运算，事实上我们不必从循环开始一直模仿到循环结束，如此多的操作还是留给计算机做，但要特别注意的是进入循环和退出循环时，计算结果的正确与否。

本节以下的例题中，试图用这种方法编制循环结构程序，给读者一些有益的启示。

例 3-25 编程，计算下列多项式的值。

$$\sqrt{a_n+\sqrt{a_{n-1}+\sqrt{a_{n-2}+\cdots\sqrt{a_2+\sqrt{a_1}}}}}$$

(1) 分析、展开。先基于一个“小模型”展开，假定 n 等于 5。按照计算机运算的特点，用变量 s 存放每一步计算的结果如下：

$$i=1, s\Leftarrow\sqrt{a_1}\quad i=2, s\Leftarrow\sqrt{s+a_2}\quad i=3, s\Leftarrow\sqrt{s+a_3}$$

$$i=4, s\Leftarrow\sqrt{s+a_4}\quad i=5, s\Leftarrow\sqrt{s+a_5}$$

(2) 归纳、提炼。目的是从展开的运算步骤中，找出内在规律，归纳出循环算法。如果 s 的初值为 0，根据以上操作步骤可以归纳出算法如下：

$$s\Leftarrow\sqrt{s+a_i}\quad i=1,2,\cdots,n$$

(3) 编程、检验。编制命令按钮 Command1 的 Click 事件过程如下：

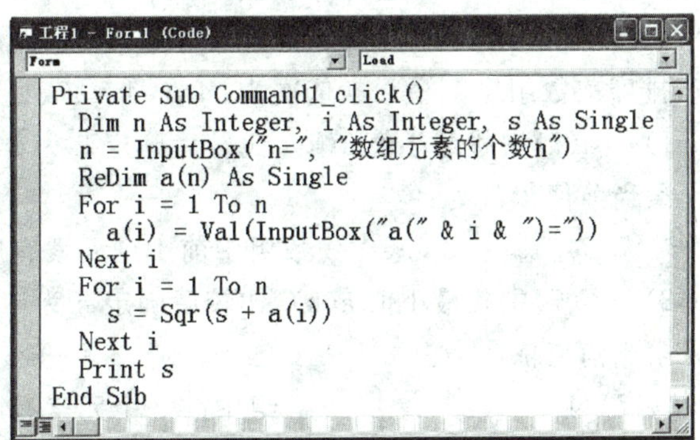

```
Private Sub Command1_click()
  Dim n As Integer, i As Integer, s As Single
  n = InputBox("n=", "数组元素的个数n")
  ReDim a(n) As Single
  For i = 1 To n
    a(i) = Val(InputBox("a(" & i & ")="))
  Next i
  For i = 1 To n
    s = Sqr(s + a(i))
  Next i
  Print s
End Sub
```

证明一个算法的正确与否是非常困难的，一般是用代入法(可能出现的情况和数据)检验程序，得到其正确与否的初步判断：假定 n 为 2，2 个数组元素依次为 4、2(正确的计算结果应当为 2)，可以以此数据机试或模仿做程序阅读题的方法手工计算，检验计算结果是否正确。

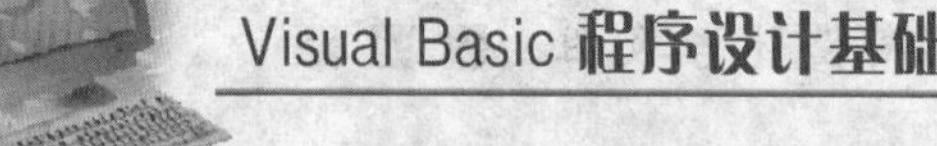

例 3－26　证明 64 不是两个或两个以上连续自然数的和。

(1) 分析、展开。

第 1 步：1＋2＝3，3＋3＝6，6＋4＝10，…，45＋10＝55，55＋11＝66 大于 64 时做第 2 步；

第 2 步：2＋3＝5，5＋4＝9，9＋5＝14，…，44＋10＝54，54＋11＝65 大于 64 时做第 3 步；

第 3 步：3＋4＝7，7＋5＝12，12＋6＝18，…，52＋11＝63，63＋12＝75 大于 64 时做第 4 步；

…　…　…　…　…

第 31 步：31＋32＝63，63＋33＝96 大于 64 时做第 32 步；

第 32 步：32＋33＝65，大于 64，运行结束。

(2) 归纳、提炼。

For i＝1 To 32：　执行第 i 步：Next i

其中“执行第 i 步”可以细化为：累加 i、i＋1、i＋2、…，在累加过程中判断，若累加和小于 64 则继续；大于 64 时做第 i＋1 步；等于 64 则输出信息表明原命题不成立并终止程序运行。

如果程序运行没有输出表明原命题不成立的信息，则输出表示命题成立的信息。

(3) 编程、检验。界面设计略，事件过程如下：

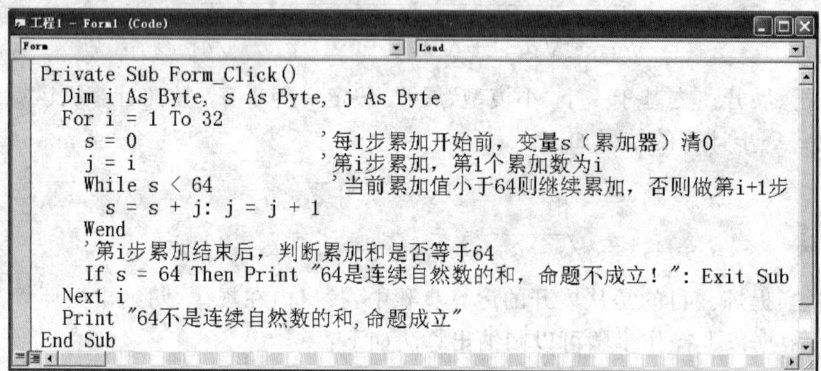

```
Private Sub Form_Click()
  Dim i As Byte,  s As Byte,  j As Byte
  For i = 1 To 32
    s = 0                   '每1步累加开始前，变量s（累加器）清0
    j = i                   '第i步累加，第1个累加数为i
    While s < 64            '当前累加值小于64则继续累加，否则做第i+1步
      s = s + j: j = j + 1
    Wend
    '第i步累加结束后，判断累加和是否等于64
    If s = 64 Then Print "64是连续自然数的和，命题不成立！": Exit Sub
  Next i
  Print "64不是连续自然数的和,命题成立"
End Sub
```

如果 For 循环自然结束(没有执行 Exit For 语句)，则 i 的当前值为循环的终值加步长，即 33，因此以判断 i 是否等于 33 作为命题是否成立的条件。

例 3－27　用随机函数产生 n 个两位整数，用选择法排序后将它们按值从小到大排序输出。

(1) 假定 n 等于 7，排序前数组中 7 个元素依次为：2、6、1、8、7、4、5。

第一次选择：在 a(1) ～a(7)中找最小值 a(k)，比较后确定 k 为 3；交换 a(1) 与 a(k)的值，第一次排序后，各元素当前值依次为：

1　6　2　8　7　4　5　　　　数组中前 1 个元素有序。

第二次选择：在 a(2) ～a(7)中找最小值 a(k)，比较后确定 k 为 3；交换 a(2) 与 a(k)的值，第二次排序后，各元素当前值依次为：

1　2　6　8　7　4　5　　　　数组中前 2 个元素有序。

第三次选择：在 a(3) ～a(7)中找最小值 a(k)，比较后确定 k 为 6；交换 a(3) 与 a(k)的值。第三次排序后，各元素当前值依次为：

1　2　4　8　7　6　5　　　　数组中前 3 个元素有序。

第四次选择：在 a(4) ～a(7)中找最小值 a(k)，比较后确定 k 为 7；交换 a(4) 与 a(k)的

值。第四次排序后，各元素当前值依次为：

1　2　4　5　7　6　8　　　　数组中前 4 个元素有序。

第五次选择：在 a(5) ～a(7)中找最小值 a(k)，比较后确定 k 为 6；交换 a(5) 与 a(k)的值。第五次排序后，各元素当前值依次为：

1　2　4　5　6　7　8　　　　数组中前 5 个元素有序。

第六次选择：在 a(6)～a(7)中找最小值 a(k)，比较后确定 k 为 6；交换 a(6)与 a(k)的值。第六次排序后，各元素当前值仍为：

1　2　4　5　6　7　8　　　　数组中前 6 个元素有序。

(2) 归纳、提炼。

一般情况下，n 个数经过 n－1 次排序后均有序。通过以上选择法排序的展开分析，可以归纳出选择法排序算法如下：

```
For i = 1 to n - 1
  找出 a(i)～a(n)间最小的数组元素下标 k；交换 a(i)与 a(k)
Next i
```

其中，找出 a(i)～a(n)之间值最小的数组元素下标 k 的程序段为：

```
k=i                               '假设下标为 i 的元素值最小
For j=i+1 To n:
  If a(j)<a(k) Then k = j
Next j
```

(3) 编程、检验。编制窗体的 Click 事件过程如下：

```
Private Sub Form_click()
 'Dim n As Byte, i As Byte, j As Byte, k As Byte, temp As Single
  n = InputBox("请输入数组元素个数")
  ReDim a(n) As Single
  For i = 1 To n              '产生数据
    a(i) = Int(Rnd * 90) + 10
  Next i
  For i = 1 To n - 1          '排序
    k = i
    For j = i + 1 To n
      If a(j) < a(k) Then k = j
    Next j
    temp = a(i): a(i) = a(k): a(k) = temp
  Next i
  For i = 1 To n              ' 显示输出
    Print a(i);
  Next i
  Print
End Sub
```

其中，n 在运行时输入，此后动态分配数组的 n 个元素的存储单元。

数组中的数据采用随机函数自动生成，以便于调试、运行程序。排序结束后，将数组中各元素值在窗体上顺序显示。

3.7 小 结

按照结构化程序设计的基本思想，任何程序都可以用顺序结构、选择结构和循环结构三种基本结构表示。在一个简单的顺序结构的程序中，各个语句是顺序执行的，这种程序主要由赋值语句、输入、输出语句组成。选择结构中，If 结构提供两路选择，Select 结构可以根据表达式的不同取值而执行不同的分支，实现多路选择功能。For/Next、While/Wend 和 Do/Loop 都能有效地构成循环结构。

程序中如需要处理大量类型相同的数据，Visual Basic 提供的数组支持此类运算。数组由多个同类型的元素组成，用同一个名、不同下标标识数组中不同元素，数组必须先声明、后引用。

在编写程序时，除了要熟悉各种语句和结构的使用方法以及语法规则以外，更重要的是：如何根据所要解决的问题的需要，归纳出解题的算法。

程序设计中有一些基本的算法，如穷举法、递推法、排序等，在本章的有关程序举例中都有所介绍，读者应能正确地理解、掌握。

程序设计的过程是科学思维方式的训练和实践的过程，程序设计又是一门实践性很强的课程，多做编程练习并坚持每个程序都在计算机上调试、运行，是学习这门课程最好的方法。

习题三

一、判断题

1. 若行 If 语句中逻辑表达式值为 True，则关键字 Then 后同一行上的若干语句都要执行。
2. 在行 If 语句中，关键字 End If 是必不可少的。
3. 块 If 结构中的 Else 子句可以缺省。
4. For/Next 语句中，循环控制变量只能是整型变量。
5. For/Next 语句中，“Step 1”可以缺省。
6. For/Next 循环正常(未执行 Exit For)结束后，控制变量的当前值等于终值。
7. 在循环体内，循环变量的值不能被改变。
8. Do/Loop While 结构中的循环体，至少被执行一次。
9. Do/Loop Until 结构的循环，是“先判断、后执行(循环体)”的循环结构。
10. 使用 On Error GoTo 语句并编写相应程序，可以捕获程序中的编译错误。

二、选择题

1. 将变量 x、y 中的最大数赋值给变量 a，正确的表示为________。

   A. a=x: If y>x Then a=y　　B. If y>x Then a=y: a=x

   C. a= If y>x Then y Else x　　D. If y>x Then a=y　Else a=x End If

2. 下列关于 Select Case 之测试表达式的叙述中，错误的是________。
   A. 只能是变量名　B. 可以是整型　C. 可以是字符型　D. 可以是浮点类型
3. 下列关于 Select Case 的叙述中，错误的是________。
   A. Case 10 To 100　表示判断 Is 是否介于 10 与 100 之间
   B. Case "abc","ABC"　表示判断 Is 是否和"abc"、"ABC"两个字符串中的一个相同
   C. Case "X"　表示判断 Is 是否为大写字母 X
   D. Case －7,0,100　表示判断 Is 是否等于字符串"－7,0,100"
4. 由"For i＝1 To 16 Step 3"决定的循环结构被执行________次。
   A. 4　B. 5　C. 6　D. 7
5. 若 i 的初值为 8，则下列循环语句的循环次数为________次。
   Do While i<＝17: i ＝ i ＋ 2: Loop
   A. 3 次　B. 4 次　C. 5 次　D. 6 次
6. 由"For i＝1 To 9 Step －3"决定的循环结构被执行________次。
   A. 4　B. 5　C. 6　D. 0
7. 下列循环结束后，若显示 i 的值不大于 n，说明________。
   For i ＝ 2 To n:If m Mod i ＝ 0 Then Exit For:Next i
   A. m 能被 i 的某一个取值整除　B. m 不能被 i 的任何一个取值整除
   C. 有实时错误、循环被终止　D. 程序中有逻辑错误
8. 窗体通用部分的语句"Option Base 1"，决定本窗体中数组________。
   A. 下界必须为 1　B. 缺省的下界为 1
   C. 下界必须为 0　D. 缺省的下界为 0

三、填空题

1. 若 x>y，则交换变量 x、y 值的行 If 语句写作________________________。
2. Select Case 结构中测试表达式的值，在其表达式列表中用________表示。
3. 用 InputBox 函数为数组 B 的所有元素 B(0)、B(1)、B(2)、…、B(9)依次赋值的语句写作________________________。
4. 声明有 n 个元素的 Single 类型动态数组 a 的语句是________________________。
5. 语句"Dim c As ________"定义的变量 c，可用于存放控件的 Caption 的值。
6. 用 Dim c(2 to 5) As Integer 语句定义的数组占用________个字节的内存空间。

四、程序阅读题(写出下列程序的运行结果)

程序 1. 请写出单击窗体后，窗体上的显示结果。

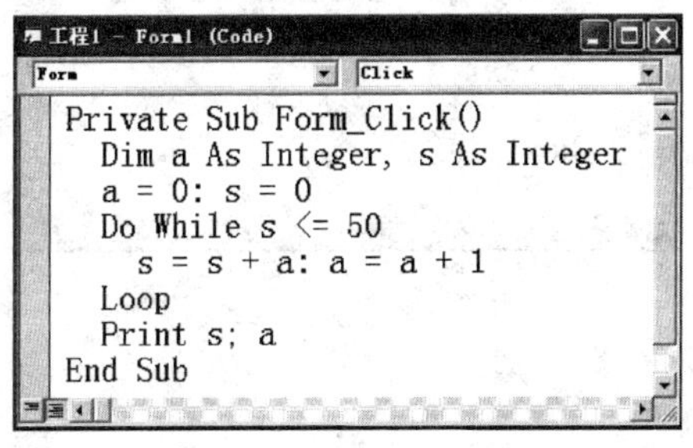


```
Private Sub Form_Click()
  Dim a As Integer, s As Integer
  a = 0: s = 0
  Do While s <= 50
    s = s + a: a = a + 1
  Loop
  Print s; a
End Sub
```

程序 2. 请写出输入 8、9、3、0 后窗体上的显示结果。

```
Private Sub Form_Click()
  Dim i As Integer, sum As Integer, m As Integer
  sum = 0
  Do
    m = Val(InputBox("请输入m", "累加和等于" & sum))
    If m = 0 Then Exit Do
    sum = sum + m
  Loop
  Print sum
End Sub
```

程序 3. 请写出单击窗体后,窗体上的显示结果。

```
Private Sub Form_Click()
  Dim a(5) As Integer, i As Integer
  a(0) = 1
  For i = 1 To 5
    a(i) = a(i - 1) + i
    Print a(i);
  Next i
End Sub
```

程序 4. 请写出单击窗体后,窗体上的显示结果。

```
Private Sub Form_Click()
  Dim a(5, 5) As Byte, i As Byte, j As Byte
  For i = 1 To 5
    For j = 1 To 5
      a(i, j) = i * j
    Next j
  Next i
  For i = 1 To 5: Print a(i, i);: Next i
End Sub
```

程序 5. 请写出单击窗体后,窗体上的显示结果。

```
Private Sub Form_Click()
  Dim i As Byte, j As Byte
  For i = 1 To 4
    Print Space(5 - i);
    For j = 1 To 2 * i - 1
      Print "w";
    Next j
    Print
  Next i
End Sub
```

程序 6. 请写出单击窗体后，窗体上的显示结果。

```
Private Sub Form_Click()
  Dim a(5, 5) As Byte, i As Byte, j As Byte
  For i = 1 To 5
    For j = 1 To i
      a(i, j) = 10 - i - j
    Next j
  Next i
  For i = 1 To 4
    For j = i + 1 To 5
      a(i, j) = i + j - 1
    Next j
  Next i
  For i = 1 To 5
    For j = 1 To 5: Print a(i, j);: Next j
    Print
  Next i
End Sub
```

五、程序填空题

1. 程序说明：输入 n 后，计算下列表达式的值。

$$1-\frac{1}{2!}+\frac{1}{3!}-\frac{1}{4!}+\cdots+(-1)^{n+1}\frac{1}{n!}$$

```
工程1 - Form1 (Code)
Form                                Click
Private Sub Form_Click()
  Dim n As Integer, i As Integer, p As Single, s As Single
  n = Val(InputBox("请输入n"))
  ___(1)___ : p = 1
  For i = 2 To ___(2)___
    p = -p / i
    ___(3)___
  Next i
  Print s
End Sub
```

2. 程序说明：下列程序求两个正整数 m、n 的最大公约数并显示。

```
工程1 - Form1 (Code)
Form                                Click
Private Sub Form_Click()
  Dim m As Integer, n As Integer, r As Integer
  m = Val(InputBox("请输入m")): n = Val(InputBox("请输入n"))
  r = m Mod n
  Do ___(1)___
    m = n: n = r: ___(2)___
  Loop
  ___(3)___
End Sub
```

3. 程序说明：输入 n 后，输入 n 个实数，显示这 n 个数的算术平均值以及其中大于算术平均值的数。

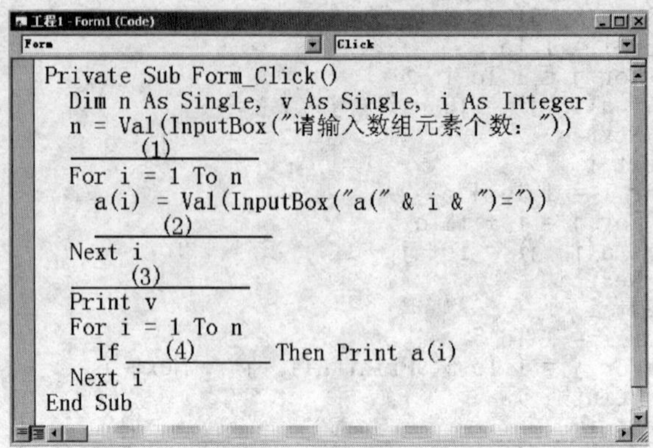

```
Private Sub Form_Click()
  Dim n As Single,  v As Single,  i As Integer
  n = Val(InputBox("请输入数组元素个数: "))
  ____(1)____
  For i = 1 To n
    a(i) = Val(InputBox("a(" & i & ")="))
    ____(2)____
  Next i
  ____(3)____
  Print v
  For i = 1 To n
    If ____(4)____ Then Print a(i)
  Next i
End Sub
```

4. 程序说明：输入 m、n 后再输入 a 数组的 m 个数和 b 数组的 n 个数，显示那些在 a、b 数组中同时存在的数(如 a 数组中有 1、2、3、4、5，b 数组中有 4、5、6、7，输出结果为 4、5)。

```
Private Sub Form_Click()
  Dim m As Integer,  n As Integer,  i As Integer,  j As Integer
  m = Val(InputBox("请输入a数组元素个数: "))
  n = Val(InputBox("请输入b数组元素个数: "))
  ReDim a(m) As Integer,  b(n) As Integer
  For i = 1 To m
    a(i) = Val(InputBox("a(" & i & ")="))
  Next i
  For i = 1 To n
    b(i) = Val(InputBox("b(" & i & ")="))
  Next i
  For i = 1 To ____(1)____
    For j = 1 To ____(2)____
      If a(i) = b(j) Then ____(3)____
    Next j
    If ____(4)____ Then Print a(i)
  Next i
End Sub
```

5. 程序说明：以下程序产生 10 个两位随机整数、并按从小到大的顺序存入数组 a 中，再将其中的奇数按从小到大的顺序在窗体中用紧凑格式输出。

```
Private Sub Form_Click()
  Dim i As Integer,  j As Integer,  k As Integer,  a(10) As Single
  Dim t As Single
  For i = 1 To 10
    a(i) = Val(InputBox("a(" & i & ")="))
  Next i
  For i = 1 To 9
    ____(1)____
    For j = i + 1 To 10
      If a(j) < a(k) Then ____(2)____
    Next j
    t = a(i): a(i) = a(k): ____(3)____
  Next i
  For i = 1 To 10
    If ____(4)____ Then Print a(i)
  Next i
End Sub
```

6. 程序说明：下列程序用来在窗体上输出如图 3-11 所示结果。

```
Private Sub Form_Click()
  Dim a(5, 5) As Byte, i As Byte, j As Byte
  For i = 1 To 5
    For j = 1 To 6 - i
      a(i, j) = ____(1)____
    Next j
  Next i
  For i = 2 To 5
    For j = ____(2)____ To 5
      a(i, j) = j + i - 6
    Next j
  Next i
  For i = 1 To 5
    For j = 1 To 5: Print a(i, j);: Next j
    ____(3)____
  Next i
End Sub
```

```
1  2  3  4  5
2  3  4  5  1
3  4  5  1  2
4  5  1  2  3
5  1  2  3  4
```

图 3-11　习题五(6)运行时输出结果显示

六、程序设计题

1. 用 InputBox 函数输入 3 个任意整数，按从大到小的顺序输出。

2. 编程，输入 x 值，按下式计算并输出 y 值。

$$y=\begin{cases}x+3 & x>3\\ x^2 & 1\leqslant x\leqslant 3\\ \sqrt{x} & 0<x<1\\ 0 & x\leqslant 0\end{cases}$$

3. 编程，在窗体上输出如下形式的九九乘法表。

```
九九乘法表
1*1=1
2*1=2  2*2=4
3*1=3  3*2=6  3*3=9
4*1=4  4*2=8  4*3=12 4*4=16
5*1=5  5*2=10 5*3=15 5*4=20 5*5=25
6*1=6  6*2=12 6*3=18 6*4=24 6*5=30 6*6=36
7*1=7  7*2=14 7*3=21 7*4=28 7*5=35 7*6=42 7*7=49
8*1=8  8*2=16 8*3=24 8*4=32 8*5=40 8*6=48 8*7=56 8*8=64
9*1=9  9*2=18 9*3=27 9*4=36 9*5=45 9*6=54 9*7=63 9*8=72 9*9=81
```

4. 计算下式的和，变量 x 与 n 的数值用输入对话框输入。

$$s=1+x+\frac{x}{2!}+\frac{x^2}{3!}+\frac{x^3}{4!}+\ldots+\frac{x^n}{(n+1)!}$$

5. 用近似公式求自然对数的底数 e 的值，直到被累加的最后一项小于 10^{-4} 为止。

$$e\approx 1+\frac{1}{1!}+\frac{1}{2!}+\frac{1}{3!}+\cdots+\frac{1}{n!}$$

6. 编程，输出 1～1000 之间的同构数（就是出现在其平方数右边的那些数，如 5 与 25、6 与 36、25 与 625 均为同构数）。

提示：从这些同构数中可归纳出共同特征：若 i 是 1 位同构数，则 i＊i－i 应是 10 的倍数；若 i 是 2 位同构数，则 i＊i－i 应是 100 的倍数……一般地，若 i 是 k 位同构数，则 i＊i－i 应是 10^k的倍数，可用表达式“Len(str(i))－1”判断 i 的位数。

7. 输入平面上 10 个点坐标值，计算各点之间距离之和。

提示：计算公式为 $l=\sum_{i=1}^{9}\left(\sum_{j=i+1}^{10}\sqrt{(x_i-x_j)^2+(y_i-y_j)^2}\right)$

8. 输入 m、n 后再输入 a 数组的 m 个数和 b 数组的 n 个数，显示那些在 a、b 中不同时存在的数（如 a 数组中有 1、2、3、4、5，b 数组中有 4、5、6、7，输出结果为 1、2、3 和 6、7）。

9. 以两个二重循环为 5 行 5 列数组赋值如下，然后按行列关系显示该数组。

```
5  4  3  2  1
4  3  2  1  2
3  2  1  2  3
2  1  2  3  4
1  2  3  4  5
```

10. 编程，输入 n（n 为 1 位正整数），输出 n＋1 层的杨辉三角形。

(1) 如 n 为 6 时，输出结果如下直角三角形显示。

(2) 如 n 为 6 时，输出结果如下等腰三角形显示。

```
1                                             1
1  1                                        1   1
1  2  1                                   1   2   1
1  3  3  1                              1   3   3   1
1  4  6  4  1                         1   4   6   4   1
1  5  10  10  5  1                  1   5   10  10  5   1
1  6  15  20  15  6  1            1   6   15  20  15  6   1
```

第 4 章　函数与过程

Visual Basic 语言处理系统的编译器提供了许多系统函数，程序中可以直接调用这些函数，而无须由用户自己编制实现这些函数功能的代码。例如，可以调用系统函数 exp(x) 计算 e^x 的值，而不必按下式编写一个循环结构来计算。

$$e^x = 1 + x + \frac{x^2}{2!} + \frac{x^3}{3!} + \frac{x^4}{4!} + \cdots$$

程序中多次重复出现的操作过程，若不能通过调用系统函数实现，Visual Basic 允许用户将这些操作自定义为函数过程或 Sub 过程。本章着重介绍 Visual Basic（自定义）函数过程、Sub 过程和参数传递规则，以及多模块程序设计，并详细介绍变量作用域、生存期。

4.1　过程的编写与调用

4.1.1　函数过程的编写与调用

例 4-1　引例，输出数列 1,1,1,1,2,1,1,3,3,1,1,4,6,4,1,1,5,10,10,5,1,⋯ **的前 55 项。**

问题分析：如果将数列适当分组，可以对题意有更清楚的认识。

分组为 1　1、1　1、2、1　1、3、3、1　1、4、6、4、1　1、5、10、10、5、1. . . . ，该数列前 55 项，实际上是从 0 阶到 9 阶的二项式系数的排列。

由 $(a+b)^n = \sum_{i=0}^{n} c_n^i a^{n-i} b^i$ 可知，要输出的数列是 $c_0^0, c_1^0, c_1^1, c_2^0, c_2^1, c_2^2, c_3^0, c_3^1, c_3^2, c_3^3, \cdots, c_n^n$ 。而计算 i 个元素中每次取出 j 个元素的组合种数的计算公式是 $c_i^j = i!/j!/(i-j)!$ 。

算法归纳：该程序中的运算过程可以简单描述如下。

```
For i=0 To 9
  For j=0 To 9
     计算、输出 i! /j! /(i-j)!
  Next j
Next i
```

其中，求阶乘的运算在每一步内层循环中出现 3 次。

如果有求阶乘的函数可以调用，将大大简化程序的编写。可是，标准库函数中并没有求阶乘的函数。在这种情况下，可以自定义一个求阶乘函数进行求解。

利用自定义求阶乘函数解题的程序代码如下：

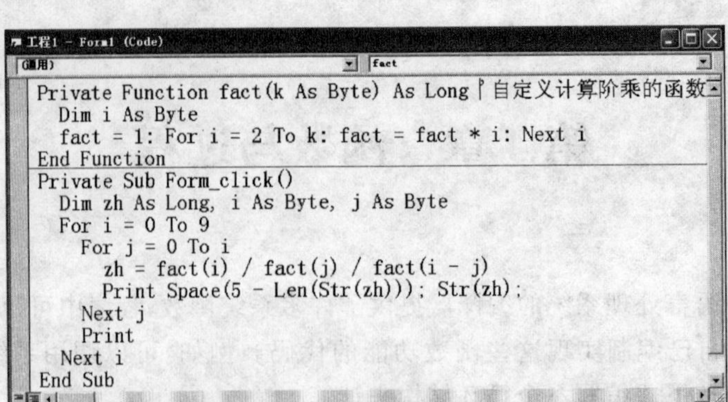

```
Private Function fact(k As Byte) As Long '自定义计算阶乘的函数
  Dim i As Byte
  fact = 1: For i = 2 To k: fact = fact * i: Next i
End Function
Private Sub Form_click()
  Dim zh As Long, i As Byte, j As Byte
  For i = 0 To 9
    For j = 0 To i
      zh = fact(i) / fact(j) / fact(i - j)
      Print Space(5 - Len(Str(zh))); Str(zh);
    Next j
    Print
  Next i
End Sub
```

程序运行时的显示如下：

```
    1
    1    1
    1    2    1
    1    3    3    1
    1    4    6    4    1
    1    5   10   10    5    1
    1    6   15   20   15    6    1
    1    7   21   35   35   21    7    1
    1    8   28   56   70   56   28    8    1
    1    9   36   84  126  126   84   36    9    1
```

语句“Print Space(5 － Len(Str(zh)))；Str(zh)；”保证了每个数显示占 5 个字符宽度，使得每列都整齐排列。

1. 函数过程的编写

格式：[**Public**|**Private**][**Static**] **Function** <**函数名**>[(**形参声明列表**)] [**As** <**类型声明**>]

函数体

End Function

(1) “Private”限定所编制的函数只限于在本窗体中被调用；“Public”声明该函数可以被其他窗体、模块调用；选项“Public”是缺省值。

(2) “Static”声明函数名以及函数中声明的局部变量都是静态变量。

(3) 函数体为实现该函数运算的若干声明语句和执行语句，其中至少应有 1 个赋值语句为函数名赋值。函数被调用后的返回值，为返回时函数名的当前值。

函数调用时，控制将转移去执行相应代码，调用结束后控制将返回到调用处并带回一个值，是所谓“返回值”。例如，执行“y=Sqr(9)+5”时，Sqr(9)的计算结果 3 就是 Sqr 的返回值。

(4) 一般将调用与被调用的过程之间需要相互传递的数据作为形参(形式参数)。

形参声明格式：　　**[Byval|ByRef]变量名 As 类型标识符**

数组名() As 类型标识符

关于形参变量名前置 Byval 或 ByRef 的含义，在 4.2 节详细说明。

如果数组名作形参：若为一维数组，一般应再设置一个形参传递实参数组的元素个数；若为二维数组，一般应再设置 2 个形参分别传递实参数组的行数、列数。

2. 函数过程的调用

(1) 定义为 Private 的任何过程，只能被其所在窗体的过程调用。调用格式为：

函数名(实参列表)

(2) 定义为 Public 的任何过程，可以被当前工程中其他窗体中的过程调用。调用格式为：

窗体名.函数名(实参列表)

(3) 一般应像使用内部函数一样来调用 Function 过程，调用后返回结果是 1 个函数值。

例 4-2　输出 6～5000 间所有的亲密数对。

若 a、b 为一对亲密数，则 a 的因子和等于 b，且 b 的因子和等于 a，但 a 不等于 b，如 8 的因子和是 7(1+2+4)，28 的因子和是 28(1+2+4+7+14)。

由于程序中多处要执行求某数因子和的运算，可考虑将其编写为函数过程：函数名如 f1；由于只要给出一个整数，就可以计算其因子和，因此是“一元函数”(一个形参)，形参名假设为 n；所求结果是整数，因此函数名类型亦是整型。

界面设计略，程序代码如下：

```
Private Function f1(n As Integer) As Integer
  Dim i As Integer
  f1 = 1
  For i = 2 To n / 2
    If n Mod i = 0 Then f1 = f1 + i
  Next i
End Function
Private Sub Command1_Click()
  Dim a As Integer, b As Integer, c As Integer
  For a = 6 To 5000
    b = f1(a)
    c = f1(b)
    If c = a And a <> b Then Print a, b
  Next a
End Sub
```

运行结果表明，在给定范围内有 3 对亲密数：(220,284)、(1184,1210)、(2620,2924)。

例 4-3　显示 1～1000 之间的素数。要求编制函数过程，用于判断 1 个整数是否是素数。

函数名设为 prime；只需 1 个 Integer 类型形参 n，由调用处的实参向其传送需判断的数值；返回值(函数名 prime 的值)应为 Boolean 类型：n 是素数则返回 True，否则返回 False。

界面设计略，程序代码如下：

```
Private Function prime(n As Integer) As Boolean
  Dim i As Integer
  If n < 2 Then
    prime = True
  Else
    For i = 2 To Sqr(n)
      If n Mod i = 0 Then Exit For
    Next i
    If i > Sqr(n) Then prime = True Else prime = False
  End If
End Function
Private Sub Form_Click()
  Dim i As Integer, k As Integer
  For i = 1 To 1000
    If prime(i) Then
      Print i,
      k = k + 1: If k Mod 6 = 0 Then Print
    End If
  Next i
End Sub
```

例 4-4 计算 a 数组中最大值与 b 数组中最大值之差。

如定义一个函数过程，其功能是在 n 个元素的数组中找最大值，则程序的结构会更清晰。请读者注意数组作为自定义函数参数时的表示方法。

界面设计略，程序代码如下：

```
Private Function fmax(x() As Single, ByVal n As Integer) As Single
  '形参n由调用处向函数传递与形参数组x对应的实参数组的元素个数
  Dim i As Integer
  fmax = x(1)
  For i = 2 To n
    If x(i) > fmax Then fmax = x(i)
  Next i
End Function
Private Sub Form_Click()
  Dim m As Byte, n As Byte, i As Byte
  m = Val(InputBox("输入a数组的元素个数"))
  n = Val(InputBox("输入b数组的元素个数"))
  ReDim a(m) As Single, b(n) As Single
  For i = 1 To m
    a(i) = Val(InputBox("a(" & i & ")="))
  Next i
  For i = 1 To n
    b(i) = Val(InputBox("b(" & i & ")="))
  Next i
  Print fmax(a, m) - fmax(b, n) '显示a数组中最大值与b数组中最大值之差
End Sub
```

函数调用处，与形参数组名 x 对应的实参是实参数组名，与形参变量对应的实参是所处理的实参数组中的元素个数。

例 4-5 编写一个函数，其功能是求一个二维数组中全体元素的和。

该函数应有 3 个形参：数组名 a 传递实参数组的地址；整型变量 m、n 分别传递实参数组的行数、列数。

界面设计略，程序代码如下：

```
Private Function f4(a() As Single, m As Byte, n As Byte) As Single
  Dim i As Byte, j As Byte
  For i = 1 To m
    For j = 1 To n
      f4 = f4 + a(i, j)
    Next j
  Next i
End Function
Private Sub Form_Click()
  Dim x(2, 3) As Single
  x(1, 1) = 1: x(1, 2) = 2: x(1, 3) = 3
  x(2, 1) = 2: x(2, 2) = 3: x(2, 3) = 4
  Print f4(x, 2, 3)
End Sub
```

4.1.2 SUB 过程的编写与调用

程序中多次重复出现的操作过程，Visual Basic 允许用户将这些操作自定义为 SUB 过程。与函数过程相区别，这些重复操作不是计算返回一个值，只是完成某些特定的操作。有时，将返回多个值的运算也写作 SUB 过程。

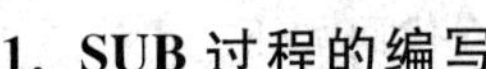

1. SUB 过程的编写

格式：[Public|Private][Static] Sub <Sub 过程名>[(形参列表)]

　　　　SUB 过程体

　　End sub

SUB 过程体中，不得为 SUB 过程名赋值，执行 Exit Sub 语句可以将控制返回到调用程序。

函数过程的名在函数体中一定要被赋值，因为函数过程调用结束后，函数名要用其获得的值参加调用处表达式的计算，而 SUB 过程的名不能被赋值，这是函数过程和 SUB 过程的最主要区别之一。

2. SUB 过程的调用

格式：**Call Sub 过程名(实参列表) 或 Sub 过程名 实参列表**

Public 或 Private 属性对 Sub 过程调用的影响，与函数过程相同。

特别要注意的是，事件过程也是 Sub 过程。也就是说，事件过程在运行时还可以用 Call 语句调用，如 Command1_Click 事件会显示“hello!”，而执行 Form_Click 过程中的语句“Call Command1_Click”也会激发 Command1_Click 事件、显示“hello!”。

此外，自定义 Sub 过程可以为形参命名，同样也允许在事件过程中编写代码时为形参改名，如将 KeyAscii 改名为 k，等等。

例 4－6　编程，单击窗体后，在窗体上显示如下图案。

```
     *
    ***
   ****
  *******
   #####
   #####
   #####
```

问题分析：所有输出行的共性是，先输出 m 个空格、n 个指定字符，然后换行。

算法归纳：编制 SUB 过程输出一行字符，m、n 以及所输出的字符作为过程形参，通过 7 次调用 Sub 过程显示以上图案。请注意 Sub 过程 prn 与函数过程在格式上的区别。

界面设计略，程序代码如下：

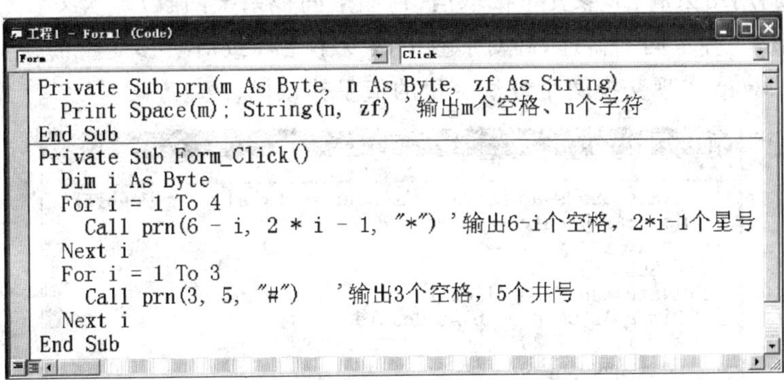

```
Private Sub prn(m As Byte, n As Byte, zf As String)
  Print Space(m); String(n, zf) '输出m个空格、n个字符
End Sub
Private Sub Form_Click()
  Dim i As Byte
  For i = 1 To 4
    Call prn(6 - i, 2 * i - 1, "*") '输出6-i个空格, 2*i-1个星号
  Next i
  For i = 1 To 3
    Call prn(3, 5, "#")    '输出3个空格, 5个井号
  Next i
End Sub
```

例 4－7　编程，将数组中各元素按值从大到小排序，要求将数组排序编写为 Sub 过程。

以第 3 章中介绍的选择排序法为基本算法，所编制的 SUB 过程代码如下：

```
Private Sub sort(a() As Single, n As Byte)
   Dim i As Byte, j As Byte, k As Byte, temp As Single
   For i = 1 To n - 1
     k = i
     For j = i + 1 To n
       If a(j) > a(k) Then k = j
     Next j
     temp = a(k): a(k) = a(i): a(i) = temp
   Next i
End Sub
Private Sub Form_click()
  Dim b(6) As Single, i As Integer
  For i = 1 To 6
    b(i) = Val(InputBox("b(" & i & ")="))
  Next i
  Call sort(b, 6)  '调用Sub过程对6个元素的数组b按值从大到小排序
  For i = 1 To 6  |'Call sort(b,6) 也可以写作 sort b(),6
    Print b(i),
  Next i
End Sub
```

为测试其是否正确，加入事件过程 Form_click()。运行时输入 6 个数后，输出的 6 个数应按值从小到大排列。

4.2 参数传递

当调用 Sub 过程、函数过程时，流程控制将由调用处转移到被调用过程。首先要做的是参数传递，然后按调用过程就能根据不同参数执行。实参向形参传递的方式，有按值传递和按地址传递两种。

4.2.1 按值传递

1. 按值传递的形参变量名前的修饰符是 Byval

形参的传递方式，是由过程编写时形参声明决定的，按值传递的步骤如下：

(1) 创建形参变量(由此可知，如果实参也是变量，则形参变量与实参变量不是同一个变量)。

(2) 将实参表达式的值复制给形参变量。

(3) 过程调用结束后，形参变量被取消(存储空间被系统回收)。

按值传递是一种单向的传递，即对形参的改变不会导致对实参变量的任何改变，因此试图用下列过程 swap 实现交换两个数值变量的值是错误的。

```
Private Sub swap(ByVal x As Double, ByVal y As Double)
 Dim t As Double
 t = x: x = y: y = t
End Sub
Private Sub Form_Click()
  Dim a As Double, b As Double
  a = 10: b = 20
  Call swap(a, b)
  Print a, b
End Sub
```

单击窗体后，输出 a、b 的值在调用 swap 后没有改变，因为交换不是对 Form_Click 事件过程中的变量 a、b 进行的，交换的是 swap 过程中所创建的形参变量 x、y。只要把 swap 过程中形参 x、y 前置的 Byval 去掉，改为按地址传递方式，使形参与实参为同一变量即可。

2. 按值传递的类型转换

按值传递时，实参若为变量名，则必须与形参类型相同；实参若为除变量名外的表达式，Visual Basic 将转换为同一类型后再复制给形参变量，具体规则如下：

(1) 形参为数值类型：形参为整型而实参表达式为浮点类型，则舍入后为形参变量赋值；实参表达式为字符型，则以字面上的值为形参变量赋值("123"等价于 123，"12a"则出错)。

(2) 形参为字符串：实参为数值，则转换为字符串后为形参变量赋值(123 等价于"123")。

4.2.2　按地址传递

1. 按地址传递的形参变量名前的修饰符是 Byref

对形参变量传递方式不作任何说明(缺省)，为按地址传递。

(1) 如果实参不是变量(如常量、函数)，尽管形参声明为按地址传递，实际还是按值传递。

(2) 按地址传递时，过程中对形参变量值的改变即是对实参变量的改变。

如果说按值传递的方式为单向传递(由调用处向被调用函数传递数据)的话，参数的按地址传送则是一种双向传递的方式，在调用结束、控制返回时，实参的值就是对应形参的值。

换句话说就是：按值传递方式的形参变量与对应实参变量不是同一变量，按地址传递方式的形参变量就是对应实参变量。

例 4-8　编制过程，用于计算一元二次方程的实根。调用该函数，显示 $aa \cdot x^2 + 2.5x - 7.24 = 0$ **两个实根或显示"实数范围内无解！"。**

过程设计：因为有两个实根，而函数过程的名只能向调用处返回一个值，因此设置两个按地址传递的形参用于向调用处传送。

考虑到方程有无实根的问题，将函数名声明为逻辑型：有实根为真，否则为假。

函数过程如下，注意其中形参 x1、x2 按缺省规则是按地址传递的形参。

```
Private Function root(ByVal a As Double, ByVal b As Double, _
   ByVal c As Double, x1 As Double, x2 As Double) As Boolean
  Dim d As Double
  d = b * b - 4 * a * c
  If d < 0 Then
    root = False
  Else
    root = True
    x1 = (-b + Sqr(d)) / 2 / a: x2 = (-b - Sqr(d)) / 2 / a
  End If
End Function
Private Sub Form_Click()
  Dim a1 As Double, a2 As Double, a3 As Double, _
      y1 As Double, y2 As Double
  a1 = Val(InputBox("A"))
  a2 = Val(InputBox("B"))
  a3 = Val(InputBox("C"))
  If root(a1, a2, a3, y1, y2) Then
    Print y1, y2
  Else
    Print "实数范围内无解！"
  End If
End Sub
```

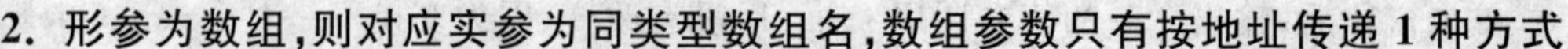

2. 形参为数组,则对应实参为同类型数组名,数组参数只有按地址传递 1 种方式

在此,不讨论按地址传递的实现机制。从编程者的角度,只需理解为形参变量与实参变量是同一变量即可

例 4-9　编制 Sub 过程,用于在数组中找出最大值、最小值。

Sub 过程中,设置一个数组作为形参,形参 max、min 的传递方式切不可为 Byval。因为,所得到的最大、最小值需要传递到调用处。

下列程序通过调用 Sub 过程 find,找出数组中的最大值、最小值。

```
Private Sub find(a() As Single, n As Integer, _
      ByRef max As Single, ByRef min As Single)
  max = a(1): min = a(1)
  While n > 0
    If a(n) > max Then max = a(n)
    If a(n) < min Then min = a(n)
    n = n - 1
  Wend
End Sub
Private Sub Form_click()
  Dim b(6) As Single, x As Single, y As Single, i As Integer
  For i = 1 To 6
    b(i) = Val(InputBox("b(" & i & ")="))
  Next i
  Call find(b, 6, x, y) '①
  Print x, y
End Sub
```

如将标记①的行改为"i=6: Call find(b,i,x,y): Print i",则显示 i 当前值为 0,其值在调用 Find 的过程中被改变。

如果不希望这种改变发生(调用 Find 后 i 还是 6),可将形参 n 改为按值传递,即"Byval n As Integer"。

如将 Find 中形参 max、min 都改为按值传递,请读者判断,程序运行后会显示怎样的结果。

例 4-10　编程,将输入在文本框中的文本删除其中的空格符后,在标签控件内输出。

(1) 界面设计如图 4-1 所示。

(2) 过程设计:

编制函数过程 delkg,该函数有两个形参:字符串 st,对应的实参是待处理的字符串,在本例中是 Text1. Text;Byte 类型变量 m,对应的实参是 Text1. Text 的字符数。

函数 delkg 返回值为字符串类型,其初值为待处理的字符串。

用 Do/Loop 循环重复删除 delkg 中的空格,当查找不到 delkg 中的空格符时退出循环、返回删除了所有空格后的 delkg 到调用处。

图 4-1　例 4-10 之界面设计

用 Instr 函数查找空格:执行语句"k = Instr(delkg," ")"后,若 k 等于 0,则表明字符串 delkg 中已不存在空格;否则,k 是 delkg 中第一个空格出现的位置。

函数 Left(delkg,k-1)返回 delkg 左边 k-1 个字符,函数 Right(delkg,m-k)返回

delkg 右边 m－k 个字符。

执行语句“delkg = Left(delkg, k－1) + Right(delkg, m－k)”，可以删除长度为 m 的字符串 delkg 中第 k 个位置的字符。

程序的运行结果如图 4-2 所示。

代码窗口的事件过程如下：

```
Private Function delkg(st As String, m As Byte) As String
  Dim i As Integer, k As Integer
  delkg = st
  Do
    k = InStr(delkg, " ")         '查找第1个空格出现的位置
    If k = 0 Then Exit Do         '若未找到空格则退出循环
    '在字符串delkg中去除该空格符
    delkg = Left(delkg, k - 1) + Right(delkg, m - k)
    m = m - 1               '删除1个空格后，字符串长度减1
  Loop
End Function
Private Sub Command1_Click()
  Dim n As Byte
  n = Len(Text1.Text)
  Label1.Caption = delkg(Text1.Text, n)
End Sub
```

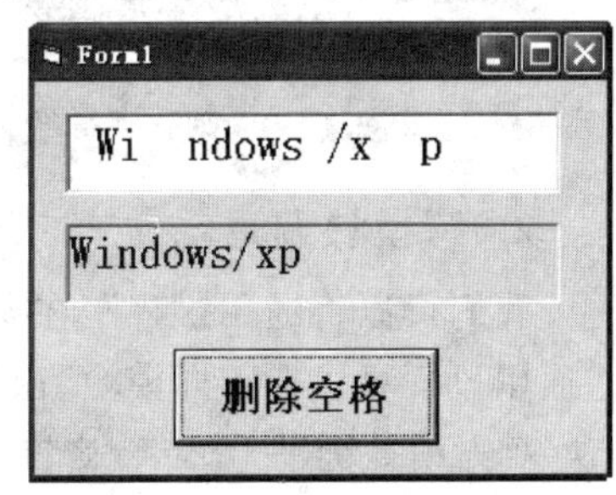

图 4-2　例 4-10 之运行结果

4.3　多模块程序设计

模块是 Visual Basic 用于将不同类型过程代码组织到一起而提供的一种结构。Visual Basic 有 3 种类型的模块：窗体模块、标准模块和类模块。

程序中每个窗体都有一个对应的窗体模块，是我们之前一直在使用的。窗体模块文件的扩展名为.frm，包含窗体中各个对象的属性、各过程的代码信息。类模块包含用于创建新的对象类的属性、方法的定义等。在此，我们着重介绍标准模块。在一个多模块的工程中，还需要系统地讨论变量作用域、生存期以及事件过程跨模块引用的问题。

4.3.1　标准模块

标准模块中保存的都是通用过程(如前所述的 Sub、Function 过程)。此前，我们将窗体中通用过程写在该窗体的“通用”部分，也可以考虑将这些通用过程都写在标准模块中。

1. 创建标准模块

单击下拉菜单“工程”中的“添加模块”选项，系统显示如图 4-3 所示。再选择“新建”选项卡显示标准模块窗口，图 4-4 所示为一个写入了两个通用过程的标准模块窗口。该模块的缺省文件名为 Moduel. Bas，在保存工程时可以重新命名。一个工程可以有多个标准模块。

如果将一些常用的标准过程编辑在一个标准模块内，可以在工程内直接添加该模块。添加的方法是在图 4-3 中选择“现存”选项卡，然后在随后出现的“文件”对话框中选中该标

准模块文件即可。

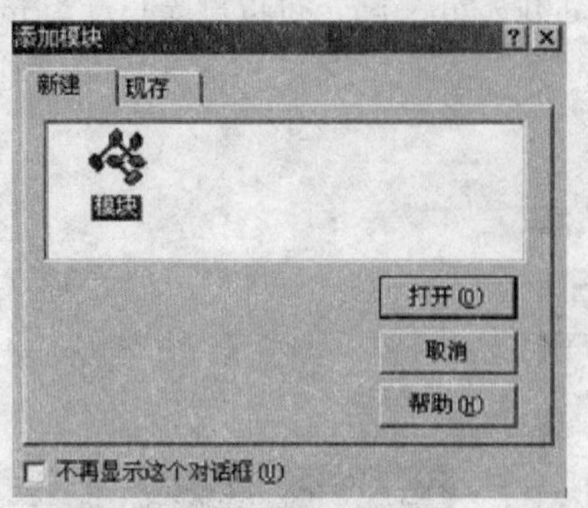

图 4-3 添加标准模块

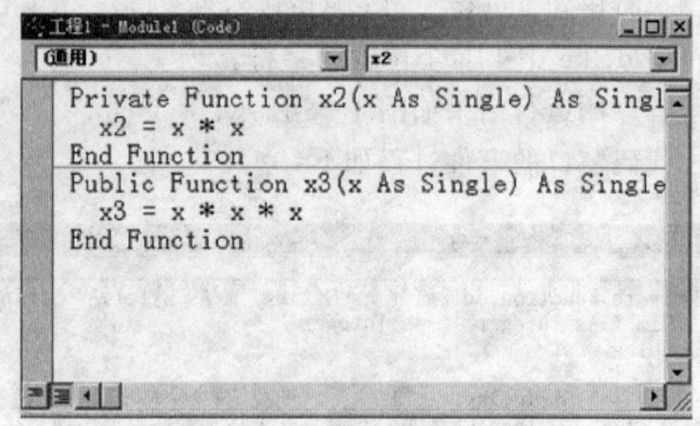

图 4-4 在标准模块的代码窗口编辑通用过程

2. 跨模块调用

我们可以将通用过程写在窗体的通用部分,也可以将一些通用过程写在标准模块中,哪些通用过程可以在不同模块、窗体中被调用呢?

(1) 用关键字 Private 修饰的通用过程,只能被本模块中调用。

譬如,在 Form1 中以 Private 修饰的通用过程,只能被该窗体中的事件过程调用;如图 4-4所定义的标准过程 x2,只能被该模块所调用。

(2) 在标准模块中,用关键字 Public 修饰的通用过程,可以被工程中所有模块调用。

(3) 某窗体中用关键字 Public 修饰的通用过程,被工程中所有其他模块调用时,必须标明窗体名称。

如 Form1 中的如下标准过程:

```
Public Sub xyz(a( ) As Single, n As Integer)
  ……
End Sub
```

在 Form2 中要调用过程 xyz 对数组 b(10)进行处理,调用方式应为“Call Form1. xyz (b,10)”。

4.3.2 变量作用域

变量按作用域分,可分为局部量、模块级量和全局量 3 种。

1. 局部量

在事件、函数、Sub 过程中声明的变量(包括数组),或用 Const 语句声明的符号常量是局部量。局部量的作用域限于它们所在的过程,而不能被其他过程引用。

如在例 4-7 中,Sub 过程 sort、事件过程 Form_Click 中都声明了变量 i,它们是不同的变量、作用域局限于各自所在的过程。

如果在 Sub 过程 sort 中对变量 i 不作显式声明,该过程中的 i 也是局部量,因为在该窗体代码窗口没有声明模块级的变量 i,是变体类型的局部量。

2. 模块级量

在模块的通用对象声明部分,没有用 Public 声明的变量(包括数组)、符号常量是模块级

量。模块级量的作用域限于它们所在的模块，不能被其他模块的过程引用。

例 4-11　编程，多次单击窗体后，同时在标签框控件 Label1 中显示单击窗体的次数。

过程代码如下。

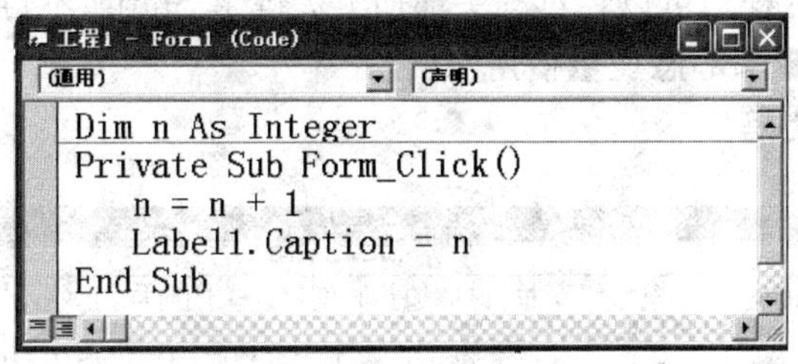

```
Dim n As Integer
Private Sub Form_Click()
    n = n + 1
    Label1.Caption = n
End Sub
```

代码窗口中，变量 n 声明在通用模块部分，是模块级变量。过程 Form_Click 中没有显式声明 n，因此所引用的变量 n 与通用模块中声明的 n 是同一变量。

请读者判断，过程 Form_Click 中的变量 n 是局部量，还是模块级变量？

如果在过程 Form_Click 中增加一条语句"Dim n As Integer"，则其中增加了一个局部变量 n，且与在通用部分声明的模块级变量 n 是不同的变量。每次执行 Form_Click 时局部量 n 都会被重新创建、初值为 0、加 1 后显示，而标签所显示总是 1。

3. 全局量

在模块的通用对象声明部分，用 Public 语句声明的变量、符号常量是全局量。全局量可以在整个工程中被引用，其他窗体引用时，在变量名或符号常量名前必须指出窗体名称。

例如，在窗体 Form1 中的语句"x = Form2. k"，所引用的变量 k 必定是在窗体 Form2 的代码窗口中、通用模块部分、用 Public 声明的全局变量，否则不可以跨窗体引用。

数组、定长字符串可以在标准模块而不可以在窗体模块中用 Public 声明。

4.3.3　变量生存期

从变量的作用空间来说，变量有作用域之分。

从变量的作用时间来说，变量有生存期之分。根据变量在程序运行期间的生命周期，把变量分为静态变量(Static)和动态变量(Dynamic)。

1. 动态变量

动态变量是指程序运行进入变量所在的过程时，才分配给该变量内存空间，退出该过程时，变量所占的内存空间自动释放，其值消失。

使用 Dim 语句在过程中声明的局部变量就属于动态变量，在过程执行结束后，变量的值不被保留，在每一次重新执行过程时，变量重新声明并分配存储空间。

2. 静态变量

静态变量是指程序运行期间虽然退出变量所在的过程，其值仍被保留的变量，即变量所占的内存空间没有释放。当以后再次进入该过程时，继续使用变量的值。

使用 Static 语句在过程中声明的局部变量就属于静态变量。静态变量只能在过程中声明，而不能在通用对象声明部分声明。

为使过程中所有的局部变量都为静态变量，可在过程头部加上关键字 Static，如 Private

Static Sub aa()

这样，在 Sub 过程 aa 中，无论用 Static、Dim 或 Private 声明的变量，还是隐式声明的变量，都成为静态变量。

函数过程、自定义过程均可以在过程头部加上关键字 Static，不再赘述。

例 4-12 动态变量和静态变量使用示例。

界面设计略，程序代码如下：

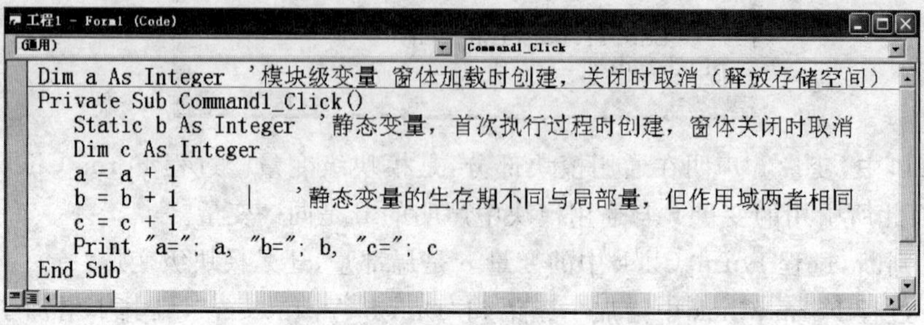

```
Dim a As Integer  '模块级变量 窗体加载时创建，关闭时取消（释放存储空间）
Private Sub Command1_Click()
    Static b As Integer  '静态变量，首次执行过程时创建，窗体关闭时取消
    Dim c As Integer
    a = a + 1
    b = b + 1            '静态变量的生存期不同与局部量，但作用域两者相同
    c = c + 1
    Print "a="; a, "b="; b, "c="; c
End Sub
```

程序运行时，连续单击 Command1 按钮 4 次，窗体上的输出结果如下：

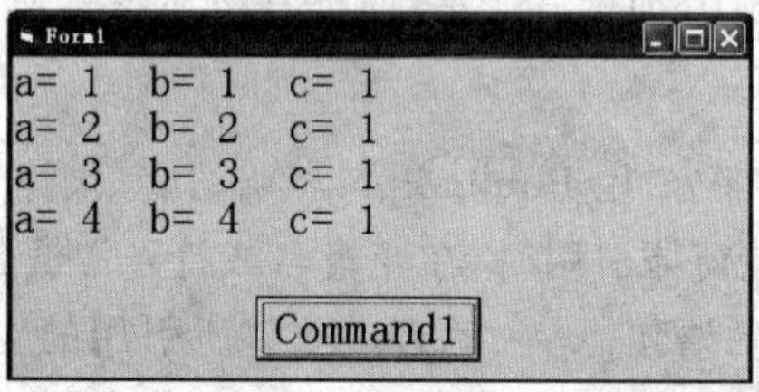

```
a= 1   b= 1   c= 1
a= 2   b= 2   c= 1
a= 3   b= 3   c= 1
a= 4   b= 4   c= 1
```

显示结果表明：模块级变量 a 在窗体加载时创建、窗体关闭时才取消，因此其值随单击窗体的次数而增加；静态变量 b 在首次执行 Command1_Click 时创建，窗体关闭时取消，其作用域和同一过程内声明的局部量相同；Command1_Click 事件过程中的变量 c 是局部动态量，在每次执行该事件过程时都被重新声明，自动赋初值 0。

4.4 实　例

新建工程时系统自动创建一个默认名称为 Form1 的窗体，在对象窗口菜单栏选择“工程”、再选择“添加窗体”，可创建新窗体，如 Form2、Form3、Form4 等，如图 4-6 所示。

各窗体有各自的对象窗口和代码窗口，分别完成界面设计和过程设计后，程序运行时，窗体之间的关联通过相应的方法，如 Show、Hide 等实现。例如，执行“Form1. Hide”隐藏 Form1，执行“Form2. Show”使得窗体 Form2 成为当前活动窗体。

本节通过设计一个培养心算能力的“小学生四则运算练习”程序，展示关于多窗体程序设计的基本步骤、常用方法，以便读者设计更为实用、复杂的包含多个窗体的应用程序。

1. 界面设计

窗体 Form1 的界面设计如图 4-5 所示，在对象窗口菜单栏选择“工程”、再选择“添加窗

体”可创建窗体 Form2，其界面设计如图 4－6 所示。

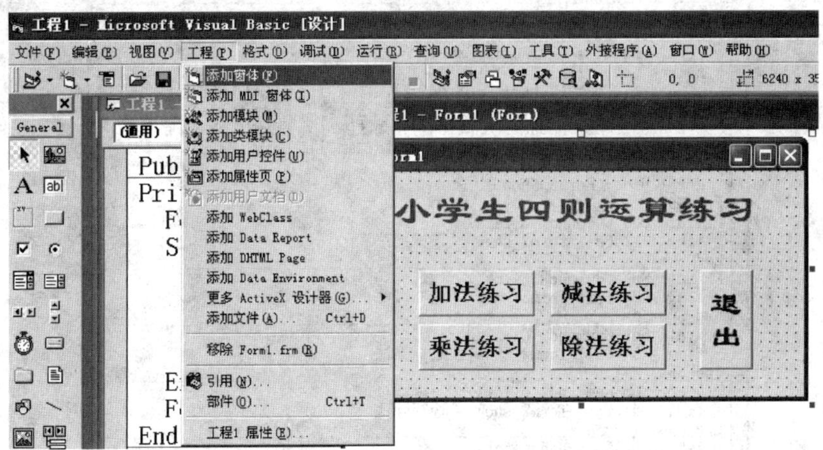

图 4－5　示例窗体 Form1 的界面设计

图 4－6　示例窗体 Form2 的界面设计

在菜单栏选择“工程”、再选择“工程属性”可选择启动窗体(默认是 Form1)。

设计要求是：

(1) 以 Form1 为启动窗体，如点击“加法练习”按钮，将隐藏 Fomr1，显示 Form2(Label1 之 Caption 属性改为"加法练习"，Label2、Label3、Label4 之 Caption 清空)。

(2) 点击“出题”按钮，调用随机函数生成适合小学生心算的操作数在 Label2、Label4 显示，而 Label3 中显示“＋”号。

(3) 点击“答题”按钮，显示 InputBox 对话框输入答案后，判断答案是否正确，并以 MsgBox 消息框显示判断结果。

(4) 点击“返回”按钮，隐藏 Fomr2，显示 Form1。

2. 过程设计

在 Form1 声明 1 个全程量 flag，选择加、减、乘、除，则 flag 分别赋值 1、2、3、4，而在 Form2 中可以访问 Form1. flag，从而确认所作何种选择与应执行的相应代码。

Form1 的代码设计如下：

```
Public flag As Byte
Private Sub form2_show()
  Form2.Label2 = "": Form2.Label4 = ""
  Select Case flag
    Case 1: Form2.Label1.Caption = "加法练习": Form2.Label3 = "+"
    Case 2: Form2.Label1.Caption = "减法练习": Form2.Label3 = "-"
    Case 3: Form2.Label1.Caption = "乘法练习": Form2.Label3 = "×"
    Case 4: Form2.Label1.Caption = "除法练习": Form2.Label3 = "÷"
  End Select
  Form1.Hide: Form2.Show
End Sub
Private Sub Command1_Click()
  flag = 1: Call form2_show  '选择加法
End Sub
Private Sub Command2_Click()
  flag = 2: Call form2_show  '选择减法
End Sub
Private Sub Command3_Click()
  flag = 3: Call form2_show  '选择乘法
End Sub
Private Sub Command4_Click()
  flag = 4: Call form2_show  '选择除法
End Sub
Private Sub Command5_Click()
  End
End Sub
```

其中自定义无参过程 form2_show 被各事件过程调用，可以根据不同选择修改 Form2 的显示界面，隐藏 Form1、显示 Form2。

Form2 的代码设计如下：

```
Dim a As Byte, b As Byte, c As Byte, answer As Byte
Private Sub Command1_Click()
  Select Case Form1.flag
    Case 1, 2                          '选择了加法或减法练习
      a = Rnd * 99: b = Rnd * 99
      If Form1.flag = 2 And b > a Then c = a: a = b: b = c
      If Form1.flag = 1 Then c = a + b Else c = a - b
    Case 3                                         '选择了乘法练习
      a = Rnd * 99: b = 1 + Rnd * 9: c = a * b
    Case 4                                         '选择了除法练习
      Do
        a = Rnd * 99: b = 1 + Rnd * 9
      Loop Until a \ b = a / b
      c = a / b
  End Select
  Label2.Caption = a: Label4.Caption = b
End Sub
Private Sub Command2_Click()
  answer = Val(InputBox(a & Label3.Caption & b & "="))
  If c = answer Then MsgBox ("回答正确！") Else MsgBox ("回答错误！")
End Sub
```

程序中，考虑了题目应适合小学生心算的问题，如参加运算的数不应过大、不要出现负数、除法运算应能整除。用随机函数生成的操作数 a、b，学生输入的结果 answer，以及与 answer 比照的正确结果 c，都被声明为模块级变量，使得 Form2 中各个过程都可以访问。

请注意各个窗体的代码中，对不同窗体中控件属性或全程量的引用方式。

3. 运行调试

图 4－7 所示为示例程序的运行情况。

图中依次显示了：运行初始界面；点击“除法练习”按钮，显示 Form2，点击“出题按钮”；点击“答题”按钮，显示 InputBox 对话框；输入 8 后，显示“回答正确！”。

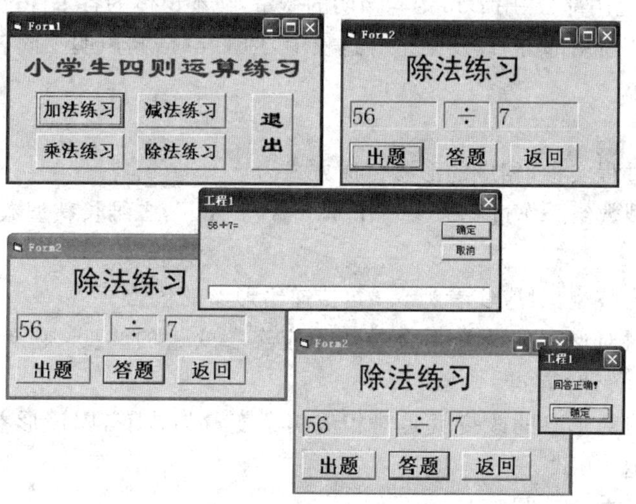

图4-7 示例运行情况

4.5 小 结

程序中多次重复出现的操作过程,若不能通过调用系统函数实现,Visual Basic允许用户将这些操作自定义为函数过程或Sub过程。定义函数过程或Sub过程,必须熟悉过程定义的格式,以及调用程序与所定义的过程之间参数的传递方式和规则。

必须将在工程中其他模块所调用的通用过程用关键字Public声明,可以将多个通用过程集中在标准模块中。

关于多窗体程序设计,本章4.4节提供的培养心算能力的"小学生四则运算练习"程序,可供读者模仿。

习题四

一、判断题

1. 函数过程与Sub过程必须用关键字Private或Public声明。
2. 用关键字Public声明的过程可以被其他模块调用。
3. 调用过程时的实参必须是与对应形参类型相同的表达式。
4. 用形参处缺省传递方式声明,则为按值传递(Byval)。
5. Sub过程中的语句Exit Sub,使控制返回到调用处。
6. Sub过程名在过程中必须被赋值。
7. 用Public声明的数组是全局量。
8. 过程中的静态变量是局部变量,当过程再次被执行时,它的值是上一次过程调用后的值。

9. 在窗体的“通用部分”用 Dim 语句声明的变量，在本窗体的各事件过程中可以引用。

10. 在窗体的“通用部分”以及某事件过程中，用 Dim 语句声明了同名的变量，系统认为他们是不同的变量。

二、填空题

1. 数组名作过程实参，相应的形参传递方式为________。

2. 一维长整型数组 a 作过程形参写作“a() As Long”，二维长整型数组 b 作过程形参写作________。

3. 过程形参为整型，对应实参为 5.64，传递给形参的值为________。

4. 调用过程时对形参的改变不会导致相应实参变量的改变，则该形参采用________(按值传递/按地址传递)方式。

5. 调用过程时对形参的改变就是对相应实参变量的改变，则该形参采用________(按值传递/按地址传递)方式。

6. 声明 Single 类型全局变量 x，写作________。

7. 声明 Integer 类型静态变量 x，写作________。

8. 在窗体 Form1 的过程中引用窗体 Form2 中的全局变量 y，写作________。

9. 自定义函数过程 f9 计算并返回 Single 类型一维数组中 n 个元素的平均值，函数过程 f9 的首句写作________________________________。

10. 自定义过程 f10 对 Single 类型一维数组中 n 个元素按绝对值从小到大排序，过程 f10 的首句写作________________________________。

11. 自定义过程 f10，在 m 行、n 列的 Single 类型二维数组查找最大值以及最小值，要求最大值以及最小值能够通过参数传递返回到调用程序中，首句写作________________。

12. Form1 中自定义过程首句为“Function f12(x As Single,y As single) As Single”，其返回值为 x、y 中的较大值。在 Form2 中要为 c 赋值 a、b 中的较大值，要求通过调用 Form1 中定义的过程 f12 实现，应执行语句________________________。

三、程序阅读题(写出下列程序的运行结果)

程序 1. 请写出下列程序运行时单击窗体后，窗体上的显示结果。

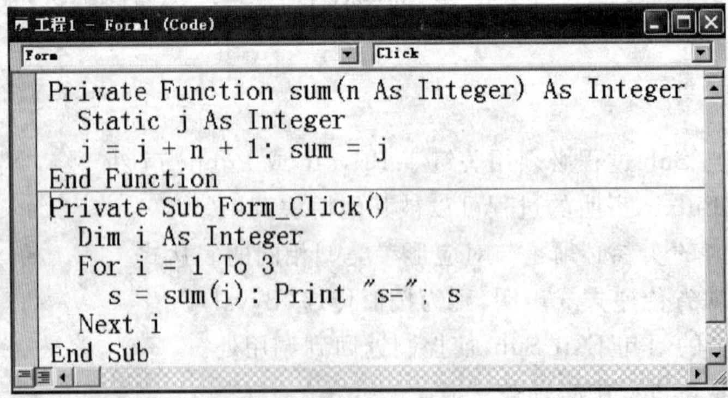


```
Private Function sum(n As Integer) As Integer
  Static j As Integer
  j = j + n + 1: sum = j
End Function
Private Sub Form_Click()
  Dim i As Integer
  For i = 1 To 3
    s = sum(i): Print "s="; s
  Next i
End Sub
```

程序 2. 请写出下列程序运行时 4 次单击 Comman1 的显示结果，再写出 4 次单击 Comman2 的显示结果。

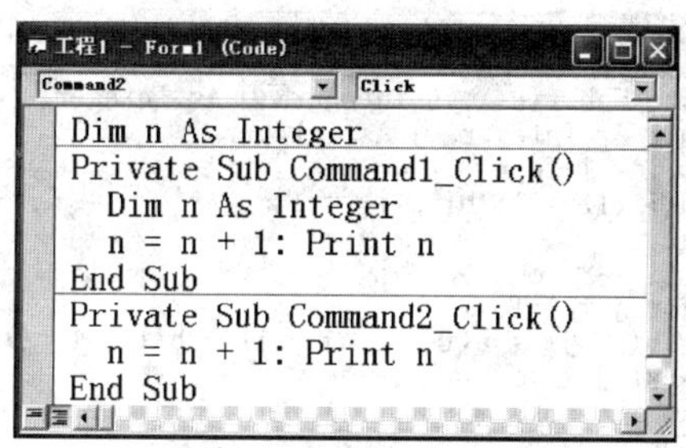

```
Dim n As Integer
Private Sub Command1_Click()
  Dim n As Integer
  n = n + 1: Print n
End Sub
Private Sub Command2_Click()
  n = n + 1: Print n
End Sub
```

程序 3. 请写出下列程序运行时 4 次单击 Command1 按钮，并分别输入 5、6、11、17 后，窗体上的显示结果。

```
Private Function f10_2(ByRef n As Integer) As String
  While n <> 0
    f10_2 = n Mod 2 & f10_2
    n = n \ 2
  Wend
End Function
Private Sub Command1_Click()
  Dim n As Integer
  n = Val(InputBox("n="))
  Print n; f10_2(n)
End Sub
```

如果将函数过程 f10_2 首句中“ByVal n As Integer”改写为“Byref n As Integer”，显示结果为何？

程序 4. 请写出运行下列程序时 4 次单击 Comman1 的显示结果(依次输入变量 x 的值分别为 123、321、1453、31627)。

```
Private Function f(a() As Integer, n As Integer) As Integer
  Dim i As Integer, j As Integer
  For i = 1 To n - 1
    For j = i + 1 To n
      If a(i) > a(j) Then f = f + 1
    Next j
  Next i
End Function
Private Sub Command1_Click()
   Dim x As Integer, n As Integer, i As Integer
   x = InputBox("x="):  n = Len(Trim(Str(x)))
   ReDim b(n) As Integer
   For i = 1 To n
     b(n + 1 - i) = x Mod 10
     x = x \ 10
   Next i
   Print f(b, n)
End Sub
```

程序 5. 请写出运行下列程序时，单击窗体后输入 5 时窗体上的显示结果。

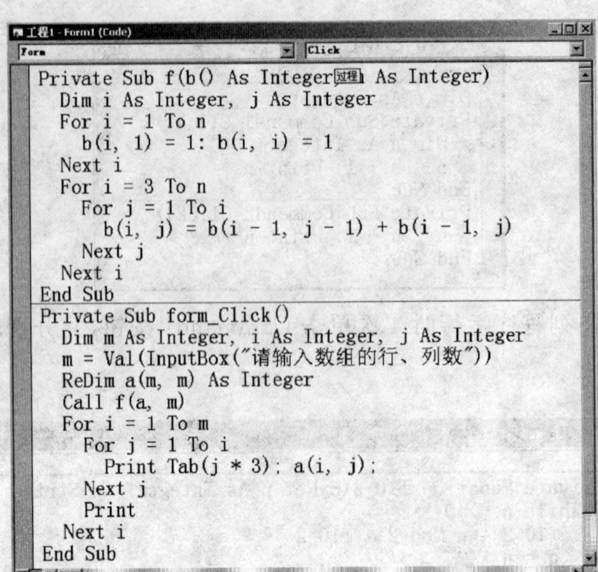

```
Private Sub f(b() As Integer, n As Integer)
  Dim i As Integer, j As Integer
  For i = 1 To n
    b(i, 1) = 1: b(i, i) = 1
  Next i
  For i = 3 To n
    For j = 1 To i
      b(i, j) = b(i - 1, j - 1) + b(i - 1, j)
    Next j
  Next i
End Sub
Private Sub form_Click()
  Dim m As Integer, i As Integer, j As Integer
  m = Val(InputBox("请输入数组的行、列数"))
  ReDim a(m, m) As Integer
  Call f(a, m)
  For i = 1 To m
    For j = 1 To i
      Print Tab(j * 3); a(i, j);
    Next j
    Print
  Next i
End Sub
```

四、程序填空题

1. 程序说明：单击窗体后输出 60～80 之间所有整数的质数因子(6 的质数因子有 2、3，60 的质数因子有 2、2、3、5，7 本身是素数，则输出 7)。

```
Private Sub pp(____(1)____ n As Integer)
  Dim k As Integer
  k = 2
  Do While n > 1
    If ____(2)____ Then
      Print k;: ____(3)____
    Else
      k = k + 1
    End If
  Loop
  Print
End Sub
Private Sub Form_Click()
  Dim i As Integer
  For i = 60 To 80
    ____(4)____
  Next i
End Sub
```

2. 程序说明：函数过程 f16 返回 1 个正整数十六进制形式表示的字符串。下列程序运行时，若输入 156，则窗体上显示 9c。

```
Private Function f16(ByVal n As Integer) ____(1)____
  Dim k As Integer
  Do While ____(2)____
    k = n Mod 16
    If k < 10 Then
      f16 = Chr(Asc("0") + k) + f16
    Else
      k = k - 10 : ____(3)____
    End If
    ____(4)____
  Loop
End Function
Private Sub Form_Click()
  Dim x As Integer
  x = Val(InputBox("x=")) : Print f16(x)
End Sub
```

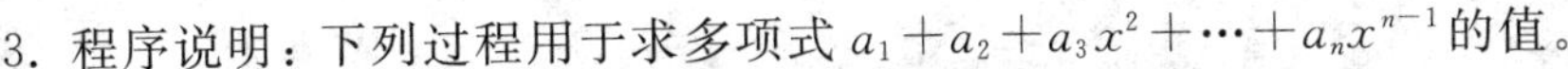

3．程序说明：下列过程用于求多项式 $a_1+a_2+a_3x^2+\cdots+a_nx^{n-1}$ 的值。

```
Private Function f(______(1)______, x As Double) As Double
  Dim s As Double, i As Integer, t As Double
  t = x: s = a(1)
  For i = 2 To n
    s = s + a(i) * t:  ______(2)______
  Next i
  ___(3)___
End Sub
```

4．调用下列 Sub 过程，可将形参数组 a 所对应的实参数组按值从小到大排序。

```
工程1 - Form1 (Code)
(通用)                                (声明)
Private Sub Sort(______(1)______)
  Dim i As Integer, j As Integer, k As Integer, t As Double
  For i = 1 To ___(2)___
    k = i
    For j = i + 1 To n
      If ___(3)___ Then k = j
    Next j
    t = a(i): a(i) = a(k): a(k) = t
  Next i
End Sub
```

五、程序设计题

按下列各题的要求编写自定义过程。在上机调试的过程中，还需要设计一个事件过程，如 Command1_Click，选择一些实验数据，通过调用自定义过程，检测其是否正确。

1．编制函数过程 f1，返回三个变量中的最大值。

2．编制通用函数过程 f2，计算 Double 类型一维数组所有元素的平均值。

3．编制通用 Sub 过程 f3，将 Single 类型一维数组反序排放(如实参数组元素依次为 6、5、9、7，调用后为 7、9、5、6；若为 −3.2、4、2.6、31、7.3，调用后为 7.3、31、2.6、4、−3.2)。

4．编制通用 Sub 过程 f4，在一个 m 行 n 列二维数组中查找绝对值最大元素的行号、列号。

提示：Sub 过程的形参列表如 x() As Single，m As byte，n As Byte，ki As Byte，kj As Byte

5．添加标准模块文件 4−5.Bas，内含两个自定义函数过程 g1、g2，分别用于完成下列计算：

$$g1=\frac{a_1+a_2+a_3+\cdots+a_n}{n}\qquad g2=\frac{\sqrt{(a_1-g1)^2+(a_2-g1)^2+\cdots+(a_n-g1)^2}}{n}$$

在过程 Command1_Click 中输入实验数据，调用标准模块中的函数过程检测其是否正确。

第5章　常用控件

本章介绍命令按钮、标签和文本框，列表框和组合框，滚动条，定时器，控件数组等常用控件的常用属性，常用方法和常用事件，并通过实例使读者加深理解这些控件的运用。

5.1　命令按钮、标签和文本框

在程序设计中，命令按钮用于执行某一特定的操作。标签主要用于对界面上其他没有Caption属性的控件进行标示，表明该控件的作用，有时标签也用于对操作结果进行提示。文本框则主要用做输入控件，是用户与计算机进行交互的主要控件之一。

5.1.1　命令按钮的常用属性

在程序中，使用命令按钮的目的通常是为了让用户通过单击它实现一定的操作。为此，我们需要设计命令按钮的标题(Caption)属性来说明按钮的功能，通过编写命令按钮的Click事件过程程序代码来实现命令按钮的功能。

工具箱中命令按钮控件的图标为▭。

下面介绍命令按钮的常用属性。对于命令按钮中介绍过的常用控件所共有的属性，在介绍其他控件时将不再重复介绍。

1. 名称(Name)属性

控件的名称(Name)属性用以标识控件，具有惟一性。名称属性只能在属性窗口中设置，不能在程序运行时改变。

Visual Basic自动为创建的每个控件命名，即控件的缺省名称。为了操作方便，提高程序的可读性，可以考虑根据控件在程序中的实际作用，为其另取一个合适的名称，为方便编写程序代码，控件名称最好采用英文字母、数字和下划线组成，并能见名知意。对于每个控件在起名时微软都有相应的名称前缀建议。

本书中，控件名称一般采用缺省的名称。对于本章介绍的常用控件，我们都会说明它们的缺省名称以及微软建议的名称前缀。

命令按钮依照创建的顺序被自动命名为Command1、Command2、……，微软建议的名称前缀为cmd。例如，对于一个“开始”按钮，我们可将其名称属性设置为cmdStart。

2. Caption属性

Caption属性返回或设置显示在控件上的标题。例如，本书第1章中介绍的窗体的Caption属性就是用于设置显示在窗体标题栏上的窗体标题内容。

Caption属性的缺省值与控件的名称属性缺省值相同，如新建名称属性为Command1

的命令按钮,其 Caption 属性的初值也是 Command1。在设计程序界面时一般都要重新设置命令按钮的 Caption 属性,用于说明该按钮的功能,在设计与开发中文版的软件时,建议命令按钮的 Caption 属性用中文描述。

此外,还可以利用命令按钮控件的 Caption 属性为该按钮设置一个访问键。在 Caption 中,在想要指定为访问键的字符前加一个"&"符号,该字符就带有一个下划线。在程序运行时,同时按下 Alt 键和带下划线的字母键,就相当于单击命令按钮。

例如,如果将命令按钮的 Caption 属性设置为"退出(&X)",效果为 退出(X) ,按下"Alt+X"键,触发该按钮的单击事件。

3. Enabled 属性

控件的 Enabled 属性返回或设置控件是否响应用户生成的事件,也就是该控件是否可用。Enabled 属性值是一个逻辑常量,为 False 或 True。当 Enabled 属性值为 False 时,命令按钮呈灰色、表示不可用;当 Enabled 属性值为 True 时,控件可用。Enabled 属性的缺省值为 True。

Enabled 属性可以在设计时设置,也可以在运行时用赋值语句为其赋值。

例 5-1 命令按钮的 Enabled 属性示例。

(1) 界面设计:如图 5-1 所示,"退出"按钮(Command2)初始化为不可用。单击"开始"按钮(Command1)后激活"退出"按钮,单击"退出"按钮结束程序运行。

图 5-1 例 5-1 的界面设计与运行中的界面显示

(2) 过程设计:程序代码窗口显示如下:

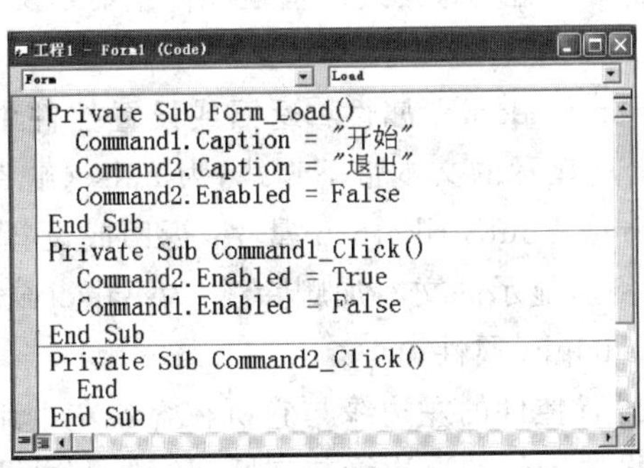


```
Private Sub Form_Load()
  Command1.Caption = "开始"
  Command2.Caption = "退出"
  Command2.Enabled = False
End Sub
Private Sub Command1_Click()
  Command2.Enabled = True
  Command1.Enabled = False
End Sub
Private Sub Command2_Click()
  End
End Sub
```

4. 命令按钮的其他属性

(1) BackColor 属性、Picture 属性和 Style 属性。

① BackColor 属性:返回或设置控件中文字或图形的背景色。

② Picture 属性:返回或设置控件中显示的图形。

③ Style 属性:命令按钮的 BackColor 与 Picture 属性必须配合 Style 属性才有作用,它

用来设置命令按钮的外观是标准方式还是图形方式。当 Style 属性设置为 0 时(缺省值),命令按钮是标准 Windows 按钮;当 Style 属性设置为 1,则命令按钮是图形按钮,可以显示设置的背景色或图形效果。

(2) Cancel 属性。Cancel 属性返回或设置一个值,用来指示哪个命令按钮是“取消”按钮。当 Cancel 属性设置为 True 时,那么该按钮就成为“取消”按钮:当用户按“Esc”键时,相当于单击该按钮。

窗体中只能有一个命令按钮为“取消”按钮,当某个命令按钮的 Cancel 属性设置为 True 时,窗体中其他的命令按钮的 Cancel 属性自动设置为 False。

(3) Default 属性。Default 属性返回或设置一个值,用来指示窗体中命令按钮是否为“缺省”按钮。当 Default 属性设置为 True 时,那么该按钮就成为“缺省”按钮。如果窗体上其他焦点控件不响应键盘事件,而且焦点不在其他命令按钮上,用户按“Enter”键时相当于单击该按钮。

窗体中只能有一个命令按钮为缺省命令按钮,当某个命令按钮的 Default 属性设置为 True 时,窗体中其他的命令按钮的 Default 属性自动设置为 False。

任何命令按钮只要获得焦点,当按下“Enter”键时都相当于单击该按钮,而不论该命令按钮是否是缺省命令按钮。

(4) Font 属性。可以在设计时在属性窗口中设置 Font 属性,设置 Font 属性时,将打开“字体”对话框,可以对字体、字形、大小和效果等“子属性”进行设置,也可以在运行时改变控件 Font 属性的子属性。

① Font.Name 或 FontName 属性:返回或设置在控件中显示文本所用的字体类型名称,该属性的缺省值为“宋体”;

② Font.Bold 或 FontBold 属性:返回或设置在控件中显示文本是否粗体,该属性值为 True,则控件上所显示的文本字体加粗;为 False(缺省值)时,为不加粗。

③ Font.Italic 或 FontItalic 属性:返回或设置在控件中显示文本是否斜体,该属性值为 True,则控件上所显示的文本为倾斜;为 False(缺省值)时,为不倾斜。

④ Font.Size 或 FontSize 属性:返回或设置在控件中显示文本的大小,该属性的缺省值为“小五”号字(9 磅)。

⑤ Font.Underline 或 FontUnderline 属性:返回或设置控件中显示文本是否带下划线。该属性值为 True,则控件上所显示的文本带下划线;为 False(缺省值)时,则不带下划线。

⑥ Font.Strikethrough 或 FontStrikethru 属性:返回或设置在控件中显示文本是否加删除线,该属性值为 True,则所显示的文本加删除线;为 False(缺省值)时,无删除线。

(5) Left、Top、Width、Height 属性。

① Left 属性:返回或设置控件的左边缘与它所在容器左边界之间的距离。

② Top 属性:返回或设置控件的上边缘与它所在容器上边界之间的距离。

③ Width 属性:返回或设置控件的宽度。

④ Height 属性:返回或设置控件的高度。

这 4 个属性确定了控件的位置和大小,缺省的度量单位为缇(Twip),1440 缇≈1 英寸。

(6) Visible 属性。Visible 属性返回或设置一个值,决定控件运行时是否为可见。当命令按钮的 Visible 值设置为 True 时(缺省值),命令按钮可见;为 False 时,命令按钮不可见。

(7) Value 属性。在程序代码中设置命令按钮的 Value 属性为 True，相当于调用执行该命令按钮的 Click 事件。Value 属性只能在程序代码中读写，不能在属性窗口中设置。

(8) ToolTipText 属性。ToolTipText 属性返回或设置鼠标在命令按钮上停留时的提示文本。这个属性对于图形按钮特别有用，可以提示按钮的功能。

5.1.2 命令按钮的常用事件

命令按钮的常用事件是 Click 事件，通常命令按钮的功能是通过编写命令按钮的 Click 事件过程代码实现的。例如，在例 5－1 中，Command2 的 Caption 设置为"退出"，表示这是一个退出程序运行的按钮，为了能实现退出程序的功能，将结束程序运行的语句"End"写在 Command2_Click 事件过程中。

用户触发命令按钮 Click 事件的方式有：鼠标单击命令按钮；在命令按钮获得焦点时，按 Enter 键；对于设计了访问键的命令按钮，按"Alt＋访问键"。

5.1.3 标签的常用属性

标签控件主要用来为其他没有 Caption 属性的控件（如文本框、列表框、组合框等）进行标示，还可以用来显示一些程序运行过程中的提示信息。

工具箱中标签控件的图标为**A**。

标签控件依照创建的顺序被自动命名为 Label1、Label2……微软建议的标签控件名称前缀为 lbl。

注意，标签名称中的 l 是小写的英文字母 L，不是数字 1。

1. Caption 属性

与命令按钮相似，标签的 Caption 属性返回或设置标签的显示文本。

运行时，标签的文本不能直接进行编辑，但是可以在程序代码中进行设置，通过赋值语句改变标签的 Caption 属性。标签控件也可以通过字符前加一个"&"符号设置访问键。

值得注意的是，由于标签控件本身不能获得焦点，同时按"Alt"键和访问键后会将焦点移到焦点顺序在标签后面的下一个可以获得焦点的控件上。

主动将焦点移动到指定的控件上，可以运用控件的 SetFocus 方法。语法格式为：

控件名称.SetFocus

不能获得焦点的控件不支持 SetFocus 方法，如不能对标签运用 SetFocus 方法。对于可以获得焦点的控件，当控件的 Enabled 属性值为 False 时，表示该控件不可用，在这种情况下控件无法获得焦点，这时若对该控件运用 SetFocus 方法将出现运行错误。

2. AutoSize 属性和 WordWrap 属性

AutoSize 属性返回或设置控件是否自动改变大小以显示所有内容，WordWrap 属性返回或设置控件是否扩大以显示所有内容。当 AutoSize 值设置为 True 且 WordWrap 值设置为 False 时，标签将自动改变大小以显示所有的内容；当 AutoSize 值设置为 True 且 WordWrap 值也设置为 True 时，标签将扩大高度（宽度不变）以显示所有的内容。

例 5－2　标签的 Autosize 属性和 WordWrap 属性示例。

（1）界面设计。如图 5－2 所示，共有 3 个标签控件，在 Load 事件中分别设置他们的 Autosize、WordWrap 属性。

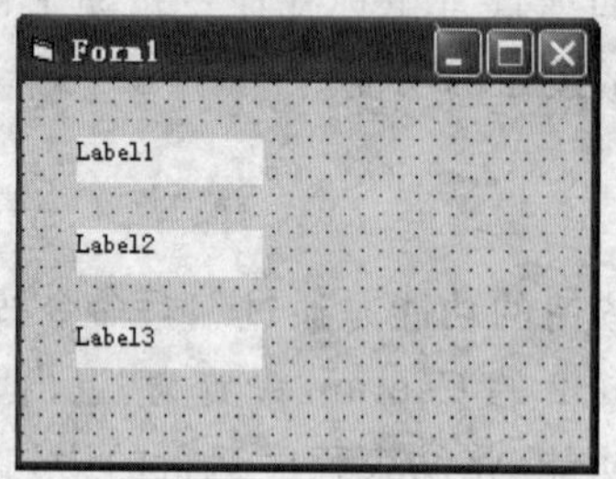

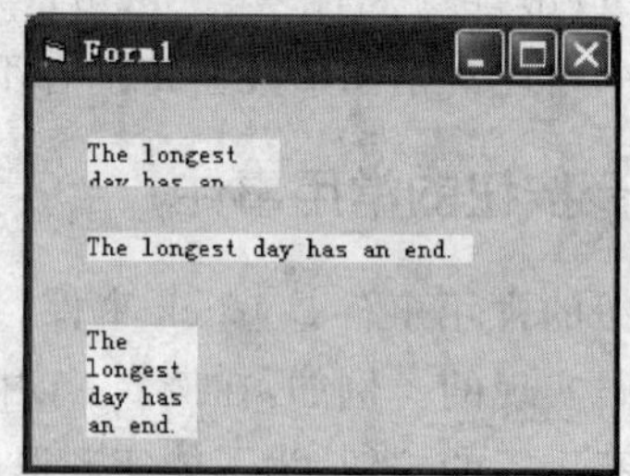

图 5－2　例 5－2 的界面与运行结果

过程设计。程序代码窗口显示如下：

```
Private Sub Form_Load()
  Dim s As String
  s = "The longest day has an end."
  Label1.AutoSize = False
  Label1.WordWrap = False
  Label1.Caption = s
  Label2.AutoSize = True
  Label2.WordWrap = False
  Label2.Caption = s
  Label3.AutoSize = True
  Label3.WordWrap = True
  Label3.Caption = s
End Sub
```

请注意观察程序运行后，三个标签显示“The longest day has an end.”内容时的不同显示方式，原因在于对各控件 Autosize、WordWrap 属性的不同设置。

3. Alignment 属性

Alignment 属性返回或设置标签中文本的对齐方式：当 Alignment 属性值为 0 时（缺省值），文本在标签中左对齐；为 1 时，文本在标签中右对齐；为 2 时，文本在标签中居中对齐。

4. BackStyle 属性

BackStyle 属性返回或设置控件的背景样式是否透明：当标签的 BackStyle 属性值为 0 时，标签的背景是透明的；为 1（缺省值）时，标签的背景不透明，背景色即 BackColor 属性为设置的颜色。

5. BorderStyle 属性

BorderStyle 属性返回或设置控件的边框样式：标签的 BorderStyle 属性值为 0（缺省值）时，无边框；属性值为 1 时，有边框；为 2～6 时，为不同的点线组合的虚线边框。

5.1.4　标签的常用事件

标签框控件的常用事件有 Change、Click、DblClick 等。但在程序设计中，习惯上还是将标签作为信息显示使用，较少设计标签的事件过程。

5.1.5 文本框的常用属性

文本框通常用于在运行时输入文本，是计算机与用户进行信息交互的重要控件，有时文本框也作为输出控件，用于显示程序运行过程中的信息。

工具箱中文本框控件的图标为 abl 。

文本框依照创建的顺序被自动命名为 Text1、Text2……微软建议的名称前缀为 txt。

与标签控件不同的是，文本框中的文本可以在程序运行过程中让用户直接进行编辑修改，除非将文本框的 Locked 属性设为 True，使文本框不可编辑。

1. Text 属性

Text 属性返回或设置文本框中的文本，是文本框控件最重要的属性之一。可在设计时设置 Text 属性，也可在运行时直接在文本框内编辑或通过程序代码对 Text 属性重新赋值来改变 Text 属性的值。

2. MaxLength 属性

MaxLength 属性返回或设置在文本框控件中能够输入字符的最大数，取值范围为 0～65535，默认值为 0，与 65535 等价。

例 5-3 文本框的 MaxLength 属性示例。

(1) 界面设计如图 5-3 所示，运行时初态应如图 5-4 所示，单击命令按钮后的界面显示如图 5-5 所示。

(2) 过程设计。运行时文本框的 Text 属性初始值为“VB 程序设计”，可在 Load 事件中设置。在过程 Command1_Click 中为文本框的 MaxLength 属性赋值 4，文本框的 Text 属性值自动被截取只剩 4 个字符，即“VB 程序”。

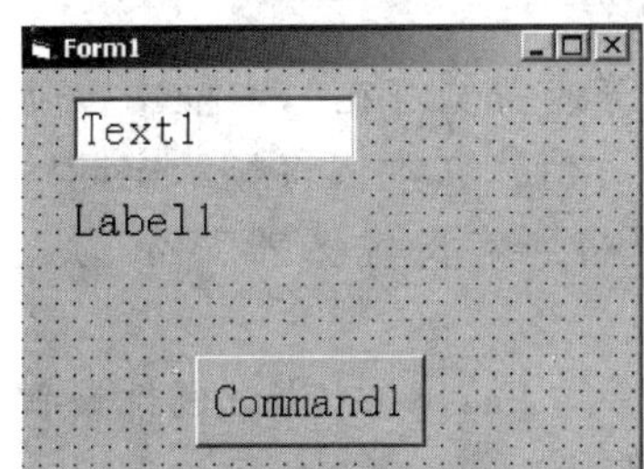

图 5-3 界面设计

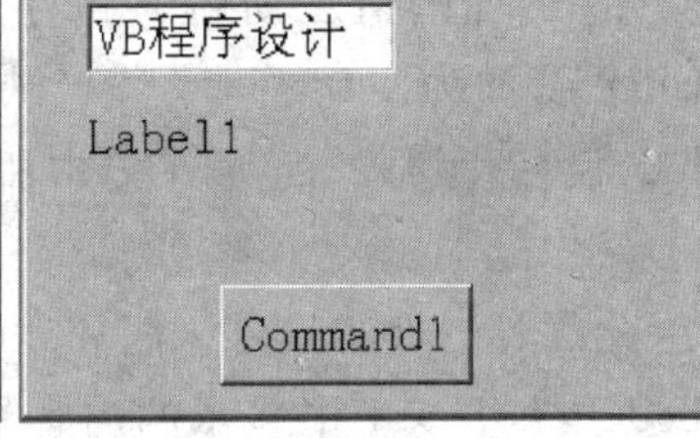

图 5-4 运行时初态

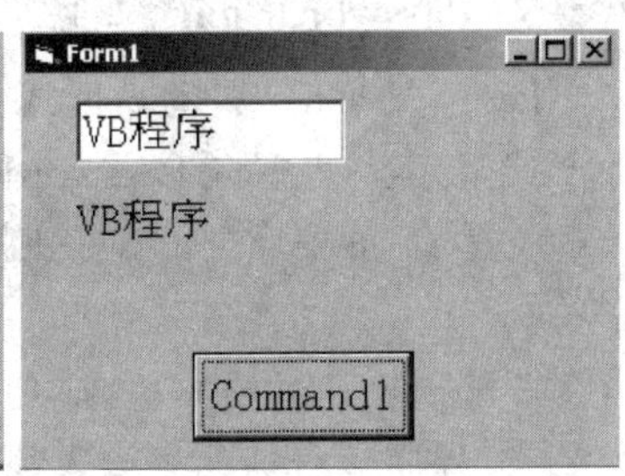

图 5-5 按命令按钮后的界面显示

过程代码窗口显示如下：

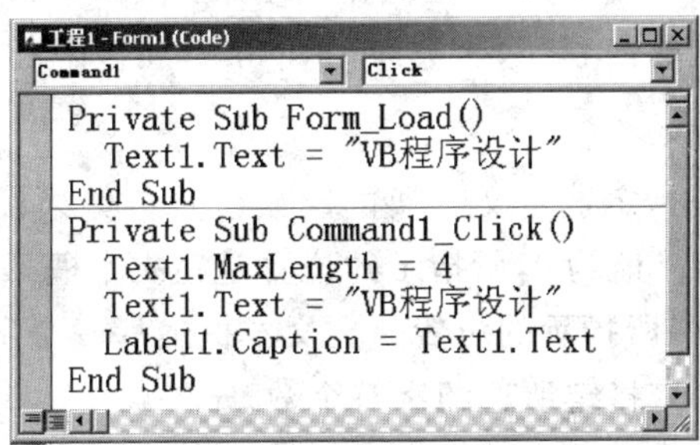


```
Private Sub Form_Load()
  Text1.Text = "VB程序设计"
End Sub
Private Sub Command1_Click()
  Text1.MaxLength = 4
  Text1.Text = "VB程序设计"
  Label1.Caption = Text1.Text
End Sub
```

3. MultiLine 属性

MultiLine 属性只能在设计时设置，是只读属性。该属性设置文本框是否接受多行文本：为 False(缺省值)时，文本框中的字符只能在一行中显示；为 True 时，则可以在文本框的 Text 属性中加入换行符使文本多行显示。加入换行符的方法有以下两种：

(1) 设计时在属性窗口中设置 Text 属性，在需要换行时直接按"Ctrl＋Enter"键进行换行。

(2) 在代码中用赋值语句修改 Text 属性，在需要换行时加入回车符(Chr(13)或 vbCr)和换行符(chr(10)或 vbLf)可换行，也可以将回车换行符连起来用 vbCrLf 表示。

例如：Text1. Text ＝ "第一行" ＋ Chr(13) ＋ Chr(10) ＋ "另起一行"

或：Text1. Text ＝ "第一行" ＋ vbCr ＋ vbLf ＋ "另起一行"

或：Text1. Text ＝ "第一行" ＋ vbCrLf ＋ "另起一行"

上面 3 条语句执行的结果是一样的。

4. ScrollBars 属性

当文本过长，可能超过文本框的边界时，应该为该控件添加滚动条。ScrollBars 属性返设置文本框是否有垂直或水平滚动条。具体说明如下：

(1) ScrollBars 属性值为 0(缺省值)时，无滚动条。

(2) ScrollBars 属性值为 1 时，加水平滚动条。

(3) ScrollBars 属性值为 2 时，加垂直滚动条。

(4) ScrollBars 属性值为 3 时，同时加水平、垂直滚动条。

需要注意的是，必须将文本框的 MultiLine 属性设置为 True，ScrollBars 属性的设置 1、2、3 才可能出现滚动条。

5. PasswordChar 属性

PasswordChar 属性返回或设置一个值，指示所键入的字符或占位符在文本框中以何种形式显示。如果将 PasswordChar 设置为空字符串("")(缺省值)，文本框将显示实际输入的文本。如果将 PasswordChar 设置为某个字符，文本框将所有的输入都显示为该字符。

要输入密码的文本框，应使用此属性。例如，文本框 Text1 的 PasswordChar 属性设置为"*"，程序运行后如果输入"abcdefg"，Text1 中显示的内容是"*******"。

(1) 能够将任意字符串赋予此属性，但只有第一个字符是有效的，所有其他的字符将被忽略。

(2) PasswordChar 属性只影响文本框的显示结果，不影响 Text 属性，Text 属性准确地包括所键入或代码中所设置的内容(除非被 MaxLength 属性限制后截断)。

6. 文本编辑属性

(1) SelStart 属性，用来指定选定文本块的起始位置。如果没有选定的文本，则该属性指定光标的位置。若 SelStart 值为 0，所指示的位置是在文本框第一个字符之前；若 SelStart 值等于文本框中文本的长度，所指示的位置是在文本框最后一个字符之后。

(2) SelLength 属性，用来指定所选的字符个数。

(3) SelText 属性，用来指定选定的文本。如果没有文本被选定的话，就是空字符串。

通过设置 SelStart 和 SelLength 属性,可以控制选定的文本。以上 3 个与文本选定操作有关的属性只能在程序代码中进行读写操作,设计时不可用。

例 5-4　密码检验程序。

(1) 界面设计如图 5-6 所示,其中界面显示清空的两个控件分别为 Label2 和 Text1。

程序运行后,用户在文本框中输入密码,单击"确定"按钮对密码进行检验。

若密码检验正确,标签 Label2 显示"欢迎光临!",文本框设置为不可编辑,突出显示所输入的所有字符如图 5-7 所示。

若密码检验不正确,标签 Label2 显示"密码错误,重输!",文本框被清空并获得输入焦点。密码输入错误达 3 次,将终止程序运行。

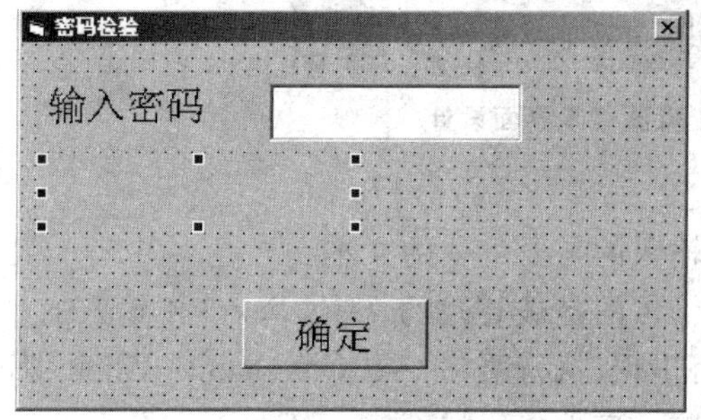

图 5-6　密码检验程序界面设计

图 5-7　密码输入正确时的界面显示

(2) 过程设计:突出显示文本框中全部字符,需要执行下列语句:

```
Text1.SelStart=0                         '确定被选中文本从 Text 中第一个字符开始
Text1.SelLength = Len(Text1.Text)        '确定选中的文本长度
Text1.SetFocus                           '突出显示所选中的文本
```

过程代码窗口显示如下:

```
工程1 - Form1 (Code)
Command1                    Click

Dim n As Integer
Const pwd As String = "abcde"    '假设密码为abcde
Private Sub Form_Load()
  Text1.PasswordChar = "*"
End Sub
Private Sub Command1_Click()
  If Text1.Text = pwd Then          '密码输入正确
    Label2.Caption = "欢迎光临!"
    Text1.SelStart = 0              '突出显示文本框中全部字符
    Text1.SelLength = Len(Text1.Text)
    Text1.SetFocus
    Text1.Locked = True             '设置文本框不可编辑
  Else
    Label2.Caption = "密码错误,重输!"
    Text1.Text = "": Text1.SetFocus
    n = n + 1
    If n = 3 Then
    MsgBox "密码输错3次,程序退出"
      End
    End If
  End If
End Sub
```

例 5－5　设计一个具有查找、替换、复制、剪切、粘贴、删除、清除等功能的简易文本框编辑程序。

（1）界面设计如图 5－8 所示。

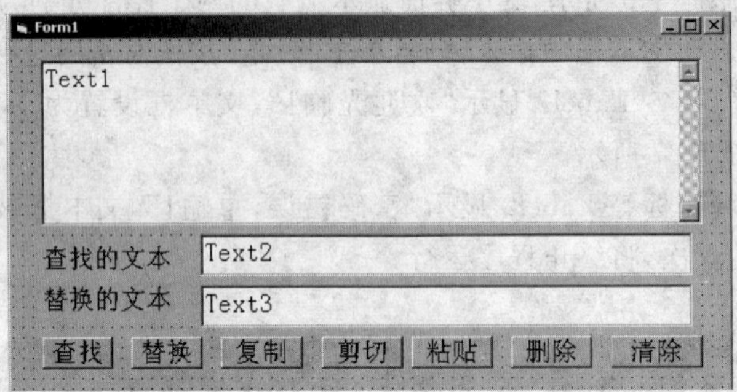

图 5－8　简易文本编辑器程序界面设计

（2）过程设计。

① 当单击 Command1（查找）时，Text2 中输入的是要查找的文本。

② 当单击 Command2（替换）时，Text2 中输入的是被替换的文本，Text3 中输入的是替换的文本。首先在在 Text1 中查找 Text2 是否出现，执行语句 Call Command1_Click 即可。

代码窗口通用部分声明的模块级变量和 Load 事件代码如下：

```
Dim s As String, s1 As String, s2 As String
Private Sub Form_Load()
  Text1.Text = "江南好，风景旧曾谙。" & vbCrLf & _
  "日出江花红胜火，春来江水绿如蓝。" & vbCrLf & "能不忆江南？"
End Sub
```

实现查找、替换功能的事件过程代码如下：

```
Private Sub Command1_Click()
  s1 = Text2.Text: n = Len(s1)
  For i = 1 To Len(Text1.Text) - n + 1
    If Mid(Text1.Text, i, n) = s1 Then
      Text1.SelStart = i - 1      '将查找到的文本突出显示
      Text1.SelLength = n: Text1.SetFocus
      Exit For
    End If
  Next i
  If i > Len(Text1.Text) - n + 1 Then MsgBox "没有查到！"
End Sub
Private Sub Command2_Click()
  Call Command1_Click
  s2 = Text3.Text
  n = Len(s1)
  For i = 1 To Len(Text1.Text) - n + 1
    If Mid(Text1.Text, i, n) = s1 Then
      Text1.SelStart = i - 1: Text1.SelLength = n
      Text1.SelText = s2    '替换查找到的文本
      Exit For
    End If
  Next i
  If i > Len(Text1.Text) - n + 1 Then MsgBox "没有查到,无法替换！"
End Sub
```

实现复制、剪切、粘贴、删除、清除功能的事件过程代码如下：

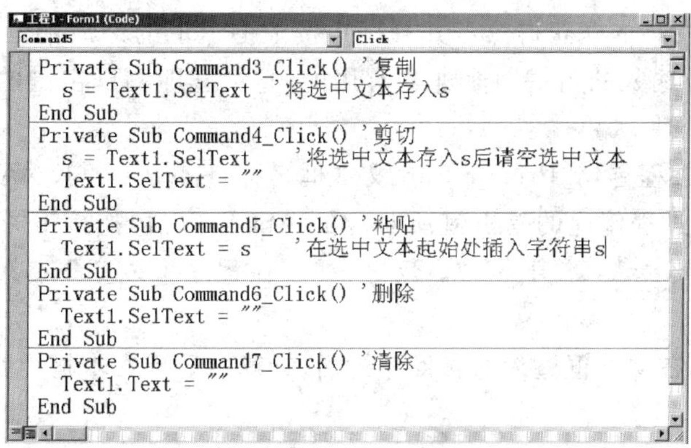

```
Private Sub Command3_Click() '复制
  s = Text1.SelText  '将选中文本存入s
End Sub
Private Sub Command4_Click() '剪切
  s = Text1.SelText   '将选中文本存入s后请空选中文本
  Text1.SelText = ""
End Sub
Private Sub Command5_Click() '粘贴
  Text1.SelText = s   '在选中文本起始处插入字符串s
End Sub
Private Sub Command6_Click() '删除
  Text1.SelText = ""
End Sub
Private Sub Command7_Click() '清除
  Text1.Text = ""
End Sub
```

例 5－5 中的编辑功能，还可以通过系统的剪贴板(Clipboard)对象实现，使用剪贴板能够复制、剪切和粘贴应用程序中的文本和图形。

Clipboard 对象的 SetText 方法，可将字符串放入剪贴板。语句"s = Text1. SelText"是将(选中)字符串存入变量 s，而语句"ClipBoard. SetText Text1. SelText"将字符串存入剪贴板。

Clipboard 对象的 GetText 方法，可返回 ClipBoard 对象中的文本。语句"Text1. SelText = s"在选中文本起始处插入字符串 s，而语句"Text1. SelText = ClipBoard. GetText"可将 Clipboard 对象中的文本信息插入到选中文本起始处。

ClipBoard 对象的 Clear 方法，可清空 ClipBoard 对象中的内容。在复制或剪切任何信息到 ClipBoard 对象之前，最好使用 Clear 方法清除 ClipBoard 对象中的内容。

5.1.6　文本框的常用事件

1. Change 事件

一旦文本框中的 Text 属性发生改变时，将触发文本框的 Change 事件。如果要对文本框中内容的变化随时作出反应，可以编写文本框的 Change 事件程序代码。

例 5－6　阅读下列程序，写出在文本框中输入"小李"后窗体上的输出结果。

```
Private Sub Text1_Change()
  Print "你好！" & Text1.Text
End Sub
```

由于文本框的 Text 属性一旦发生变化就立即触发 Change 事件，所以在文本框中输入"小李"后将触发两次 Text1_Change 事件，因此在窗体上将显示两行内容，如图 5－9 所示。

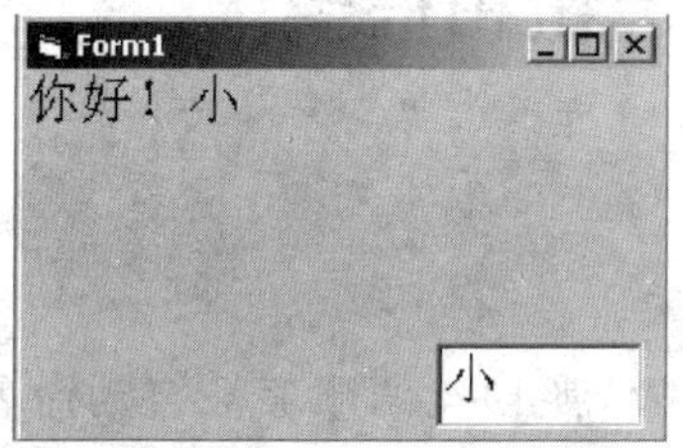

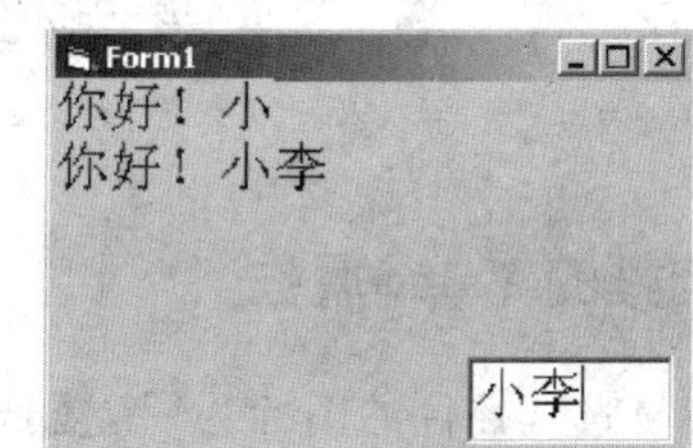

图 5－9　例 5－6 运行时的界面

2. KeyPress 事件

KeyPress 事件在文本框获得焦点并且用户按下键盘上的键后触发。KeyPress 事件过程在获取文本框中所输入的击键时是非常有用的，它可立即测试击键的有效性或在字符输入时对其进行格式处理。

KeyPress 事件过程首句“Private Sub 文本框名称_KeyPress(KeyAscii As Integer)”中的参数 KeyAscii，向过程传递的是击键所对应的 ASCII 码值，如按下“A”键 KeyAscii 值为 65，又如按下回车键 KeyAscii 值为 13。反之，如果在程序中改变 KeyAscii 值，会改变文本框显示的字符。

例 5－7　编程，在文本框输入时按回车键后，计算并显示文本框中输入数的平方根。要求文本框只接受数字键。

（1）界面设计和运行结果如图 5－10 所示。

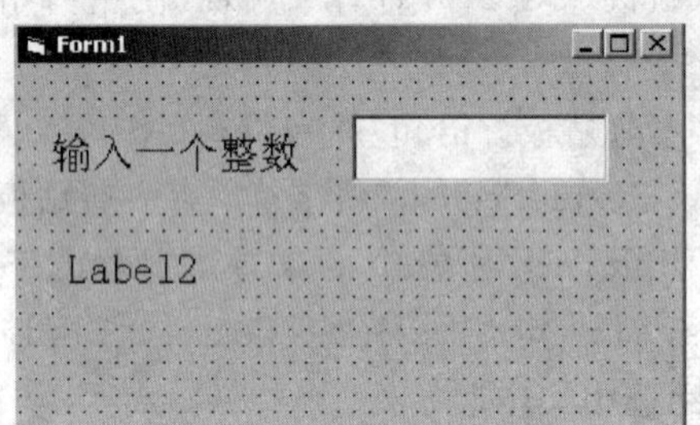

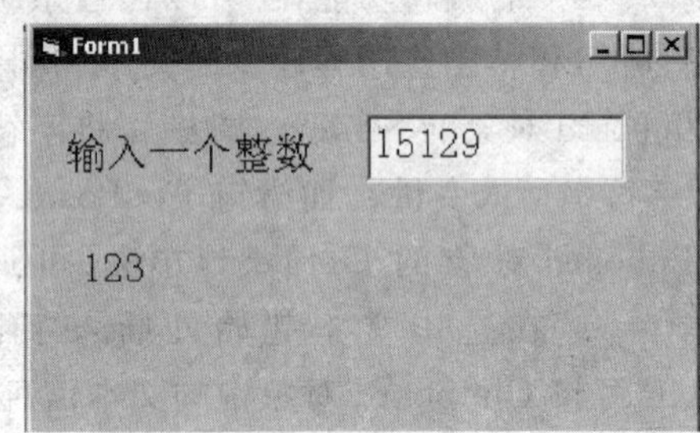

图 5－10　例 5－7 界面设计和运行结果

（2）过程设计。由于 Label2 所显示的平方根未必是整数，应考虑设置 Label2 的 AutoSize 属性为 True。过程代码窗口显示如下：

```
Private Sub Form_Load()
  Label2.Caption = "": Label2.AutoSize = True
End Sub
Private Sub Text1_KeyPress(KeyAscii As Integer)
  If KeyAscii = 13 Then '按下回车键时开始计算
    Label2.Caption = Sqr(Val(Text1.Text))
  Else                  '对于除回车键外的非数字键取消其输入
    If KeyAscii < 48 Or KeyAscii > 57 Then KeyAscii = 0
  End If
End Sub
```

运行时在文本框中输入“1ab15129”并按下“Enter”键后，由于文本框屏蔽了非数字键，所以文本框中只显示了“15129”，所显示的平方根数是 15129 的平方根。

5.2　复选框、单选钮和框架

5.2.1　复选框的 Value 属性

工具箱中复选框控件的图标为☑，复选框控件依照创建的顺序被自动命名为 Check1、Check2……微软建议的名称前缀为 chk。

选中复选框时复选框中显示标记“√”,否则显示空白。可以将复选框想像成一个开关,每单击一次复选框,其状态在选中和不选中之间交替切换。如果窗体上有多个复选框,每个复选框之间都是相互独立的,用户可以同时选中多个复选框。图 5-11 所示的兴趣调查程序运行界面,其中兴趣选项就运用了复选框,用户可以同时选择多个选项。

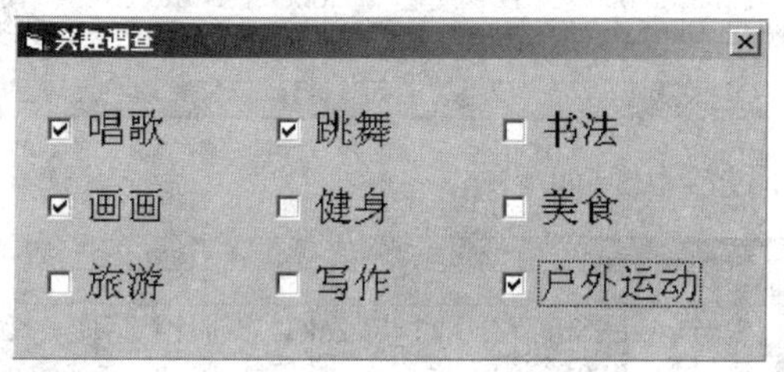

图 5-11　兴趣调查程序运行界面

复选框控件的 Caption 属性返回或设置复选框控件的标题,用于给出选项提示;复选框控件的 Alignment 属性返回或设置复选框的对齐方式。设置复选框控件这些属性的作用与设置标签控件相同属性的作用类似,不再赘述。

Value 属性返回或设置复选框的选中状态。Value 属性值为 0 时(缺省值),则复选框控件的方框内为空白;为 1 时,复选框控件的方框内显示选中标记(√);为 2 时,复选框控件的方框内显示灰色的选中标记(√)。

运行时单击复选框:如果原先 Value 属性值为 0(复选框控件的方框内为空白),单击后 Value 属性值变为 1,同时复选框控件的方框内显示“√”标志;如果原先 Value 属性值为 1 或 2(复选框控件的方框内为黑色或灰色的选中标记“√”),单击后 Value 属性值变为 0,同时复选框控件的方框内显示为空白。

运行时反复单击同一复选框控件时,其 Value 属性值只能在 0、1 之间交替变换。

5.2.2　复选框的常用事件

复选框控件的常用事件为 Click 事件,复选框不支持鼠标双击事件,系统把一次双击解释为两次单击事件。

复选框控件在程序中的作用是为用户提供选择项,为了判断用户是否选中复选框,需要读取其 Value 属性值,从而为程序的进一步运行提供依据。

典型的复选框单击事件过程程序代码中,通常都包含选择结构。

例 5-8　运用复选框对标签的标题作加粗、倾斜、加下划线的字形设置。

(1) 界面设计如图 5-12 所示。

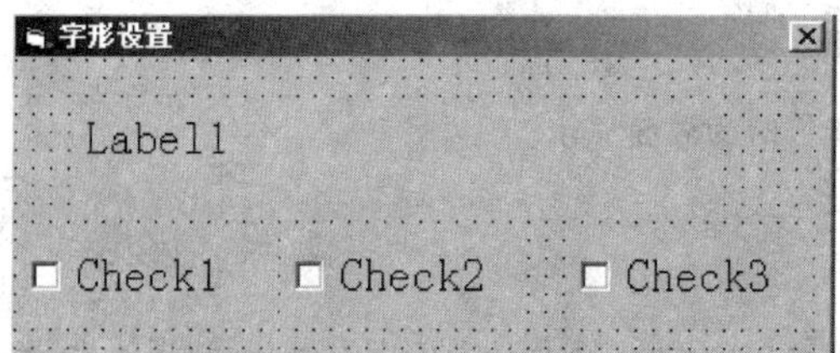

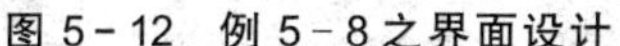

图 5-12　例 5-8之界面设计

图 5-13　例 5-8运行时的初始界面

(2) 过程设计:由运行时的初始界面图 5-13 可知,应在 Load 事件中为窗体、标签、复选框控件的 Cption 属性赋值。

```
Private Sub Form_Load()
  Label1.Caption = "Visual Basic Programming"
  Form1.Caption = "字形设置":  Check1.Caption = "加粗"
  Check2.Caption = "倾斜": Check3.Caption = "下划线"
End Sub
```

各复选框控件的事件过程代码如下：

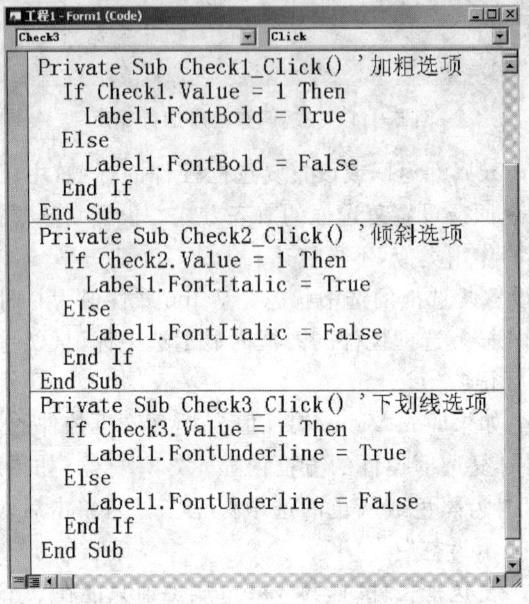

```
Private Sub Check1_Click() '加粗选项
  If Check1.Value = 1 Then
    Label1.FontBold = True
  Else
    Label1.FontBold = False
  End If
End Sub
Private Sub Check2_Click() '倾斜选项
  If Check2.Value = 1 Then
    Label1.FontItalic = True
  Else
    Label1.FontItalic = False
  End If
End Sub
Private Sub Check3_Click() '下划线选项
  If Check3.Value = 1 Then
    Label1.FontUnderline = True
  Else
    Label1.FontUnderline = False
  End If
End Sub
```

程序运行时的界面显示如图 5 - 14 所示。

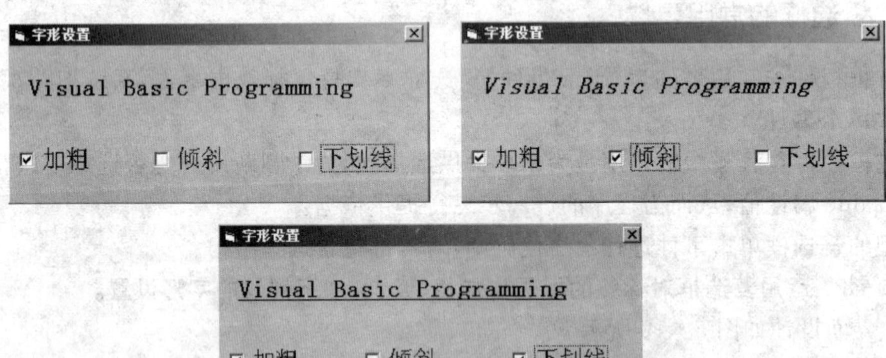

图 5 - 14　例 5 - 8 运行时的界面显示

5.2.3　单选钮的常用属性

单选钮也是提供选项的控件，选中了某单选钮后，控该件的圆形框内会出现选中标记“·”。

与复选框不同的是，在一个容器内的所有单选钮中，当一个单选钮的圆形框内出现选中标记“·”后，将自动取消这组按钮中其他单选钮的选中标记。

图 5-15 所示为一个注册程序两个单选钮单击事件过程，以及运行时单击 Option2 的界面显示。因此，单选钮实现在一个容器中的多个选项中选一。

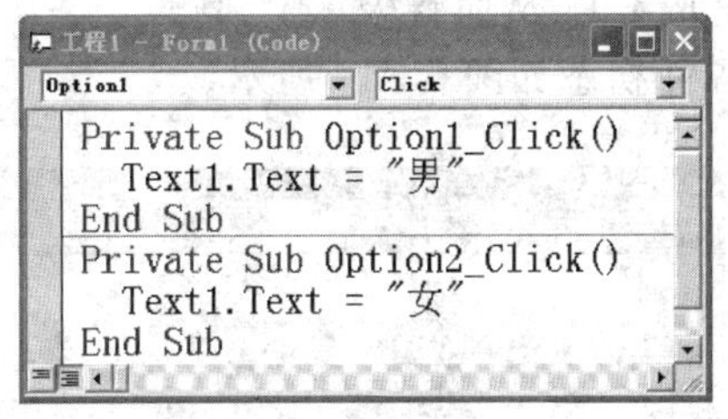

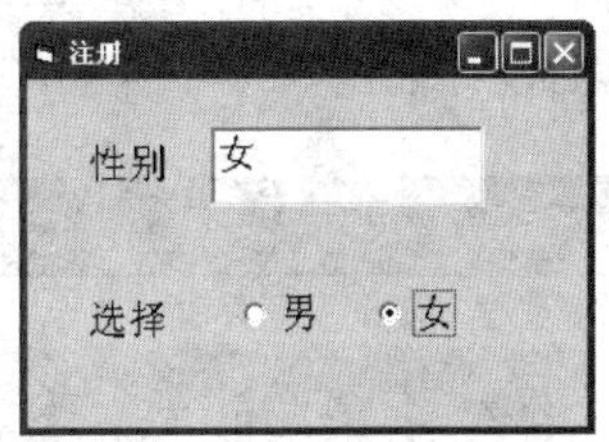

图 5-15 两个单选钮单击事件过程代码及运行时单击 Option2 的界面显示

工具箱中单选钮控件的图标为⊙。

单选钮控件依照创建的顺序被自动命名为 Option1、Option2……微软建议名称前缀为 opt。

与复选框控件相似，单选钮的 Caption 属性设置单选钮的标题，Alignment 属性决定单选钮的圆形框的位置是靠左(默认)还是靠右。

通过设置单选钮的 Enabled 属性来决定单选钮是否可用。

Value 属性返回或设置单选钮的选中状态。Value 属性值为 False 时(缺省值)，单选钮控件的圆形框内为空白；为 True 时，单选钮控件的圆形框内显示选中标记"·"。

运行时被单击的单选钮 Value 值为 True，控件的圆形框内显示选中标记"·"。与复选框不同的是，反复单击同一单选钮，其 Value 属性值只能取 True，只有单击了同一容器中的其他单选钮，才会使这个单选钮的 Value 属性值变为 False。

5.2.4 单选钮的常用事件

单选钮的常用事件是 Click 事件。由于单选钮不具有像复选框一样的开关性能，单击操作就是选定操作。

5.2.5 框 架

框架控件的主要作用是对窗体上的控件进行分组，它是一个容器控件。在框架内的控件的 Left 和 Top 属性值都是相对于框架的边界衡量的。当移动框架时，框架内的控件也随之移动，而框架内控件的 Left 和 Top 属性不变。

框架控件的图标为▭。

框架控件依照创建的顺序被自动命名为 Frame1、Frame2……微软建议的名称前缀为 fra。框架的 Caption 属性设置框架的标题，对框架的内容进行说明。

向框架内添加控件的方法有两种：

(1) 先建立框架控件，然后选定工具箱中的控件，在框架内进行拖画。

(2) 已分别建立了控件和框架，可以选定控件进行"剪切"操作，再选定框架进行"粘贴"操作，最后调整控件在框架中的位置。

例 5-9 字体设置程序，用多选钮设置文本框显示文本的字号、字体和颜色。

这是一个包含多个选项的程序，由于提供选择的字体是相互排斥的，所以必须用单选钮控件而不能用复选框控件进行选择，字号和颜色的选项也应该采用单选钮控件。

如果直接将这些单选钮控件设计在窗体上，根据单选钮的性质界面显示只有一个单选钮有选中标记。所以可用框架将这些单选钮分成 3 组，从而解决这个问题。

(1) 界面设计如图 5－16 所示，运行时的界面初态如图 5－17 所示。

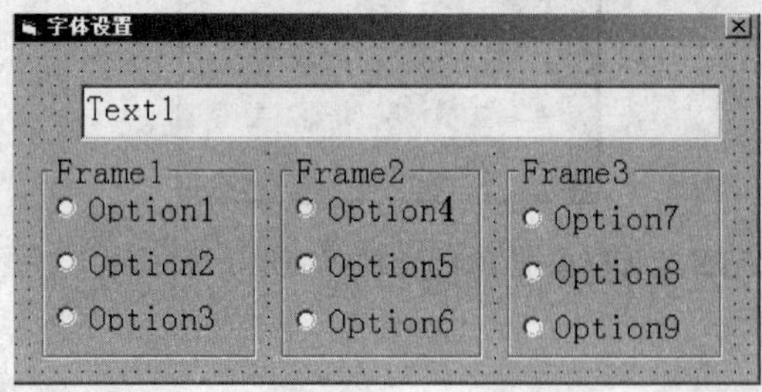

图 5－16　例 5－9 的界面设计

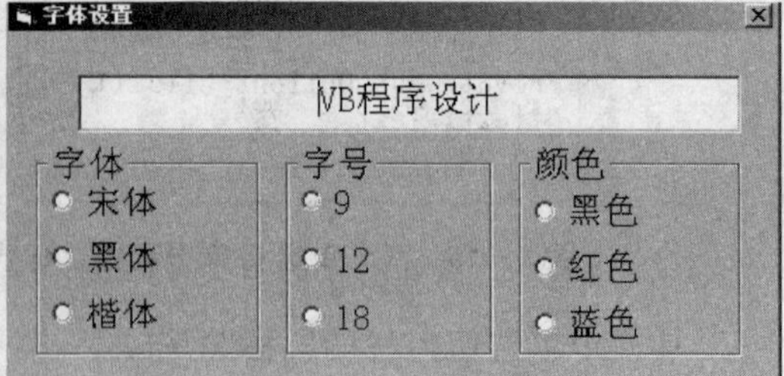

图 5－17　运行时的界面初态

(2) 过程设计：将第一组单选钮控件用于设置文本的字体(如宋体、黑体、楷体)，第二组用于设置文本的字号(如 9、12、18 磅)，第三组用于设置文本的颜色(如黑色、红色、蓝色)。

设置窗体、各框架、单选钮控件的 Caption 属性的 Load 事件代码如下：

```
Private Sub Form_Load()
  Text1.Text = "VB程序设计": Text1.Alignment = 2
  Frame1.Caption = "字体": Frame2.Caption = "字号"
  Frame3.Caption = "颜色": Option1.Caption = "宋体"
  Option2.Caption = "黑体": Option3.Caption = "楷体"
  Option4.Caption = 9: Option5.Caption = 12
  Option6.Caption = 18: Option7.Caption = "黑色"
  Option8.Caption = "红色": Option9.Caption = "蓝色"
End Sub
```

各单选钮控件的 Click 事件过程中代码以及运行时执行的效果如下：

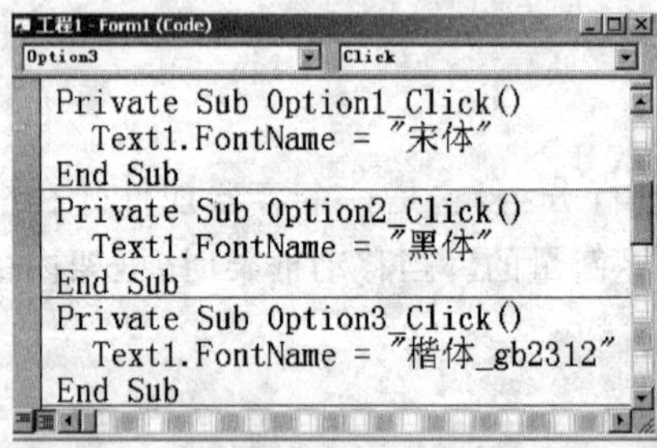

```
Private Sub Option1_Click()
  Text1.FontName = "宋体"
End Sub
Private Sub Option2_Click()
  Text1.FontName = "黑体"
End Sub
Private Sub Option3_Click()
  Text1.FontName = "楷体_gb2312"
End Sub
```

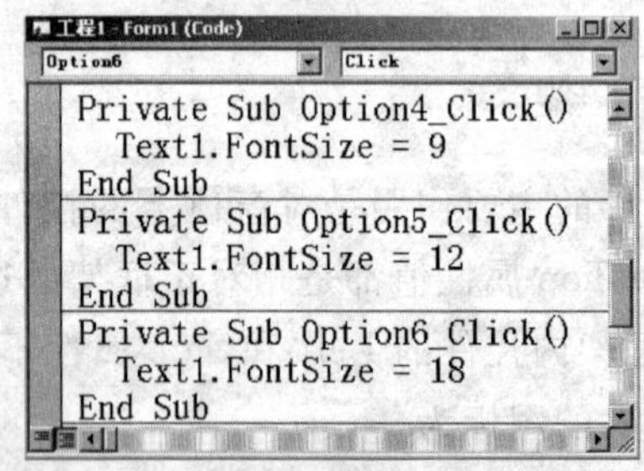

```
Private Sub Option4_Click()
  Text1.FontSize = 9
End Sub
Private Sub Option5_Click()
  Text1.FontSize = 12
End Sub
Private Sub Option6_Click()
  Text1.FontSize = 18
End Sub
```

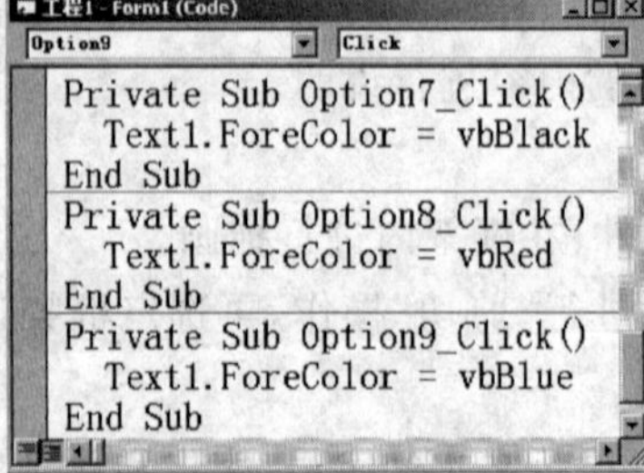

```
Private Sub Option7_Click()
  Text1.ForeColor = vbBlack
End Sub
Private Sub Option8_Click()
  Text1.ForeColor = vbRed
End Sub
Private Sub Option9_Click()
  Text1.ForeColor = vbBlue
End Sub
```

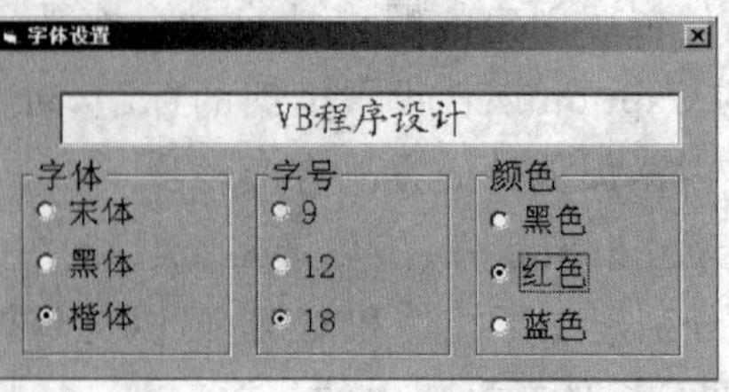

5.3 列表框和组合框

列表框和组合框也是提供选项的控件，可以在窗体上较小的区域内为用户提供更多的选项。

5.3.1 列表框的常用属性

列表框控件通过列表形式为用户提供选项，当表项内容超出列表框大小时，列表框会自动提供滚动条供用户对各表项作定位选择，用户可在所显示的表项中选择一项或多项。

工具箱中列表框控件的图标为▤。

列表框控件依照创建的顺序被自动命名为 List1、List2……微软建议的名称前缀为 lst。

1. List 属性

List 属性返回或设置列表框控件的列表项。列表框控件的各个列表项是以数组的方式保存的，数组的每一个元素存储列表框控件的一个表项。因此，利用索引可以访问各表项，列表框中第一个表项的索引为 0，第二个表项的索引为 1……依此类推。

访问的格式为：列表框控件名.List(Index)

如图 5-18 所示，List1.List(0)的值为"西瓜"，执行语句"List1.List(2) = "草莓""后将会使第三个表项"水蜜桃"变为"草莓"。同样，List2.List(0)、List3.List(0)的值也是"西瓜"，也可以用类似的赋值语句改变列表框控件 List2、List3 某个表项的值。

如何设置列表框控件 List 属性中的各个表项呢？在属性窗口中点击属性窗口中的 List 属性，在随后出现的下拉栏内输入各表项时用"Ctrl+Enter"组合键换行(如果按"Enter"键将退出 List 属性的设置)。

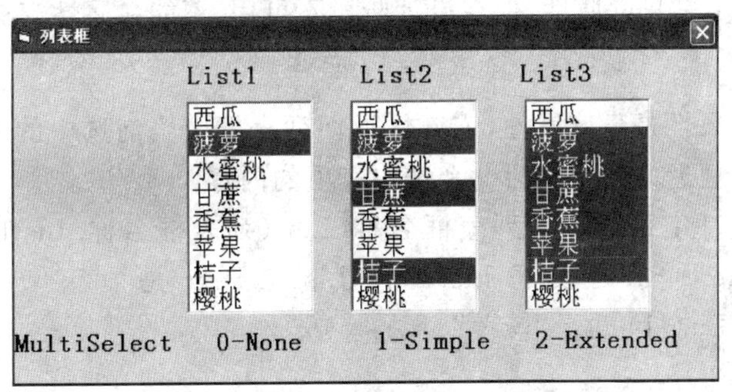

图 5-18 列表框示例

2. ListCount 属性

ListCount 属性返回列表框中表项的个数，ListCount 属性是只读属性，不能对该属性进行赋值操作。例如，图 5-18 所示各列表框控件的 ListCount 属性值都是 8。

由于列表项索引值从 0 开始计数，所以列表框中最后一个列表项的索引值是 ListCount－1。

3. MultiSelect 属性

MultiSelect 属性是只读属性，该属性值指示是否在列表框控件中进行多选以及如何多选。图 5－18 所示各列表框的区别在于 MultiSelect 属性不同。

(1) MultiSelect 属性为 0(缺省值)，只能单选。

图 5－18 所示 List1 的 MultiSelect 属性为 0，只能单选。鼠标点击“香蕉”后“香蕉”被突出显示，而原先突出显示的“菠萝”取消突出显示。

(2) MultiSelect 属性为 1，是简单复选，可以有多个表项被选中并突出显示。

图 5－18 所示 List2 的 MultiSelect 属性为 1，是简单复选，因此有三个表项被选中。鼠标点击未被选中的表项，该表项被选中。鼠标再点击已被选中的表项，则该表项不被选中。

(3) MultiSelect 属性为 2，是扩展复选。选中表项 A 后，按住“Shift”键并单击另一表项 B 则表项 A 与 B 之间所有表项都被选中。图 5－18 中 List3 的 MultiSelect 属性为 2，是扩展复选。

4. ListIndex 属性

ListIndex 属性返回或设置列表框中当前选中表项的索引，如图 5－18 所示 List1 中“菠萝”表项被选中了，List1. ListIndex 值为 1。

被选中的表项会突出显示并改变 List1. ListIndex 属性值。反之，若改变 List1. ListIndex 值，相应表项被突出显示。如图 5－18 所示的程序中执行“List1. ListIndex ＝ 5”，此时突出显示的表项为“苹果”而不是“菠萝”。

对于单选的列表框控件：如果没选中任何一项则该属性值为－1，如果将列表框的 ListIndex 属性设置为－1，则取消对列表框的任何选定(没有被突出显示的项)。

对于简单复选的列表框控件：如果有表项被选中，则 ListIndex 取最后被选中表项的索引值，如在 List2 中最后选了“甘蔗”，则 List2. ListIndex 为 3。

ListIndex 虽然不是只读属性，但在设计阶段不可用，不能在属性窗口进行设置。

5. Text 属性

列表框的 Text 属性是只读属性，该属性返回列表框中当前选中的表项的内容，对于复选的列表框 Text 属性返回的是最后一个选中表项的内容。

注意，“列表框名称. Text”与“列表框名称. List(列表框名称. ListIndex)”值总是相等的。例如，图 5－18 所示列表框 List1 中，List1. Text 是“菠萝”，List1. List(List1. ListIndex)即 List1. List(1) 也是“菠萝”。

6. Selected 属性

Selected 属性返回或设置在列表框中的每个列表项的选择状态。该属性是一个与 List 属性一样，有相同表项数的逻辑值数组，数组的索引值范围也是 0～列表框名称. ListConut－1。当列表项被选中时，该列表项索引所对应的 Selected 属性值为 True，否则为 False。Selected 属性在设计时是不可用的。

例如，图 5－18 所示列表框 List1 中，List1. Selected(1) 的值为 True，而其他列表项的 Selected 属性为 False。在 List2 中，List2. Selected(1)、List2. Selected(3)和 List2. Selected(6)的值为 True，其他列表项的 Selected 属性为 False。

对复选的列表框，必须根据其 Selected 属性判断有哪些表项被选中。要通过一个循环结构逐一读取各表项的 Selected 属性，如果 Selected(i)为 True，则 List(i)被选中，否则为相反结果。

7. SelCount 属性

SelCount 属性返回列表框控件中被选中表项的个数。

8. Sorted 属性

Sorted 属性返回或设置一个值，指定列表框控件中的表项是否自动排序，Sorted 属性为 False 时(缺省值)，不排序；为 True 时，列表框控件中所有表项自动按字典顺序排序。

例如，对图 5－18 所示的列表框 List1，如果将 Sorted 属性设置为 True，那么 List1 中各列表项的顺序就变成了“菠萝、甘蔗、橘子、苹果、水蜜桃、西瓜、香蕉、樱桃”。

9. Style 属性

Style 属性返回或设置一个值，确定是否将复选框显示在列表框控件中。

Style 属性值为 0(缺省值)是标准样式。如在图 5－18 所示，所有列表框的 Style 属性都是 0。Style 属性值为 1 是复选框样式，如图 5－19 所示。

若列表框控件的 Style 属性值设置为 1，则其 MultiSelect 属性自动被设为 0，但是在使用上还是具有与图 5－18 所示 List2 类似的功能，也可多选，只是外观不同。

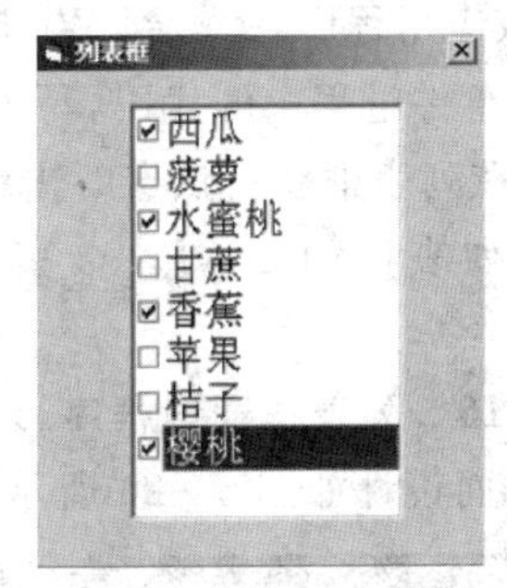

图 5－19 Style 属性为 1 的列表框

5.3.2 列表框的常用方法

1. AddItem 方法

格式：**列表框控件名.AddItem 列表项文本[,索引值]**

功能：将列表项文本添加到列表框中。索引值可以指定列表项文本的插入位置，省略索引值，则将列表项文本追加到列表框末尾。索引值必须是一个有效值，即索引值必须小于或等于列表框的 ListCount 属性值。

对前述各种列表框，AddItem 方法的使用相同，如对图 5－19 所示的 List1 执行语句“List1. AddItem "哈密瓜",0”，将把“哈密瓜”添加为 List1 中的第一项，而原来各项依次后移；执行“List1. AddItem "哈密瓜"”将把“哈密瓜”添加到 List1 中作为最后一项，等同于执行“List1. List(List1. ListCount) = "哈密瓜"”。

2. RemoveItem 方法

格式：**列表框控件名.RemoveItem 索引值**

功能：删除列表框中索引值指定的列表项。

对前述各种列表框，RemoveItem 方法的使用相同，如对图 5－19 所示的 List1 执行“List1. RemoveItem 4”将删除第 5 项“香蕉”，后面各项自动前移，List1. ListCount 也自动减 1。

删除选定表项即删除索引值为 ListIndex 所对应的表项，也可以执行下列语句实现：

List1. RemoveItem List1. ListIndex

3. Clear 方法

格式：**列表框控件名.Clear**

功能：清除列表框控件中所有表项，如执行“List1. Clear”，将清空 List1 中所有表项。

5.3.3 列表框的常用事件

1. Click 单击事件

运行时单击列表框控件的某一表项，可以使该表项从未选状态转到选中状态，或从选中状态转到未选状态，同时触发该列表框控件的 Click 事件。

2. DblClick 事件

DblClick 事件由双击列表框控件的某一表项时触发。由于通常采用双击应用程序图标方式运行该应用程序，考虑到 Windows 应用程序的操作习惯，可以把原本准备写入到列表框的 Click 事件过程中的代码，写入到列表框的 DblClick 事件过程中。

此外，在列表框获得焦点时击键将触发列表框的 KeyPress 事件。与文本框的 KeyPress 事件一样，列表框的 KeyPress 事件带有参数 KeyAscii，可通过 KeyAscii 来判断击键的 ASCII 码。

例 5-10 列表框管理程序，对列表框的进行增、删、改和清空等管理。

(1) 界面设计如图 5-20 所示。

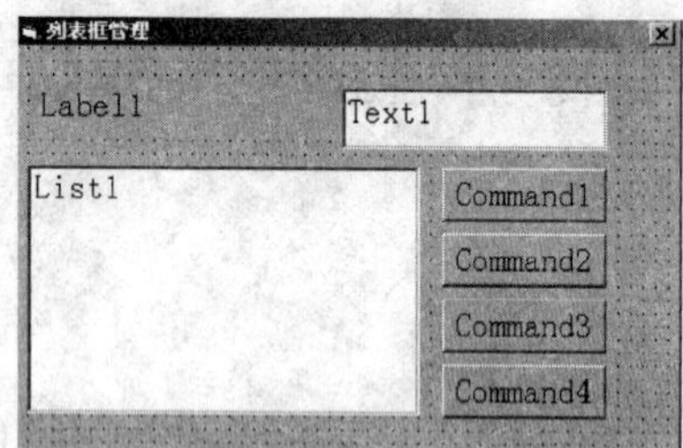

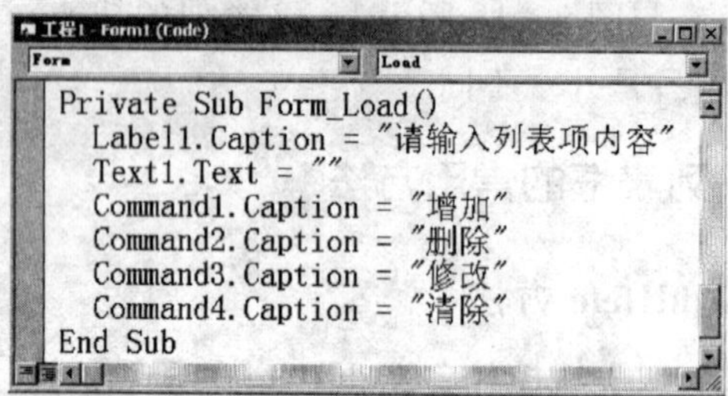

图 5-20 列表框管理程序界面设计

(2) 过程设计。程序代码窗口显示如下：

```
工程1 - Form1 (Code)
Command1                         Click
Private Sub Command1_Click() '添加
  If Text1.Text <> "" Then List1.AddItem Text1.Text Else _
    MsgBox "请在文本框中输入列表项内容"
End Sub
Private Sub Command2_Click() '删除
  If List1.ListIndex <> -1 Then
    List1.RemoveItem List1.ListIndex
  Else
    MsgBox "请选择要删除的列表项"
  End If
End Sub
Private Sub Command3_Click() '修改
  If Text1.Text <> "" And List1.ListIndex <> -1 Then
    List1.List(List1.ListIndex) = Text1.Text
  Else
    MsgBox "请选择要修改的列表项并在文本框中输入修改的内容"
  End If
End Sub
Private Sub Command4_Click() '清除
  List1.Clear
End Sub
```

用户可以在文本框中输入文本。单击“添加”按钮后将文本框中输入的内容作为一个选项添加到列表框最后一项；用户选定列表框中的某表项后单击“删除”按钮，将删除该表项；用户选定列表框中的某表项后单击“修改”按钮，将以文本框中的内容替换该表项；单击“清空”按钮，则删除列表框中所有表项。

例 5－11　列表框控件之间表项的移动

(1) 界面设计如图 5－21 所示。

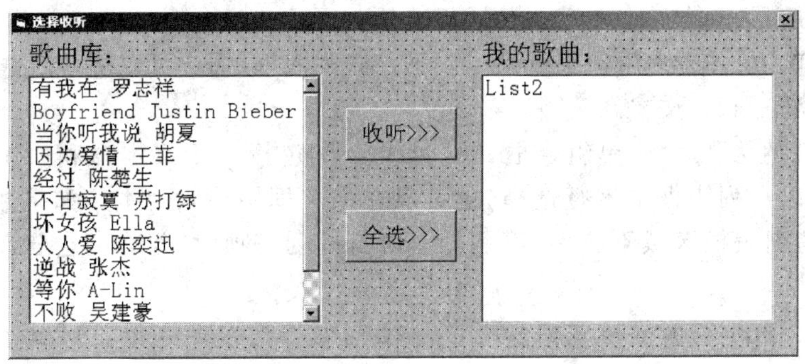

图 5－21　例 5－11 的界面设计

左边列表框 List1 是歌曲库清单，右边列表框 List2 是收听歌曲清单。List1 的 MultiSelect 属性设置为 1 支持简单多选。用户可以一次挑选多个喜爱的歌曲，单击“收听>>>”按钮后移到右边的 List2 中；单击“全选>>>”按钮后，自动将 List1 中的歌曲全部移到右边的 List2 中。

(2) 过程设计。程序代码窗口显示如下：

```
工程1 - Form1 (Code)
Command1                Click

Dim i As Integer
Private Sub Command1_Click() '收听
  i = 0
  Do While i < List1.ListCount
    If List1.Selected(i) = True Then
      List2.AddItem List1.List(i)
      List1.RemoveItem i
    Else
      i = i + 1
    End If
  Loop
End Sub
Private Sub Command2_Click() '全选
  For i = 0 To List1.ListCount - 1
    List2.AddItem List1.List(i)
  Next i
  List1.Clear
End Sub
```

5.3.4　组合框

组合框控件也是提供选项的控件，兼有列表框和文本框的特性：组合框中的列表框部分提供选择表项，文本框部分显示选定表项的内容或进行输入。

工具箱中组合框控件的图标为▤。

组合框控件依照创建的顺序被自动命名为 Combo1、Combo2……微软建议的名称前缀为 cbo。组合框具有列表框和文本框的大多数属性、方法和事件。

组合框按其特性与功能，可以分为“下拉式组合框”、“简单组合框”和“下拉式列表框”3 种不同样式。通过组合框的 Style 属性来设置组合框的样式。

1. Style 属性

Style 属性返回或设置组合框的样式，Style 属性是只读属性，只能在设计时设置。

Style 属性值为 0(缺省值)，为下拉式组合框。下拉式组合框包括一个文本框和一个下拉式列表框，单击文本框右端箭头可以引出下拉式列表框，用户可以从列表框中进行选择，也可以在文本框中输入文本。

Style 属性值为 1，为简单组合框。简单组合框包括一个文本框和一个非下拉式列表框，用户可以从列表框中进行选择，也可以在文本框中输入文本。如果建立该组合框控件时所画的列表框区域不够大，不能显示所有的列表项时，组合框会自动附加垂直滚动条。

Style 属性值为 2，为下拉式列表框。下拉式列表框包括一个不可输入的文本框和一个下拉式列表框。单击文本框右端箭头可以引出列表框，但不能在文本框中输入文本。

图 5-22 所示为 3 种组合框样式示意图，从左到右 3 个组合框的 Style 属性分别为 0、1、2。

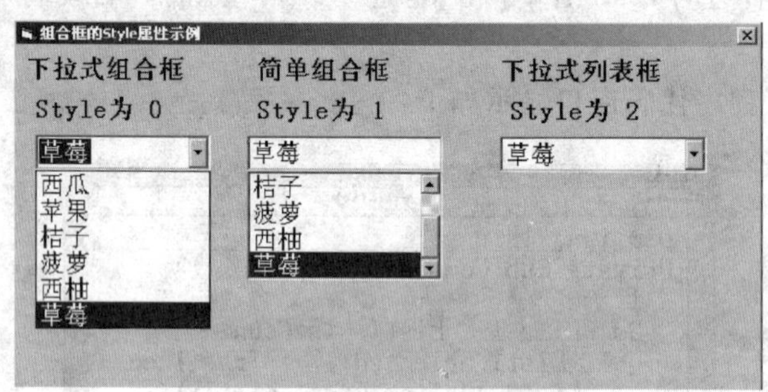

图 5-22　组合框 Style 属性示例

2. Text 属性

Text 属性返回或设置组合框中所选中列表项的文本或在下拉式组合框和简单组合框的文本框中输入的文本，组合框控件不支持复选。

组合框的常用方法也是 AddItem 方法、RemoveItem 方法和 Clear 方法。

与列表框相似，组合框的常用事件有 Click 事件、DblClick 事件和 KeyPress 事件。组合框的常用事件还有 Change 事件(列表框控件没有 Change 事件)，在组合框控件的文本框中输入了新的内容时触发组合框的 Change 事件。

例 5-12　字体设置程序，用户可以在各组合列表框中选择中文字体、字形、字号、颜色，还可以设置下划线和删除线效果。预览效果通过标签控件进行显示。

(1) 界面设计如图 5-23 所示。

Combo1～Combo4 上方标签的标题分别为“中文字体”、“字形”、“字号”和“颜色”，

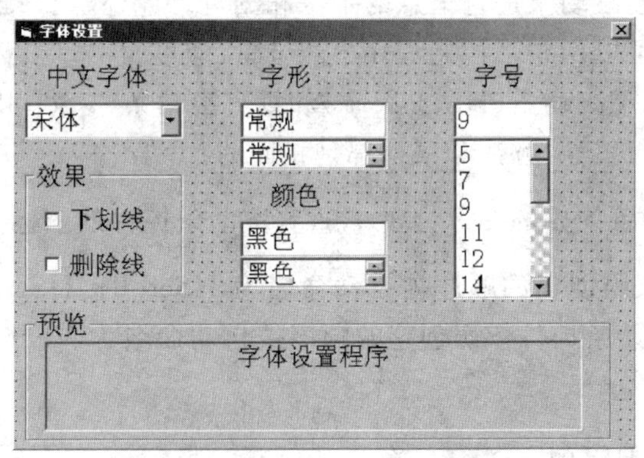

图 5-23　例 5-12 之界面设计

Combo1 的 Style 属性设置为 0，其余设置为 1。List 属性在属性窗口设置，Text 属性在 Load 事件中设置。Combo4 的 List 属性设置为“黑色、蓝色、绿色、青色、红色、洋红色、黄色、白色、灰色、亮蓝色、亮绿色、亮青色、亮红色、亮洋红色、亮黄色和亮白色”，可直接用 QBColor 函数设置字体颜色。

（2）过程设计。程序代码窗口显示如下：

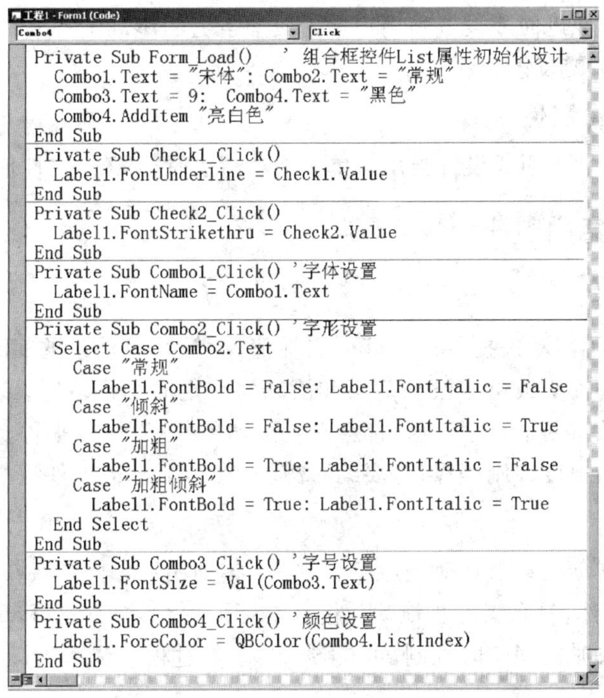

```
Private Sub Form_Load()    ' 组合框控件List属性初始化设计
  Combo1.Text = "宋体": Combo2.Text = "常规"
  Combo3.Text = 9:  Combo4.Text = "黑色"
  Combo4.AddItem "亮白色"
End Sub
Private Sub Check1_Click()
  Label1.FontUnderline = Check1.Value
End Sub
Private Sub Check2_Click()
  Label1.FontStrikethru = Check2.Value
End Sub
Private Sub Combo1_Click() '字体设置
  Label1.FontName = Combo1.Text
End Sub
Private Sub Combo2_Click() '字形设置
  Select Case Combo2.Text
    Case "常规"
      Label1.FontBold = False: Label1.FontItalic = False
    Case "倾斜"
      Label1.FontBold = False: Label1.FontItalic = True
    Case "加粗"
      Label1.FontBold = True: Label1.FontItalic = False
    Case "加粗倾斜"
      Label1.FontBold = True: Label1.FontItalic = True
  End Select
End Sub
Private Sub Combo3_Click() '字号设置
  Label1.FontSize = Val(Combo3.Text)
End Sub
Private Sub Combo4_Click() '颜色设置
  Label1.ForeColor = QBColor(Combo4.ListIndex)
End Sub
```

5.4　滚动条

有些控件自带滚动条，如文本框、列表框和组合框等，在项目列表很长或者信息量很大时可以通过滚动条进行定位。但也有一些控件自身不支持滚动条，需要在程序中设计滚动条控件，为这些控件外挂滚动条进行信息的定位和浏览。此外，用户还可以在程序中将滚动条模拟为输入设备，如可以用它来控制程序中的音量、速度、位置等。

滚动条控件分为水平滚动条（HScrollBar）和垂直滚动条（VScrollBar）两种，两种控件除了放置的方向不一样外，属性、方法和事件都是相同的。

工具箱中水平滚动条控件的图标为◄►，垂直滚动条控件的图标为▲▼。

水平滚动条控件依照创建的顺序被自动命名为 HScroll1、HScroll2……微软建议的名称前缀为 hsb。垂直滚动条控件依照创建的顺序被自动命名为 VScroll1、VScroll2……微软建议的名称前缀为 vsb。

5.4.1 滚动条的常用属性

1. Value 属性

Value 属性返回或设置滚动条上的滚动滑块所处的位置。

2. Max 和 Min 属性

Max 和 Min 属性返回或设置 Value 属性的最大值和最小值。

3. LargeChange 属性

LargeChange 属性返回或设置当用户单击滚动条上的滚动箭头和滚动滑块之间的区域时，Value 属性值的改变量。

4. SmallChange 属性

SmallChange 属性返回或设置当用户单击滚动箭头时，Value 属性值的改变量。

5.4.2 滚动条的常用事件

1. Change 事件

运行时，当改变了滚动条控件的 Value 属性值，会触发滚动条的 Change 事件。用户单击滚动条两端的滚动箭头或单击滚动箭头和滚动滑块之间的区域时，或者通过程序代码对滚动条的 Value 属性重新进行了赋值，都会触发滚动条的 Change 事件。要利用滚动条进行位置调整、音量调节、速度控制等操作，要编写滚动条的 Change 事件程序代码。

2. Scroll 事件

该事件过程在拖动滚动滑块时被触发。注意：拖动滚动条的滑块仅触发 Scroll 事件，并没有触发 Change 事件，只有当停止拖动并松开鼠标那一刻才触发 Change 事件。为使滚动条能在拖动滚动滑块时实现实时控制，可在 Scroll 事件过程中调用执行滚动条 Change 事件过程。

例 5－13 用滚动条控件控制用标签显示的“欢迎光临”在窗体内移动位置。界面设计如图 5－24 所示，运行时使用滚动条的结果如图 5－25 所示。

图 5-24　界面设计　　　　图 5-25　运行时使用滚动条的结果显示

(1) 界面设计。在窗体上建立标签控件、水平滚动条和垂直滚动条。在 Load 事件中设置标签控件各属性，要使其紧靠窗体左上角以保证与滚动条控件的 Value 值相吻合。

横向滚动条 Value 属性最大值：窗体宽度－标签宽度－纵向滚动条宽度。

纵向滚动条 Value 属性最大值：窗体高度－标签高度－横向滚动条高度。

部分控件的部分属性设置如下：

```
工程1 - Form1 (Code)
Form                                  Load
Private Sub Form_Load()
  Label1.Caption = "欢迎光临！"
  Label1.Top = 0: Label1.Left = 0
  HScroll1.SmallChange = 50: HScroll1.LargeChange = 100
  HScroll1.Min = 0
  HScroll1.Max = Form1.ScaleWidth - Label1.Width - VScroll1.Width
  HScroll1.Value = 0
  VScroll1.SmallChange = 50: VScroll1.LargeChange = 100
  VScroll1.Min = 0
  VScroll1.Max = Form1.ScaleHeight - Label1.Height - HScroll1.Height
  VScroll1.Value = 0
End Sub
```

(2) 过程设计。程序代码窗口显示如下：

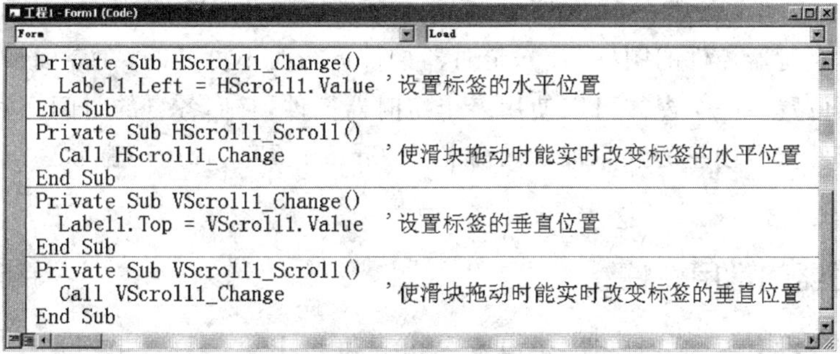

```
工程1 - Form1 (Code)
Form                                  Load
Private Sub HScroll1_Change()
  Label1.Left = HScroll1.Value '设置标签的水平位置
End Sub
Private Sub HScroll1_Scroll()
  Call HScroll1_Change          '使滑块拖动时能实时改变标签的水平位置
End Sub
Private Sub VScroll1_Change()
  Label1.Top = VScroll1.Value   '设置标签的垂直位置
End Sub
Private Sub VScroll1_Scroll()
  Call VScroll1_Change          '使滑块拖动时能实时改变标签的垂直位置
End Sub
```

读者可将 HScroll1_Scroll 和 VScroll1_ Scroll 事件过程代码都删除，再看看程序的运行结果有什么不同。

例 5-14　编程，运行时通过滚动条设置文本框的背景色。界面设计如图 5-26 所示，运行时使用滚动条的结果如图 5-27 所示。

图 5-26　界面设计

图 5-27　运行结果显示

(1) 界面设计如图 5-26 所示，在窗体上建立文本框控件和水平滚动条。在 Load 事件中设置文本框、滚动条控件相关属性。

(2) 过程设计。程序代码窗口显示如下：

```
Private Sub Form_Load()
  Text1.Text = "VB程序设计"
  Text1.Alignment = 2
  Text1.FontSize = 24
  HScroll1.Min = 0
  HScroll1.Max = 15
End Sub
Private Sub HScroll1_Change()
  Text1.BackColor = QBColor(HScroll1.Value)
End Sub
Private Sub HScroll1_Scroll()
  Call HScroll1_Change
End Sub
```

5.5　定时器

定时器控件利用计算机内部的时钟，实现了由计算机控制、每隔一个时间间隔自动触发一个名为 Timer 的事件。通常在程序中运用定时器控件实现自动地有规律的动态显示功能。

工具箱中定时器控件的图标为⏱，定时器控件运行时不可见的，在界面设计时可以放置在窗体的任意位置。一个窗体可以使用多个定时器控件，它们各自的时间间隔相互独立。

定时器控件依照创建的顺序被自动命名为 Timer1、Timer2……微软建议的定时器名称前缀为 tmr。

5.5.1　定时器的常用属性

定时器控件没有 Visible 属性，也没有 Width 和 Height 属性。虽然它有 Left 和 Top 属性，但是由于它运行时不可见，所以这两个属性并不重要。

1. Interval 属性

Interval 属性返回或设置定时器控件两次响应 Timer 事件的时间间隔，时间间隔的单位为毫秒，Interval 属性取值范围为 1～65535。

当 Interval 属性值为 0 时(缺省值)定时器不起作用；当属性值为 1000 时，时间间隔为 1 秒钟。要注意的是定时器的时间间隔并不精确，特别是当 Interval 属性设得太小时，甚至会

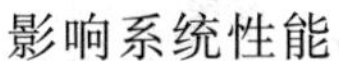

影响系统性能。

2. Enabled 属性

Enabled 属性决定定时器控件是否随时间推移，按照设置的时间间隔响应 Timer 事件。当 Enabled 属性值为 True（缺省值）时，定时器有效，按照 Interval 设置的时间间隔响应 Timer 事件；当 Enabled 属性值为 False 时，定时器处于休眠状态，不响应 Timer 事件。

5.5.2　定时器的 Timer 事件

定时器控件只响应一个事件，即 Timer 事件。通过编写定时器的 Timer 事件过程，控制计算机按照定时器设定的时间间隔自动执行相应的程序。

例 5－15　实现一个电子钟：用窗体上的标签控件来显示当前时间。定时器用来控制每隔 1 秒刷新一次时间显示。界面设计如图 5－28 所示，运行结果显示如图 5－29 所示。

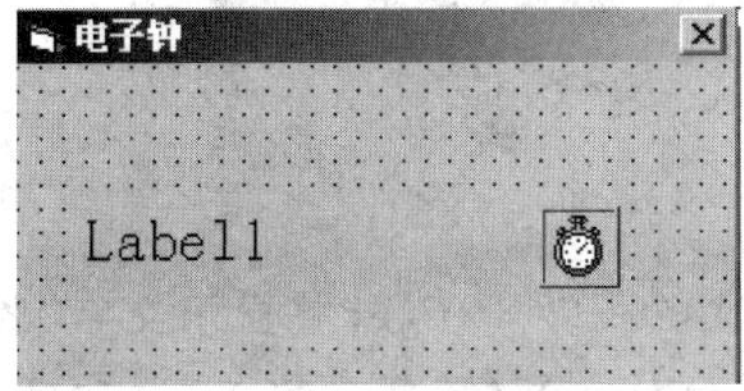

图 5－28　界面设计

图 5－29　运行结果显示

（1）界面设计。在窗体上建立标签和定时器控件，在 Load 事件中设置文本框、定时器控件相关属性。

（2）过程设计。程序代码窗口显示如下：

```
工程1 - Form1 (Code)
Form                                    Load
Private Sub Form_Load()
  Label1.BackColor = vbWhite
  Label1.BorderStyle = 1:  Label1.Alignment = 2
  Label1.FontSize = 24:  Label1.Caption = Time
  Timer1.Interval = 1000
End Sub
Private Sub Timer1_Timer()
  Label1.Caption = Time()
End Sub
```

例 5－16　编制计时器程序，按 Command1 输入倒计时开始前的秒数，并在 Label1 显示；按 Command2 开始倒计时，并在 Label1 显示剩余时间。当剩余时间为 0 时，显示“时间到！”。

（1）界面设计如图 5－30 所示，在窗体上建立标签和定时器控件及两个命令按钮，相关属性在 Load 事件中设置。运行时按“设置”按钮后如输入 120，运行结果显示如图 5－31 所示。

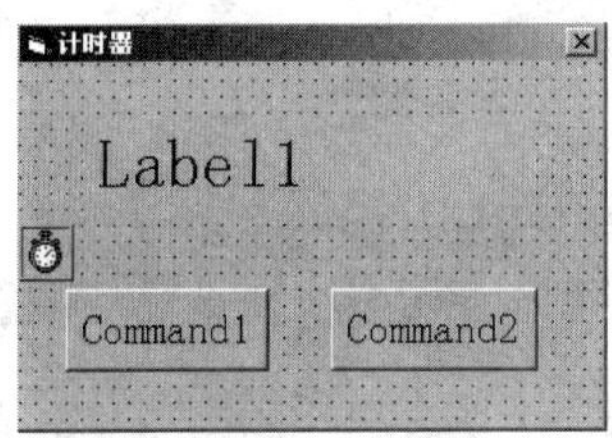

图 5－30　界面设计

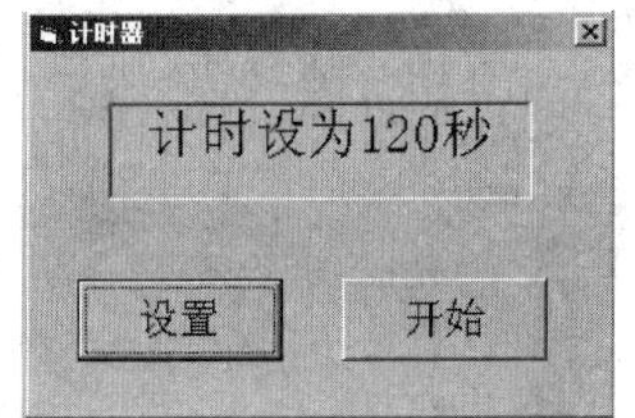

图 5－31　运行结果显示

(2) 过程设计。程序代码窗口显示如下：

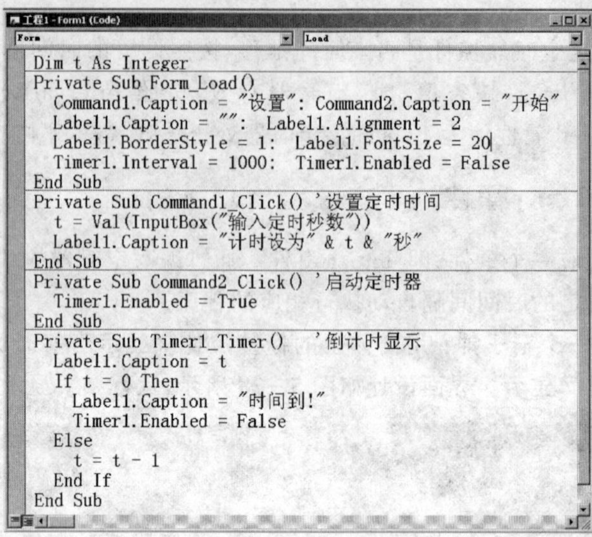

```
Dim t As Integer
Private Sub Form_Load()
  Command1.Caption = "设置": Command2.Caption = "开始"
  Label1.Caption = "":  Label1.Alignment = 2
  Label1.BorderStyle = 1:  Label1.FontSize = 20
  Timer1.Interval = 1000:  Timer1.Enabled = False
End Sub
Private Sub Command1_Click() '设置定时时间
  t = Val(InputBox("输入定时秒数"))
  Label1.Caption = "计时设为" & t & "秒"
End Sub
Private Sub Command2_Click() '启动定时器
  Timer1.Enabled = True
End Sub
Private Sub Timer1_Timer()    '倒计时显示
  Label1.Caption = t
  If t = 0 Then
    Label1.Caption = "时间到!"
    Timer1.Enabled = False
  Else
    t = t - 1
  End If
End Sub
```

例 5－17　编制滚动字幕程序：界面设计如图 5－32 所示，标签显示文字“欢迎进入 VB 编程世界!”自左向右移动、移出窗体后再从窗体左边进入(尾部先进入)。移动速度由单选钮控制：快为每秒钟移动 10 次，慢为每秒钟移动 2 次(每次移动 100 缇)。

(1) 界面设计如图 5－32 所示，定时器控件的属性 Interval 在 Load 事件中设置。运行结果显示如图 5－33 所示。

图 5－32　界面设计

图 5－33　运行结果显示

(2) 过程设计。程序代码窗口显示如下：

```
Private Sub Form_Load()
  Timer1.Interval = 100
End Sub
Private Sub Option1_Click()
  Timer1.Interval = 100
End Sub
Private Sub Option2_Click()
  Timer1.Interval = 500
End Sub
Private Sub Timer1_Timer()
  If Label1.Left >= Form1.Width Then  '判断标签是否移出窗体右边界
    Label1.Left = -Label1.Width  '标签重新定位，紧靠在窗体的左侧外面
  Else
    Label1.Left = Label1.Left + 100  '标签向右移动
  End If
End Sub
```

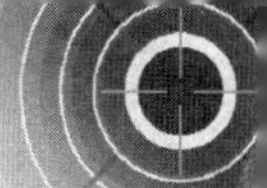

5.6　控件数组

控件数组由具有相同名称的一个或多个相同类型的控件组成。数组中的每个控件通过下标属性(Index)区分。数组至少包含一个下标为 0 的控件,控件个数最多为 32767 个,并受系统资源和内存的限制。

控件数组中的每个控件可以有不同属性设置,但具有共同的事件,通过参数 Index 可以区分是其中哪个控件触发的事件。

在开发应用程序过程中,如需要多个类型相同、功能相近的控件,最好建立控件数组,因为控件数组占用系统资源要低于同样个数的相同类型控件所占的系统资源。

5.6.1　控件数组的建立

1. 在设计时创建控件数组

(1) 方法一:通过控件更名进行创建(将相同类型控件的名称设置为相同)。

先建立若干个相同类型的控件,确定哪个要作为控件数组的第一个控件,接着将其他控件的名称(Name)属性都改为与第一个控件的名称相同。

在修改各控件名称时,第一次 Visual Basic 会弹出一个对话框询问是否创建控件数组,单击"是"按钮即可。此后,系统会自动分配它们的 Index 属性,控件数组的第一个控件的 Index 属性为 0,第二个为 1,依此类推。

例 5-18　将例 5-16 中的命令按钮创建为命令按钮数组。

在例 5-16 中,窗体上已经建立了 Command1、Command2 两个命令按钮,将 Command2 名称更改为 Command1,这时会弹出如图 5-34 所示的对话框,单击"是"按钮即建立了 Command1 命令按钮数组。

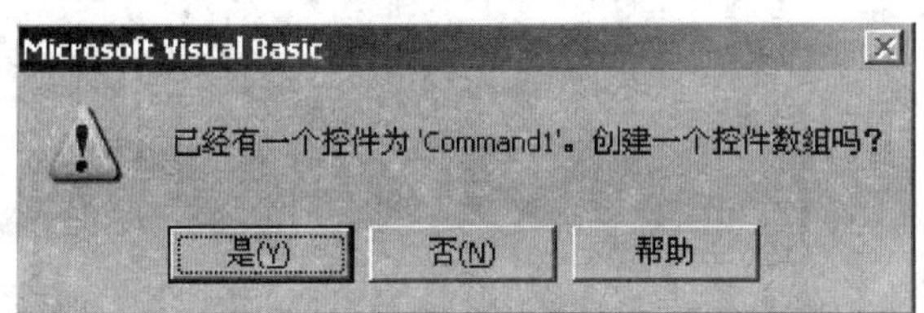

图 5-34　询问是否建立控件数组的对话框

Command1 命令按钮数组创建后,原来的 Command1 的 Index 属性为 0,用 Command1(0)标识和引用;更名后的 Command2 则用 Command1(1) 标识和引用,它的 Index 属性为 1。在例 5-16 的程序中的相应语句也要进行修改,修改后的语句如下:

(2) 方法二:通过复制控件进行创建。

先建立控件数组中的第一个控件,"复制"该控件后作"粘贴"操作,同样 Visual Basic 会弹出一个创建控件数组对话框询问是否创建控件数组,单击"是"按钮即可。

如果控件数组中的控件不止两个,就继续进行"粘贴"操作。这种方法建立的控件数组除了 Index 属性依次按建立的顺序自动获得相应的数值外,其他的外观属性都是相同的,用户要根据需要重新设置它们各自相应的属性。

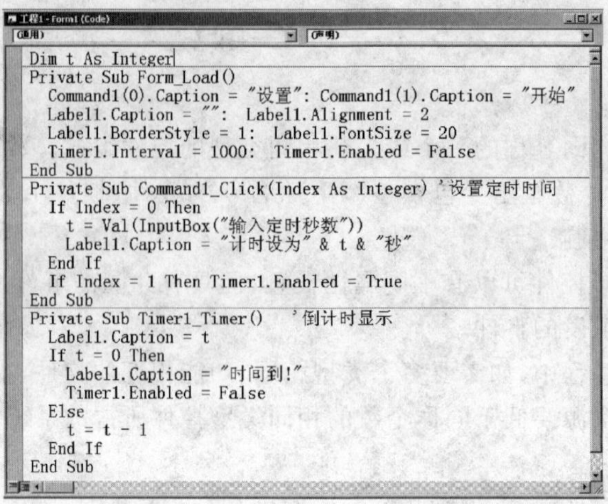

```
Dim t As Integer
Private Sub Form_Load()
  Command1(0).Caption = "设置": Command1(1).Caption = "开始"
  Label1.Caption = "":  Label1.Alignment = 2
  Label1.BorderStyle = 1:  Label1.FontSize = 20
  Timer1.Interval = 1000:  Timer1.Enabled = False
End Sub
Private Sub Command1_Click(Index As Integer) '设置定时时间
  If Index = 0 Then
    t = Val(InputBox("输入定时秒数"))
    Label1.Caption = "计时设为" & t & "秒"
  End If
  If Index = 1 Then Timer1.Enabled = True
End Sub
Private Sub Timer1_Timer()   '倒计时显示
  Label1.Caption = t
  If t = 0 Then
    Label1.Caption = "时间到!"
    Timer1.Enabled = False
  Else
    t = t - 1
  End If
End Sub
```

2. 在运行时创建控件数组

如果在运行时要在程序中动态地增减控件，可以通过控件数组的 Load 和 UnLoad 语句实现。必须先在设计时建立一个控件，再将该控件的 Index 属性设置为 0，就创建了只有一个控件的控件数组。在运行时需要创建新的控件时，可以执行 Load 语句。

语句格式：**Load 控件名称(索引值)**

要注意，Load 语句创建的控件 Visible 属性为 False，必须将 Visible 属性设置为 True，新创建的控件才是可见的。新创建控件的索引值不能与已创建控件的索引值重复。

例 5-19　设计时创建只有 1 个控件的控件数组 Label1，运行时再为其添加三个标签控件。

(1) 界面设计如图 5-35 所示，在 Label1 属性窗口中将其 Index 属性设置为 0，这样就创建了一个名称为 Label1 的标签数组。

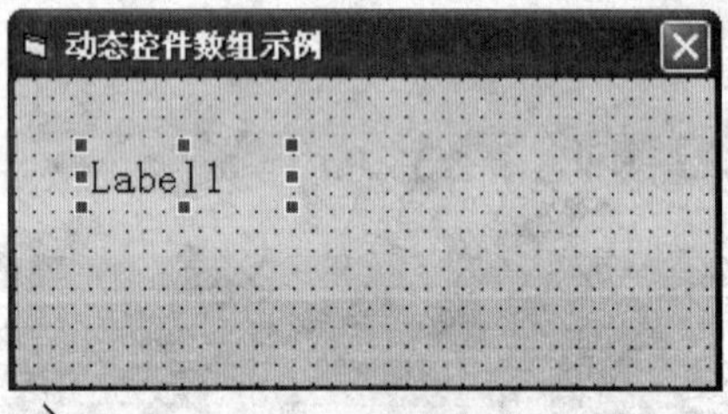

图 5-35　动态创建数组示例

(2) 过程设计。程序代码窗口显示如下：

```
Private Sub Form_Load()
  Label1(0).Caption = "在设计时创建的标签控件数组"
  For i = 1 To 3
    Load Label1(i)
    Label1(i).Visible = True
    Label1(i).Top=Label1(i-1).Top + Label1(i-1).Height+100
    Label1(i).Caption = "程序运行后创建的第" & i & "个标签"
  Next i
End Sub
Private Sub Form_Click()
  For i = 2 To 3
    Unload Label1(i)
  Next i
End Sub
```

程序运行时的初态如图 5－36 所示，由于执行了 Load 事件，窗体上又添加了 3 个控件 Label1(1)、Label1(2)、Label1(3) 。其中为 Label1(i).Top 赋值的语句，确定了新创建的标签控件在垂直方向的放置位置。

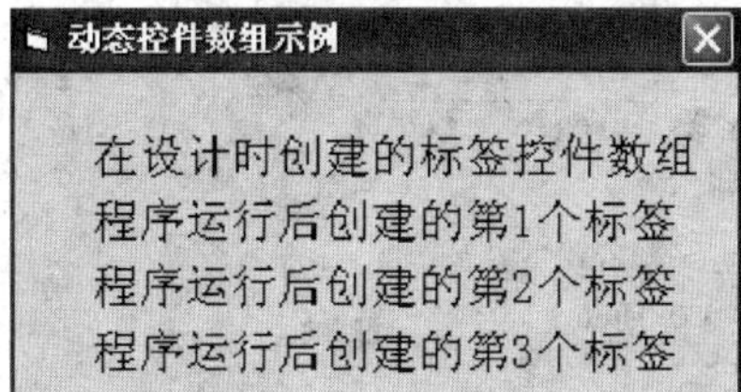

图 5－36　例 5－19 运行时初态

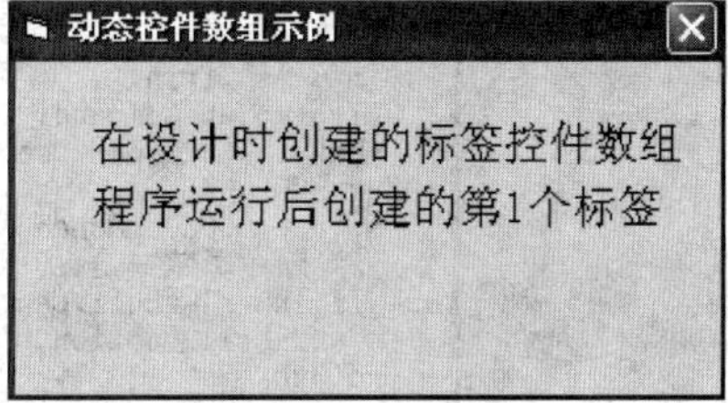

图 5－37　单击窗体后的界面显示

3. 在运行时删除控件数组中的控件

在运行时创建的控件数组可以通过 UnLoad 语句删除。

语句格式：**UnLoad 控件名称(索引值)**

在例 5－19 中，窗体加载后共有 4 个标签控件，单击窗体后执行 Form_Click 事件，将删除数组中的控件 Label1(2)、Label1(3)后，将后面两个标签删除，如图 5－37 所示。注意，不要再次单击窗体，否则将出现“数组元素不存在”的错误。

5.6.2　控件数组运用实例

例 5－20　模仿 Windows 中的计算器，设计一个简单的计算器程序。

(1) 界面设计。数字键创建为一个命令按钮数组，运算键创建为另一个命令按钮数组，标签控件用于显示输入的操作数或计算结果，如图 5－38 所示。

图 5－38　例 5－20 简单计算机程序的界面设计

(2) 过程设计。程序中数字键和小数点键的作用是实现运算数的输入，按下运算键时必须保存标签中的的操作数以及运算请求，因此声明两个模块级变量来保存操作数和运算请求。

单击“＝”键后，程序要进行计算并将结果显示在标签中(作何计算需判断运算请求才可以进行)。“BackSpace”键、“CE”键和“C”键分别实现删除标签中的最右边一个字符、删除标签中的内容和删除所有的运算数和运算请求。

按数字键、小数点键和运算键的程序代码如下：

```
Dim num As String   '存放第一个运算数
Dim c As String     '存放运算请求
Private Sub Command1_Click(Index As Integer) '数字键
  Label1.Caption = Label1.Caption & Index
End Sub
Private Sub Command3_Click()           '小数点键
  '判断运算数中是否有小数点，没有才可以加小数点
  If InStr(Label1.Caption, ".") = 0 Then _
     Label1.Caption = Label1.Caption & "."
End Sub
Private Sub Command2_Click(Index As Integer) '运算键
  Select Case Index '保存运算请求
    Case 0: c = "+"
    Case 1: c = "-"
    Case 2: c = "*"
    Case 3: c = "/"
  End Select
  num = Label1.Caption '将标签中的内容作为第一个运算数
  Label1.Caption = ""  '清空标签内容，准备输入下一个运
End Sub
```

按"="键的程序代码如下：

```
Private Sub Command4_Click()    '=键，进行运算并显示结果
  Select Case c
    Case "+": Label1.Caption = Str(Val(num) + Val(Label1.Caption))
    Case "-": Label1.Caption = Str(Val(num) - Val(Label1.Caption))
    Case "*": Label1.Caption = Str(Val(num) * Val(Label1.Caption))
    Case "/":
      If Val(Label1.Caption) = 0 Then
        MsgBox ("除数不能为0，请重新输入"): Label1.Caption = ""
      Else
        Label1.Caption = Str(Val(num) / Val(Label1.Caption))
      End If
  End Select
End Sub
```

按"BackSpace"、"CE"、"C"键的程序代码如下：

```
Private Sub Command5_Click()  'BackSpace键，删除标签中最右边一个字符
  If Label1.Caption <> "" Then
    Label1.Caption = Left(Label1.Caption, Len(Label1.Caption) - 1)
  End If
End Sub
Private Sub Command6_Click()  'CE键，删除标签中的内容
  Label1.Caption = ""
End Sub
Private Sub Command7_Click()  'C键，恢复初始状态
  Label1.Caption = "": num = "": c = ""
End Sub
```

例 5-21　调色板程序。通过操作滚动条进行颜色配置，单击"应用"按钮后将配置的颜色作为文本框中文字的颜色。

在 Visual Basic 中颜色是用一个长整数表示的，可采用 Visual Basic 常数的方法来表示颜色，如 vbRed；也可调用 QBColor 函数来表示颜色，如 QBColor(12)返回一个长整数表示红色；还可以调用 RGB(r,g,b)函数返回一个长整数来表示颜色。

RGB 函数的 3 个参数的取值范围为 0～255，分别表示 RGB 颜色中红色、绿色、蓝色的

亮度。RGB(0,0,0)表示黑色,RGB(255,255,255)表示白色。

程序要求通过 3 个滚动条来控制 r、g、b 取值,并即时在文本框中显示各亮度值、改变形状控件的颜色,按"应用"按钮后用当前设定的颜色显示一段文本。

(1) 界面设计如 5-39 所示。

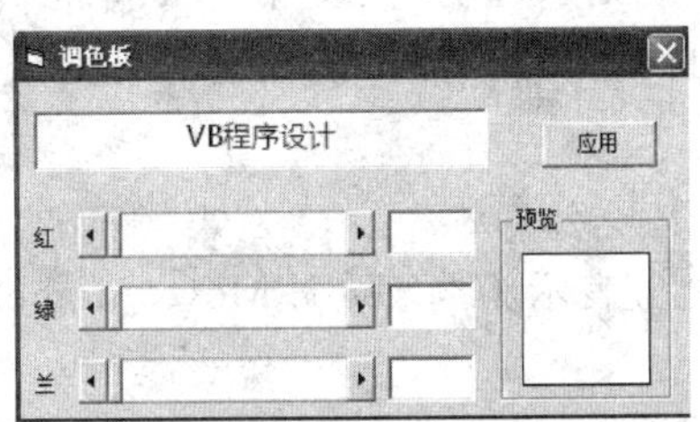

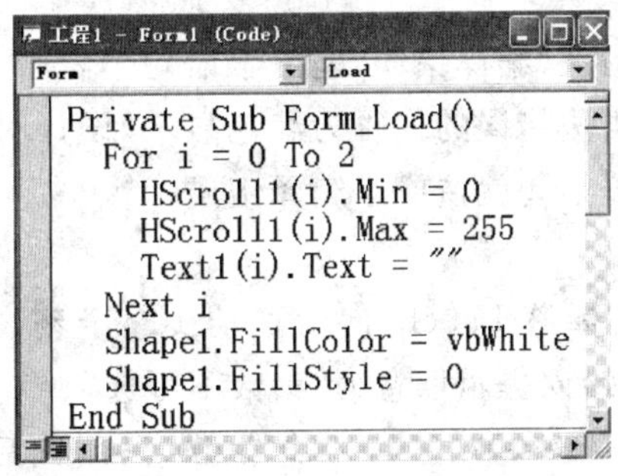

```
Private Sub Form_Load()
  For i = 0 To 2
    HScroll1(i).Min = 0
    HScroll1(i).Max = 255
    Text1(i).Text = ""
  Next i
  Shape1.FillColor = vbWhite
  Shape1.FillStyle = 0
End Sub
```

图 5-39　例 5-21 的界面设计

(2) 过程设计。调色板实现之程序代码如下:

```
Private Sub HScroll1_Change(Index As Integer)
  r = HScroll1(0): Text1(0).Text = HScroll1(0).Value
  g = HScroll1(1): Text1(1).Text = HScroll1(1).Value
  b = HScroll1(2): Text1(2).Text = HScroll1(2).Value
  Shape1.FillColor = RGB(r, g, b)
End Sub
Private Sub HScroll1_Scroll(Index As Integer)
  Call HScroll1_Change(Index)
End Sub
Private Sub Text1_KeyPress(Index As Integer, KeyAscii As Integer)
  If KeyAscii <> 13 Then Exit Sub
  If Val(Text1(Index).Text) >= 0 And Val(Text1(Index).Text) <= 255 Then
    HScroll1(Index).Value = Val(Text1(Index).Text)
  End If
End Sub
Private Sub Command1_Click()
  Text2.ForeColor = Shape1.FillColor
End Sub
```

三个滚动条控件组成控件数组,从上而下分别是 Hscroll1(0)、Hscroll1(1) 和 Hscroll1(2);滚动条右侧放置 3 个文本框,并创建为文本框数组,从上而下分别是 Text1(0)、Text1(1) 和 Text1(2),既可以动态显示相应滚动条的 Value 值,也可以用输入数(以回车结束)来设置各滚动条中滑块位置;窗体右下方框架内放置一个形状控件 Shape1,通过 Shape1 的填充色来预览调色板配置的颜色。

5.7　控件使用的常见错误及其处理

在面向对象的程序设计中,除了要掌握程序设计的基本方法,正确运用程序设计元素和程序控制结构外,还要掌握和正确运用对象(控件)的属性、方法和事件。熟练掌握 Visual Basic 编程规则可以减少程序中的语法错误(编译错误)和实时错误,而减少出现程序的逻辑错误更多的是靠通过大量的编程练习积累经验。

合理设置 Visual Basic 集成编程环境的选项,可以帮助编程人员发现错误。单击"工具"菜单下的"选项"命令打开"选项"对话框,并按以下要求设置:

在"编辑器"选项卡"自动语法检测"、"自动列出成员"、"自动显示快速信息"复选框中打"√";设置"语法错误文本"的代码颜色"前景色"为红色。

以下分析是根据上述选项设置进行的。

5.7.1 语法错误(编译错误)分析

语法错误(编译错误)是由于语句不符合语法规则引起的,在设计时"自动语法检测"检测出来的语法错误的代码为红色显示,设计时未自动检测出的错误在运行时由于系统无法编译执行该语句就造成了编译错误。

例如:

(1) 将标签 Label1 向下移动 100 个刻度单位,表示为"Label1. Move ,Label1. Top+100",编译错误提示信息为"参数不可选"。

原因:Move 方法有 4 个参数,只用到后面的参数时,前面的参数必须列出,不可以省略。

纠正:Label1. Move Label1. Left,Label1. Top+100。

(2) 对标签控件 Label1 运用 SetFocus 方法,表示为"Label1. SetFocus",编译错误提示信息为"未找到方法或数据成员"。

原因:标签控件不支持 SetFocus 方法。

纠正:删除该语句。

对象名称输入后接着输入"."会自动列出对象大多数可用的属性和方法,使用未列出的成员可能会出错。

(3) 将标签 Label1 的标题文字颜色设置为红色,表示为"Label1. FontColor = vbRed",编译错误提示信息为"未找到方法或数据成员"。

原因:标题文字颜色是由 ForeColor 属性决定的,没有 FontColor 属性。

纠正:Label1. ForeColor = vbRed。

5.7.2 实时错误分析

实时错误是指运行时无法按照语句的要求执行相应操作造成的错误。有些实时错误是由于隐性的语法错误引起的,有些是由于要求的对象不存在引起的,还有些是因为对象不支持相应的操作引起的。

(1) 将列表框 List1 的第 3 项"菠萝"删除,表示为"List1. RemoveItem "菠萝"",实时错误提示信息为"类型不匹配"。

原因:RemoveItem 方法的参数是列表项的索引值,是整数类型的数据。

纠正:List1. RemoveItem 2。

(2) 窗体加载后自动将焦点设在文本框 Text1 中,错误表达如下:

```
Private Sub Form_Load()
  Text1.SetFocus
End Sub
```

实时错误提示信息为"无效的过程调用或参数"。

原因:在 Form_Load 事件执行过程中,窗体还未显示,无法将焦点移到文本框中。

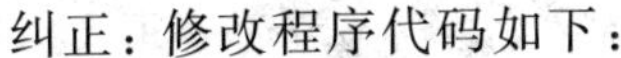

纠正：修改程序代码如下：

```
Private Sub Form_Activate()
    Text1.SetFocus
End Sub
```

(3) 在标签 Label1 上输出“欢迎光临”，表示为“Labe11. Caption = "欢迎光临"”，实时错误提示信息为“要求对象”。

原因：找不到相应的对象。标签的名称是 LabeL1，代码中错为 Labe11。

纠正：Label1. Caption = "欢迎光临"。

(4) 用水平滚动条 Hscroll1. Value 设置文本框内容的字号，错误表达如下。

```
Private Sub HScroll1_Change()
    Text1.FontSize = HScroll1.Value
End Sub
```

当滚动滑块移到最左端时，实时错误提示信息为“无效属性值”；当滚动滑块向右移动到一定的位置时，实时错误提示信息为“溢出”。

原因：在操作滚动条时，当滚动条的滑块到达最左端时，HScroll1. Value 的值为 0，由于字号不能小于等于 0，所以造成无效属性值错误；由于字号不能大于 2160，当滚动条的滑块向右移到一定的位置时，若 HScroll1. Value 值超出 2160 后，就会造成溢出错误。

纠正：设置 Hscroll1. Value 的 Min 和 Max 属性，保证滚动滑块在 1～2160 之间移动。

5.7.3　逻辑错误分析

逻辑错误是指运行时程序没有任何出错信息，但由于各种原因程序不能达到预期的运行结果。产生逻辑错误的原因比较复杂，要靠大量的编程练习积累纠错经验。

(1) 利用定时器控制标签的字体颜色以红蓝两色交替闪烁，错误表达如下：

```
Private Sub Form_Load()
    Timer1.Interval = 1000: Label1.ForeColor = vbRed
    Label1.Caption = "欢迎光临"
End Sub
Private Sub Timer1_Timer()
    If Label1.ForeColor = vbRed Then Label1.ForeColor = vbBlue
    If Label1.ForeColor = vbBlue Then Label1.ForeColor = vbRed
End Sub
```

现象：标签只以红色显示。

原因：在定时器的 Timer 事件过程中，两条语句是顺序执行的，在执行第一条语句时先将标签改为蓝色了，但紧接着执行的第二条语句立刻将标签又改为红色了。对于用户而言，在每个时间间隔看到的都是最终的红色。

纠正：正确使用选择结构，在标签颜色设置为红色或蓝色的语句中只执行一条。

```
Private Sub Timer1_Timer()
    If Label1.ForeColor = vbRed Then
        Label1.ForeColor = vbBlue
```

```
    Else
      Label1.ForeColor = vbRed
    End If
  End Sub
```

(2) 假设列表框 List1 中有"aaa"、"bbb"、"ccc"、"ddd"、"eee"5 个表项，要求单击 Command1 按钮后将前 3 项删除，错误表达如下：

```
  Private Sub Command1_Click()
    For i = 0 To 2
      List1.RemoveItem i
    Next i
  End Sub
```

现象：List1 中还有"bbb"和"ddd"2 个列表项。删除的 3 项不是前 3 项，而是删除了第 1 项、第 3 项和第 5 项。

原因：程序中 RemoveItem 方法的参数引用了循环控制变量，3 次删除操作分别取 0，1，2。由于列表框在删除了一个列表项后，列表项的索引会自动重新分配，如第一次删除了索引为 0 的"aaa"后，"bbb"的索引就自动变为 0，而索引为 1 的是"ccc"了，所以第二次删除操作删除了"ccc"而不是"bbb"。

纠正一：3 次都删除索引为 0 的列表项，就是删除原来的前 3 项。

```
  Private Sub Command1_Click()
    For i = 0 To 2
      List1.RemoveItem 0
    Next i
  End Sub
```

纠正二：如果要删除循环控制变量指定的索引值列表项就必须倒过来删除，这样删除才不会改变排列在已删除列表项前面的列表项的索引值。

```
  Private Sub Command1_Click()
    For i = 2 To 0 Step -1
      List1.RemoveItem i
    Next i
  End Sub
```

(3) 单击窗体后，在窗体上显示"欢迎光临"，错误表达如下：

```
  Private Sub Form_Load()
    Print "欢迎光临"
  End Sub
```

现象：单击窗体后没有任何显示。

原因：在代码窗口中选择 Form 对象后默认编写的事件是窗体的 Load 事件，很多编程人员往往不注意，就直接开始编写代码。而 Load 事件是窗体自动加载过程，并不响应单击事件。

纠正：将要执行的语句代码写在窗体的 Click 事件中。

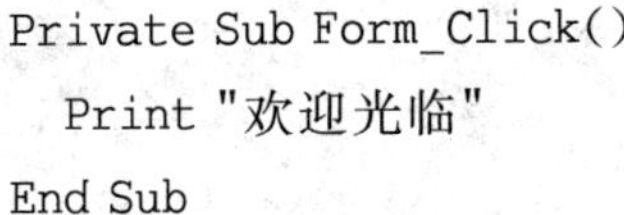

```
Private Sub Form_Click()
  Print "欢迎光临"
End Sub
```

5.8 小　结

本章介绍了 Visual Basic 中的 10 个常用控件：命令按钮(CommandButton)、标签(Label)、文本框(TextBox)、单选钮(OptionButton)、复选框(CheckBox)、框架(Frame)、列表框(ListBox)、组合框(Combo)、滚动条(HScrollBar、VScrollBar)、定时器(Timer)。介绍了这些控件的常用属性、常用方法和常用事件，并给出了这些控件的运用实例。本章还介绍了控件数组的建立方法，最后在本章中还对初学者在设计 Visual Basic 程序中经常出现的错误进行了分析。

设计命令按钮的目的是让用户在单击后来完成特定的操作，命令按钮的标题一般说明按钮的功能。命令按钮的功能是通过编写命令按钮的 Click 事件过程程序代码实现的。

设计标签的目的是为界面上其他没有 Caption 属性的控件做说明，如文本框、列表框等。此外，还可以利用标签作为输出控件，为用户提供程序运行时的提示信息。

文本框是应用程序与用户进行交互的控件。用户既可以在文本框内输入数据，也可以把文本框作为输出控件。TextBox 控件与 InputBox 函数不同的是：前者是通过程序窗体上建立的文本框输入数据，后者是打开一个输入对话框窗口后进行输入的。TextBox 控件与 Label 控件不同的是：前者在运行时可以编辑文本框的内容，后者不能直接编辑标签的内容，它们的共同点是都可以作为输出控件。

单选钮和复选框都是选项控件，它们分别提供了两种不同的选择的方式：多个复选框选项可以同时选中，而对于同处在一个容器中的多个单选钮只能选择其中的一个。

框架是一个容器控件，建立框架的目的除了可以实现单选钮的分组功能外，在界面设计时，常常将一些功能相近的控件置于同一个框架控件中，使得界面更加清晰。

列表框和组合框也是提供选项的控件。如果有较多的选项又不想占用较大的界面空间时，运用这两个控件最为合适。列表框控件可以支持复选，可同时选择多个选项；组合框控件可以支持直接输入选项内容，但不能多选。

滚动条提供了更直观、更方便的程序交互方式，通过设置滚动条的 Min 和 Max 属性，可以将滚动滑块控制在一定的范围内。通常是通过编写滚动条控件的 Change 事件过程和 Scroll 事件过程实现滚动条的交互操作。

程序中的有规律的、自动执行的过程可以利用定时器实现，如动画程序。定时器的惟一事件是 Timer 事件，按照所设置的 Interval 属性间隔定时响应。

在设计应用程序时，如果在同一界面上需要用到多个性质相同、用途相似的控件时，如计算器中的数字键，创建控件数组是较好的选择，会使得程序代码更简洁、更易维护。

只有多读范例，多上机调试程序，才能逐步提高自己的编程能力。同时，在上机时要多留意系统的提示，注意积累纠错经验。

习题五

一、判断题

1. 命令按钮不但能响应单击事件，而且还能响应双击事件。
2. 若命令按钮的 Default 属性为 True，任何时候按 Enter 键都相当于单击该命令按钮。
3. 标签控件和文本框控件都能用来输入和输出文本。
4. 虽然标签控件显示的文本在运行时不能编辑，但是可以通过程序代码进行改变。
5. SetFocus 方法是把焦点移到指定对象上，使对象获得焦点，该方法适用于所有控件。
6. 文本框控件常用事件有 Change 事件、KeyPress 事件等，此外它也支持鼠标的 Click 事件和 DblClick 事件。
7. 运行时，控件的位置可以通过程序代码改变 Left 和 Top 属性来定位，也可以直接用鼠标拖动控件来定位。
8. 要在文本框中输入 6 位密码并按回车键确认，则文本框的 MaxLength 属性可以设置为 6。
9. 要使输入文本框的字符始终显示“#”，则应修改其 PasswordChar 属性为“#”。
10. 在窗体上建立的控件的标题文字或显示内容的默认字体为窗体字体。
11. 单选钮控件和复选框控件都具有 Value 属性，它们的作用完全一样。
12. 单选钮能响应 Click 事件，但不能响应 KeyPress 事件。
13. 使用单选钮控件数组时，它们响应同一个 Click 事件，由 Index 参数值来区分不同的按钮。
14. 复选框不支持鼠标的双击事件，如果双击则系统会解释为两次单击事件。
15. 运用框架作为容器时，可先在窗体上画好框架，再往框架内添置控件；也可以先设计控件，再建立框架，然后将已有控件拖动到框架中。
16. 移动框架时框架内控件也跟随移动，因此框架内控件的 Left 和 Top 属性值也随之改变。
17. 当列表框 Style 属性设置为 1 时，复选框将显示在列表框中，支持多选，所以可以将 MultiSelect 属性值设置为 0、1、2 中任意一个值。
18. 当列表框中表项太多、超出了设计时的长度时，Visual Basic 会自动给列表框加上垂直滚动条。
19. 列表框和文本框一样均没有 Caption 属性，但都具有 Text 属性。
20. 从几十个项目中任选其中一项或多项时可选用列表框或组合框控件来实现。
21. 将组合框的 Style 属性设置为 0 时，组合框称为“下拉式组合框”，其选项可以从下拉列表框的列表项中选择，也可以由用户输入。
22. 可以通过合理设置组合框的 MultiSelect 属性使组合框支持简单复选或扩展复选。
23. 滚动条控件可作为用户输入数据的一种方法。
24. 用户可拖动滚动条的滚动滑块来改变滚动条的 Value 值，在移动滚动滑块时，发生 Change 事件。
25. 由于定时器控件在运行时是不可见的，因此在设置时可将其放在窗体的任何位置。

二、选择题

1. 标签控件的标题和文本框控件的显示文本的对齐方式由________属性来决定。
   A. WordWrap　B. AutoSize　C. Alignment　D. Style
2. 将命令按钮 Command1 设置为窗体的取消按钮，可修改该控件的________属性。
   A. Enabled　B. Value　C. Default　D. Cancel
3. 下列________属性用来表示标签或窗体的标题。
   A. Text　B. Caption　C. Left　D. Name
4. 将焦点主动设置到指定的控件或窗体上，应采用________方法。
   A. SetDate　B. SetFocus　C. SetText　D. GetGata
5. 按 Tab 键时，焦点在各个控件之间移动的顺序是由________属性来决定的。
   A. Index　B. TabIndex　C. TabStop　D. SetFocus
6. 下列________属性用来表示各对象（控件）的位置。
   A. Text　B. Caption　C. Left　D. Name
7. 当文本框的________属性设置为 True 时，在运行时文本框不能编辑。
   A. Enabled　B. Locked　C. Visible　D. MultiLine
8. 要使文本框显示滚动条，除了设置 ScrollBars 属性外，还必须设置________属性。
   A. AutoSize　B. MultiLine　C. Alignment　D. Visible
9. 文本框控件 Text4 的 Text 属性默认值为________。
   A. Text4　B. "Text4"　C. Locked　D. Name
10. 文本框中选定的内容，由下列________属性来反映。
    A. SelText　B. SelLength　C. Text　D. Caption
11. 选中复选框控件时，Value 属性的值为________。
    A. True　B. False　C. 0　D. 1
12. 要使复选框控件不响应 Click 事件，可设置复选框的________属性。
    A. Appearance　B. Style　C. Enabled　D. TabIndex
13. 若要在同一窗体中安排两组单选钮，可用________控件予以分隔。
    A. 文本框　B. 框架　C. 列表框　D. 组合框
14. 列表框的________属性返回或设置列表框中各列表项的文本。
    A. Selected　B. List　C. Text　D. Caption
15. List1. Clear 中的 Clear 是________。
    A. 方法　B. 对象　C. 属性　D. 事件
16. 以下________语句将删除列表框 List1 中的最后一项。
    A. List1. RemoveItem List1. ListCount
    B. List1. Clear
    C. List1. List(List1. ListCount－1)＝ ""
    D. List1. RemoveItem List1. ListCount－1
17. 若要把"XXX"添加到列表框 List1 中的第三项，则可执行语句________。
    A. List1. AddItem "XXX"，3　B. List1. AddItem "XXX"，2
    C、List1. AddItem 3，"XXX"　D. List1. AddItem 2，"XXX"

18. 滚动条的________属性用于指定用户单击滚动条的滚动箭头时 Value 属性值的改变量。

A. LargeChange　　B. SmallChange

C. Value　　D. Change

19. 单击滚动条两端的任意一个滚动箭头，将触发该滚动条的________事件。

A. KeyDown　B. Change　C. Scroll　D. Click

20. 设计动画时通常用定时器控件________属性来控制动画速度。

A. Interval　B. Timer　C. Move　D. Enabled

三、填空题

1. 控件的 Top 属性是指控件的________(上/下)边至窗体标题栏________(上/下)边的距离；Left 属性是指控件________(左/右)边到窗体________(左/右)边的距离。

2. 窗体的位置、大小属性值的度量单位为________，与窗体坐标刻度________(有关/无关)。

3. 如果字符“Y”是某个命令按钮的访问键，在设计时，设置命令按钮的 Caption 属性时要在其中字符“Y”前输入________；运行时，可以通过按________键执行单击操作。

4. 运行时，若需要命令按钮为灰色，即不被激活，在设计时可以通过________属性来实现。

5. 文本框中输入的字符数需加以限定时，用的是文本框的________属性。

6. 把焦点移到文本框 Text1 中的语句为________。

7. ________属性决定文本框是否可以接受多行文本。

8. 要让控件隐藏起来，处于不可见状态，可修改其________属性。

9. 要使输入文本框的字符靠右对齐，可修改文本框的________属性。

10. 要使标签框的大小随 Caption 属性做自动调整，应修改其________属性。

11. 对象的标题文字的颜色是由________属性决定的。

12. 运行时单击复选框，将使复选框的 Value 值取________。

13. 运行时单击单选钮，将使单选钮的 Value 值取________。

14. 要使复选框或单选钮的标题文字在控件的左侧，应设置 Alignment 属性为________。

15. ________方法用来向列表框中加入列表项。

16. 当列表框的 MultiSelect 属性值为________时，列表项可以实现复选。

17. 语句________将清空列表框 List1 中所有列表项。

18. 组合框具有________和________两种控件的基本功能。

19. 组合框 Style 属性为 0、1 和 2 时决定的组合框样式分别是________、________和________。

20. 拖动滚动条的滚动滑块时仅发生________事件。

21. 滚动条的滚动滑块的位置由________属性决定的。

22. 执行语句“HScroll1. Value = HScroll1. Value + 100”时，发生________事件。

23. 定时器的 Interval 属性值为 0 时，表示________。

24. 定时器控件只能响应________事件。

25. 定时器的 Interval 属性值不得大于________。

四、程序阅读题

程序 1. 请写出在 Text1、Text2、Text3 中依次输入 3、4、5 后，单击窗体时 Label1 的显示结果。

```
Private Sub Form_Click()
  Dim a As Single, b As Single, c As Single
  a = Text1.Text: b = Text2.Text: c = Text3.Text
  Label1.Caption = Str(a * a + 2 * b * b + 3 * c * c)
End Sub
```

程序 2. 写出在文本框 Text1、Text2 中输入 96、40 后单击 Command1 时窗体上的显示结果。

```
Private Sub Command1_Click()
  Dim a As Long, b As Long, r As Long
  a = Text1.Text
  b = Text2.Text
  Do While b <> 0
    r = a Mod b: a = b: b = r
  Loop
  Print a
End Sub
```

程序 3. 文本框和标签中原来没有内容，请在文本框 Text1 中输入“12345”(不包括“”)并按下回车键后，标签控件 Label1 上的显示结果。

```
Private Sub Form_Click()
  Dim a As Single, b As Single, c As Single
  a = Text1.Text: b = Text2.Text: c = Text3.Text
  Label1.Caption = Str(a * a + 2 * b * b + 3 * c * c)
End Sub
```

程序 4. 写出程序运行时，单击 Option1(2) 后，窗体上的显示结果。

```
Private Sub Form_Load()
  Option1(0).Value = False: Option1(1).Value = False
  Option1(2).Value = False
End Sub
Private Sub Option1_Click(Index As Integer)
  Select Case Index
    Case 0
     Check1(0).Value = 1: Check1(1).Value = 0
    Case 1
      Check1(0).Value = 0: Check1(1).Value = 1
    Case 2
      Check1(0).Value = 1: Check1(1).Value = 1
  End Select
  If Check1(0).Value = 1 Then Print "您好"
  If Check1(1).Value = 1 Then Print "欢迎使用Visual Basic!"
End Sub
```

程序 5. 写出程序运行时，在组合框 Combo1 中输入“香蕉”(不包括“”)并按下回车键后，列表框 List1 中的所有列表项。

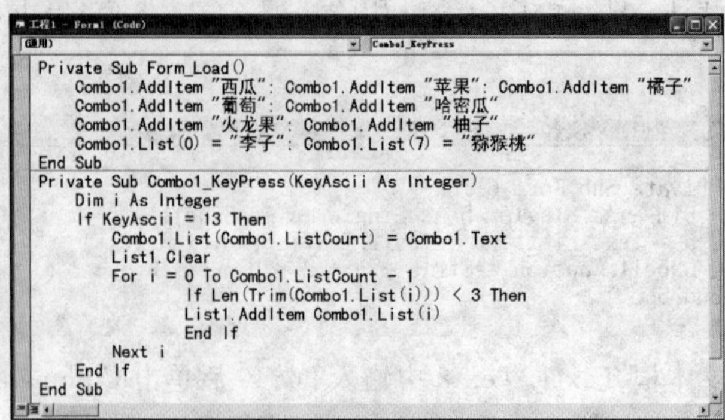

```
Private Sub Form_Load()
    Combo1.AddItem "西瓜": Combo1.AddItem "苹果": Combo1.AddItem "橘子"
    Combo1.AddItem "葡萄": Combo1.AddItem "哈密瓜"
    Combo1.AddItem "火龙果": Combo1.AddItem "柚子"
    Combo1.List(0) = "李子": Combo1.List(7) = "猕猴桃"
End Sub
Private Sub Combo1_KeyPress(KeyAscii As Integer)
    Dim i As Integer
    If KeyAscii = 13 Then
        Combo1.List(Combo1.ListCount) = Combo1.Text
        List1.Clear
        For i = 0 To Combo1.ListCount - 1
                If Len(Trim(Combo1.List(i))) < 3 Then
                List1.AddItem Combo1.List(i)
                End If
        Next i
    End If
End Sub
```

程序 6. 写出连续 3 次单击水平滚动条 HScroll1 右端箭头后，窗体上显示的结果。

```
Private Sub Form_Load()
  HScroll1.Min = 1:  HScroll1.Max = 10
  HScroll1.SmallChange = 1: HScroll1.LargeChange = 2
  HScroll1.Value = 5
End Sub
Private Sub HScroll1_Change()
  Static y As Integer
  If HScroll1.Value Mod 2 = 0 Then
    y = y + HScroll1.Value
    Print "y="; y
  End If
End Sub
```

程序 7. 写出程序运行后窗体上显示的结果。

```
Dim x As Integer
Private Sub Form_Load()
  Timer1.Interval = 1000: Timer1.Enabled = True
End Sub
Private Sub Timer1_Timer()
  Call sub1(x): x = x + 1
  If x >= 5 Then Timer1.Enabled = False
End Sub
Public Sub sub1(n As Integer)
  n = n + 1
  Print "n="; n
End Sub
```

五、程序填空题

1. 程序说明：窗体上已建立命令按钮 Command1（开始）、Command2（结束）和文本框 Text1，Text1 中输入字符个数不得超过 100 个。开始运行时“结束”不能响应；按“开始”后，将文本框中的字符按其 ASCII 码值由小到大顺序从左到右重新排列，并在窗体上输出重新排列后的字符串，同时“结束”能响应，“开始”不能响应。

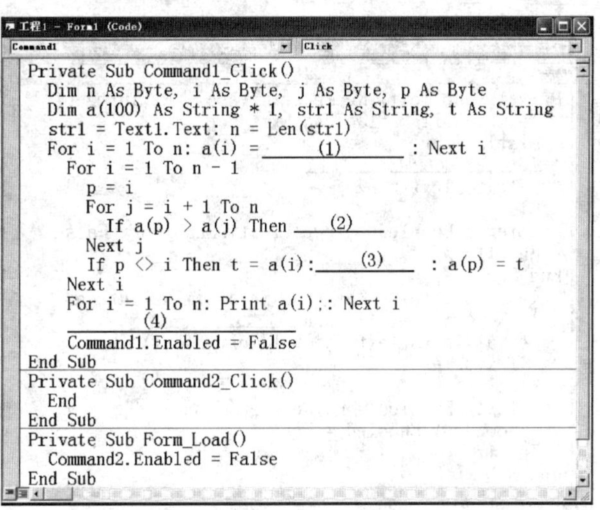

```
Private Sub Command1_Click()
  Dim n As Byte, i As Byte, j As Byte, p As Byte
  Dim a(100) As String * 1, str1 As String, t As String
  str1 = Text1.Text: n = Len(str1)
  For i = 1 To n: a(i) = ____(1)____ : Next i
    For i = 1 To n - 1
      p = i
      For j = i + 1 To n
        If a(p) > a(j) Then ____(2)____
      Next j
      If p <> i Then t = a(i): ____(3)____ : a(p) = t
    Next i
    For i = 1 To n: Print a(i);: Next i
    ____(4)____
    Command1.Enabled = False
End Sub
Private Sub Command2_Click()
  End
End Sub
Private Sub Form_Load()
  Command2.Enabled = False
End Sub
```

2. 程序说明：窗体上有两个命令按钮：Command1（显示）和 Command2（退出）。下列程序运行时“显示”能响应，“退出”不能响应；单击“显示”后窗体上显示一个用字符“＊”组成的 5 层的金字塔，同时“显示”按钮不能响应，“退出”按钮能响应。

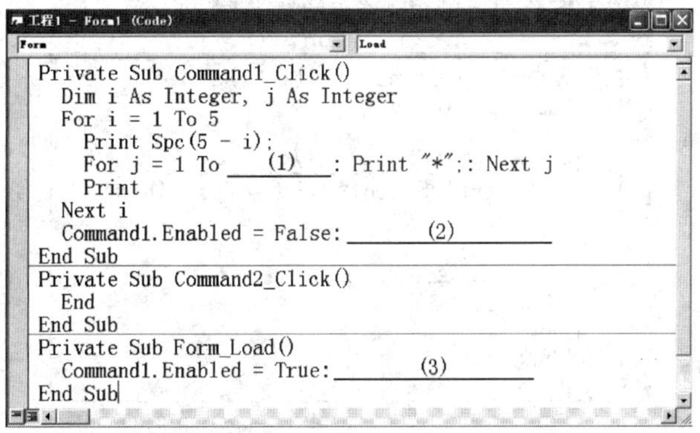

```
Private Sub Command1_Click()
  Dim i As Integer, j As Integer
  For i = 1 To 5
    Print Spc(5 - i);
    For j = 1 To ____(1)____ : Print "*";: Next j
    Print
  Next i
  Command1.Enabled = False: ____(2)____
End Sub
Private Sub Command2_Click()
  End
End Sub
Private Sub Form_Load()
  Command1.Enabled = True: ____(3)____
End Sub
```

3. 程序说明：下列程序能在一定范围内找出所有素数，要求：Text1、Text2 用来输入查找的范围，且只能在 Text1（必须大于 1）输入结束后才能在 Text2（必须大于 Text1 中的数）中输入，按回车键表示输入结束；在 Text2 输入结束后，才能单击 Command1（确定）命令按钮，并将该范围内的所有素数加入到列表框控件 List1。

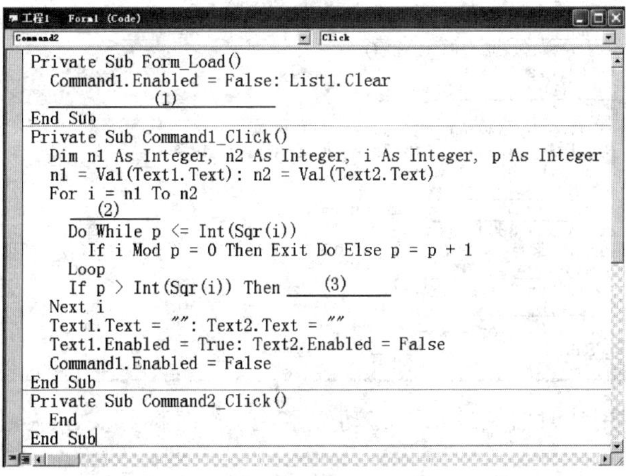

```
Private Sub Form_Load()
  Command1.Enabled = False: List1.Clear
  ____(1)____
End Sub
Private Sub Command1_Click()
  Dim n1 As Integer, n2 As Integer, i As Integer, p As Integer
  n1 = Val(Text1.Text): n2 = Val(Text2.Text)
  For i = n1 To n2
    ____(2)____
    Do While p <= Int(Sqr(i))
      If i Mod p = 0 Then Exit Do Else p = p + 1
    Loop
    If p > Int(Sqr(i)) Then ____(3)____
  Next i
  Text1.Text = "": Text2.Text = ""
  Text1.Enabled = True: Text2.Enabled = False
  Command1.Enabled = False
End Sub
Private Sub Command2_Click()
  End
End Sub
```

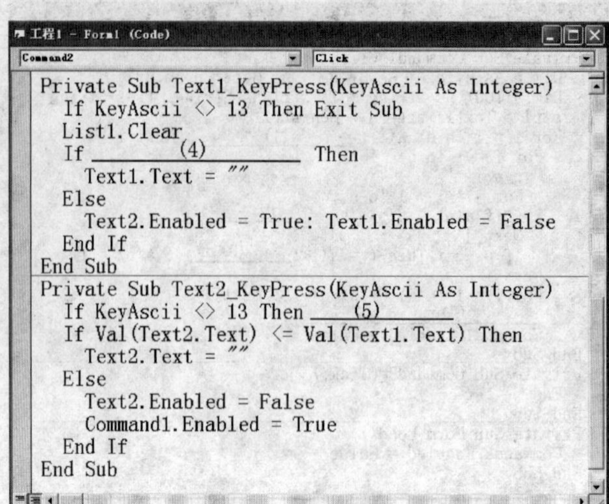

```
Private Sub Text1_KeyPress(KeyAscii As Integer)
  If KeyAscii <> 13 Then Exit Sub
  List1.Clear
  If ______(4)______ Then
    Text1.Text = ""
  Else
    Text2.Enabled = True: Text1.Enabled = False
  End If
End Sub
Private Sub Text2_KeyPress(KeyAscii As Integer)
  If KeyAscii <> 13 Then ____(5)____
  If Val(Text2.Text) <= Val(Text1.Text) Then
    Text2.Text = ""
  Else
    Text2.Enabled = False
    Command1.Enabled = True
  End If
End Sub
```

4. 程序说明：以下程序可以将列表框(其 MultiSelect 属性值为 1)中同时选中的多个列表项删除，请将程序补充完整。

```
Private Sub Command1_Click()
  Dim i As Integer
  i = 0
  Do While i < ____(1)____
    If List1.Selected(i) = True Then
    ______(2)______
    Else
    ____(3)____
    End If
  Loop
End Sub
```

5. 程序说明：运行时单击“开始”(Command1)后秒表开始计时，并以标签显示总秒数；单击“结束”(Command2)后计时结束，在窗体上显示运行时间(折算成小时、分钟和秒数)。

```
Dim x As Long
Private Sub Form_Load()
  Timer1.Interval = 1000: Timer1.Enabled = False
End Sub
Private Sub Command1_Click()
  Form1.Cls:   x = 0
  ____(1)____
End Sub
Private Sub Command2_Click()
  Dim h As Integer, m As Integer, s As Integer
  Timer1.Enabled = False
  h = ____(2)____
  m = ____(3)____
  s = x Mod 3600 Mod 60
  Print "运行了" + Str(h) + "小时" + Str(m) + "分" + Str(s) + "秒"
End Sub
Private Sub Timer1_Timer()
  ____(4)____
  Label1.Caption = x
End Sub
```

6. 程序说明：利用计时器控件水平移动文字：运行时标签文字从窗体自左向右移动，其左边线超出窗体时,从窗体左边进入窗体(尾部先进入);文字移动时颜色不断产生随机变化。

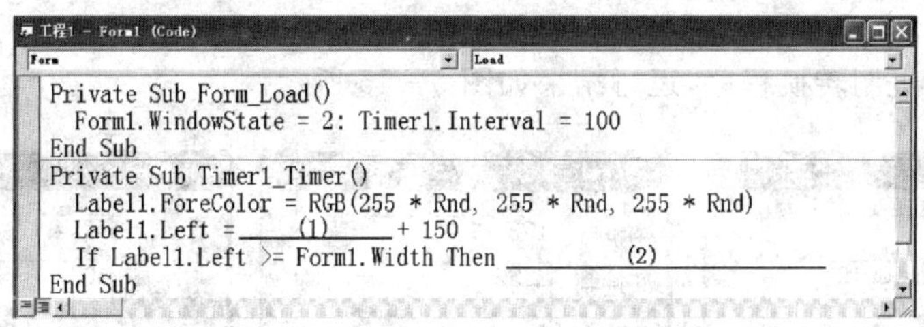

```
Private Sub Form_Load()
  Form1.WindowState = 2: Timer1.Interval = 100
End Sub
Private Sub Timer1_Timer()
  Label1.ForeColor = RGB(255 * Rnd, 255 * Rnd, 255 * Rnd)
  Label1.Left = ____(1)____ + 150
  If Label1.Left >= Form1.Width Then ________(2)________
End Sub
```

六、程序设计题

1. 在窗体上创建两个命令按钮 Command1(显示)和"Command2"(退出)。要求在运行时,单击"显示"按钮后窗体上显示"欢迎使用 Visual Basic!",同时标题改为"清除",再单击"清除"按钮后,将窗体上显示的内容清除并将标题变回"显示"。单击"退出"按钮后结束程序运行。程序运行结果如图 5-40 所示。

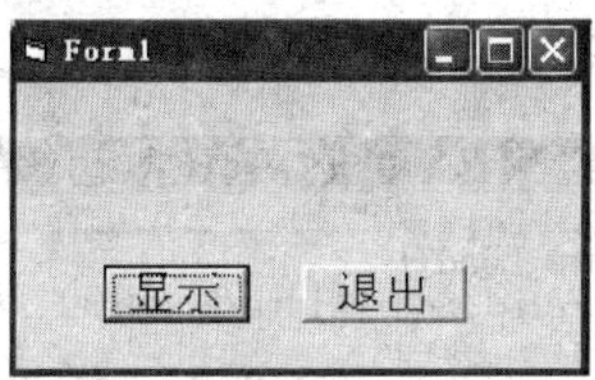

图 5-40 程序设计 1 的界面设计和运行结果显示

2. 在窗体上创建一个文本框和一个标签,要求文本框只接受英文字母,并且在键入英文字母的同时在标签上显示该字母的 ASCII 码。程序运行结果如图 5-41 所示。

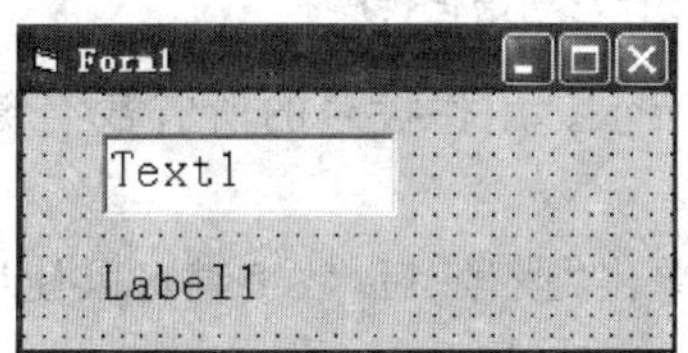

图 5-41 程序设计 2 的界面设计和运行结果显示

3. 设计一个密码检验程序。运行时初态如图 5-42 所示。文本框内输入任何字符都显示星号,如图 5-43 所示,按回车键后进行密码检验(假设密码为"abcde"),若密码不正确,则以消息框提示,并突出显示文本框中全部内容,将焦点置于文本框内以便重新输入;若密码正确,则激活命令按钮。单击"进入"后窗体显示"欢迎光临!",如图 5-44 所示。

图 5-42 运行时初态

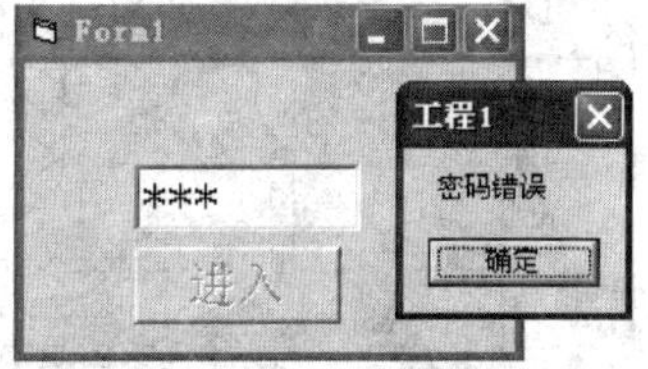

图 5-43 密码输入错误

图 5-44 密码输入正确

4. 设计一个猜数游戏。创建命令按钮(开始)和文本框。单击"开始"则生成一个 1～

100 间的随机整数;在文本框中输入猜数,按下回车键后程序判断是否猜对该随机整数并给出相应的提示。统计并显示猜对该数的次数。

5. 设计一个进制转换程序,运行结果如图 5-45 所示。

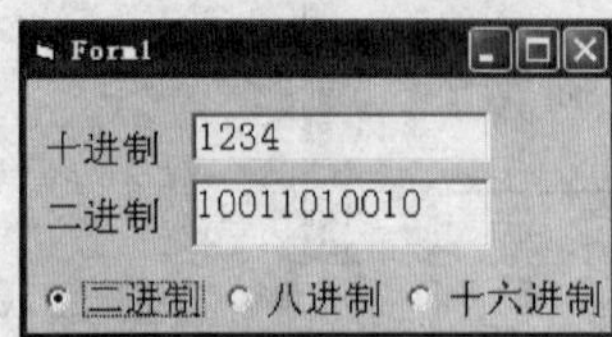

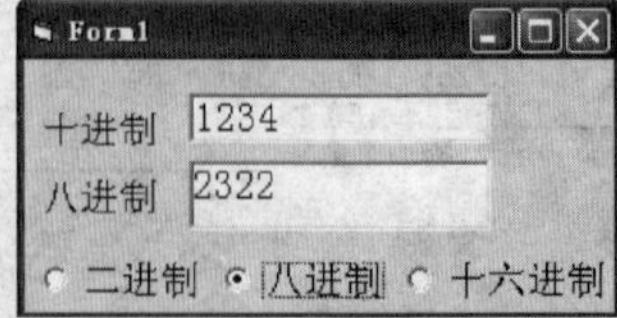

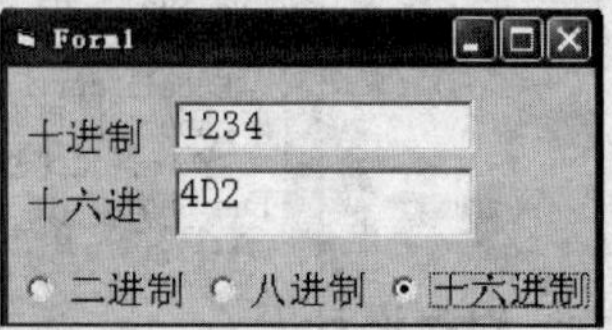

图 5-45 运行时的界面显示

6. 设计一个字幕推出程序,创建标签用来显示字幕,创建滚动条用来控制字幕推出速度,创建定时器控制字幕的推出。标签字号在定时器控制下每个时间间隔放大 2 磅,保持标签在窗体水平居中显示,当标签字号超过 72 磅时 Timer 事件停止响应。界面设计如图 5-46所示。

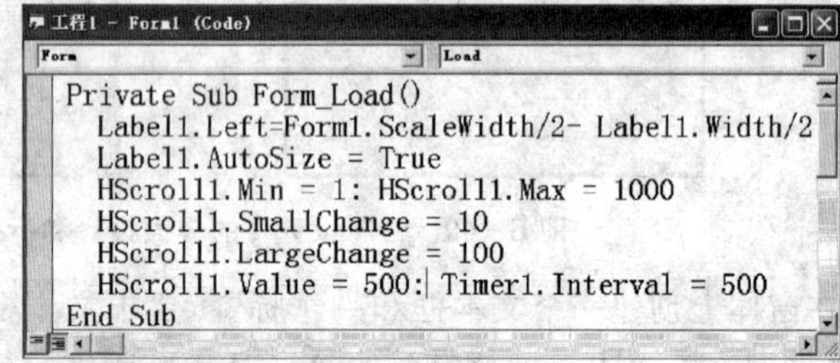

图 5-46 字幕程序界面设计与初始化代码

7. 设计一个拨号程序,界面设计如图 5-47 所示。用作拨号的所有数字键同属一个命令按钮控件数组,拨号结果显示在标签中。

(1) 程序刚开始运行时,所有数字键不可用,单击"拨号"后,数字键可以使用。

(2) 按"取消",清空文本框中的文本。

(3) 按"重拨",激活定时器将此前拨号内容逐一显示,当文本框中显示全部数字后终止。

(4) 按"删除",删除当前拨号的最后一位数字(文本框中最右边一位数字)。

(5) 按"退出",结束程序。

图 5-47 拨号程序界面设计

第6章 图形控件和图形方法

Visual Basic 6.0 具有丰富的图形图像处理能力，它提供了一系列基本的图形函数、语句和方法，支持直接在窗体或控件上产生图形、图像并对之加以处理。本章将介绍 Visual Basic 所提供的图形控件和图形方法。

6.1 图形控件

Visual Basic 的图形控件，主要有图片框控件和影像框控件，可以用于显示图像。此外，用图形方法还可以在图片框上输出图形或文字，以及对图片框中的图片逐点进行处理。

6.1.1 图片框控件

工具箱中图片框控件的图标为。控件名称的缺省值为：Picture1、Picture2……微软建议名称前缀为 pic。

图片框控件可以作为其他对象的容器，可以显示图片、图形方法绘制的图形以及用 Print 方法输出的文本。

1. 图片框控件的常用属性

(1) Picture 属性。图片框控件的 Picture 属性返回或设置图片框中的图片，为其加载图像有下列两种方式：

① 设计时选取。界面设计时，在其属性窗口中点击“Picture”属性，随之弹出“加载图片”对话框，选择所要显示的图片文件后，相应的图片被加载到图片框中。

② 运行时装入。程序运行时，可用 LoadPicture 函数装入图片到图片框控件中。

格式：**图片框控件名. Picture = LoadPicture(filename)**

其中，参数 filename 是一个字符串表达式，是图形文件名，如在控件 Pic1 加载图片文件 e：\computer. bmp，则执行语句“Pic1. Picture=LoadPicture("e：\computer. bmp")”。

加载空文件可清除图片框中原有图片，如执行语句“Pic1. Picture = LoadPicture("")”。

如果图片框控件 Pic1 已经用以上方法加载了图片，可以通过赋值语句复制同样图片到图片框控件 Pic2，赋值语句为“Pic2. Picture = Pic1. Picture”。

加载到图片框控件的图片文件可以是位图(. bmp、. dib、. cur)文件、图标(. ico)文件、图元(. wmf)文件、增强型图元(. emf)文件，也可以是来自 Windows 各种绘图程序的文件。

(2) AutoSize 属性。该属性值为 True 时，图片框边界会随所装入图片的大小变化而变化，可能导致窗体上的其他控件被覆盖，所以应慎用，以免影响窗体界面的完整性。

(3) Align 属性。该属性值为 0，图片框在原位置(默认位置)。若分别为 1、2、3、4，则图片框分别贴紧到窗体上、下、左、右边。图 6－1 所示图片框控件的 Align 属性分别为 1、2。

图 6－1　设置两个图片框的 Align 属性分别为 1、2

例 6－1　图片的加载和复制。

(1) 界面设计如图 6－2 所示。为 Picture1 加载图片的操作步骤是：选中 Picture1；在属性窗口中选择 Picture 属性；在弹出的"加载图片"中选择一个图像文件。

图 6－2　例 6－1 之界面设计

(2) 过程代码如下：

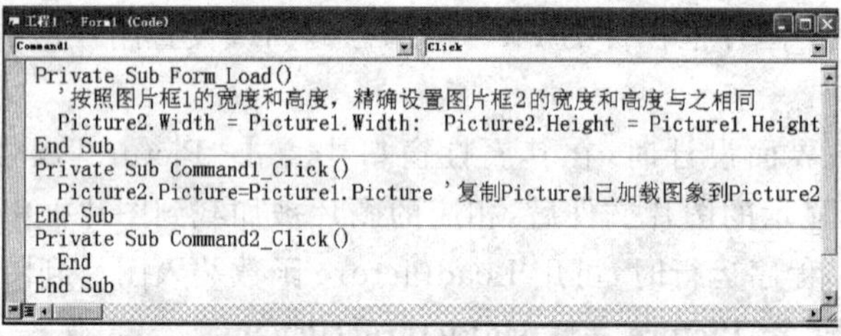

```
Private Sub Form_Load()
  '按照图片框1的宽度和高度，精确设置图片框2的宽度和高度与之相同
  Picture2.Width = Picture1.Width:  Picture2.Height = Picture1.Height
End Sub
Private Sub Command1_Click()
  Picture2.Picture=Picture1.Picture '复制Picture1已加载图象到Picture2
End Sub
Private Sub Command2_Click()
  End
End Sub
```

当程序运行时，单击"复制"按钮，则将 Picture1 中的图片复制到 Picture2 上，显示结果如图 6－3 所示；单击"结束"按钮，则程序结束。

图 6－3　例 6－1 程序的运行结果

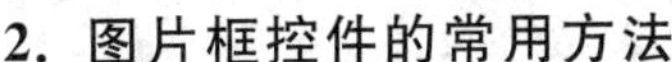

2. 图片框控件的常用方法

(1) Print 方法。

格式：**图片框控件名称. Print 输出表**

功能：在图片框控件的当前输出位置输出由“输出表”确定的文本。

如执行“Picture1. Print "图片框"”，则在图片框 Picture1 上当前输出位置，显示“图片框”这 3 个字。

(2) Cls 方法。

格式：**图片框控件名称. Cls**

功能：清除图片框上除了所装入的图片外的其他所有文字、图形。

再次提请读者注意，使用控件方法(包括改变属性)时，语句中省略控件名称则是指窗体。

图片框控件还可以用 Circle、Line、Pset、Point 等图形方法，在图片框上画出图形(详见 6.3 节)。还可以响应 Change、Click、MouseDown、MouseUp、MouseMove 等常用事件。读者可以根据程序设计的要求编写相应的事件过程。

3. 图片框控件的常用事件过程

(1) MouseDawn 鼠标在图片框控件 Picture1 上按下时，该事件过程响应。

在 MouseDawn 过程中：参数 Button 为 1 是鼠标左键被按下，为 2 则是鼠标右键被按下；参数 x、y 为鼠标按下处的坐标值。

下列事件过程 Picture1_MouseDawn 显示鼠标在控件 Picture1 上按下处的坐标值。

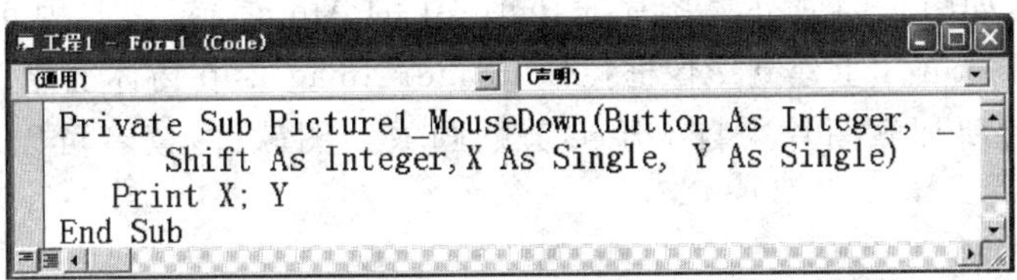

```
工程1 - Form1 (Code)
(通用)                    (声明)
Private Sub Picture1_MouseDown(Button As Integer, _
      Shift As Integer, X As Single, Y As Single)
   Print X; Y
End Sub
```

(2) MouseDawn 鼠标在图片框控件 Picture1 上抬起时，该事件过程响应。

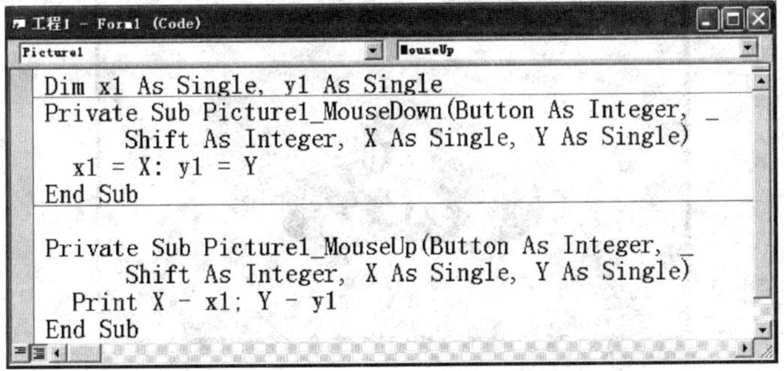

```
工程1 - Form1 (Code)
Picture1                  MouseUp
Dim x1 As Single, y1 As Single
Private Sub Picture1_MouseDown(Button As Integer, _
      Shift As Integer, X As Single, Y As Single)
  x1 = X: y1 = Y
End Sub

Private Sub Picture1_MouseUp(Button As Integer, _
      Shift As Integer, X As Single, Y As Single)
  Print X - x1; Y - y1
End Sub
```

以上代码中，在图片框上按下鼠标后当前坐标值被记录在模块级变量 x1、y1 中。拖动鼠标后松开鼠标时，MouseUp 事件响应，显示鼠标按下处和抬起处的坐标差。

下面介绍的 Image、Line 和 Shape 控件是轻量图形控件，它们只支持图片框控件属性、方法和事件的一个子集，因此在使用时需要较少的系统资源而且加载速度比图片框控件更快。

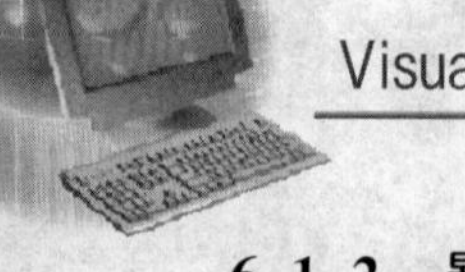

6.1.2 影像框控件

工具箱中影像框控件的图标为▣。控件名称的缺省值为：Image1、Image2……微软建议名称前缀为 img。

影像框控件只能用于显示图像，不支持图形方法，也不能当做容器来使用。

1. 影像框控件常用属性

(1) Picture 属性。与图片框控件的 Picture 属性一样，可以在设计时设置，也可以在程序运行时用 LoadPicture 函数装入。

(2) Stretch 属性。当影像框控件 Stretch 属性为 False(缺省值)时，控件的大小随所加载图片的大小自动调整(与图片框控件 AutoSize 属性设置为 True 的效果相似)；当影像框控件 Stretch 属性为 True 时，将根据控件的大小来自动调整图片的大小，如控件大小设置不当，可能会使所加载图片变形，影响图像的真实显示。

请注意影像框控件的 Stretch 属性与图片框控件 AutoSize 属性的区别。

2. 影像框控件常用事件

影像框控件与图片框控件可以响应的事件过程大体相同，如 Change、Click、MouseDown、MouseUp、MouseMove 等常用事件。读者可以根据程序设计的要求，编写相应的事件过程。

Image 控件可接受 Click 等事件，因此可以充当图形命令按钮。

例 6-2 Image 控件用作图形命令按钮。

(1) 界面设计如图 6-4 所示。图片框 Picture1 的 Align 设置为 1，因此图片框紧贴窗体上方标题栏。在 Picture1 上建立影像框控件 Image1、Image2，在窗体上建立 Image3。

各影像框控件所加载图片来自 Office 剪贴画或绘图软件，读者可以用其他图片文件替代。

图 6-4 例 6-2之界面设计

(2) 过程代码如下：

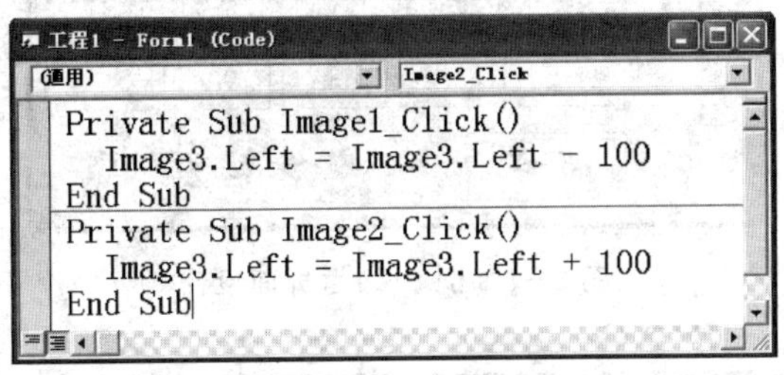

```
Private Sub Image1_Click()
  Image3.Left = Image3.Left - 100
End Sub
Private Sub Image2_Click()
  Image3.Left = Image3.Left + 100
End Sub
```

运行时，单击 Image1 则 Image3 左移，单击 Image2 则 Image3 右移。

6.1.3 形状控件

工具箱中形状控件图标为[图标]。缺省控件名称为 Shape1、Shape2……微软建议名称前缀为 shp。

1. 形状控件常用属性

(1) Shape 属性。形状控件用于创建指定图形，图形形状由控件的 Shape 属性确定。Shape 属性为整数值，取值及含义如下：

0 矩形　1 正方形　2 椭圆形　3 圆形　4 圆角矩形　5 圆角正方形

为帮助我们记忆，Visual Basic 控件属性还提供了用 1 串英文字符表示 1 个整数的符号常量。与 0、1、2、3、4、5 等值的符号常量分别为 VbShapeRectangle、VbShapeSquare、VbShapeOval、VbShapeCircle、VbShapeRoundedRectangle、VbShapeRoundedSquare。

譬如，执行语句“Shape1. Shape = 3”与“Shape1. Shape = VbShapeCircle”的作用是一样的，都使该形状控件显示为圆形：

(2) BorderStyle 属性。该属性定义图形边框样式，取值及含义如下。

0 透明，即无边框	1 实线，为缺省值	2 长虚线
3 虚线	4 点画线	5 双点画线

(3) FillStyle 属性。该属性用于指定图形的填充样式，取值及含义如下。

0 实心填充	1 透明，为缺省值	2 水平线填充
3 垂直线填充	4 斜线填充	5 反斜线填充
6 网格填充	7 倾斜网格填充	

(4) 其他常用属性。使用 BorderColor 属性，可设置形状控件边框颜色；使用 FillColor 属性，可设置形状控件填充色；使用 BorderWidth 属性，可以设置形状控件边框宽度。可以在界面设计时，通过对形状控件有关属性的设置直接得到相应的图形，也可以在程序中改变形状控件的有关属性来获得所需要的图形。

2. 形状控件应用示例

例 6-3 形状控件示例。

(1) 界面设计如图 6-5 所示，其中 6 个形状控件组成控件数组 Shape1。

运行时为各形状控件的 Shape 属性依次赋值 0～5，观察与属性值所对应的不同形状。

(2) 过程代码如下：

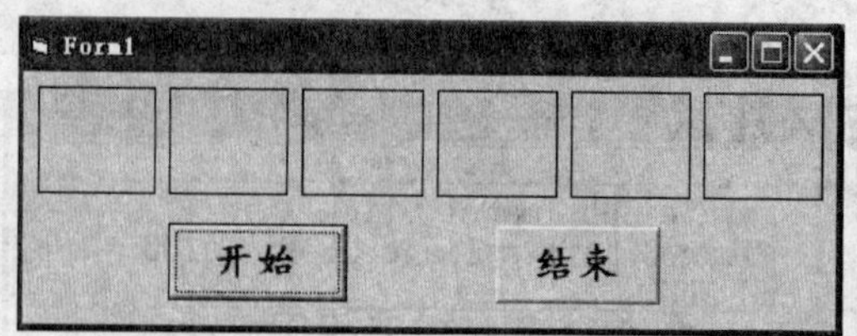

图 6-5　例 6-3 之界面设计

```
Private Sub Command1_Click()
  Dim i As Byte
  For i = 0 To 5
    Shape1(i).Shape = i                '使控件显示不同的形状
    Shape1(i).FillStyle = i            '使控件显示不同的填充样式
    Shape1(i).BorderWidth = i + 1      '使控件边线为不同宽度
  Next i
End Sub
```

程序运行时，各控件形状图 6-6 所示，各形状控件 Shape 属性依次为 0～5。

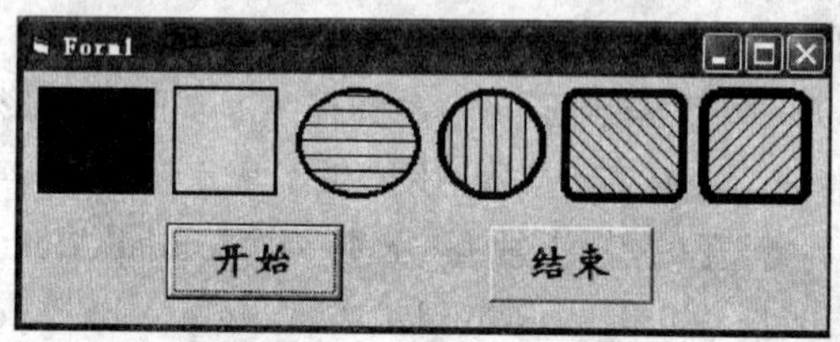

图 6-6　例 6-3 之运行结果

6.1.4　直线控件

工具箱中直线控件的图标为 。直线控件缺省的控件名称为：Line1、Line2……微软建议名称前缀为 lin。

设计时可以通过鼠标操作调整线段的位置、长短和颜色等属性，运行时可以通过改变直线的端点坐标属性“x1，y1、x2、y2”来移动它或调整它的长短。

同形状控件的边框样式属性一样，Line 控件通过对 BorderStyle 属性的设置定义该控件所显示的直线的线形，不同取值表示不同的线形。其取值及含义如下：

0　透明　　1　实线　　2　长虚线　　3　虚线　　4　点画线　　5　双点画线

与 BorderStyle 属性值 0、1、2、3、4、5 等值的符号常量，分别为 Transparent、Solid、Dash、Dot、Dach－Dot、Dach－Dot－Dot。

例 6-4　观察直线控件的 BorderStyle 属性。

(1) 界面设计如图 6-7 所示。图中由 6 个直线控件组成了控件数组 Line1，6 个标签控件组成了控件数组 Label1（其 Caption 属性说明对应直线控件的 BorderStyle 属性值）。

(2) 运行时单击窗体为各直线控件的 BorderStyle 属性依次赋值 0～5，并修改对应标签控件的标题，观察与属性值所对应的不同线形。

过程代码如下：

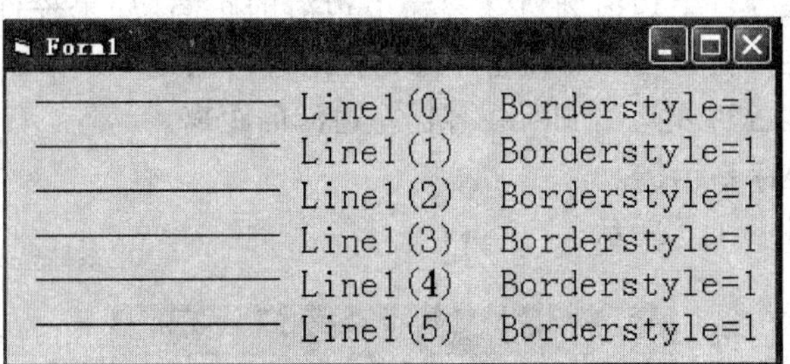

图 6-7　例 6-4 之界面设计

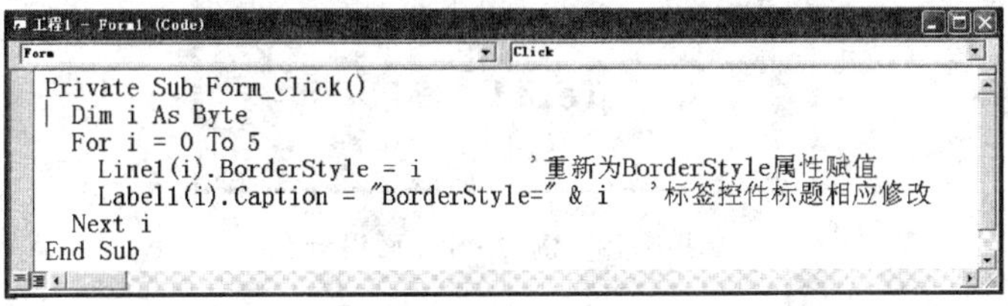

```
Private Sub Form_Click()
  Dim i As Byte
  For i = 0 To 5
    Line1(i).BorderStyle = i          '重新为BorderStyle属性赋值
    Label1(i).Caption = "BorderStyle=" & i    '标签控件标题相应修改
  Next i
End Sub
```

运行时，执行过程 Form_Click 后的运行结果如图 6-8 所示。

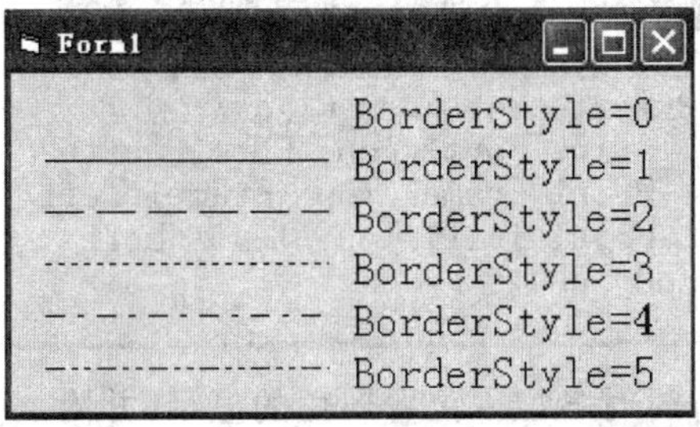

图 6-8　例 6-4 程序的运行结果

6.2　Visual Basic 坐标系

坐标系是绘图的基础，在分析 Visual Basic 坐标系时需要先理解容器这一概念。可将其他控件置于其中的屏幕、窗体、框架和图片框控件，都称为容器。如窗体放在屏幕(Screen)上，屏幕是窗体的容器。又如在窗体上可添加框架(Frame)等控件，窗体是框架的容器；在框架中可设置单选按钮等控件，那么框架又成为这些控件的容器。若移动容器中的控件，移出容器的部分不可见；若移动容器，容器内的控件随之移动且与容器的相对位置保持不变。

6.2.1　容器坐标系

Visual Basic 容器坐标系的缺省设置是：坐标原点在容器左上角；X 轴向右、Y 轴向下延伸；单位长度是“缇”(1 缇≈0.01764 毫米)。

1. 控件位置属性

控件在容器中的位置属性包括 Top 属性和 Left 属性。

(1) Top 属性,指控件上边沿到所在容器上边沿的距离(如果控件的容器为窗体,则控件的 Top 属性值为控件上边沿到所在窗体标题栏下边沿的距离)。

(2) Left 属性,指控件左边沿到所在容器左边沿的距离。

例 6-5　容器坐标系示例。

(1) 界面设计如图 6-9 所示。

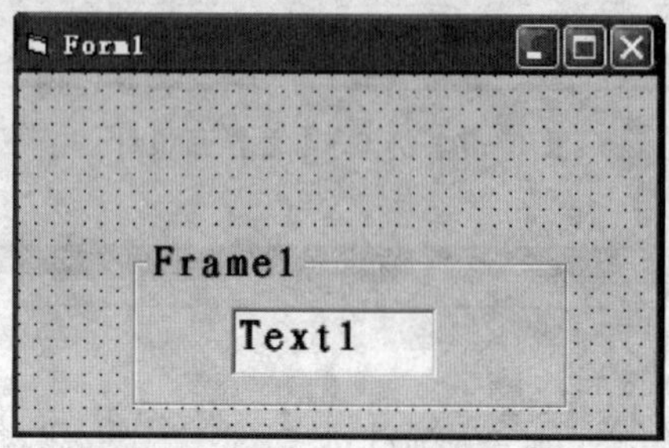

图 6-9　例 6-5 界面设计

(2) 过程代码如下:

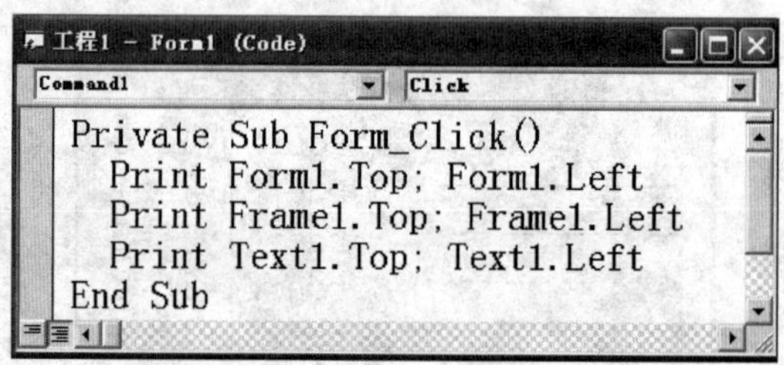

```
Private Sub Form_Click()
  Print Form1.Top; Form1.Left
  Print Frame1.Top; Frame1.Left
  Print Text1.Top; Text1.Left
End Sub
```

图 6-10 所示程序运行时对各控件位置属性的显示,并附加了文字和图形说明。

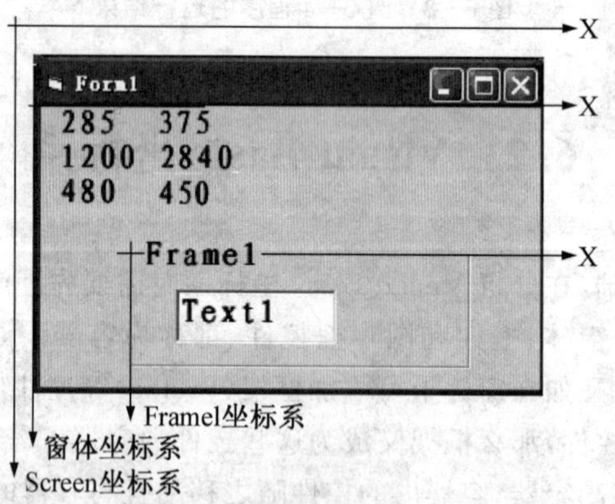

图 6-10　例 6-5 各控件位置属性显示

参照过程代码,图 6-10 所示的运行显示结果说明:

第 1 行 285 是窗体左边沿到屏幕左边沿的距离,375 是窗体上边沿到屏幕上边沿距离;

第 2 行 1200 是框架左边沿到窗体左边沿距离,2840 是框架上边沿到窗体标题栏下边沿距离;

第 3 行 480 是文本框左边沿到框架左边沿的距离，459 是文本框上边沿到框架上边沿的距离。

屏幕坐标系不可改变，只能按默认设置，程序中也没有重新改变图片框、框架容器坐标系，因此以上这些数字，如 285 指长度为 285 缇。

2. 控件宽、高属性

(1) Width 属性，为控件本身的宽度。

(2) Height 属性，为控件本身的高度。

控件的定位属性以及宽、高属性的度量单位，取决于其所在的容器坐标系。譬如，图片框内某命令按钮的 Width 属性为 300，其宽度是 300 像素还是 300 磅呢？这取决于其容器图片框，如果图片框以磅为坐标刻度，那么命令按钮的的宽度就是 300 磅。

3. 窗体、图片框控件的坐标属性

(1) ScaleLeft 属性，为控件左上角的横坐标，缺省值为 0。

(2) ScaleTop 属性，为控件左上角的纵坐标，缺省值为 0。

(3) ScaleWidth 属性，为控件的宽度值。

(4) ScaleHeight 属性，为控件的高度值。

因为坐标属性确定了控件的实际可绘图区域(不包括控件的边框特别是窗体标题栏部分)，还因为当改变坐标系后控件的坐标属性会随之改变，因此要求在窗体、图片框控件上以图形方法绘制图形时，应使用坐标属性。

(5) CurrentX、CurrentY 属性，分别表示当前点在容器内的横坐标、纵坐标。设置 CurrentX、CurrentY 属性后，所设值就是下一个输出方法的当前位置。

例 6－6 在窗体的中心位置输出“中心”两字。

(1) 界面设计：窗体的 WindowState 属性为 Normal。

(2) 过程代码如下：

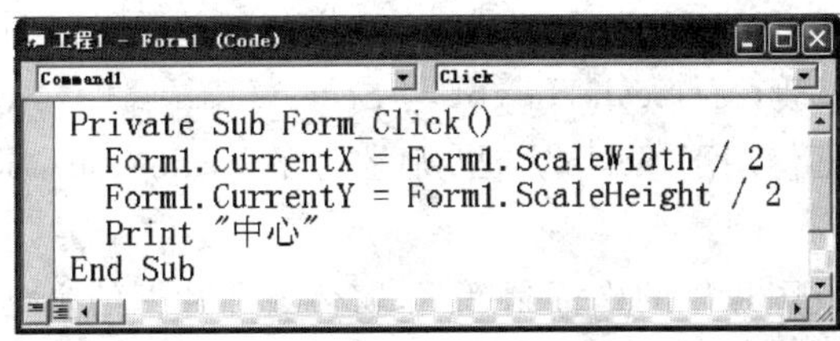

例 6－6 表明，利用坐标属性 CurrentX、CurrentY，可以精确地定位输出。

如果单击窗体前窗体大小没有改变，则单击窗体后文字“中心”显示在窗体中心位置(由于定位的是输出信息的左上角位置，所以看起来不那么“正中”)。

6.2.2 改变容器坐标系的 Scale 方法

容器坐标系中，坐标系刻度单位的缺省值为“缇”(1 缇≈0.01764 毫米)，利用 Scale 方法可以改变容器坐标系。

格式：**容器名.Scale (x1,y1)－(x2,y2)**

功能：改变容器(缺省容器名指窗体)左上角坐标为(x1,y1)，右下角坐标为(x2,y2)，将容器在 X 轴方向分为|x2－x1|等分、Y 轴方向分为|y2－y1|等分。

其功能还相当于执行了下列四条语句，为容器的 4 个坐标属性赋值。

容器名. ScaleLeft = x1　　　　　　容器名. ScaleTop = y1

容器名. ScaleWidth = x2－x1　　　　容器名. ScaleHeight = y2－y1

例如，执行语句"Form1. Scale (－200，－100)－(2000，1000)"，将改变窗体左上角坐标为(－200，－100)、右下角坐标为(2000，1000)，该方法的功能与下面的程序代码等效：

ScaleLeft = －200: ScaleTop = －100: ScaleWidth = 2200: ScaleHeight = 1100

又如，语句"Picture1. Scale(50，－40)－(500，400)"改变 Picture1 容器左上角坐标为(50，－40)、右下角坐标为(500，400)。

无参数的引用方法，如"容器名. Scale"，可以使对该容器有关坐标的属性恢复为缺省值。

6.2.3 坐标刻度

1. 窗体、图片框控件的标准刻度

格式：**容器名. ScaleMode = ＜ n ＞**

功能：改变窗体或图片框控件的坐标刻度，控件的坐标属性也随之改变。窗体或图片框控件默认的坐标刻度为缇，下列 7 种不同刻度称为标准刻度。

n 为 1(默认值)，坐标刻度为缇，1 缇≈0.01764 毫米≈0.05 磅。

n 为 2，坐标刻度为磅，1 磅≈0.353 毫米。

n 为 3，坐标刻度为像素，是显示器分辨率的最小单位。

n 为 4，坐标刻度为字符，每个字符宽 6 磅、高 12 磅。

n 为 5，坐标刻度为英寸。

n 为 6，坐标刻度为毫米。

n 为 7，坐标刻度为厘米。

2. 窗体、图片框控件的自定义刻度

改变窗体或图片框的 ScaleMode 属性为 1～7 之间的整数，则窗体或图片框的 ScaleLeft 与 ScaleTop 属性取默认值 0，而 ScaleHeight 与 ScaleWidth 属性根据刻度重置。

如果对窗体或图片框使用了 Scale 方法，则控件的 ScaleMode 属性自动变化为 0，则所谓自定义刻度。

只有在改变了窗体或图片框的坐标刻度后，窗体或图片框的坐标属性才会改变(与其所在的容器作何设置无关)。

无论容器坐标系如何改变，下列表达式利用了其坐标属性，都能表示容器的中心位置。

容器名称. ScaleLeft + 容器名称. ScaleWidth/2

容器名称. ScaleTop + 容器名称. ScaleHeight/2

6.3 图形方法

使用图形方法可以在程序运行时绘制图形，由于图形控件只能提供实现一些简单的图形，因此要实现更高级的功能，还得使用图形方法。

支持用图形方法绘制图形的有窗体、图片框和 Printer 对象。

6.3.1　使用颜色

使用图形方法绘图时总要使用不同的颜色，Visual Basic 用 Long 类型数表示颜色。在 Long 类型数的 4 个字节中：末字节为红色的亮度值，倒数第 2 个字节为绿色的亮度值，倒数第 3 个字节为蓝色的亮度值。

众所周知，任何颜色都可以用红色、绿色、蓝色三原色"调和"而成。由于每个亮度值都可以取0～255之间的数值，因此在所谓 24 位真彩色的位图(BMP)中，共有 256 的 3 次方种不同的颜色。

界面设计时，可以在对象的属性窗口中选择需要设置的颜色，用打开的"调色板"对话框进行颜色设置。运行时，可以用颜色函数或系统预定义颜色常量为控件的颜色属性赋值，也可以使用通用对话框中的"颜色"对话框来指定颜色。

1. 颜色函数

Visual Basic 提供了两个专门处理颜色的函数：RGB 和 QBColor。

(1) RGB 函数，是最常用的颜色函数之一。

格式：**RGB(Red,Green,Blue)**

功能：返回由 Red、Green、Blue(分别表示红色、绿色和蓝色的亮度值，取值为小于 256 的正数)调和而成的颜色值。

例如，执行语句"BackColor = RGB(255,0,0)"，可以将窗体背景色设置为红色；执行语句"Picture1. ForeColor = RGB(0,0,255)"，可以将图片框前景色设置为蓝色。

RGB 函数采用红、绿、蓝三色原理，返回一个 Long 整数，用来表示一个颜色值。表 6-1 列出了一些常见的颜色以及这些颜色的三色值。

表 6-1　常见颜色的 RGB 值

颜　色	红色值	绿色值	蓝色值
白　色	255	255	255
黄　色	255	255	0
洋红色	255	0	255
红　色	255	0	0
青　色	0	255	255
绿　色	0	255	0
蓝　色	0	0	255
黑　色	0	0	0

(2) QBColor 函数。

格式：**QBColor(Color)**

功能：返回表 6-2 的颜色值，其中参数 Color 是一个介于 0～15 的整数。

该函数存在于 BASIC 语言的早期版本中，并一直沿用至今。

例如，执行语句“BackColor = QBColor(4) ”，可以将窗体背景色设置为红色；执行语句“Picture1. ForeColor = QBColor(1) ”，可以将图片框前景色设置为蓝色。

表 6-2 参数 Color 值及对应的颜色

参数值	颜　色	参数值	颜　色	参数值	颜　色
0	黑　色	6	黄　色	12	亮红色
1	蓝　色	7	白　色	13	亮洋红色
2	绿　色	8	灰　色	14	亮黄色
3	青　色	9	亮蓝色	15	亮白色
4	红　色	10	亮绿色		
5	洋红色	11	亮青色		

2. 使用预定义常量

由 Visual Basic 内部定义，读者可以在“视图”菜单的“对象浏览器”中选择 ColorConstants 查看所有这些常量，在程序中不需要声明就可以直接使用，如下列语句：

```
Form1.BackColor = vbRed      '将窗体背景设置为红色
Form1.BackColor = vbGreen    '将窗体背景设置为绿色
```

3. 直接赋值

如果知道具体的颜色值，也可以直接给颜色属性赋值，如下列语句(其中颜色值用十六进制表示)：

```
Form1.BackColor = &HFF&            '设置窗体背景色为红色
Form1.BackColor = &HFF00&          '设置窗体背景色为绿色
Form1.BackColor = &HFFFF00&        '设置窗体背景色为青色
```

6.3.2 图形方法与应用

1. 画点方法 Pset

格式：**[容器.]Pset [step](x,y)[,color]**

功能：在容器上(x,y)处以值为 color 的颜色画点(x、y 是 Single 类型表达式)；缺省容器名则指当前窗体，缺省 color 则为容器前景色。

加 Step 关键字则在坐标(容器名. CurrentX＋x，容器名. CurrentY＋y)位置画点。该方法所画点的大小，取决于容器的 DrawWidth 属性值。

DrawWidth 属性用以设置绘图线的宽度，以像素为单位，取值范围是 1～32767，缺省值为 1，即为一个像素宽。设置该属性后，将影响 Pset、Line 和 Circle 等方法的输出效果。

2. 返回某点颜色值的函数 Point

格式：**容器名. Point(x,y)**

功能：返回容器上点(x,y)的颜色值，缺省容器名指窗体。

例如，执行语句"C＝Point(50，100)"，将窗体坐标(50，100)处点的颜色值存入变量 C (Long 类型)。

例 6-7　用 Pset 方法以红色连续画点成线，绘制坐标线平分窗体为四个全等的矩形。

(1) 界面设计：窗体的 WindowState 属性为 Normal。

(2) 过程设计。

执行语句"Form1. Scalemode ＝ 3"，可设置窗体刻度为像素。

执行语句"Scale(－ScaleWidth/2，ScaleHeight/2)－(ScaleWidth/2，－ScaleHeight/2)"，总可以将窗体坐标系的坐标原点设置为窗体绘图区域的中心，x 坐标轴正向向右，y 坐标轴正向向上。

执行语句"Scale(－ScaleWidth/2，－ScaleHeight/2)－(ScaleWidth/2，ScaleHeight/2)"，总可以将窗体坐标系的坐标原点设置为窗体绘图区域的中心，x 坐标轴正向向右、y 坐标轴正向向下。

本例中用 Scale 方法设置的坐标系，原点设置为窗体绘图区域的中心，x 轴正向向右、y 轴正向向上。

由此产生的问题是，执行 Scale 方法后重新赋值的 ScaleHeight 属性取值为负(按公式"容器名. ScaleHeight ＝ y2－y1"计算)，是本例在绘制 y 轴的 For 循环中步长为－1 的原因。

程序代码如下：

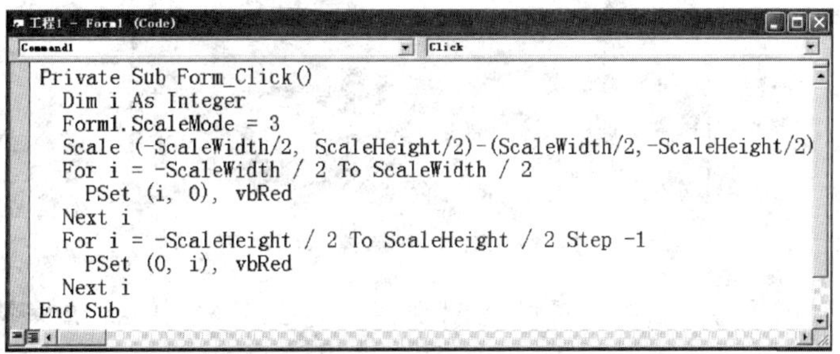

```
工程1 - Form1 (Code)
Command1                                Click

Private Sub Form_Click()
  Dim i As Integer
  Form1.ScaleMode = 3
  Scale (-ScaleWidth/2, ScaleHeight/2)-(ScaleWidth/2,-ScaleHeight/2)
  For i = -ScaleWidth / 2 To ScaleWidth / 2
    PSet (i, 0), vbRed
  Next i
  For i = -ScaleHeight / 2 To ScaleHeight / 2 Step -1
    PSet (0, i), vbRed
  Next i
End Sub
```

程序运行的结果如图 6-11 所示。

图6-11　用 Pset 方法绘制坐标线平分窗体为 4 份

例 6-8　在窗体上用随机色任意画"满天星"，点的大小在 10 至 40 个像素之间(随机数)。

(1) 界面设计(略)。

(2) 过程设计。程序代码窗口显示如下：

```
工程1 - Form1 (Code)
Form                                Click
Private Sub Form_Load()
  Form1.WindowState = 2: Form1.ScaleMode = 3
End Sub
Private Sub PsetDemo()     '随机产生红、绿、蓝3种颜色的值
  Dim r As Byte, g As Byte, b As Byte
  Randomize: r = 255 * Rnd:  Randomize: g = 255 * Rnd
  Randomize: b = 255 * Rnd
  Form1.PSet (Rnd * ScaleWidth, Rnd * ScaleHeight), RGB(r, g, b)
End Sub
Private Sub form_Click() '画100个点，点的大小随机产生，在10～40之间
  For i = 1 To 1000
    Randomize: Form1.DrawWidth = Int(30 * Rnd) + 10
    Call PsetDemo        '调用PsetDemo过程画点
  Next i
End Sub
```

在 Form_Load 事件中设置“Form1. WindowState＝2”，使得无论界面设计时如何设置 WindowState 属性，装入窗体后，窗体最大化。运行时单击窗体后，调用自定义无参 Sub 过程在窗体的随机位置、用随机的颜色画 100 个点（点的大小在 10 至 40 个像素之间）。

程序的运行结果如图 6－12 所示。

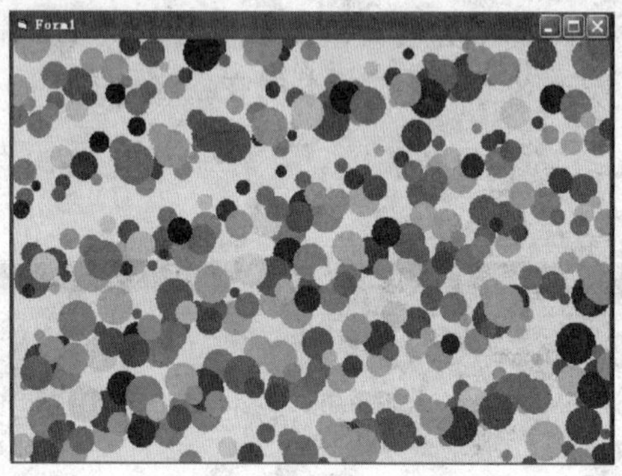

图 6－12　例 5－7 程序运行结果

例 6－9　将 1 个图片框中的图像复制到另一个图片框中，要求保持色彩、纵横比例不变。

(1) 界面设计如图 6－13 所示，图片框控件 P1 已加载图像。

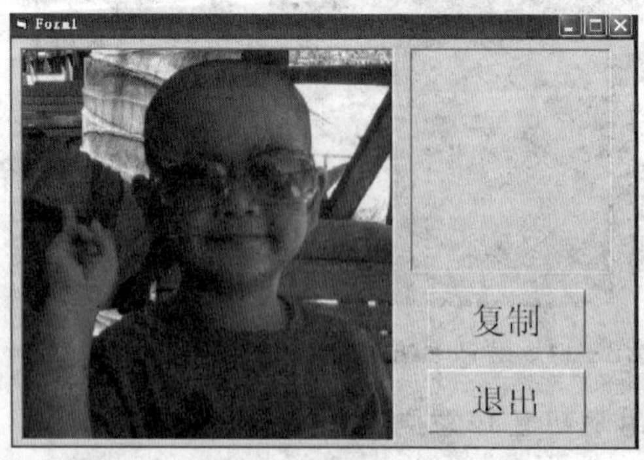

图 6－13　例 6－9 之界面设计

(2) 过程设计。程序代码窗口显示如下：

程序中，设置 P1、P2 坐标刻度为像素（若为缇则运算速度极慢，若为毫米则图像呈网格

```
Private Sub Form_Load()
  P1.ScaleMode = 3: P2.ScaleMode = 3
End Sub
Private Sub Command1_Click()
  Dim x As Single, y As Single, i As Integer, j As Integer
  Dim bc As Long, c As Single
  c = P1.Height / P1.Width
  P2.Height = P2.Width * c
  For i = 1 To P1.ScaleWidth
    For j = 1 To P1.ScaleHeight
      bc = P1.Point(i, j)          '读P1上点（i,j）的颜色
      '将P1上点（i,j）对应在P2上的坐标（x,y）按比例算出
      x = P2.ScaleWidth / P1.ScaleWidth * i
      y = P2.ScaleHeight / P1.ScaleHeight * j
      P2.PSet (x, y), bc           '在P2上用颜色bc画点(x,y)
    Next j
  Next i
End Sub
```

状)。为防止复制失真,应先按照 P1 的纵横比例 c 调整 P2 的实际大小,使两图片框控件纵横比一致。

用 2 重循环在 P1 的绘图区域内自上而下、自左向右逐点处理每个像素：读其颜色值存入 bc;根据其坐标(i,j)按比例算出在 P2 绘图区域画点的坐标(x,y);执行语句“P2. Pset(x,y),bc”。

按 Command1 后,将图像按要求复制到图片框控件 P2 后的结果如图 6-14 所示。

图 6-14　例 6-9 程序的运行结果

3. 画线、矩形方法 Line

(1) 两点连线。

① 格式 1：**[容器名.]Line [(x1,y1)]-(x2,y2)[,Color]**

功能：以(x1,y1)和(x2,y2)为直线的两个端点位置绘制直线。缺省容器名为窗体;缺省起点坐标则以当前输出位置为起点;缺省 Color 则取容器的 ForeColor 值;坐标点为 Single 类型。

② 格式 2：**[容器名.]Line[(x1,y1)]-Step(x2,y2)[,Color]**

功能：以(x1,y1)和(x1+x2,y1+y2)为直线的两个端点位置绘制直线。

(2) 多点折线。连续使用缺省起点、画两点连线的语句,可以绘制多点折线：每句的终点位置为下一句的起点位置,首句或是采用格式 1,或是以当前输出位置作为起点。

例 6-10　在一个图片框控件中,以各边的中点绘制一个菱形。

(1) 界面设计如图 6－15 所示。

图 6－15　例 6－10 之界面设计

(2) 过程设计。在 Load 事件中改变图片框坐标系，以便于绘制折线。过程代码如下：

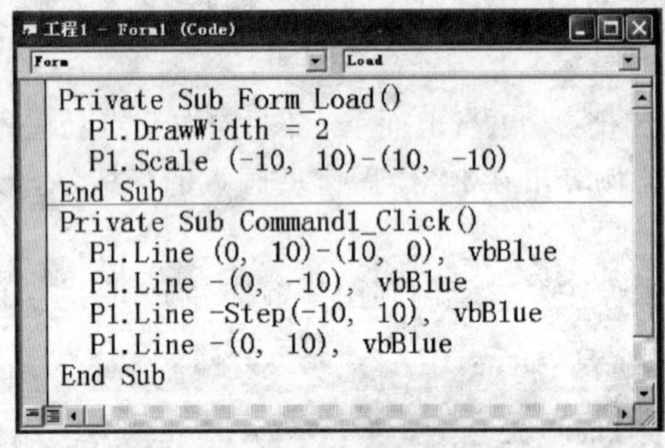

```
Private Sub Form_Load()
  P1.DrawWidth = 2
  P1.Scale (-10, 10)-(10, -10)
End Sub
Private Sub Command1_Click()
  P1.Line (0, 10)-(10, 0), vbBlue
  P1.Line -(0, -10), vbBlue
  P1.Line -Step(-10, 10), vbBlue
  P1.Line -(0, 10), vbBlue
End Sub
```

程序的运行结果如图 6－16 所示。

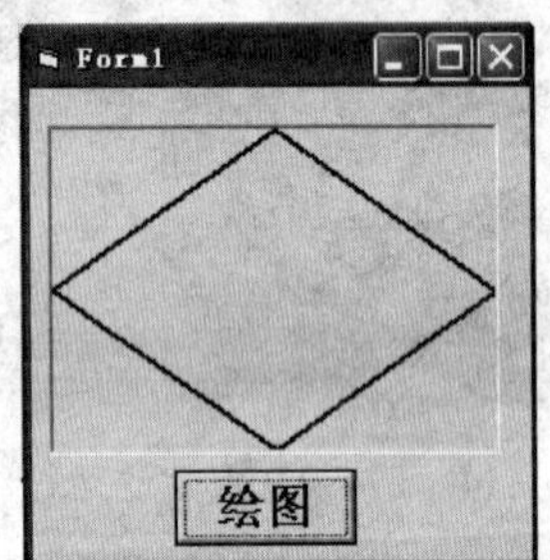

图 6－16　例 6－10 之运行结果

(3) 矩形与填充矩形。

① 格式 1：**[容器名.]Line [(x1,y1)]－[Step](x2,y2),[Color],B**

功能：指定位置为矩形对角点，以容器的填充样式、填充色在矩形内部填充；边框颜色由 Color 表达式指定(缺省 Color 则取容器 ForeColor 属性)。

② 格式 2：**[容器名.]Line [(x1,y1)]－[Step](x2,y2),[Color],BF**

功能：用画矩形边框的颜色再填充矩形为实心，该语句的输出效果与容器的 FillStyle、FillColor 属性无关。

例 6－11　在窗体上绘制矩形。

(1) 界面设计(略)。

(2) 过程代码如下：

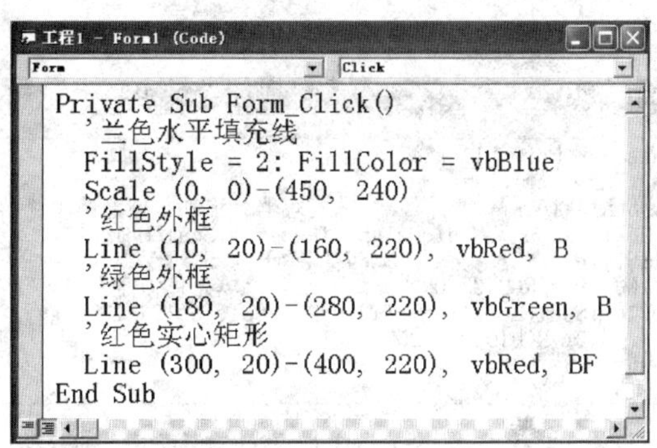

运行时的显示结果如图 6－17 所示。

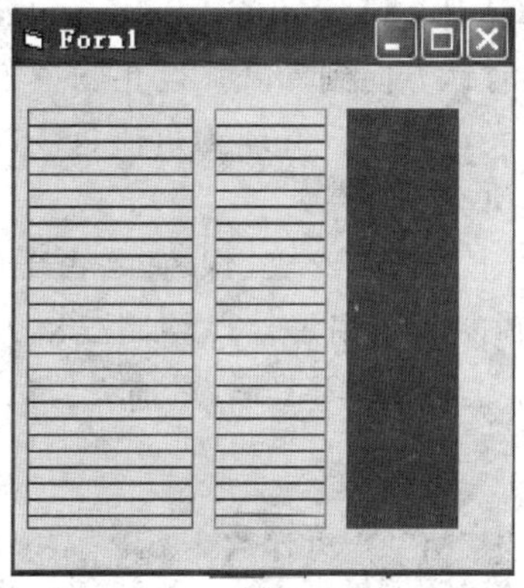

图 6－17　矩形与填充矩形

4. 圆、圆弧与椭圆方法 Circle

（1）画圆。

格式：**[容器名.]Circle [Step](x,y),radius[,Color]**

功能：以(x,y)为圆心(有 Step 关键字则以(CurrentX＋x,CurrentY＋y)为圆心)、以 radius 为半径画颜色值为 Color 的圆。

缺省容器名、Color 选项的有关规则同前，不再赘述。

例 6－12　画 1 个当前窗体中所能容纳的最大的蓝色实心圆，如图 6－18 所示。

圆的直径应当取窗体绘图区域宽度和高度中的较小者；窗体的填充色应设置为蓝色；窗体的中心位置总可以用(ScaleLeft＋ScaleWidth/2,ScaleTop＋ScaleHeight/2)表示。

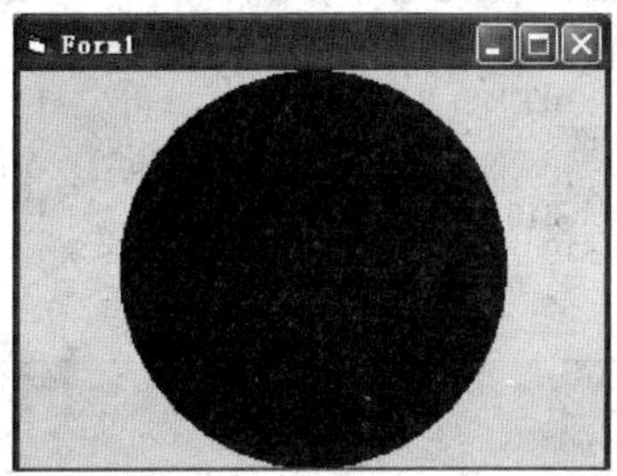

图 6－18　例 6－12 所绘制的窗体内接蓝色实心圆

程序代码如下：

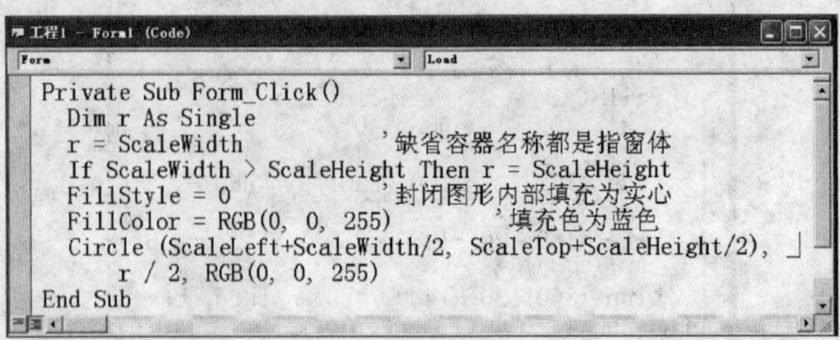

```
Private Sub Form_Click()
  Dim r As Single
  r = ScaleWidth              '缺省容器名称都是指窗体
  If ScaleWidth > ScaleHeight Then r = ScaleHeight
  FillStyle = 0               '封闭图形内部填充为实心
  FillColor = RGB(0, 0, 255)         '填充色为蓝色
  Circle (ScaleLeft+ScaleWidth/2, ScaleTop+ScaleHeight/2), _
      r / 2, RGB(0, 0, 255)
End Sub
```

请读者考虑，如果要在容器 Picture1 中按上述要求画圆，则应该如何改写程序？

(2) 画圆弧。

格式：**[容器名.]Circle [Step](x,y),radius,[Color],start,end**

功能：以 start 弧度起按逆时针方向到 end 弧度止画一段圆弧。平行于 x 轴的正向为 0 弧度。start、end 为 Single 类型表达式，若 start 为负值，该方法还画出 1 条从圆心到圆弧相应端点的连线，参数 end 也同样如此。

例 6-13　下列程序在窗体上画出 1 个红、绿、蓝各占 1/3 的圆饼图，如图 6-19 所示。

应在窗体上绘制等分一个圆的三个扇形。以绘制三段弧线为基础，区别于在弧线的起点、终点值前都加一个减号。因扇形为封闭图形，之前设置的填充样式和填充色对封闭图像有效。

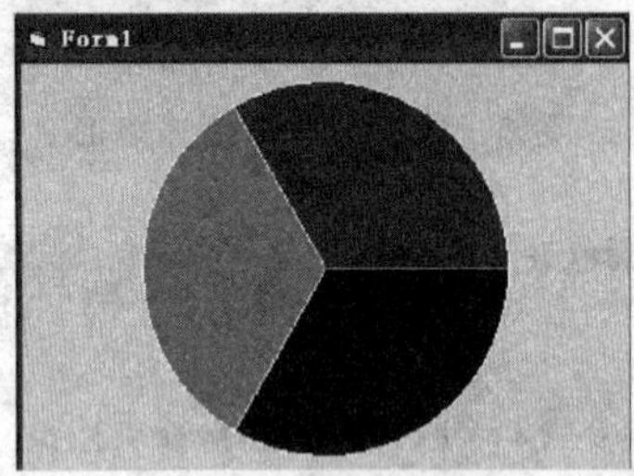

图 6-19　例 6-13 所绘制圆饼图

程序代码如下：

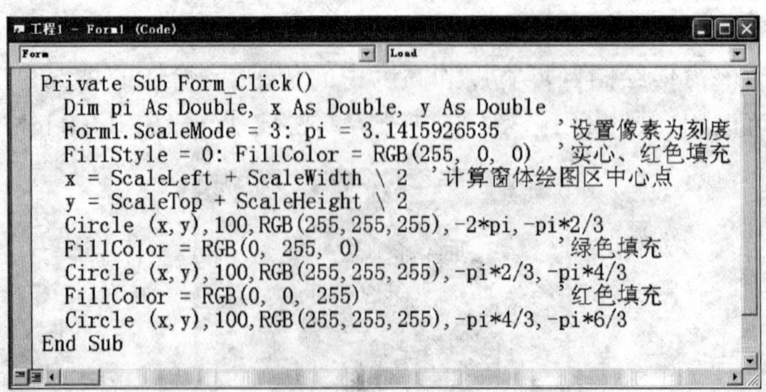

```
Private Sub Form_Click()
  Dim pi As Double, x As Double, y As Double
  Form1.ScaleMode = 3: pi = 3.1415926535      '设置像素为刻度
  FillStyle = 0: FillColor = RGB(255, 0, 0)  '实心、红色填充
  x = ScaleLeft + ScaleWidth \ 2  '计算窗体绘图区中心点
  y = ScaleTop + ScaleHeight \ 2
  Circle (x,y),100,RGB(255,255,255),-2*pi,-pi*2/3
  FillColor = RGB(0, 255, 0)               '绿色填充
  Circle (x,y),100,RGB(255,255,255),-pi*2/3,-pi*4/3
  FillColor = RGB(0, 0, 255)               '红色填充
  Circle (x,y),100,RGB(255,255,255),-pi*4/3,-pi*6/3
End Sub
```

(3) 画椭圆(弧)。

格式：**[容器名.]Circle [Step](x,y),radius,[Color],start,end[,aspect]**

功能：绘制椭圆，aspect 是椭圆纵轴与横轴之比，radius 是其中长半轴的长度。

例 6 - 14 建立图片框 P1,其高度大于宽度,图片框 P2 反之,分别绘制各图片框的内接椭圆。理解在绘制椭圆的 Circle 中,应以较长的半轴为半径。

(1) 界面设计。在窗体的合适位置建立图片框控件 P1 和 P2,如图 6 - 20 所示。

图 6 - 20 例 6 - 14 的界面设计

(2) 过程设计。在 Load 事件中执行语句“P2. Height = P1. Width: P2. Width = P1. Height”,精确设置 P2 高与 P1 宽相等、P2 宽与 P1 高相等,并将 P1、P2 的高度和宽度之比分别存入模块级变量 k1、k2,设置绘图方法以 2 个像素为宽度。单击 Command1 后,分别在 P1、P2 各绘制一个椭圆。在 P1 绘制的椭圆,由于其高度大于宽度,故将纵轴作为椭圆半径,所绘制的椭圆才可以达到内接图片框的效果。

类似的,在绘制 P2 中椭圆的 Circle 方法中,以 P2 的横轴作为椭圆半径。

程序代码如下:

```
Dim k1 As Single, k2 As Single '图片框P1、p2高度与宽度之比
Private Sub Form_Load()
  '精确设置p2的高与p1的宽相等、p2的宽与p1的高相等
  P2.Height = P1.Width: P2.Width = P1.Height
  k1 = P1.Height / P1.Width:  k2 = 1 / k1
  P1.DrawWidth = 2: P2.DrawWidth = 2
End Sub
Private Sub Command1_Click()
  'P1高大于宽, 将纵轴作为椭圆半径
  P1.Circle (P1.ScaleWidth / 2, P1.ScaleHeight / 2), _
      P1.ScaleHeight / 2, vbRed, , , k1
  'P2宽大于高, 将横轴作为椭圆半径
  P2.Circle (P2.ScaleWidth / 2, P2.ScaleHeight / 2), _
      P2.ScaleWidth / 2, vbRed, , , k2
End Sub
```

程序的运行结果如图 6 - 21 所示。

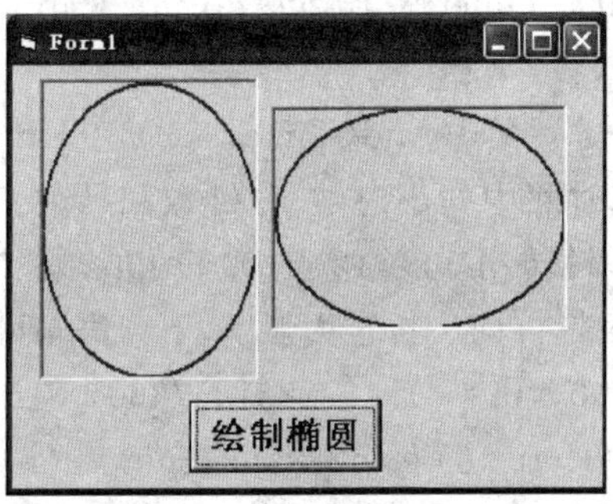

图 6 - 21 例 6 - 14 程序的运行结果

以上程序设计时对 P1、P2 可设置坐标刻度为缇、磅或像素，显示结果相同。绘图方法总是采用像素为单位，一般情况下将显示图像、图形的容器的坐标刻度设置为像素是适宜的。

6.4 实　例

例 6-15　制作一个指针式的电子时钟。

（1）界面设计如图 6-22 所示。在窗体添加图片框控件 P1，为其加载的图像来自于绘图软件（绘制一个“表盘”的图像）。

在图片框上建立三个直线控件：时针 Line1（黑色、比分针短、3 个像素宽），分针 Line2（黑色、比秒针短、2 个像素宽），秒针 Line3（红色、1 个像素宽），添加定时器控件。

（2）过程设计。Form_Load 事件中，为简化计算设置坐标原点在 P1 中心；精确定位各指针的一端到原点；计算时、分、秒针的长度；设置定时器属性（激活后过程 Timer1 每秒响应一次）。

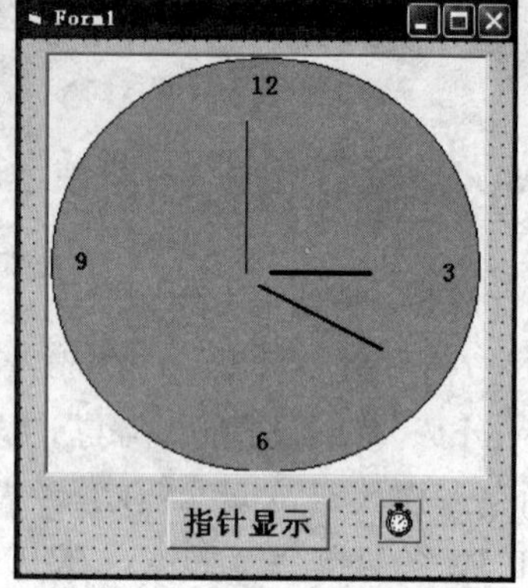

图 6-22　例 6-15 之界面设计

模块级变量 sl、fl、ml 分别存放时针、分针、秒针的长度，s、f、m 分别存放当前系统时间的时、分、秒数。变量 s、f 之所以为 Single 而不是 Integer 类型，是为了使时针、分针能即时转动而不是到整点、整分时“跳动”。

模块级变量的声明和 Form_Load 事件相关代码如下：

```
工程1 - Form1 (Code)
Form                    Load
Dim s As Single, f As Single, m As Integer
Dim sl As Single, fl As Single, ml As Single
Private Sub Form_Load()
  P1.Scale (-10, 10)-(10, -10) '设置坐标原点在中心位置
  '精确定位时针、分针、秒针起点对准到中心位置
  Line1.X1 = 0: Line2.X1 = 0: Line3.X1 = 0
  Line1.Y1 = 0: Line2.Y1 = 0: Line3.Y1 = 0
  '计算时针、分针、秒针长度
  sl = Sqr((Line1.X1 - Line1.X2) ^ 2 + (Line1.Y1 - Line1.Y2) ^ 2)
  fl = Sqr((Line2.X1 - Line2.X2) ^ 2 + (Line2.Y1 - Line2.Y2) ^ 2)
  ml = Sqr((Line3.X1 - Line3.X2) ^ 2 + (Line3.Y1 - Line3.Y2) ^ 2)
  '设置定时器控件属性
  Timer1.Interval = 1000: Timer1.Enabled = False
End Sub
```

在定时器事件过程 Timer1_Timer 中，语句“Form1.Caption = Time”将系统当前时间在窗体标题栏显示。

执行“s=Left(Time,2): f =Val(Mid(Time,4,2)) + m/60: m = Val(Right(Time,2)) + f/60”可以分别取系统时间中的小时数、分钟数和秒数。

秒针转一圈为 60 秒，每秒钟转动 6 度，12 点（90 度）方向是 0 秒，因此第 m 秒的转角为（90－m＊6）度，其中减号反映顺时针方向。折合为弧度，下列语句可以即时定位秒针的另一端。

```
Line3.X2 = ml * Cos((90-m * 6) * 6.283186/360)   'm 为当前秒数
Line3.Y2 = ml * Sin((90-m * 6) * 6.283186/360)   'ml 为秒针长度
```

分针转一圈为 60 分，每分钟转动 6 度。因此定位分针另一端的方法与秒针相似。

时针转一圈为 12 个钟点，每小时转动 30 度，12 点也是 0 点，因此 s 点的转角为(90－s＊30)度，由下列语句可以即时定位时针的另一端。

```
Line1.X2 = sl * Cos((90－s * 30) * 6.283186/360)
Line1.Y2 = sl * Sin((90－s * 30) * 6.283186/360)
```

Command1_Click 和 Timer1_Timer 事件相关代码如下：

```
Private Sub Command1_Click()
  Timer1.Enabled = True
End Sub
Private Sub Timer1_Timer()
  Form1.Caption = Time      '系统当前时间在窗体标题栏显示
  m = Right(Time, 2)        '获取秒数
  f = Val(Mid(Time, 4, 2)) + m / 60    '获取分数
  s = Val(Left(Time, 2)) + f / 60      '获取小时数
  Line3.X2 = ml * Cos((90 - m * 6) * 6.283186 / 360)
  Line3.Y2 = ml * Sin((90 - m * 6) * 6.283186 / 360)
  Line2.X2 = fl * Cos((90 - f * 6) * 6.283186 / 360)
  Line2.Y2 = fl * Sin((90 - f * 6) * 6.283186 / 360)
  Line1.X2 = sl * Cos((90 - s * 30) * 6.283186 / 360)
  Line1.Y2 = sl * Sin((90 - s * 30) * 6.283186 / 360)
End Sub
```

运行时按下命令按钮，运行结果如图 6－23 所示。

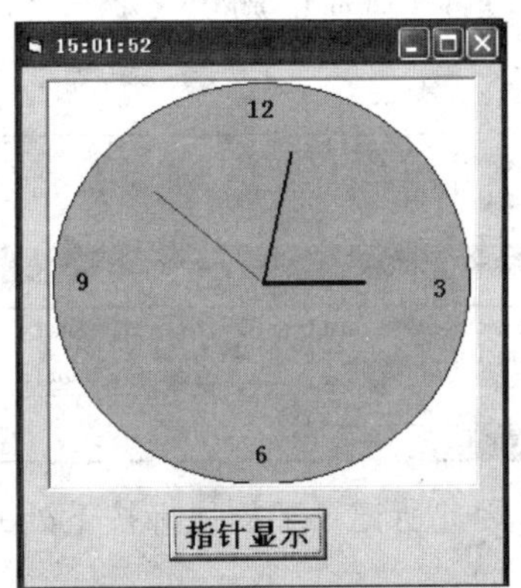

图 6－23　例 6－15 程序的运行结果

例 6－16　制作一个绘制直线、矩形和圆的小程序。前景色、背景色可选红、绿、蓝、黄、白、黑，形状可选，是否填充亦可选。

(1) 界面设计如图 6－24 所示。在窗体添加图片框控件 P1 作为绘图区域；框架控件 1 中建立含 3 个单选按钮的控件数组用以选择形状；框架控件 2 中建立含 6 个单选按钮的控件数组用以选择前景色；框架控件 3 中建立含 6 个单选按钮的控件数组选择填充色。

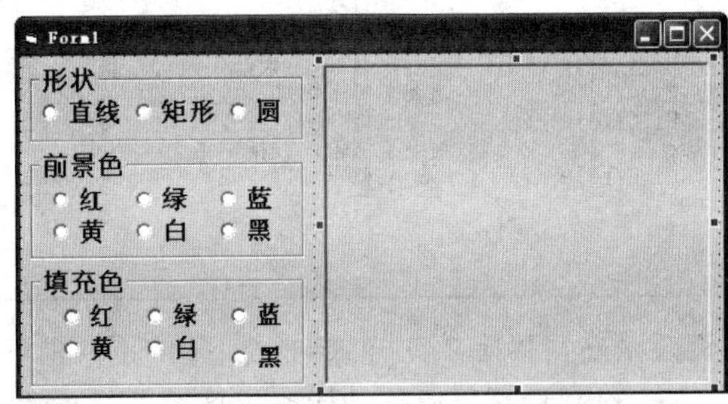

图 6－24　例 6－16 之界面设计

P1_Mouseup 事件过程的参数 Button 为 1 是鼠标左键抬起，为 2 是鼠标右键抬起。因此，绘制封闭图形时，可据此判断是否填充图形为实心。

(2) 过程设计。单选按钮控件数组 Option1 的 Click 事件，为变量 xz 赋值 0、1、2，分别表示选择了直线、矩形、圆。Option2 选择前景色，Option3 选择填充色。

相关代码如下：

```
Private Sub Option1_Click(Index As Integer)
  xz = Index   'Index为0、1、2分别表示选择了直线、矩形、圆
End Sub
Private Sub Option2_Click(Index As Integer)
  Select Case Index
    Case 0: P1.ForeColor = vbRed
    Case 1: P1.ForeColor = vbGreen
    Case 2: P1.ForeColor = vbBlue
    Case 3: P1.ForeColor = vbYellow
    Case 4: P1.ForeColor = vbWhite
    Case 5: P1.ForeColor = vbBlank
  End Select
End Sub
Private Sub Option3_Click(Index As Integer)
  Select Case Index
    Case 0: P1.FillColor = vbRed
    Case 1: P1.FillColor = vbGreen
    Case 2: P1.FillColor = vbBlue
    Case 3: P1.FillColor = vbYellow
    Case 4: P1.FillColor = vbWhite
    Case 5: P1.FillColor = vbBlank
  End Select
End Sub
```

过程 P1_MouseDown 代码如下：

```
Private Sub P1_MouseDown(Button As Integer, Shift As Integer, _
      X As Single, Y As Single)
  x1 = X: y1 = Y      '鼠标按下时，记录该点的坐标值到x1、x2
End Sub
```

由于 x1、y1 是模块级变量，因此所记录下的鼠标按下处的起点坐标值，可以在本窗体其他的过程中访问。

过程 P1_MouseUp 代码如下：

```
Private Sub P1_Mouseup(Button As Integer, Shift As Integer, _
        X As Single, Y As Single)
  Dim xc As Single, yc As Single, k As Single
  If Button = 1 Then P1.FillStyle = 1 Else P1.FillStyle = 0
  If xz = 0 Then        '根据xz 的不同取值绘制不同的图形
    P1.Line (x1, y1)-(X, Y)
  ElseIf xz = 1 Then
    P1.Line (x1, y1)-(X, Y), P1.ForeColor, B
  Else
    k = (Y - y1) / (X - x1)
    xc = x1 + (X - x1) / 2: yc = y1 + (Y - y1) / 2
    If k >= 1 Then    '纵轴大于等于横轴，以纵半轴为半径
      P1.Circle (xc, yc), Abs(Y - y1) / 2, , , , k
    Else              '纵轴小于横轴，以横半轴为半径
      P1.Circle (xc, yc), Abs(X - x1) / 2, , , , k
    End If
  End If
End Sub
```

根据所按是鼠标左键还是右键确定填充样式，根据 xz 的不同值确定何种图形。

公式“k=(Y−y1)/(X−x1)”计算鼠标拖动所确定区域的纵横比，若 k 大于等于 1 则以

该区域高度的一半作为 Circle 方法的半径，否则取该区域宽度的一半。

Circle 方法中的半径之所以取绝对值，是考虑区域选取时 x1 可以小于 x2、y1 可以小于 y2。

运行结果如图 6－25 所示。

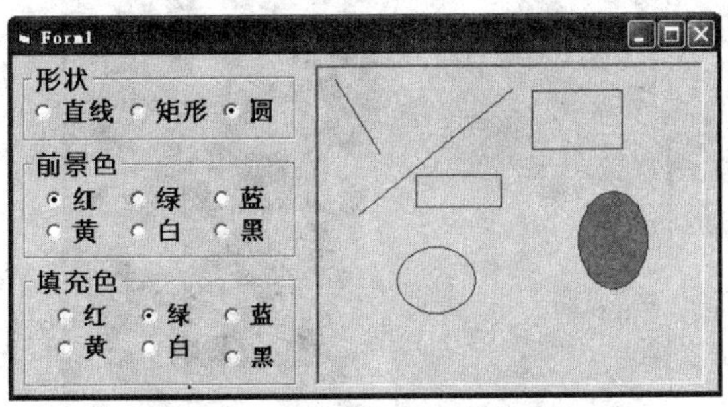

图 6－25　例 6－16 程序的运行结果

例 6－17　编制程序对彩色或黑白相片进行处理，产生出“负片”的效果。

(1) 界面设计如图 6－26 所示。在窗体添加图片框控件 P1 并为其加载一张相片，再添加 P2 用以显示负片，因此两个控件的大小应相同。坐标刻度都选择为像素(3—Pixel)。运行时按“绘制负片”按钮，在 P2 中绘制负片并清除 P1 中显示的图像。按“还原正片”按钮，在 P1 中绘制正片并清除 P2 中的图像。

图 6－26　例 6－17 之界面设计

(2) 过程设计。逐行读取 P1 中各像素颜色值，并作处理：存入一个 Long 类型变量，取其末字节存入 r 记录该点三原色中红颜色的亮度值，取其倒数第二个字节存入 g 记录绿颜色的亮度值，取倒数第三个字节存入 b 记录蓝颜色亮度值。在 P2 相同坐标以颜色 rgb(255－r,255－g,255－b)画点。

过程代码如下：

```
Dim i As Integer, j As Integer, c As Long
Dim r As Integer, g As Integer, b As Integer
Private Sub Command1_Click()
  For i = p1.ScaleLeft To p1.ScaleLeft + p1.ScaleWidth
    For j = p1.ScaleTop To p1.ScaleTop + p1.ScaleHeight
      c = p1.Point(i, j)
      r = c Mod 256
      g = (c \ 256) Mod 256
      b = (c \ 256 \ 256) Mod 256
      P2.PSet (i, j), RGB(255 - r, 255 - g, 255 - b)
    Next j
  Next i
  p1.Picture = LoadPicture(NUL)
End Sub
Private Sub Command2_Click()
  For i = P2.ScaleLeft To P2.ScaleLeft + P2.ScaleWidth
    For j = P2.ScaleTop To p1.ScaleTop + P2.ScaleHeight
      c = P2.Point(i, j)
      r = c Mod 256
      g = (c \ 256) Mod 256
      b = (c \ 256 \ 256) Mod 256
      p1.PSet (i, j), RGB(255 - r, 255 - g, 255 - b)
    Next j
  Next i
  P2.Picture = LoadPicture(NUL)
End Sub
```

以上过程结束后，P2 所显示为 P1 的“负片”，如图 6－27 所示。

图 6－27 例 6－17 程序的运行结果

“还原正片”与“绘制负片”的操作相类似，不再赘述。

6.5 小 结

本章主要介绍 Visual Basic 的图形控件和图形方法。

图形控件包括图片框、影像框、形状控件和直线控件。

图片框控件不仅可用以显示图片，也可以作为其他对象的容器、显示图形方法的输出结果和 Print 方法输出的文本等；影像框只能用以显示图片，同时由于它能够响应 Click 事件，所以可用来作为图形命令按钮来使用。

利用形状控件可以很方便地画出如圆、矩形等简单的图形；直线控件则可以画直线、折线，也可以画矩形。

熟悉 Visual Basic 的坐标系统，是利用 Visual Basic 画图和进行图形处理的基础。每个容器对象都有一套自己的坐标系统，对象定位都是相对于容器的坐标系的。读者应理解坐标属性、坐标方法、坐标刻度单位等概念，并掌握它们的用法。

利用图形方法可以画出更多、更高级的图形。使用图形方法一定要熟悉方法使用的格式，以及在画图时经常用到的一些对象属性的用法，如 FillStyle、FillColor 等。

习题六

一、判断题

1. 图片框可以通过 Print 方法来显示文本。
2. 用 Cls 方法能清除窗体或图片框中用 Picture 属性设置的图形。
3. 改变图形对象的坐标系可以用 Scale 方法。
4. 若 Visual Basic 中容器取缺省坐标系，则坐标原点在容器左上角、单位长度为像素。

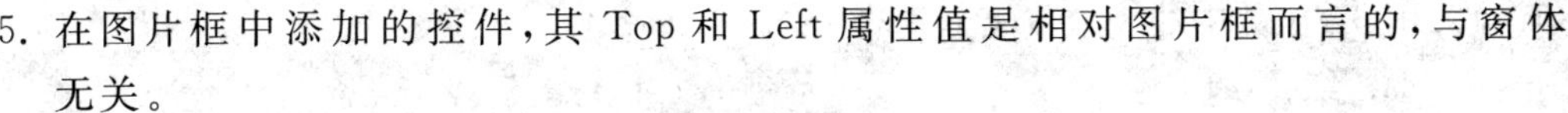

5. 在图片框中添加的控件，其 Top 和 Left 属性值是相对图片框而言的，与窗体无关。
6. 影像框和图片框一样，也可以作为其他控件的容器。
7. 影像框和图片框都可以用 AutoSize 属性来控制控件大小调整的行为，当 AutoSize 属性值为 True 时，两者控件大小根据图片来调整；设置为 False 时，只有一部分图片可见。
8. 用 Scale 方法改变容器坐标系后，容器的 ScaleMode 属性值为 0。
9. 图形控件可以在运行时获得焦点。
10. BorderWidth 属性表示指定直线和形状边界线的线条宽度，该属性值不能设置为 0。

二、选择题

1. 对画出的图形进行填充，应使用________ 属性。
   A. BackStyle　B. FillColor　C. FillStyle　D. BorderStyle
2. 将图片框的________属性设置成 True 时，可使图片框根据图片调整大小。
   A. Picture　B. AutoSize　C. Stretch　D. AutoRedraw
3. ________ 可以改变坐标的单位。
   A. DrawStyle 属性　B. Cls 方法
   C. ScaleMod e 属性　D. DrawWidth 属性
4. Visual Basic 用以下________指令来绘制直线。
   A. Line 方法　B. Pset 方法　C. Point 属性　D. Circle 方法
5. Visual Basic 可以用以下________属性来设置边框类型。
   A. BorderStyle　B. BorderWidth　C. DrawWidth　D. FillColor
6. ________属性可以用来设置所绘线条宽度。
   A. DrawStyle　B. BorderStyle　C. DrawWidth　D. FillColor
7. 下列________是用来画圆、圆弧及椭圆的。
   A. Circle 方法　B. Pset 方法　C. Line 属性　D. Point 属性
8. 描述以(1000,1000)为圆心、400 为半径画 1/4 圆弧的语句，以下正确的是________。
   A. Circle(1000,1000),400,0,3.1415926/2
   B. Circle(1000,1000),,400,0,3.1415926/2
   C. Circle(1000,1000),400,,0,3.1415926/2
   D. Circle(1000,1000),400,,0,90
9. 语句“Circle(1000,1000),800,,－3.1415926/3,－3.1415926/2”绘制的是________。
   A. 弧　B. 椭圆　C. 扇形　D. 同心圆
10. 语句“Circle(1000,1000),800,,,,2”绘制的是________。
   A. 弧　B. 椭圆　C. 扇形　D. 同心圆
11. 上题 Circle 语句中最后的 2 表示的是________。
   A. 椭圆的纵轴与横轴的长度比　B. 椭圆的横轴与纵轴的长度比
   C. 同心圆的半径比　D. 圆弧两半径间的夹角

12. RGB 函数中的 3 个数字分别表示________。

A. 红、绿、白　　B. 红、绿、蓝

C. 色调、饱和度、亮度　　D. 当前色、背景色、前景色

13. 当 Stretch 属性值为 False 时，________。

A. 图片大小随影像框的大小进行调整

B. 影像框的大小随图片大小进行调整

C. 图片框的大小随图片大小进行调整

D. 图片大小随图片框的大小进行调整

14. BorderStyle 属性是用来表示线条的________。

A. 长度　　B. 宽度　　C. 线形　　D. 颜色

15. 在 Visual Basic 中，________不能作为其他控件的容器。

A. 框架　　B. 图片框　　C. 影像框　　D. 窗体

三、填空题

1. 以窗体 Form1 的中心为圆心，画一个半径为 800 缇的圆的方法是________。

2. 在图片框中加一幅图片(从磁盘装入)可用________函数来实现。

3. 图片框的________属性和影像框的________属性都是用来调节图片框或影像框的大小的，它们的默认值分别为________、________。

4. 需要对设置好的线条进行调整时，可再________该线条，通过鼠标的拖动来改变线条的大小或位置，或通过________窗口改变其属性值。

5. Shape 属性决定形状控件的________，当 Shape 属性值为 0 时，它的表现形式是________。

6. 为控件 Picture1 加载 C: 盘 Windows 目录下的 Cloud. bmp 图片，所用方法是________。

7. 要让图片框作为其他控件的容器，需先建立________，然后再建立________。

8. Visual Basic 坐标系的默认单位是________，除此之外，用户还可以选用其他的度量单位，这需要通过对象的________属性来实现。

9. PSet 方法设置指定坐标点处的________，是最简单的图形操作。

10. 画椭圆的方法中，半径以后的参数依次是________、________、________、________。

四、程序阅读题

程序 1. 写出程序运行时单击窗体后，在窗体上出现的结果。

```
工程1 - Form1 (Code)
Form                Click
Private Sub Form_Click()
  Dim i As Single, x As Single, y As Single
  For i = 0 To 2 * 3.141593 Step 0.0001
    x = 1000 + 500 * Sin(i): y = 800 + 500 * Cos(i)
    Line (1000, 800)-(x, y), RGB(255, 0, 0)
  Next i
End Sub
```

程序 2. 写出程序运行时单击窗体后的结果。

```
Private Sub Form_Click()
  Dim i As Integer
  For i = 1 To 100: Call circledemo: Next i
End Sub
Sub circledemo()
  Dim Radius As Single, Xpos As Single, Ypos As Single
  Xpos = ScaleWidth * Rnd: Ypos = ScaleHeight * Rnd
  Radius = Ypos * Rnd + 3
  Circle (Xpos, Ypos), Radius, RGB(255 * Rnd, 255 * Rnd, 255 * Rnd)
End Sub
```

程序 3. 写出程序运行后，鼠标多次在图片框内拖动后的显示结果。

```
Dim x0 As Single, y0 As Single
Private Sub Picture1_MouseDown(Button As Integer, _
    Shift As Integer, X As Single, Y As Single)
  x0 = X: y0 = Y
End Sub
Private Sub Picture1_MouseUp(Button As Integer, _
    Shift As Integer, X As Single, Y As Single)
  If Picture1.FillStyle = 1 Then
    Picture1.FillStyle = 0
  Else
    Picture1.FillStyle = 1
  End If
  Picture1.Line (x0, y0)-(X, Y), vbBlue, B
End Sub
```

程序 4. 写出运行时按 Command1 后，图片框内显示图形的形状、填充色、前景色为何？图片框坐标原点在何处？

```
Private Sub Command1_Click()
  Dim b As Single
  If P1.ScaleHeight > P1.ScaleWidth Then
    b = P1.ScaleWidth / P1.ScaleHeight
  Else
    b = P1.ScaleHeight / P1.ScaleWidth
  End If
  P1.Circle (0, 0), P1.ScaleWidth / 2, vbRed, , , b
End Sub
Private Sub Form_Load()
  P1.ScaleMode = 3
  P1.FillStyle = 0
  P1.FillColor = RGB(0, 0, 255)
  P1.Scale (-P1.ScaleWidth / 2, P1.ScaleHeight / 2)- _
    (P1.ScaleWidth / 2, -P1.ScaleHeight / 2)
End Sub
```

五、程序填空题

1. 程序说明：选择形状、边框后，形状控件 Shape1 作相应变化。界面设计如图 6 - 28 所示，运行时的界面显示如图 6 - 29 所示，请将下列程序补充完整。

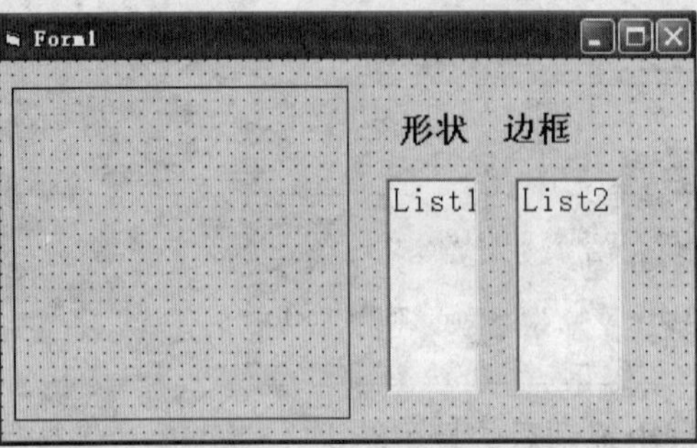

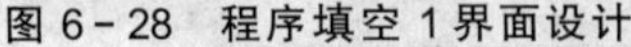

图 6－28　程序填空 1 界面设计

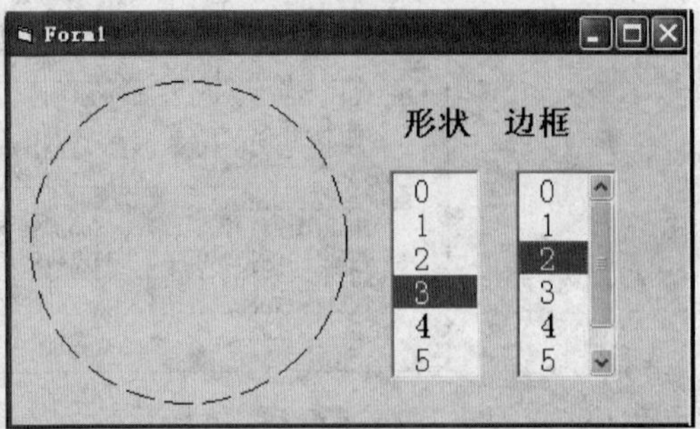

图 6－29　程序填空 1 运行时的界面显示

```
Private Sub Form_Load()
  Dim i As Integer
  For i = 0 To 5: List1.AddItem Str(i): Next i
  For i = 0 To 6: ______(1)______ : Next i
End Sub
Private Sub List1_Click()
  ____(2)____ = List1.Text
End Sub
Private Sub List2_Click()
  Shape1.BorderStyle = List2.List(______(3)______)
End Sub
```

2. 程序说明：运行时单击命令按钮 Command1，图片框控件 p1 运行结果显示如图 6－30所示。请将下列程序补充完整。

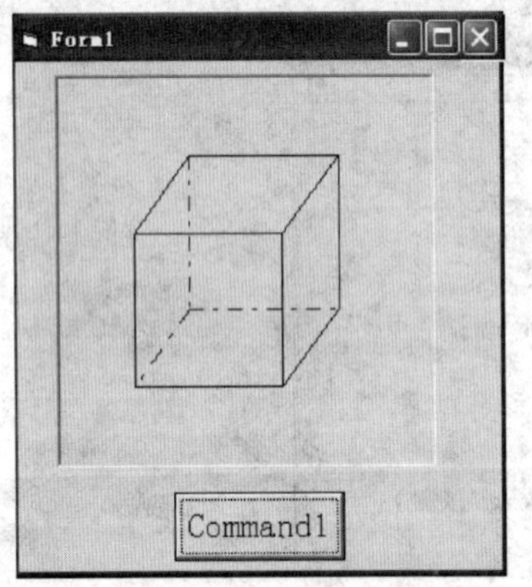


```
Private Sub Form_Load()
  P1.Width=P1.Height: P1.Scale(-100,100)-(100,-100)
End Sub
Private Sub Command1_Click()
  P1.FillStyle = (1)
  P1.Line (-60, 20)-(20, -60), , (2)
  P1.Line (-60, 20)-(-30, 60)
  P1.Line ____(3)____
  P1.Line (50, 60)-(20, 20)
  P1.Line (50, 60)-(50, -20)
  P1.Line (50, -20)-(20, -60)
  ____(4)____ = 3
  P1.Line (-30, 60)-(-30, -20)
  P1.Line (-30, -20)-(-60, -60)
  P1.Line (-30, -20)-(50, -20)
End Sub
```

图 6－30　程序填空 2 运行结果显示

3. 程序说明：运行时单击窗体，绘制窗体绘图区域内最大、绿色填充的内接椭圆。请将下列程序补充完整。

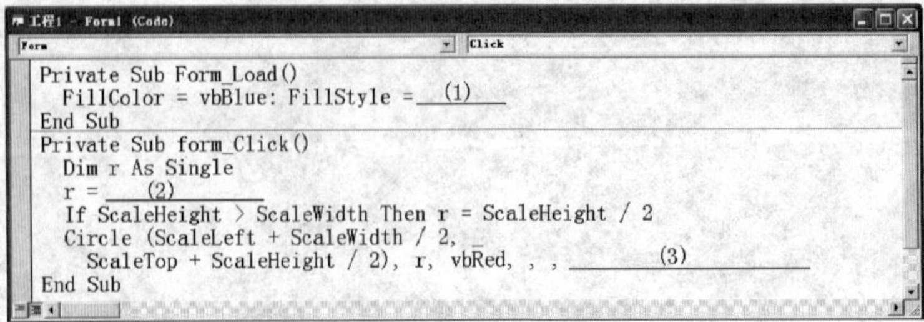

```
Private Sub Form_Load()
  FillColor = vbBlue: FillStyle = ____(1)____
End Sub
Private Sub form_Click()
  Dim r As Single
  r = ____(2)____
  If ScaleHeight > ScaleWidth Then r = ScaleHeight / 2
  Circle (ScaleLeft + ScaleWidth / 2, _
    ScaleTop + ScaleHeight / 2), r, vbRed, , , ______(3)______
End Sub
```

4. 程序说明：图片框控件 P1 中的图像在设计时加载，运行时单击命令按钮后的界面显示如图 6－31 所示，P2 中的图像是 P1 中图像的反转。请将下列程序补充完整：

图 6－31　程序填空 4 运行结果显示

```
Private Sub Form_Load()
  P2.Width = P1.Width: P2.Height = P1.Height
  P1.ScaleMode = 3:  P2.ScaleMode = 3
End Sub
Private Sub Command1_Click()
  Dim a As Integer,  b As Integer,  x As ___(1)___
  For a = P1.ScaleLeft To P1.ScaleLeft + P1.ScaleWidth
    For b = P1.ScaleTop To P1.ScaleTop + P1.ScaleHeight
      x = ___(2)___
      P2.PSet (______(3)______, b), x
    Next b
  Next a
End Sub
```

六、程序设计题

1. 编程，运行时窗体的 ScaleMode 属性由 List1 中选定表项决定，当鼠标在窗体上移动时（编写 Form_MouseMove 事件过程），两个标签控件分别显示鼠标处的坐标值，如图 6－32 所示。

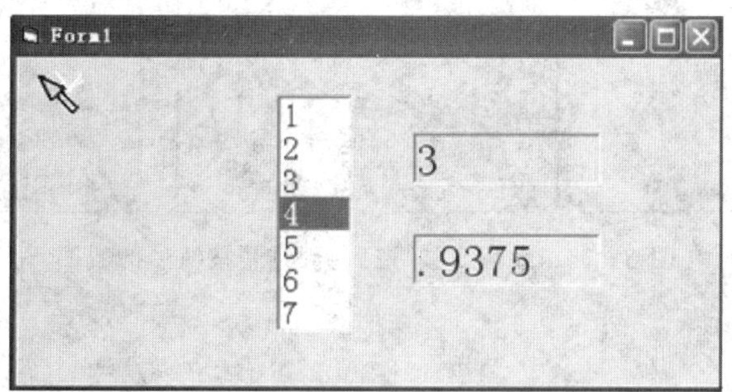

图 6－32　编程 1 运行时的界面显示

2. 编程，在窗体上分别以鼠标按下、抬起的两点为对角绘制 1 个红色边框的矩形。窗体以像素为刻度单位，以蓝色为填充色，填充样式为实心。

3. 编程，以毫米为刻度单位、以窗体绘图区域中心点为坐标原点，以窗体绘图区域的高与宽中最小值的 1/3 为半径画一个圆（轮廓线为黄色、线粗 2 个像素，蓝色填充）。

4. 编程，界面设计如图 6-33 所示，按“变换颜色”后界面显示如图 6-34 所示。

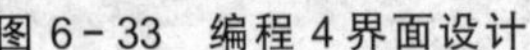
图 6-33　编程 4 界面设计

图 6-34　编程 4 运行结果

按“变换颜色”读各像素颜色 C，若 C 不小于 0（位图文件规定每行像素个数是 4 的倍数，因此行尾存在颜色值异常）则分解出其中红、绿、蓝各亮度值 r、g、b，并以 rgb(r/2,g/3,b/4) 重新绘制该点。

5. 编程，运行时按“逆时针画圆”命令按钮，由定时器控制在以像素为刻度的图片框中开始画圆，从 12 点方向开始(90 度)到全部画出(450 度)结束。“圆”由 2 个像素大的点连线而成，每间隔 1 度画一个点。运行过程从开始到结束的界面截图如图 6-35 所示。

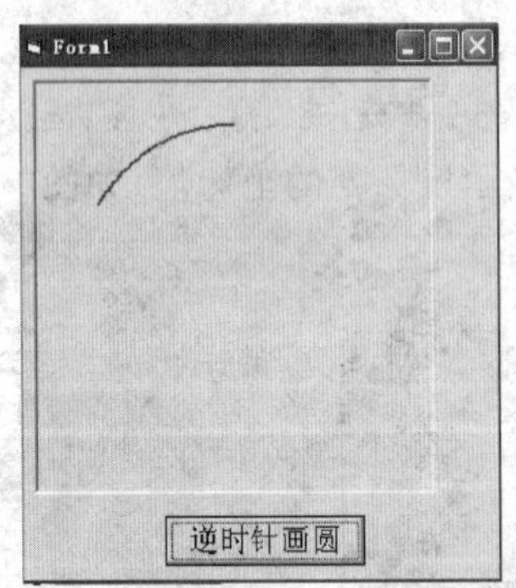

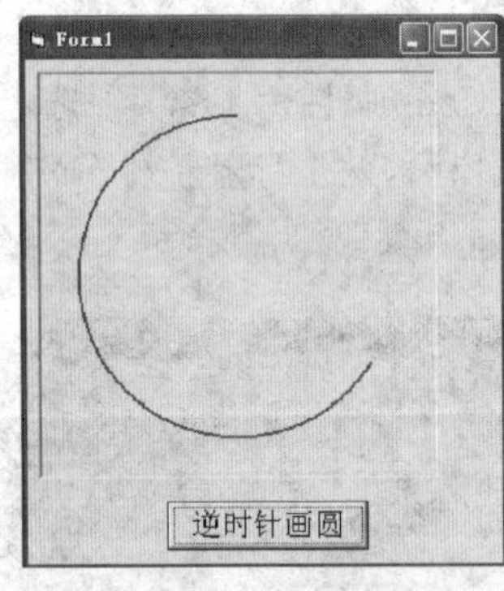

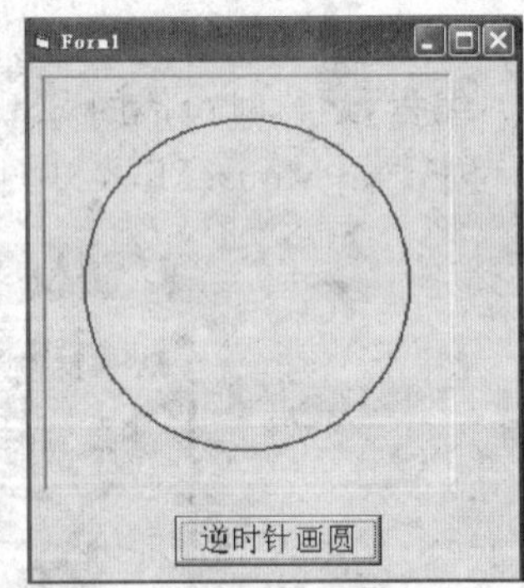

图 6-35　编程 5 按“逆时针画圆”按钮后的截图

第 7 章　对话框、文件管理控件和菜单设计

用 Visual Basic 可以十分方便快捷地为应用程序设计出标准的 Windows 界面，如提供三种人机交互工具：对话框、文件管理控件和菜单。

系统预定义的 InputBox 和 MsgBox 对话框之前已作介绍并使用，本章着重介绍通用对话框控件。将介绍的文件管理控件包括：盘驱动器列表框（DriveListBox），目录列表框（DirListBox）和文件列表框（FileListBox）。

在 Windows 环境中，几乎所有应用软件都提供菜单，在 Visual Basic 中，通过菜单编辑器可以设计菜单，可以为各菜单项编程，从而能有效地组织和控制应用程序各功能模块的运行。

7.1　通用对话框控件 CommonDialog

利用通用对话框控件可创建 6 种对话框，分别为“打开”、“另存为”、“颜色”、“字体”、“打印”和“帮助”对话框。

7.1.1　在工具箱中添加通用对话框图标

工具箱中通用对话框控件的图标为。

通用对话框不是标准控件，它属于 Visual Basic 的 ActiveX 控件，在使用前需要将它添加到工具箱中：单击“工程”菜单下“部件”选项或鼠标右击工具箱，在弹出的菜单中选择“部件”，打开“部件”对话框；在“部件”对话框中选“Microsoft Common Dialog Control 6.0”。如图 7－1 所示，图中右侧显示为添加了通用对话框控件的工具箱。

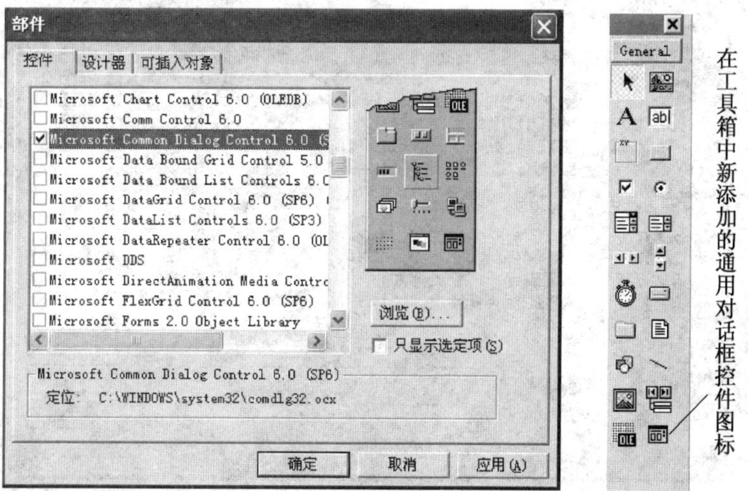

图 7－1　在“部件”对话框中的选择以及添加了通用对话框控件的工具箱

把通用对话框添加到工具箱以后，就可以像使用标准控件一样把它添加到窗体上。缺省情况下，通用对话框的名称为 CommonDialog1、CommonDialog2……运行时通用对话框不可见。

设计时建立了通用对话框控件（如 CommonDialog1）后，运行时可通过调用通用对话框的方法或设置其 Action 属性打开通用对话框，具体设置如表 7 - 1 所示。

表 7 - 1　打开通用对话框的方法与 Action 属性设置

类　型	Action 属性	方　法
“打开”对话框	1	ShowOpen
“另存为”对话框	2	ShowSave
“颜色”对话框	3	ShowColor
“字体”对话框	4	ShowFont
“打印”对话框	5	ShowPrinter
“帮助”对话框	6	ShowHelp

如执行“CommonDialog1. ShowOpen”或“CommonDialog1. Action = 1”的效果是相同的，都将调用打开文件对话框。

用户必须明确打开通用对话框后的对话过程改变了其什么属性？才能利用改变后的属性实现其编程意图。

7.1.2　调用“打开”/“另存为”对话框

1. 使用 ShowOpen 方法或设置 Action 属性为 1，可在运行时显示“打开”对话框

如已建立 CommonDialog1，执行“CommonDialog1. ShowOpen”或“CommonDialog1. Action=1”可调用如图 7 - 2 所示的“打开”对话框。用户可在“打开”对话框中选择文件。

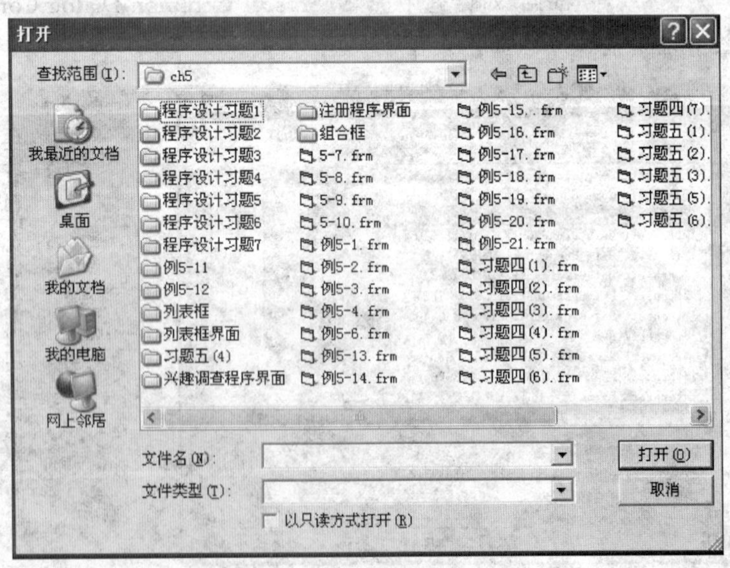

图 7 - 2　“打开”对话框

2. “打开”对话框改变通用对话框控件的 FileName 属性

若执行语句“CommonDialog1. ShowOpen”或“CommonDialog1. Action＝1”后，再执行语句“Print CommonDialog1. FileName”，可显示对话过程中所选择文件的全名。

可知，“打开”对话框改变了通用对话框控件的 FileName 属性。在程序中，可用于选择文件。

例 7－1　调用打开文件对话框选择图像文件，在影像框控件中显示。

(1) 界面设计如图 7－3 所示。

(2) 过程设计。运行时按“选择图像”按钮调用“打开”对话框，然后在影像框控件 Image1 中加载文件名为 CommonDialog1. FileName 的图像文件，如图 7－4 所示。

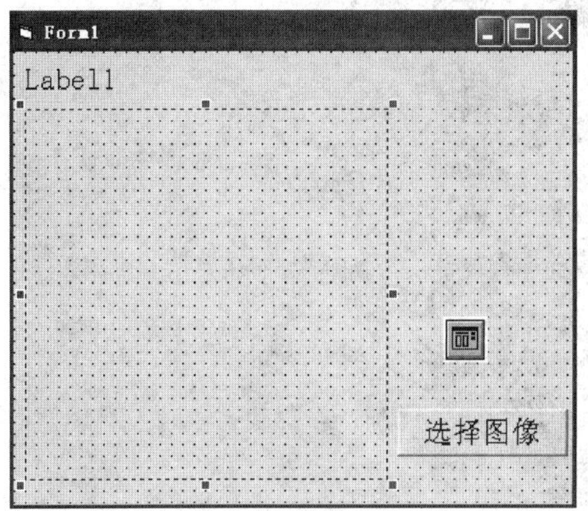

图 7－3　例 7－1 之界面设计

图 7－4　选择图像后的显示效果

程序中以标签控件显示 CommonDialog1. FileName，是为强调对话结果改变了通用对话框控件 CommonDialog1 的 FileName 属性这一事实。

程序代码窗口显示如下：

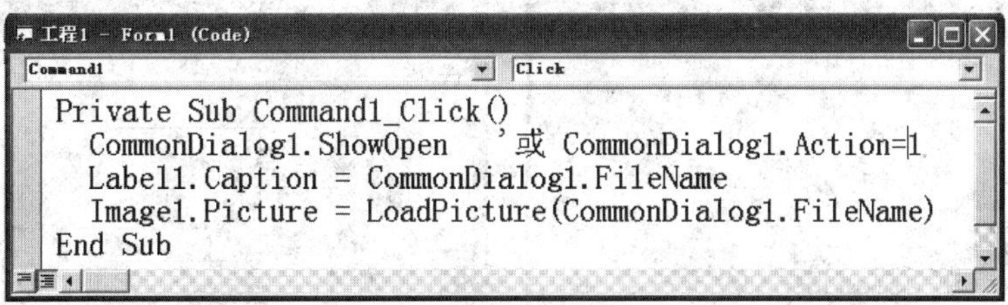

工程1 - Form1 (Code)

Command1　　Click

```
Private Sub Command1_Click()
  CommonDialog1.ShowOpen    '或 CommonDialog1.Action=1
  Label1.Caption = CommonDialog1.FileName
  Image1.Picture = LoadPicture(CommonDialog1.FileName)
End Sub
```

3. “打开”对话框与“另存为”对话框的区别

使用 ShowSave 方法或设置 Action 属性为 2，可在运行时显示“另存为”对话框。

“打开”与“另存为”对话框最主要的区别在于：

(1) 界面显示不同，后者不同于图 7－2 所示的只是其中两处，不是显示“打开”而是显示“另存为”。

(2) “打开”对话框通常用于选择已存在的文件，后续的操作一般为打开文件；“另存为”对话框通常用于确定新建文件，后续的操作一般为保存文件(如文件已经存在，则被重写)。

两者之间最大的共性在于：对话的结果改变了通用对话框控件的 FileName 属性。

7.1.3 调用"颜色"对话框

通用对话框为用户提供了一个标准的调色板界面，如图 7－5 所示。用户可以使用其中的基本颜色，也可以自己调色。当用户选中某一种颜色后，该颜色值赋给 Color 属性。

若执行语句"CommonDialog1. ShowColor"或"CommonDialog1. Action＝3"后，再执行语句"Form1. BackColor ＝ CommonDialog1. Color"，可将窗体背景色设置为在调色板中所选颜色。

可知，"颜色"对话改变了通用对话框控件的 Color 属性。程序中，可用于选择颜色。

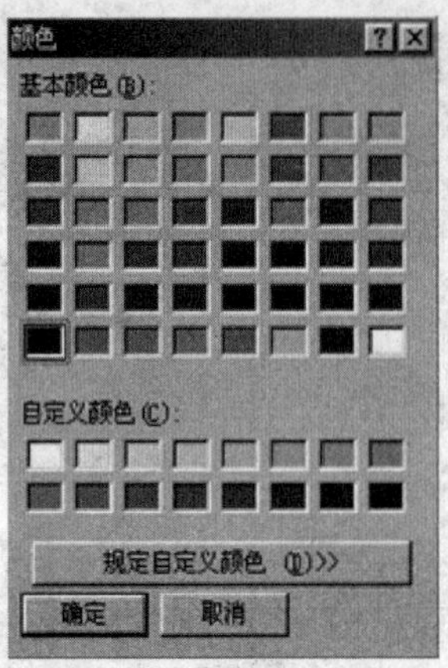

图 7－5 "颜色"对话框

例 7－2 设计一个简单的画板程序，可以根据选择线型的粗细、颜色，用鼠标在图片框内绘制矩形。界面设计如图 7－6 所示，运行时绘制图形的界面显示如图 7－7 所示。

(1) 界面设计。应建立通用对话框控件，用于选择颜色。

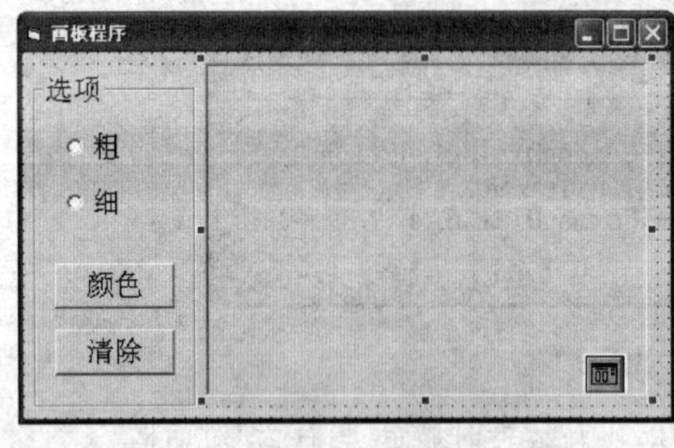

图 7－6 画板程序的界面设计

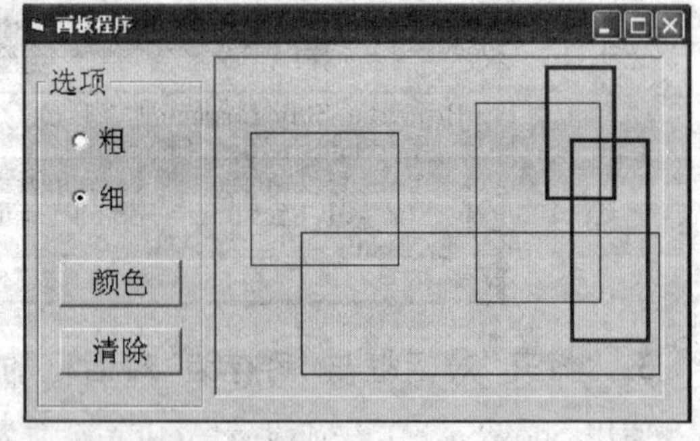

图 7－7 运行时绘制图形的界面显示

(2) 过程设计。单选按钮控件数组用于设置图片框控件中绘制图形边线的宽度。按"颜色"按钮作颜色对话，将所选择的颜色(CommonDialog1. Color)作为图片框控件的前景色。

为使所绘制矩形在拖动鼠标过程中即时显示，MouseMove 事件中增加了绘制矩形的语句。为此需要在鼠标按下后设置"异或"画笔，即设置 Picture1. DrawMode 属性为 10(缺省值为13):若点(x,y)颜色为a,再次在该点用颜色a画图,实际使用颜色为背景色,起到擦除的效果。

只有在拖动鼠标(不仅仅是移动)时Button才不为0,图片框的MouseMove事件在拖动鼠标过程中不断的擦除上次绘制的矩形、绘制新的矩形,实现了图7-7所示的效果。

程序代码窗口显示如下:

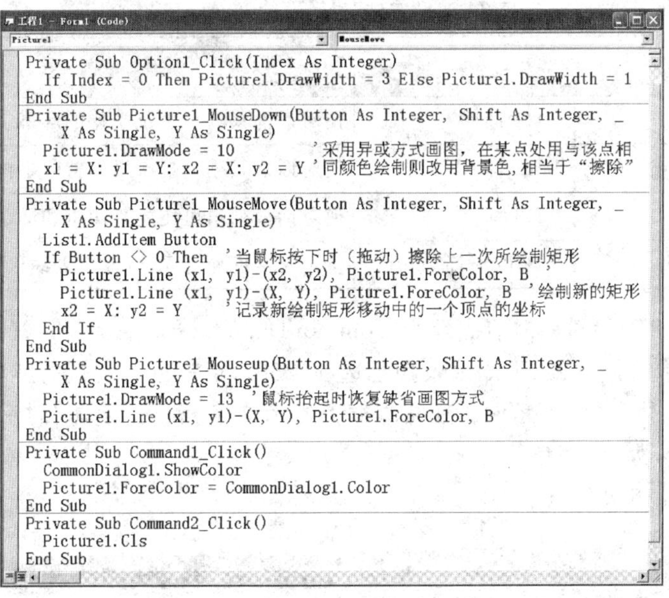

```
Private Sub Option1_Click(Index As Integer)
  If Index = 0 Then Picture1.DrawWidth = 3 Else Picture1.DrawWidth = 1
End Sub
Private Sub Picture1_MouseDown(Button As Integer, Shift As Integer, _
    X As Single, Y As Single)
  Picture1.DrawMode = 10           '采用异或方式画图, 在某点处用与该点相
  x1 = X: y1 = Y: x2 = X: y2 = Y '同颜色绘制则改用背景色, 相当于“擦除”
End Sub
Private Sub Picture1_MouseMove(Button As Integer, Shift As Integer, _
    X As Single, Y As Single)
  List1.AddItem Button
  If Button <> 0 Then  '当鼠标按下时(拖动)擦除上一次所绘制矩形
    Picture1.Line (x1, y1)-(x2, y2), Picture1.ForeColor, B '
    Picture1.Line (x1, y1)-(X, Y), Picture1.ForeColor, B  '绘制新的矩形
    x2 = X: y2 = Y        '记录新绘制矩形移动中的一个顶点的坐标
  End If
End Sub
Private Sub Picture1_Mouseup(Button As Integer, Shift As Integer, _
    X As Single, Y As Single)
  Picture1.DrawMode = 13  '鼠标抬起时恢复缺省画图方式
  Picture1.Line (x1, y1)-(X, Y), Picture1.ForeColor, B
End Sub
Private Sub Command1_Click()
  CommonDialog1.ShowColor
  Picture1.ForeColor = CommonDialog1.Color
End Sub
Private Sub Command2_Click()
  Picture1.Cls
End Sub
```

本例借画板程序重在介绍“颜色”对话框,感兴趣的读者,可以对其中涉及“异或”画笔的部分予以关注或模仿、使用。

7.1.4 调用“字体”对话框

运行时,使用通用对话框控件的ShowFont方法,或将其Action属性赋值为4,如执行语句“CommonDialog1. Flags=257: CommonDialog1. ShowFont”可显示如图7-8所示“字体”对话框。

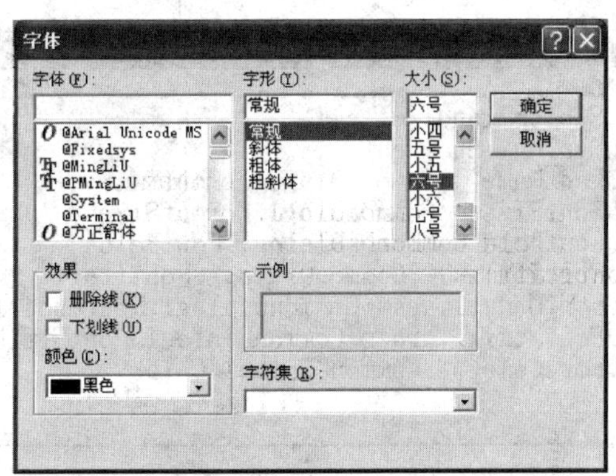

图7-8 “字体”对话框

对话的过程是作一系列选择的过程,对话的结果将改变通用对话框控件的以下属性:

FontName,选定字体的名称;FontBold,是否选定粗体;FontItalic,是否选定斜体;FontStrikethru,是否选定水平删除线;FontUnderline,是否选定下划线;FontSize,选定字体的大小;Color,选定字体的颜色。

Flags 属性决定对话框将呈现那些与字体相关的属性供选择,“字体”对话框的 Flags 属性见表 7-2。

表 7-2 “字体”对话框的 Flags 属性

系统常数	值	说明
CdlCFScreenFonts	&H1 即 1	使对话框只列出系统支持的屏幕字体
CdlCFPrinterFonts	&H2 即 2	使对话框只列出打印机支持的字体
CdlCFBoth	&H3 即 3	使对话框列出可用的打印机和屏幕字体
CdlCFEffects	&H100 即 256	指定对话框允许删除线、下划线以及颜色效果

因打开图 7-8 所示对话框前执行了“CommonDialog1. Flags = 257”(257=256+1),所以对话框有是否允许删除线、下划线及颜色选项(256),也有系统支持的屏幕字体选项(1)。

例 7-3 “字体”对话框示例。在文本框上显示文字,利用“字体”对话框来设置所显示文字的字体、字形、大小、颜色等。

(1) 界面设计如图 7-9 所示。

图 7-9 例 7-3 的界面设计

(2) 过程设计。程序代码如下:

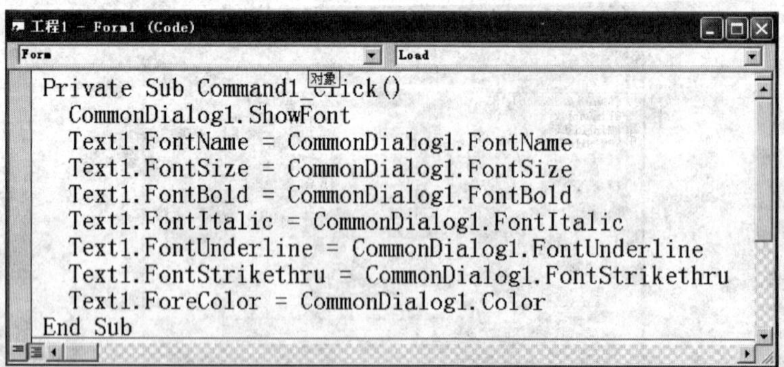

```
Private Sub Command1_Click()
  CommonDialog1.ShowFont
  Text1.FontName = CommonDialog1.FontName
  Text1.FontSize = CommonDialog1.FontSize
  Text1.FontBold = CommonDialog1.FontBold
  Text1.FontItalic = CommonDialog1.FontItalic
  Text1.FontUnderline = CommonDialog1.FontUnderline
  Text1.FontStrikethru = CommonDialog1.FontStrikethru
  Text1.ForeColor = CommonDialog1.Color
End Sub
```

程序运行时,单击“选择字体”按钮,在打开的“字体”对话框中选择设置的情况,以及此后文本框中的显示效果,如图 7-10 所示。

Visual Basic 除以上介绍的 4 种通用对话框外,还提供了“打印”和“帮助”对话框。

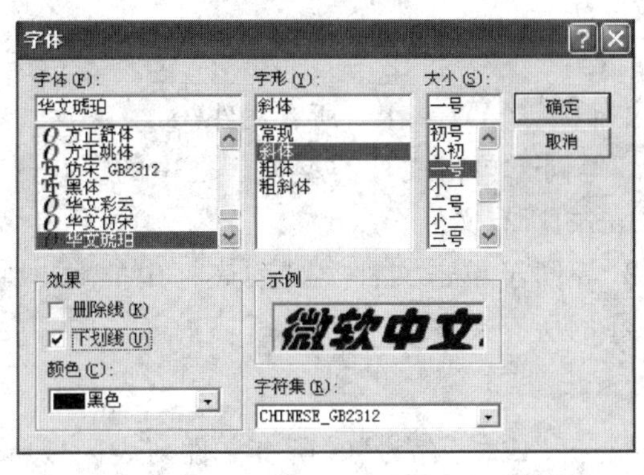

图 7-10　例 7-3 的运行情况

“打印”对话框可以设置打印输出的方法，如打印范围、打印份数以及当前安装的打印机信息等。“帮助”对话框则通过使用 ShowHelp 方法调用 Windows 系统的帮助引擎。这两种对话框的使用方法与前面介绍的类似，读者可以参考 Visual Basic 有关资料，得到进一步的说明。

7.1.5　通用对话框的其他重要属性

1. Filter 属性

“打开”或“另存为”对话框的文件列表区域中可能会包括不同类型的文件，在例 7-1 中所选择的文件必须是.BMP 或.JPG 类型，然后加载到图片或影像框控件中显示，错误的选择就会导致实时错误。

通过设置通用对话框控件的的 Filter 属性（缺省为空），可以使得“打开”或“另存为”对话框的文件列表区域中，仅仅显示某些类型的文件，使正确的选择更为快捷，使错误的选择成为不可能。

如果 Filter 属性为空，则不按类别过滤文件列表区域内的文件，而会显示指定文件夹下的所有子文件夹和文件。

例如，为 CommonDialog1.Filter 赋值如下：

"Word 文档(*.doc)|*.doc|文本文件(*.txt)|*.txt|所有文件(*.*)|*.*"

则在文件类型列表框中显示 3 个表项：“Word 文档(*.doc)”、“文本文件(*.txt)”和“所有文件(*.*)”，而在文件列表区域内只显示扩展名为.doc(排第一)的所有文件。

如果单击文件类型列表框中的“文本文件(*.txt)”，那么在文件列表区域内改为只显示扩展名为.Txt 的所有文件，等等。

“|”为管道符号，它将描述文件类型的字符串表达式(如“Word 文档”)与指定文件扩展名的字符串表达式(如“*.doc”)分隔开。上述例句中设置的文件类型列表为三项，可以仿照例句扩展为更多选项。

如在例 7-1 中可在 CommonDialog1.ShowOpen 之前加一语句“CommonDialog1.Filter="JPG 图片 1*jpg1Bnap 图片 *.*bmp”。

2. FilterIndex 属性

FilterIndex 属性为整型(缺省为 1)，仅当 Filter 属性非空时才起作用，是确定“打开”对话框的文件列表区域列出何种类型文件的又一方法。

例如,为 CommonDialog1. Filter 赋值如下:

"Word 文档(*.doc)|*.doc|文本文件(*.txt)|*.txt|所有文件(*.*)|*.*"

执行“CommonDialog1. FilterIndex = 1”等同于单击文件类型列表框中的“Word 文档(*.doc)”,文件列表区域只显示扩展名为.doc 的所有文件。

执行“CommonDialog1. FilterIndex = 2”等同于单击文件类型列表框中的“文本文件(*.txt)”,文件列表区域只显示扩展名为.txt 的所有文件。

3. InitDir 属性

InitDir 属性为字符型,用于确定刚打开“打开”或“另存为”时所有文件列表区域所显示的文件(夹)的盘符、路径。

例如,希望刚打开“打开”或“另存为”对话框后,能够显示 c:\windows 下所有文件(夹),则可先执行语句“CommonDialog1. InitDir ="c:\windows"。

如果指定的路径不存在,系统则默认为本程序文件所在的文件夹。

4. FileTitle 属性

FileTitle 属性为字符型,用于返回或设置用户要打开或保存的文件名(不含路径)。是包含路径的文件全名。

7.2 文件管理控件

在 Windows 应用程序中打开文件或保存文件时,通常需要打开一个对话框,用于选择文件所在的驱动器(盘)、文件夹(目录)、文件。在 Visual Basic 中,除了通用对话框控件外,还可使用驱动器列表框(DriveListBox)、目录列表框(DirListBox)以及文件列表框(FileListBox)控件,3 种控件的组合,创建类似 Windows 资源管理器的文件操作对话框,用于选择文件。

7.2.1 驱动器列表框控件

驱动器列表框控件用于显示驱动器列表,工具箱中该控件图标为。

该控件缺省的名称为:Drive1、Drive2……

1. 驱动器列表框

(1) Drive 属性(字符串类型)。用来设置当前驱动器或返回所选择的驱动器名。Drive 属性只能在程序运行时赋值,而不能通过属性窗口设置。

赋值语句格式:**＜驱动器列表框控件名＞. Drive=＜驱动器名＞**

格式中的“驱动器名”为指定的驱动器,也就是说使该驱动器成为当前驱动器;如果所指定的驱动器在系统中不存在,则产生错误。

“驱动器名”字符串的第一个字符是有效字符(不区别大小写),语句 Drive1. Drive="CDE"和 Drive1. Drive="c:"作用相同,都是把当前驱动器设置为"c:"。

运行时若选择驱动器,则 Drive 属性值自动设置为所选择的驱动器名。如单击驱动器列表框控件 Drive1 中 D:盘图标,则 Drive1. Drive 的值为"d:"。

驱动器列表框中显示的驱动器名都是由系统自动生成的,用户只能通过列表框选择使用,DriveListBox 控件没有用于添加或删除列表项的 AddItem、RemoveItem 等方法。

(2) ListIndex 属性(0～ListCount－1)。返回被选中表项的索引值。

(3) List 属性(字符串数组)。List 数组的每一个元素都是驱动器列表框控件的一个列表项,为 1 个驱动器名,数组下标从 0～ListCount－1。

(4) ListCount 属性(正整数)。ListCount 属性值表示系统中驱动器的个数。若系统有驱动器 a:、c:、d:、e:、f:(光驱),则驱动器列表框控件 Drive1 的 ListCount 属性值为 5,执行下列语句后在窗体上输出的结果为"a: c: d: e: f:"。

```
For i=0 To Drive1.ListCount - 1
   Print Drive1.List(i);
Next i
```

2. 驱动器列表框控件常用事件

当驱动器列表框 Drive 属性改变时引发 Change 事件。运行时单击驱动器列表框中某驱动器图标,Drive 属性值自动设置为所选的驱动器名,因此引发驱动器列表框 Change 事件。

在代码中对驱动器列表框控件的 Drive 属性赋值也会引发 Change 事件。但如果所选的驱动器或所赋的值与驱动器列表框原来的 Drive 属性值相同,则不会引发 Change 事件。

例 7-4 在窗体上设计一个驱动器列表框控件 Drive1、标签控件 Label1。初始显示当前驱动器为 C:盘;选择驱动器列表框中的盘符,在标签上显示相应的当前驱动器信息。

(1) 界面设计与运行时的显示结果如图 7-11 所示。

(a) 界面设计

(b) 运行时初态

(c) 下拉、选择

(d) 选择效果

图 7-11 例 7-4 之界面设计与运行时的显示结果

(2) 过程设计。程序代码如下:

```
Private Sub Form_Load()
    Drive1.Drive = "c:"
    Label1.Caption = "当前驱动器为: " + Drive1.Drive
End Sub
Private Sub Drive1_Change()
    Label1.Caption = "当前驱动器为: " + Drive1.Drive
End Sub
```

7.2.2 目录列表框控件

目录列表框控件在工具箱中的图标为▭,缺省的控件名称为：Dir1、Dir2、……

目录列表框控件用于显示目录列表,图 7－12 所示是设计时的界面显示、应用程序所在目录"7－5"为当前目录。图 7－13 所示是运行时的界面显示,其中"c:\"是系统当前目录。

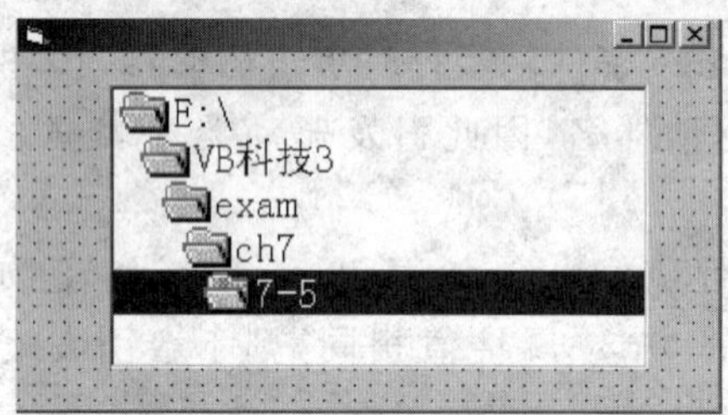

图 7－12 目录列表框设计时界面显示

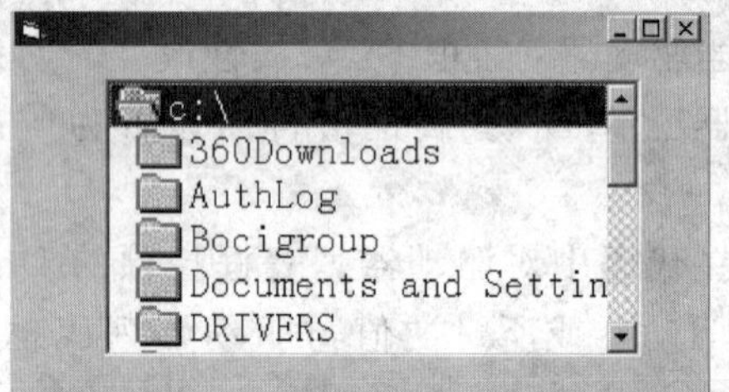

图 7－13 目录列表框运行时界面显示

目录列表框一般应与驱动器列表框联合使用,否则只能访问系统当前目录下的各级目录。如图 7－13 所示,只能访问 C：\下各级目录。

1. 目录列表框控件常用属性

(1) Path 属性。用以返回或设置目录列表框的当前目录。Path 属性决定目录列表框显示哪个目录的下一级子目录结构。如图 7－13 所示显示的是"c:\"下的子目录、相应的 Path 属性为"c:\";如果双击列表中的"DRIVERS",则"DRIVERS"被突出显示,同时显示其下一级子目录,且 Path 属性当前值为"c:\ DRIVERS"。

Path 属性值最后一个字符是否为"\",取决于目录列表框的当前目录是否为根目录。

改变目录列表框的 Path 属性主要有以下两种方法：

① 双击目录列表框某一表项,其 Path 属性被设置为被该表项所对应的目录。

② 目录列表框的 Path 属性可以在运行时用赋值语句设置。

赋值语句格式：＜**目录列表框名**＞**. Path＝**＜**目录路径名**＞

(2) ListIndex 属性。用以返回被选中表项的索引值。单击目录列表框中某目录图标时,该目录被突出显示表示被选中,同时改变 ListIndex 属性,但并不改变 Path 属性。若要改变 Path 属性值为所选中的目录路径,如上所述,应执行语句：＜目录列表框名＞. Path＝＜目录列表框名＞. List(＜目录列表框名＞. ListIndex)目录列表框表项的索引号遵循以下规则：当前目录所对应的索引号为－1,当前目录的父目录所对应的索引号为－2,当前目录父目录的父目录所对应的索引号为－3,依此类推;当前目录的第一个子目录所对应的索引号为0,第二个子目录所对应的索引号为1,……当前目录的最后一个子目录所对应的索引号为ListCount－1。

(3) List属性(字符串数组)。List数组中每一个元素都对应着目录列表框中的一个表项,该数组由系统自动生成,数组List的下标取值范围为－n～ListCount－1,其中－n为根目录所对应的索引号。

(4) ListCount属性。表示当前目录的一级子目录数量,而不表示目录列表框中表项个数。如图7-12所示的中当前目录“7－5”下的一级子目录已全部显示,则Dir1. ListCount属性值为0。

2. 目录列表框控件常用事件

(1) Change事件。当目录列表框的Path属性值发生改变时,引发Change事件。

双击目录列表框的表项,Path属性值自动设置为被双击的目录路径,并引发Change事件。

如前所述,欲单击目录列表框Dir1中某目录,却实现双击的效果,应在单击后执行语句“Dir1. Path = Dir1. List(Dir1. ListIndex)”。

(2) Click事件。单击目录列表框控件Dir1的某一表项时,引发Click事件。被单击的表项被突出显示,ListIndex的值发生改变,但Dir1. Path属性没有改变。

使目录列表框显示指定驱动器下的目录,应执行如下语句:

＜目录列表框名＞. Path＝＜驱动器列表框名＞. Driver

例7-5 显示选定驱动器下的目录列表。

(1) 界面设计如图7-14所示。

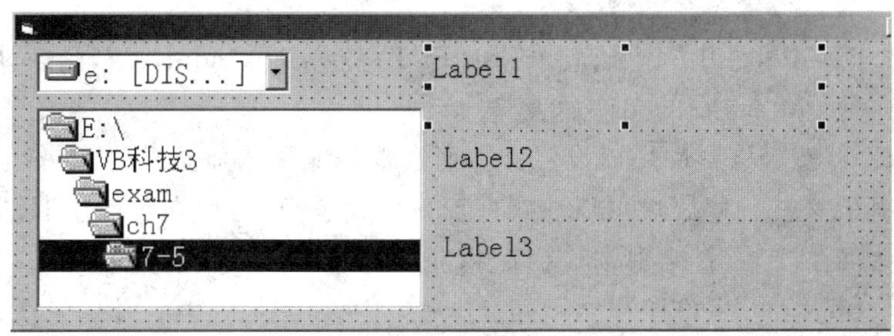

图7-14 例7-5之界面设计

(2) 过程设计。程序代码如下:

```
工程1 - Form1 (Code)
Dir1                                    Click
Private Sub Drive1_Change()   '单击驱动器列表框引发Change事件
  Dir1.Path = Drive1.Drive    '使Dir1的目录显示与驱动器选择同步
End Sub
Private Sub Dir1_Change()   '双击引发Path改变
  Label1.Caption = "Dir1.ListIndex " & Dir1.ListIndex
  Label2.Caption = "Dir1.ListCount " & Dir1.ListCount
  Label3.Caption = "Dir1.Path " & Dir1.Path
End Sub
Private Sub Dir1_Click() '单击, 不改变Path属性显示
  Call Dir1_Change   '因此调用Dir1_Change仅ListIndex可能改变
End Sub
```

运行时单击Driver1中C:[WINXP]的结果如图7-15所示。由于Drive1_Change事件中的语句“Dir1. Path = Drive1. Drive”,使Dir1的目录显示与驱动器选择同步。

当前路径 Path 为“C：\”，当前目录的 ListIndex 总是－1，其下一级目录有 16 个。

然后单击 Dir1 中“Bocigroup”表项的结果如图 7－16 所示，单击 Dir1 中表项不能改变其 Path 属性(当然也不能改变 ListCount 属性)，仅改变 ListIndex 属性。

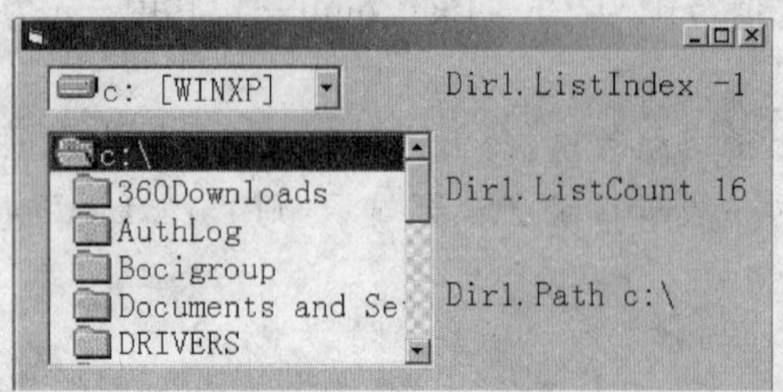

图 7－15　单击 Driver1 中 C:[WINXP]的结果

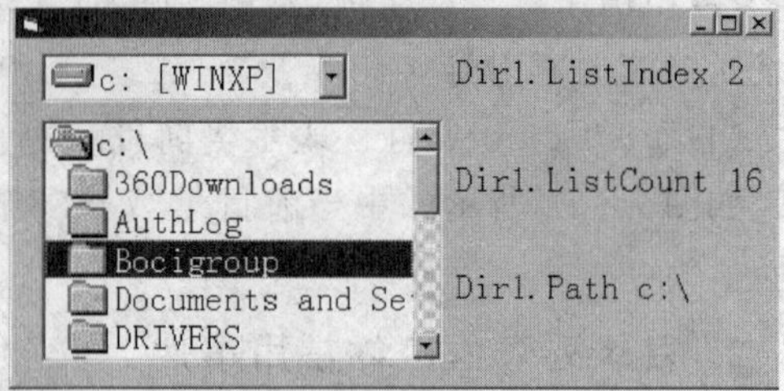

图 7－16　单击 Dir1 表项“Bocigroup”的结果

请读者考虑，在 Dir1_Click 事件中加入语句“Dir1. Path ＝ Dir1. List(Dir1. ListIndex)”的结果又会如何？

7.2.3　文件列表框控件

文件列表框控件用于显示当前目录中的文件列表，该控件图标为。

文件列表框控件缺省的控件名称为：File1、File2、……

1. 文件列表框控件常用属性

(1) Path 属性。文件列表框总是显示 Path 属性所指示的文件夹中的文件，该属性不能设计时通过属性窗口设置。

若在 Form_Load 事件中写入语句“File1. Path＝"C：\Windows"”，则窗体装入后 File1 显示文件夹 C：\Windows 中的文件列表。

(2) Pattern 属性。该属性用以设置文件列表框中文件的显示模式，缺省值为“＊.＊”表示显示所有类型的文件。此属性可以在属性窗口中设置，也可以在程序中通过赋值设置。

字符串中为若干个用分号间隔的文件名，在文件名中可以含有通配符。

例如，在 Form_Load 事件中写入语句 File1. Pattern＝"＊.exe"，使 File1 列表框中只显示所有扩展名为 EXE 的文件；写入语句 File1. Pattern＝"＊.dat;a＊.＊"，使 File1 列表框只显示所有扩展名为.dat 以及文件名首字符为 a 的文件。

(3) FileName 属性。用以设置或返回所选文件的文件名(不包含路径信息)，不能在属性窗口中设置，运行时若在文件列表框中选择文件，将自动设置 FileName 属性值。

它不同于通用对话框控件的 FileName 属性(它返回包含路径信息的文件全名)，目录列表框的 FileName 属性只包含文件的主名和扩展名。

为确保能够得到通过文件列表框所选文件的全名 fs，应作以下操作：

```
If Right(File1.Path, 1) = "\" Then
  fs = File1.Path + File1.FileName
Else
  fs = File1.Path + "\" + File1.FileName
End If
```

在 Windonws XP 之后的版本中运行，可直接写作“fs＝File. path＋"\"＋File1.

FileName”。

同样，在实际应用中不仅需要目录列表框与驱动器列表框联动，文件列表框也要随着目录列表框的改变而变化，下列语句可以实现控件 Drive1、Dir1、File1 的联合使用。

```
Private Sub Drive1_Change()
  Dir1.Path=Drive1.Drive
End Sub
Private Sub Dir1_Change()
  File1.Path=Dir1.Path
End Sub
```

2. 文件列表框控件常用事件

(1) Click 事件。当单击文件列表框中的表项时，引发 Click 事件。

(2) DblClick 事件。当双击文件列表框中的表项时，引发 DblClick 事件。

与驱动器列表框、目录列表框不同的是，文件列表框不响应 Change 事件。

文件列表框支持 PathChange 和 PatternChange 事件，当文件列表框的 Path 属性值发生变化时引发 PathChange 事件；当文件列表框的 Pattern 属性值改变时引发 PatternChange 事件。

例 7-6　在窗体上建立驱动器、目录、文件列表框，统计所选目录下一级子目录数与文件数。

(1) 界面设计如图 7-17 所示。

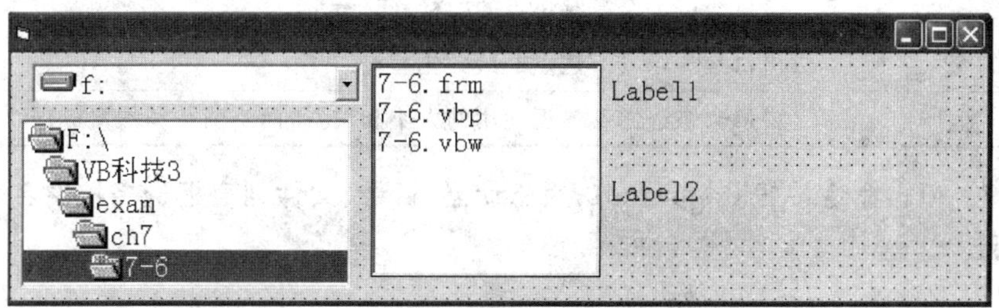

图 7-17　例 7-6 之界面设计

(2) 过程设计。将驱动器、目录、文件列表框联合使用，统计 Dir1.ListCount 属性值当前目录下一级子目录数，File1.ListCount 属性值当前下文件数。

程序代码如下：

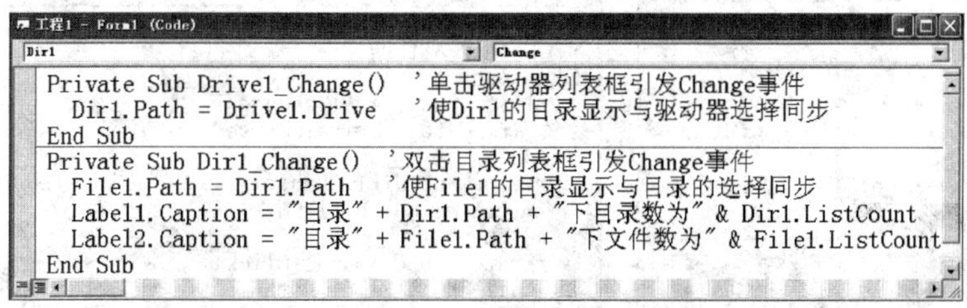

```
Private Sub Drive1_Change()   '单击驱动器列表框引发Change事件
  Dir1.Path = Drive1.Drive    '使Dir1的目录显示与驱动器选择同步
End Sub
Private Sub Dir1_Change()   '双击目录列表框引发Change事件
  File1.Path = Dir1.Path    '使File1的目录显示与目录的选择同步
  Label1.Caption = "目录" + Dir1.Path + "下目录数为" & Dir1.ListCount
  Label2.Caption = "目录" + File1.Path + "下文件数为" & File1.ListCount
End Sub
```

运行时的显示结果如图 7-18 所示，只有双击控件 Dir1 其 Change 事件才会响应。

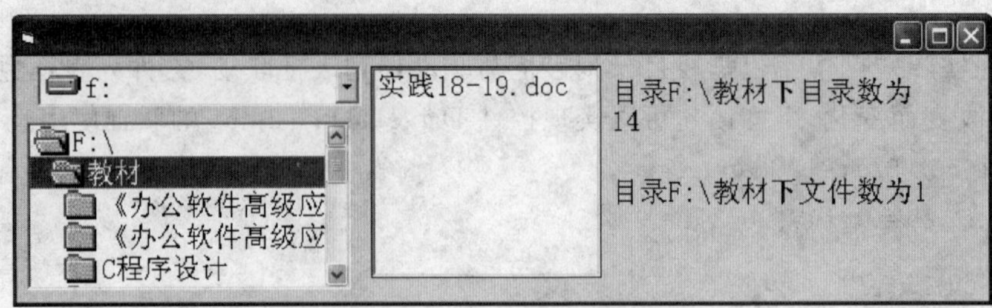

图 7-18　例 7-6 之运行结果显示

7.2.4　直接调用外部可执行文件的 Shell 函数

使用 Shell 函数可以调用外部可执行文件(扩展名如.exe、.com、.bat 等),缺省扩展名为.exe,不能执行操作系统内部命令及所有非执行文件(如.DOC 文档),否则将显示出错信息。

格式:**Call Shell(<FileName>[,style])　或　Shell <FileName>[,style]**

其中:FileName 为字符串,是所调用可执行文件的全名。style 参数用于规定当前窗口与被调用文件窗口的不同状态,取值及含义如表 7-3 所示。

表 7-3　style 属性取值及其含义

style 属性取值	含　义
0	窗口被隐藏,且焦点会移到隐藏窗口
1	窗口具有焦点,且会还原到它原来的大小和位置
2	窗口会以一个具有焦点的图标来显示
3	窗口是一个具有焦点的最大化窗口
4	窗口会被还原到最近使用的大小和位置,而当前活动的窗口仍然保持活动

例 7-7　单击命令按钮 Command1,用驱动器、目录、文件列表框选择扩展名为.EXE 的文件并执行。

(1) 界面设计如图 7-19 所示。

(2) 过程设计,如图 7-20 所示。若系统中"画图"程序全名为"c:\windows\system32\mspaint.exe",选择该文件后,程序中的 Call Shell 语句可用最大化窗口(参数 3)打开画图程序,关闭画图程序后,依然回到应用程序界。读者可以尝试寻找系统中其他执行文件如 Winword.exe,体会用 Call Shell 语句调用外部可执行文件的方法。

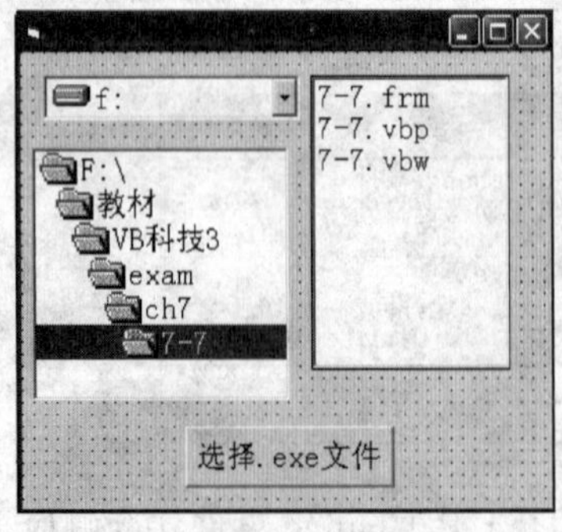

图 7-19　例 7-7 之界面设计

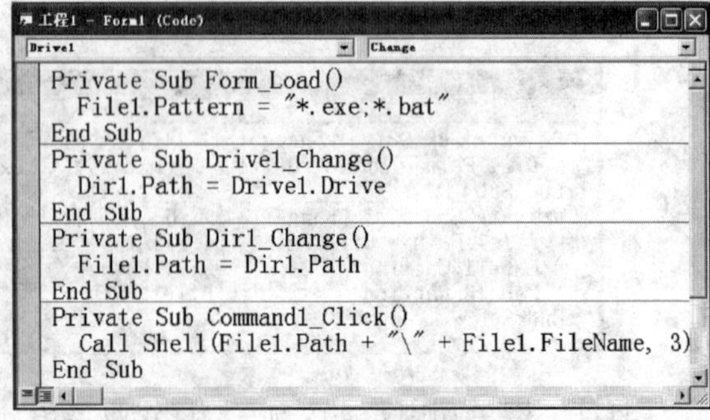

图 7-20　例 7-7 过程设计

7.3 菜单设计

7.3.1 菜单的类型

菜单是图形化界面一个必不可少的元素，通过菜单对各种命令按功能进行分组，使用会更加方便和直观。Windows 环境下的应用程序一般为用户提供 3 种菜单：窗体控制菜单、下拉菜单与快捷菜单，图 7-21 所示为 Windows 应用程序的下拉菜单和快捷菜单及菜单项中的相关项目说明。

Visual Basic 中的每一个菜单项就是一个控件，菜单也具有定义其外观和行为的属性。在设计或运行时可设置 Caption、Enabled、Visible 和 Checked 属性等，菜单控件只能识别 Click 事件，当用鼠标或键盘选中某个菜单控件时，将引发该事件。

7.3.2 菜单编辑器

Visual Basic 6.0 没有菜单控件，但提供了建立菜单的菜单编辑器。选择"工具"菜单中"菜单编辑器"选项，可以进入菜单编辑器编辑菜单，如图 7-22 所示。

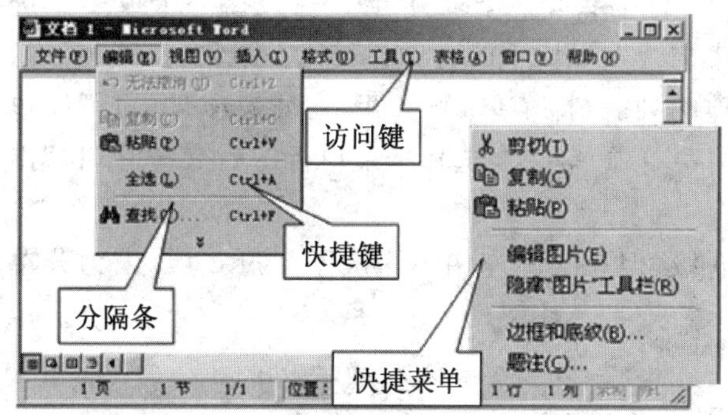

图 7-21　下拉菜单、快捷菜单与菜单中的元素

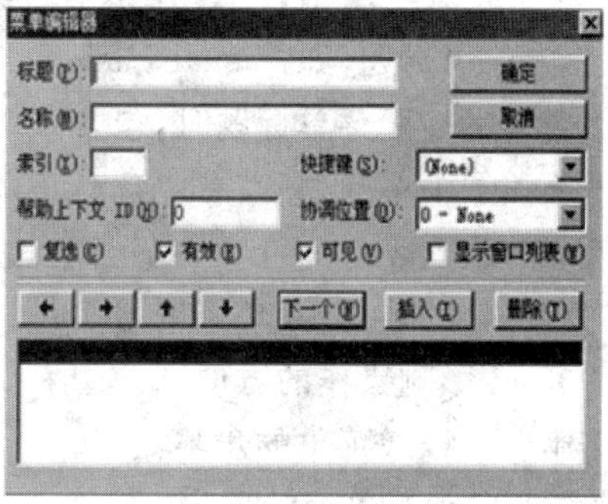

图 7-22　菜单编辑器

图中各选项的含义如下：

(1) 标题。运行时各项菜单的字面解释，即在菜单中显示的自定义文本。

(2) 名称。用来惟一识别该菜单，是运行时单击该菜单项所执行的事件过程的名称，如标题为"打开文件"、名称为"Fopen"，程序运行时单击菜单项"打开文件"所执行的事件过程为 Fopen_Click。

(3) 索引。如果建立菜单数组，必须使用该属性。

(4) 快捷键。在该下拉列表框中可以为调用事件过程确定快捷键，缺省的表项是 None。快捷键将显示在菜单项后，如"打开文件 Ctrl+O"。

(5) 复选。设置菜单项的 Checked 属性。当该属性值为 True 时，在菜单项前面显示一个复选标志。若某菜单项有复选标志，再选时希望无复选标志，除在设计时设置该菜单项具有复选功能外，还必须在相应事件过程中写入代码"菜单名. Checked = Not 菜单名. Checked"。

(6) 有效。设置菜单项的 Enabled 属性,缺省值为 True。若要在程序运行时使某个菜单项不可选,可设置为 False。

(7) 可见。设置菜单项的 Visible 属性,缺省值为 True。若要在程序运行时使某个菜单项不可见,可设置为 False。

(8) 选项移动按钮。"左移"、"右移"按钮可使编辑器窗口选定的菜单项左边减少或增加 4 个点。若某菜单项比它上一行的菜单项多 4 个点,则该选项作为上一菜单项的子菜单。

"上移"按钮可以使编辑器窗口选定的菜单项移动到上一行菜单项的上边,"下移"按钮可以使编辑器窗口选定的菜单项移动到下一行菜单项的下边。

(9)"下一个"按钮,单击该按钮光标从当前菜单项移到下一项,如果当前菜单项是最后一项,则加入一个新的菜单项。

(10)"插入"按钮,在当前选择的菜单项前插入一个新的菜单项。

(11)"删除"按钮,删除当前选择的菜单项。

在菜单设计过程中,已经设计的菜单项及其上下级关系都会显示在菜单编辑器下端的列表框中,读者可以非常直观地修改、调整有关的菜单项。

7.3.3 下拉式菜单

在下拉式菜单中,一般有一个主菜单,称为菜单栏。每个菜单栏包括一个或多个选择项,称为菜单标题,如 Visual Basic 6.0 集成开发环境中的文件、编辑、视图、工程等。

当单击一个菜单标题时,包含菜单项的列表(即菜单)被打开,在列表项目中,可以包含分隔条和子菜单标题(其右边含有三角的菜单项)等。当选择子菜单标题时又会"下拉"出下一级菜单项列表。

Visual Basic 的菜单系统最多可达 6 级,但在实际应用中一般不超过 3 层,因为菜单层次过多,会影响操作的方便性。

建立下拉式菜单的步骤如下:

(1) 启动菜单编辑器。

(2) 输入菜单标题、菜单名称(快捷键、复选、有效、可见等属性不是必选的)。

(3) 用菜单移动按钮调整菜单位置, 重复以上操作步骤直到完成菜单输入后单击"确定"按钮。

下拉式菜单建立以后,需要为相应的菜单项编写事件过程代码,以便在运行时选择菜单项、实现具体的功能。

例 7-8 建立下拉式菜单,通过菜单来控制文本框中文字的字体、颜色等。

(1) 界面设计与菜单设计示意图如图 7-23 所示。运行时以通用对话框控件选择"颜色",设置标签中文字颜色和背景颜色。

按表 7-4 详细设置各菜单项,说明如下:

宋体、楷体、黑体等菜单项分别设置为菜单数组,它们使用相同的菜单名称,如 FontN,必须为各元素设置不同的索引值。

分隔条是一个特殊的菜单项,其标题以一个"-"(减号)表示,同时必须为它设置菜单名称。运行时将在所显示的上、下两个菜单项间出现一条直线。

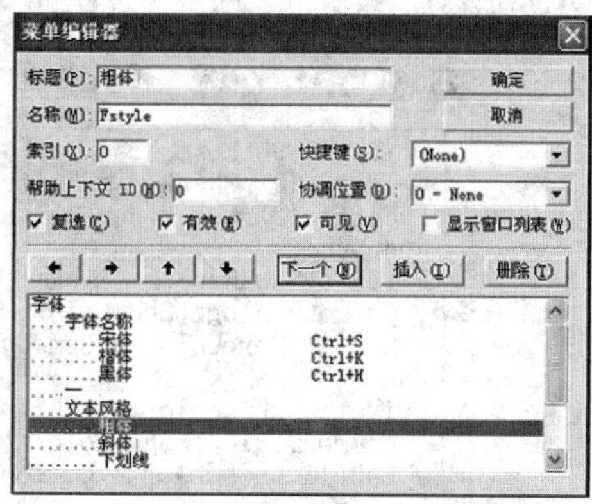

图 7-23　例 7-8之界面设计与菜单设计示意图

如本例中，程序运行时将在“字体名称”和“文本风格”两个菜单项之间显示一条直线。

快捷键是指与该菜单项相对应的功能键或组合键(本例使用了组合键)，运行时按下快捷键的作用相当于鼠标单击对应的菜单项、执行 Click 事件程序代码。

为常用的菜单项设置对应的快捷键，提供了一种快速操作下拉菜单的方法。设置快捷键的方法很简单，只要在菜单编辑器中选中需要设置快捷键的菜单项(表 7-4)，然后在快捷键列表框中选择即可。本例中，设置了“宋体”的快捷键为“Ctrl+S”。

表 7-4　菜单项的设置

菜单标题(Caption)	菜单名称(Name)	索引值	是否复选	说　明
字体	f1			
字体名称	f11			
宋体	FontN	0		快捷键“Ctrl+S”
楷体	FontN	1		快捷键“Ctrl+K”
黑体	FontN	2		快捷键“Ctrl+H”
—	f12			用作分隔条
文本风格	f13			
粗体	Fstyle	0	√	
斜体	Fstyle	1	√	
下划线	Fstyle	2	√	
颜色	f2			
文字颜色	Fcolor			
背景颜色	Bcolor			
结束	Ext			

(2) 过程设计。设置颜色的事件过程和 Load 事件过程代码如下：

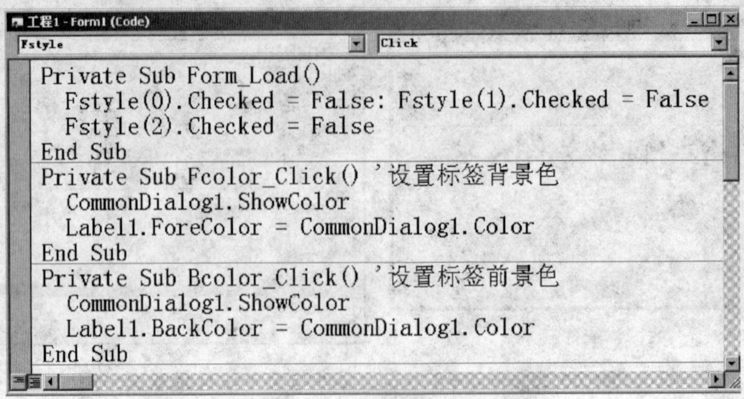

```
Private Sub Form_Load()
  Fstyle(0).Checked = False: Fstyle(1).Checked = False
  Fstyle(2).Checked = False
End Sub
Private Sub Fcolor_Click() '设置标签背景色
  CommonDialog1.ShowColor
  Label1.ForeColor = CommonDialog1.Color
End Sub
Private Sub Bcolor_Click() '设置标签前景色
  CommonDialog1.ShowColor
  Label1.BackColor = CommonDialog1.Color
End Sub
```

由于标签中字体在设计时 FontBold 等属性均为 False，同步在 Load 事件中将 Checked 属性也设置为 False。

设置字体名称和文本风格的过程代码如下：

```
Private Sub FontN_Click(Index As Integer)
  Select Case Index
    Case 0: Label1.FontName = "宋体"
    Case 1: Label1.FontName = "楷体_gb2312"
    Case 2: Label1.FontName = "黑体"
  End Select
End Sub
Private Sub Fstyle_Click(Index As Integer)
   Select Case Index
     Case 0:                 '设置是否加粗
       Fstyle(0).Checked = Not Fstyle(0).Checked
       Label1.FontBold = Fstyle(0).Checked
     Case 1:                 '设置是否斜体
       Fstyle(1).Checked = Not Fstyle(1).Checked
       Label1.FontItalic = Fstyle(1).Checked
     Case 2:                 '设置是否加下划线
       Fstyle(2).Checked = Not Fstyle(2).Checked
       Label1.FontUnderline = Fstyle(2).Checked
   End Select
End Sub
Private Sub Ext_Click()
  End
End Sub
```

7.3.4 弹出式菜单

弹出式菜单是独立于菜单栏显示在窗体或指定控件上的浮动菜单，菜单的显示位置与鼠标当前位置有关。

实现弹出式菜单的步骤为：

在菜单编辑器中建立菜单。

在窗体或控件的 MouseUp 或 MouseDown 事件中调用 PopupMenu 方法显示该菜单。

PopupMenu 方法使用格式：**PopupMenu ＜菜单名＞[,flags[,x[,y[,Boldcommand]]]]**

格式中，关键字“PopupMenu”可以前置窗体名称；＜菜单名＞是指通过菜单编辑器设计的、至少有一个子菜单项的菜单名称(Name)；Boldcommand 参数指定需要加粗显示的菜单项，注意只能有一个菜单项加粗显示；Flags 参数为常数，用来定义显示位置与行为，见表7-5。

表 7-5 Flags 参数的取值及含义

系统常量	值	说　明
vbPopupMenuLeftAlign	0	缺省值，指定的 x 位置作为弹出式菜单的左上角
vbPopupMenuCenterAlign	4	指定的 x 位置作为弹出式菜单的中心点
vbPopupMenuRightAlign	8	指定的 x 位置作为弹出式菜单的右上角
vbPopupMenuLeftButton	0	菜单命令只接受鼠标左键单击
vbPopupMenuRightButton	2	菜单命令可接受鼠标左键、右键单击

表中前面 3 个为位置常数，后 2 个是行为常数。这两组常数可以相加或用 or 连接，如 vbPopupMenuCenterAlign or vbPopupMenuRightButton　或 6（即 2+4）。

例 7-9 弹出式菜单应用实例。保持例 7-8 其他界面、功能不变，仅将其中字体(f1)菜单设计为弹出式菜单。

(1) 界面设计、菜单设计与例 7-8 完全相同。

(2) 过程设计。仅需要增加下列代码：

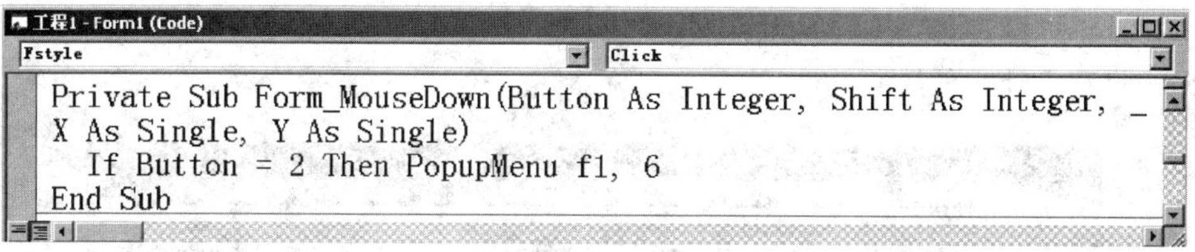

```
Private Sub Form_MouseDown(Button As Integer, Shift As Integer, _
X As Single, Y As Single)
  If Button = 2 Then PopupMenu f1, 6
End Sub
```

其中语句"If Button = 2 Then PopupMenu f1, 6"作用是，若按下的是鼠标右键，则弹出菜单 f1。鼠标点击处的 x 坐标为菜单的中心点坐标、y 坐标为菜单上边沿的坐标，菜单命令可接受鼠标左键、右键单击。运行时下拉式菜单的效果如图 7-24 所示。

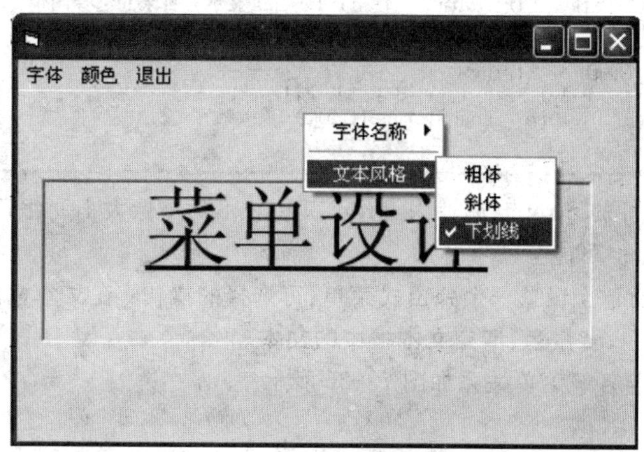

图 7-24　例 7-9 运行时下拉式菜单的效果

7.4 实 例

例 7-10 在窗体上建立驱动器、目录、文件列表框，用于选择图片文件，所选文件在影像框中显示。

(1) 界面设计，如图 7-25 所示。

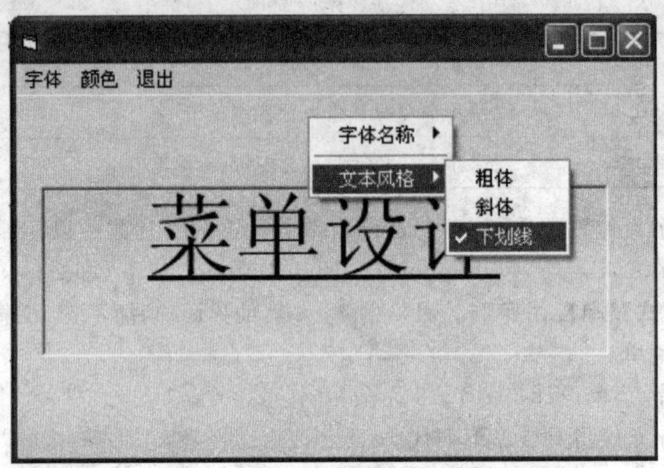

图 7-25 例 7-10 之界面设计

(2) 过程设计代码如下。

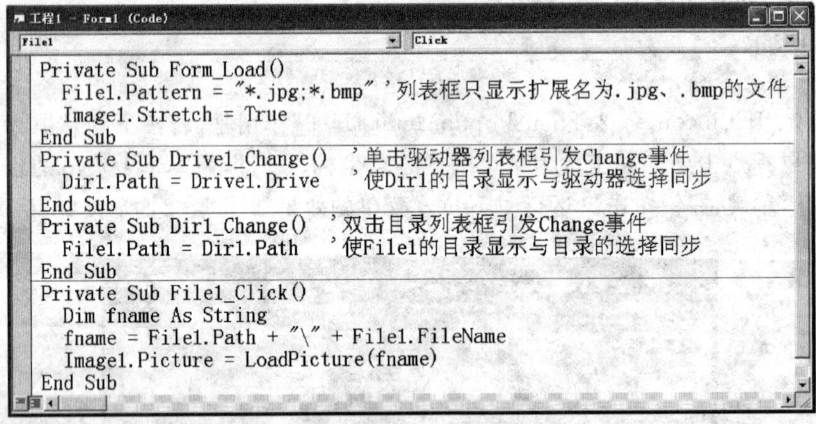

```
Private Sub Form_Load()
  File1.Pattern = "*.jpg;*.bmp" '列表框只显示扩展名为.jpg、.bmp的文件
  Image1.Stretch = True
End Sub
Private Sub Drive1_Change()  '单击驱动器列表框引发Change事件
  Dir1.Path = Drive1.Drive   '使Dir1的目录显示与驱动器选择同步
End Sub
Private Sub Dir1_Change()  '双击目录列表框引发Change事件
  File1.Path = Dir1.Path   '使File1的目录显示与目录的选择同步
End Sub
Private Sub File1_Click()
  Dim fname As String
  fname = File1.Path + "\" + File1.FileName
  Image1.Picture = LoadPicture(fname)
End Sub
```

设置 Image 控件的 Stretch 属性为 True，其边长不随图像大小变化，图像可以全部显示（在影像框中平铺），但可能会产生变形。

例 7-11 在窗体上设置一个弹出式菜单，可选择的操作：在文本框内显示时间、日期，设置文本框的前景色、背景色，清空文本框中的文本。

(1) 界面设计与各级菜单关系如图 7-26 所示。

图 7-26　例 7-11 界面设计与弹出菜单示意图

菜单项的设置见表 7-6。

表 7-6　菜单项的设置

菜单标题(Caption)	菜单名称(Name)	索引值	是否可见
顶层	m		√
显示日期时间	m1(m 的子菜单)		√
显示日期	dt(m1 的子菜单)	0	√
显示时间	dt(m1 的子菜单)	1	√
设置颜色	m2(m 的子菜单)		√
前景色	cc(m2 的子菜单)	0	√
背景色	cc(m2 的子菜单)	1	√
清空文本框	CL(m 的子菜单)		√

(2) 过程设计。程序代码如下：

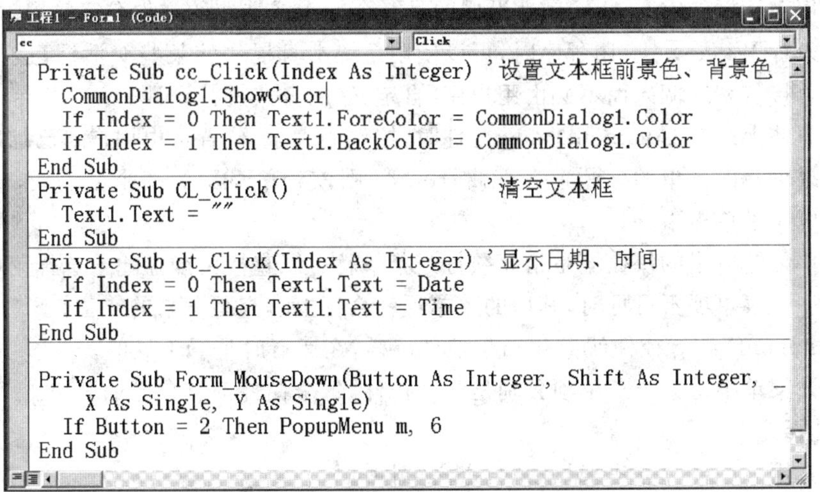

```
Private Sub cc_Click(Index As Integer) '设置文本框前景色、背景色
  CommonDialog1.ShowColor
  If Index = 0 Then Text1.ForeColor = CommonDialog1.Color
  If Index = 1 Then Text1.BackColor = CommonDialog1.Color
End Sub
Private Sub CL_Click()                  '清空文本框
  Text1.Text = ""
End Sub
Private Sub dt_Click(Index As Integer) '显示日期、时间
  If Index = 0 Then Text1.Text = Date
  If Index = 1 Then Text1.Text = Time
End Sub

Private Sub Form_MouseDown(Button As Integer, Shift As Integer, _
    X As Single, Y As Single)
  If Button = 2 Then PopupMenu m, 6
End Sub
```

7.5 小　结

对话框为程序和用户的交互提供了有效的途径。用户可以利用窗体及一些标准控件自己定义对话框以满足各种需要，也可以利用系统提供的通用对话框作“打开”、“保存”、“字体”、“颜色”、“打印”、“帮助”这样的常规操作。

使用通用对话框的结果仅返回有用信息，实现这些操作还必须编写相应程序，如“打开”文件对话改变了通用对话框控件的 FileName 属性，要打开所选文件还需要执行相关语句。

在 Visual Basic 中通过驱动器、目录以及文件列表框的联合使用，也可以得到与使用通用对话框控件的 ShowOpen 方法类似的选择文件的效果。

Windows 环境中几乎所有应用程序都提供菜单并通过菜单来实现各种操作，在 Visual Basic 中使用“菜单编辑器”能够非常方便、高效、直观地建立菜单。菜单设计好以后，需要为有关菜单项编写事件过程。每个菜单项就是一个控件，菜单控件能够识别的惟一事件是 Click 事件。

习题七

一、判断题

1. 用通用对话框控件的 ShowFont 方法发生“不存在字体”的错误，应先设置 Flags 属性。
2. 通用对话框的 Filename 属性返回的是一个输入或选取的文件名字符串。
3. 在设计 Windows 应用程序时，可以使用系统本身提供的某些对话框，这些对话框可以直接从系统调入而不必由用户用“自定义”的方式进行设计。
4. 在窗体上绘制 CommonDialog 控件时，控件的大小、位置可由用户自己加以设定。
5. 如果创建的菜单的标题是一个减号“-”，则该菜单显示为一个分隔线，此菜单项也可以识别单击事件。
6. 菜单编辑器中的快捷键是指无须打开菜单就可以直接由键盘输入选择菜单项的键。
7. 当一个菜单项不可见时，其后的菜单项就会往上填充留下来的空位。
8. CommonDialog 控件就像 Timer 控件一样，在运行时是看不见的。
9. 设计菜单中每一个菜单项分别是一个控件，每个控件都有自己的名字。

二、选择题

1. 通常用________方法来显示“自定义”对话框。

   A. Load　　B. Unload　　C. Hide　　D. Show

2. 将 CommonDialog 通用对话框以“打开”方式打开，可选________方法。

   A. ShowOpen　　B. ShowColor　　C. ShowFont　　D. ShowSave

3. 将通用对话框类型设置为“另存为”对话框，应修改________属性。

   A. Filter　　B. Font　　C. Action　　D. FileName

4. 用户可以通过设置菜单项的________属性值为 False 来使该菜单项失效。

A. Hide　　B. Visible　　C. Enabled　　D. Checked

5. 用户可以通过设置菜单项的________属性值为 False 来使该菜单项不可见。

A. Hide　　B. Visible　　C. Enabled　　D. Checked

6. 通过对通用对话框的________属性设定,可过滤对话框中所显示的文件。

A. Action　　B. FilterIndex　　C. Font　　D. Filter

7. 菜单编辑器中,同层次的________设置为相同,才可以设置索引值。

A. Caption　　B. Name　　C. Index　　D. ShortCut

8. 每创建一个菜单,它的下面最多可以有________级子菜单。

A. 1　　B. 3　　C. 5　　D. 6

9. 在设计菜单时,为了创建分隔栏,要在________中输入单连字符(-)。

A. 名称栏　　B. 标题栏　　C. 索引栏　　D. 显示区

三、填空题

1. Windows 环境下的菜单一般有________、________和________3 种基本类型。

2. 将通用对话框的类型设置为“字体”对话框可以使用________方法。

3. 使用通用对话框控件打开“颜色”对话,被改变的对话框控件属性是________。

4. 如果工具箱中没有 CommonDialog 控件,则应从________菜单中选定________,并将控件添加到工具箱中。

5. 用控件 CommonDialog1 打开“颜色”对话,可使用________或________。

6. 菜单项可以响应的事件过程为________。

7. 在设计菜单时,可在主窗口菜单栏中选择________,单击后从它的下拉菜单中选择“菜单编辑器”菜单项。

8. 设计时,在主窗口上只要选取一个没有子菜单的菜单项,就会打开________,并产生一个与这一菜单项相关的________事件过程。

9. 设置菜单时,同一层的 Name 设置为________才可以设置索引值,且索引值应设置为________的连续整数,但不一定从 0 开始。

四、程序阅读题

程序。界面(菜单)设计如图 7-27 所示,程序代码如下。请写出运行时鼠标右击窗体后选中弹出菜单中 t11 后的显示结果,选中弹出菜单中 t12 后的显示结果。

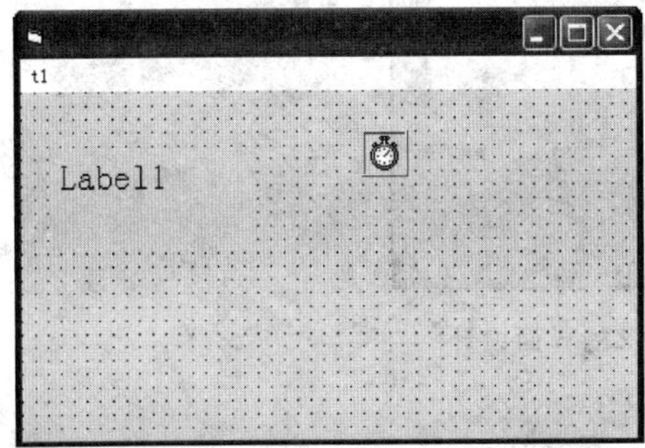

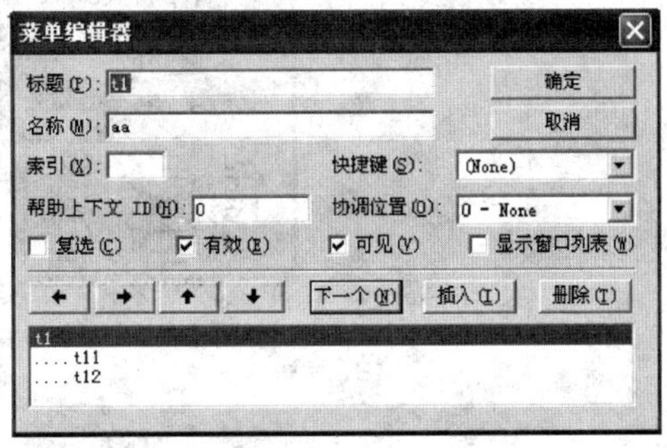

图 7-27　程序 1 之界面设计与菜单设计

```
Private Sub Form_Load()
  Label1.Visible = False: Timer1.Enabled = False
  Timer1.Interval = 500
End Sub
Private Sub aaa_Click()
  Label1.Caption = Date: Timer1.Enabled = True
End Sub
Private Sub bbb_Click()
  Label1.Caption = Time: Timer1.Enabled = True
End Sub
Private Sub Form_MouseDown(Button As Integer, _
     Shift As Integer, X As Single, Y As Single)
  If Button = 2 Then PopupMenu aa, 10
End Sub
Private Sub Timer1_Timer()
  Static k As Single
  Label1.Visible = Not Label1.Visible
  k = k + 0.5
  If k = 5 Then Timer1.Enabled = False: k = 0
End Sub
```

五、程序填空题

1. 程序说明：运行时单击 Command1 打开文件对话框(只限于显示 WORD 文档和文本文件名)，将选中的文件全名添加到列表框控件 list1 中。

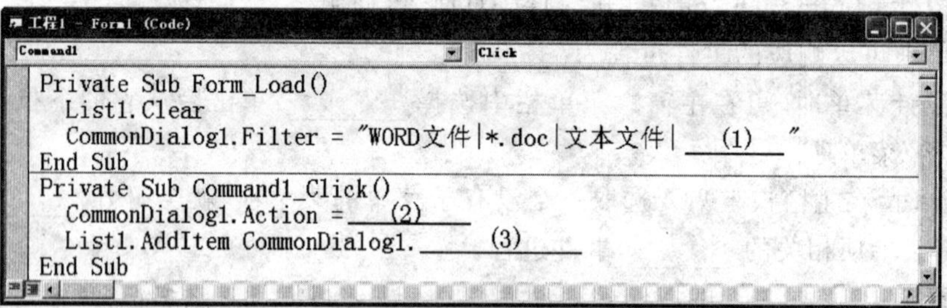

```
Private Sub Form_Load()
  List1.Clear
  CommonDialog1.Filter = "WORD文件|*.doc|文本文件| ___(1)___ "
End Sub
Private Sub Command1_Click()
  CommonDialog1.Action = ___(2)___
  List1.AddItem CommonDialog1.___(3)___
End Sub
```

2. 程序说明：界面设计如图 7-28 所示，题意同上题，要求用文件管理控件查找文件。

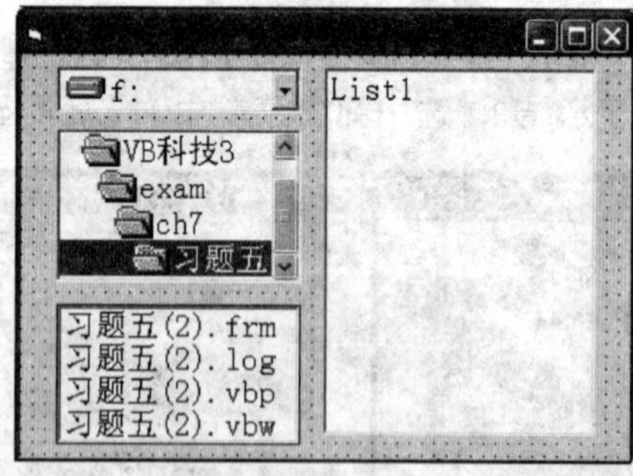

图 7-28　程序填空 2 的界面设计

```
工程1 - Form1 (Code)
File1                    Click

Private Sub Form_Load()
  File1.Pattern = ___(1)___
End Sub
Private Sub Drive1_Change()
  Dir1.Path = Drive1.___(2)___
End Sub
Private Sub Dir1____(3)___
  File1.Path = Dir1.Path
End Sub
Private Sub File1_Click()
  If Right(File1.Path, 1) = "\" Then
    List1.AddItem File1.Path + File1.FileName
  Else
    List1.AddItem File1.Path + ___(4)___ + File1.FileName
  End If
End Sub
```

六、程序设计题

1. 编制 Command1 的 Click 事件过程，用通用对话框控件选择文件，将所选文件的文件全名在标签控件中显示。

2. 编程，将驱动器列表框、目录列表框和文件列表框联合使用选择文件，将所选文件的文件全名在标签控件中显示。

3. 界面设计如图 7-29 所示，各菜单项的设置见表 7-6。要求用菜单选择改变形状控件的 Shape、FillStye、FillColor 属性。

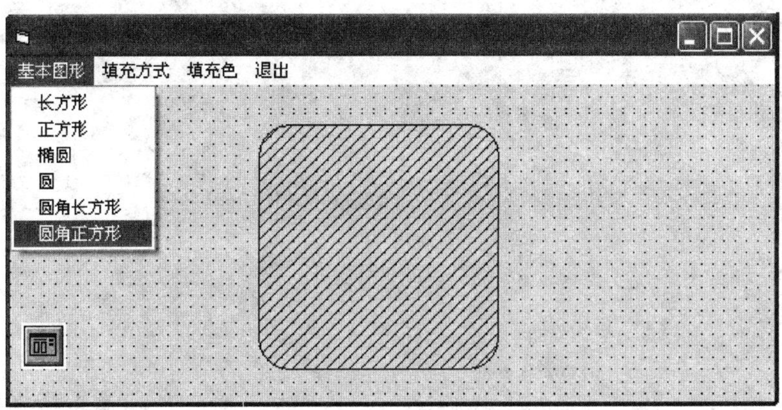

图 7-29　程序设计 3 的界面设计

表 7-7 程序 3 的各级菜单设置

菜单名称	菜单分类	菜单标题	菜单名称	菜单分类	菜单标题
PP	主菜单 1	基本图形	FillS	主菜单 2	填充方式
sha(0)	一级子菜单	长方形	Fill(0)	一级子菜单	水平线
sha(1)	一级子菜单	正方形	Fill(1)	一级子菜单	竖直线
sha(2)	一级子菜单	椭　圆	Fill(2)	一级子菜单	斜线
sha(3)	一级子菜单	圆	Fill(3)	一级子菜单	反斜线
sha(4)	一级子菜单	圆角长方形	Fill(4)	一级子菜单	水平交叉
sha(5)	一级子菜单	圆角正方形	Fill(5)	一级子菜单	斜交叉
Ex	主菜单 4	退出	FillC	主菜单 3	填充色

第 8 章　文　件

通过前几章的学习，使我们了解到，利用 Visual Basic 可以编写一些用于科学计算、图形处理等方面的应用程序。不仅如此，Visual Basic 还广泛地应用于编制如人事、财务、生产、教学等各方面的管理程序，在这些方面的应用中，通常需要处理大量不同类型的数据信息，而这些数据信息常常需要独立存储在某种介质(如磁盘)上，以便需要时通过程序来加工处理，这种独立存储的数据集合就称为文件。因此，掌握文件的概念及其使用方法是 Visual Basic 程序设计的重要内容之一。

8.1　文件的基本概念

8.1.1　引例

程序的运行结果，可以通过屏幕显示，可以打印为纸质材料保存，也可以存储到磁盘文件。例 8－1 展示了最基本的文件操作：如何打开文件，如何读、写文件，以及如何关闭文件。

例 8－1　按“生成文件”按钮，将 1 至 1000 间的素数顺序输出到磁盘文件 su. txt；按“输入/判断”按钮，输入 1 个小于 1000 的正整数，用在文件 su. txt 中查找的方式判断其是否素数。

(1) 界面设计与窗体加载后的界面如图 8－1 所示。

图 8－1　例 8－1 界面显示

(2) 过程设计。Form_Load 与 Command1_Click 过程(写文件)代码如下：

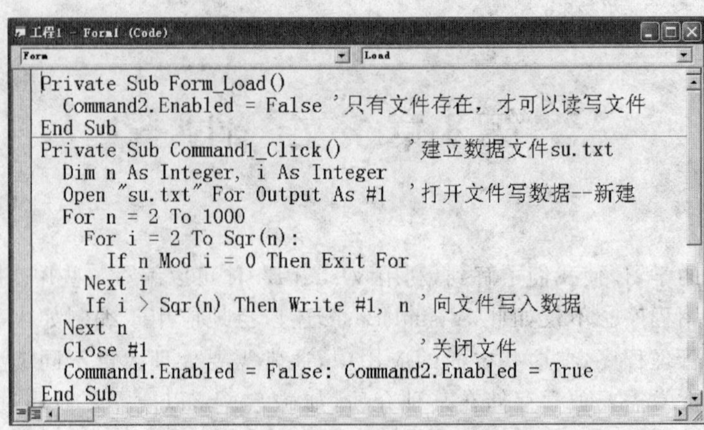

```
Private Sub Form_Load()
  Command2.Enabled = False '只有文件存在，才可以读写文件
End Sub
Private Sub Command1_Click()       '建立数据文件su.txt
  Dim n As Integer, i As Integer
  Open "su.txt" For Output As #1  '打开文件写数据--新建
  For n = 2 To 1000
    For i = 2 To Sqr(n):
      If n Mod i = 0 Then Exit For
    Next i
    If i > Sqr(n) Then Write #1, n '向文件写入数据
  Next n
  Close #1                          '关闭文件
  Command1.Enabled = False: Command2.Enabled = True
End Sub
```

不能试图打开一个不存在的文件,因此 Command2.Enabled 初值为 False。过程中有关文件操作的语句包括:打开文件;写文件;关闭文件。

Command2_Click 过程代码如下:

```
Private Sub Command2_Click()
  Dim n As Integer, m As Integer
  n = Val(InputBox("n=", "判断是否素数"))
  If n < 2 Or n > 1000 Then
      MsgBox ("输入数据超出范围"): Exit Sub
  Open "su.txt" For Input As #1         '打开已存在文件读数据
  '当从1#文件顺序读数据到达文件末尾为止
  Do While Not EOF(1)
    Input #1, m              '从1#文件当前读数据位置读1个整数到m
    If m = n Then Exit Do          '如果n是素数，退出DO循环
  Loop
  If Not EOF(1) Then MsgBox (n & "是素数") _
      Else MsgBox (n & "不是素数")
  Close #1  '关闭文件
End Sub
```

过程中文件操作语句包括:打开文件;读文件;关闭文件。按"生成文件"按钮后,文件 su.txt 中的数据如图 8-2 所示。

由例 8-1 可知,在本章中我们着重要掌握的是:打开文件的 Open 语句,从磁盘文件读入数据以及向磁盘文件输出数据的语句,关闭文件的 Close 语句。

计算机系统中,不同文件以不同的文件标识符区分,文件标识符即文件全名,由存储路径、主名、扩展名三部分组成。

在例 8-1 中,若用语句"Open "e:\su.txt" For Output As #1"打开文件,则素数被写入到 e:盘根目录下。而用语句"Open "su.txt" For Output As #1"打开文件,由于缺省盘符和存储路径,系统则采用默认盘符、路径,如文件全名为"C:\Program Files\Microsoft Visual Studio\VB98\su.txt"。

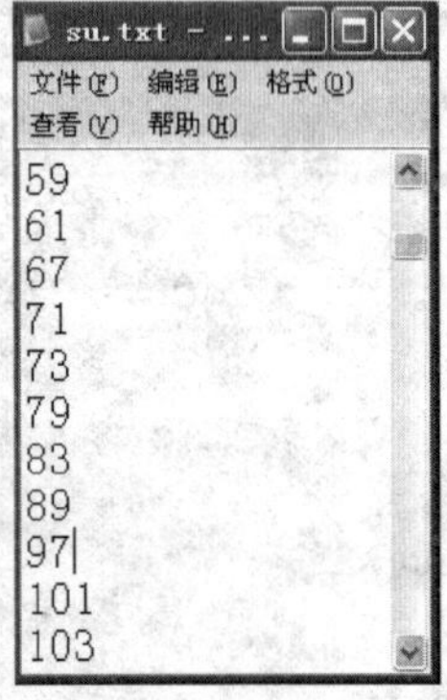

图 8-2 生成的数据文件

一般可在 Open 语句中写出完整的文件标识符,以便于运行后打开该文件;否则,运行程序前先将工程保存在某文件夹,由该文件夹决定默认盘符、路径,缺省盘符、存储路径的数据文件会被建立在与程序同一文件夹中。

8.1.2 文件分类

1. 按存储格式分类

按文件的存储格式，可以把文件分为以下2种：

(1) 文本(ASCII、正文)文件。按字符的ASCII码存储，每个字符占1个字节(一个汉字占2个字节，为该汉字字模在字库中的地址信息)。

(2) 二进制文件。按数据的机内码存储，每个数据所占存储空间为该类型数据的字节数。

2. 按存取(写读)方式分类

按文件的存取方式，可以分为以下几种：

(1) 顺序型。必须在顺序存取文件中某个数据前(物理位置)的所有数据后，才可以存取该数据，适用于读写在连续块中的文本文件，对文本文件一般采用顺序存取。

(2) 随机型。可以直接存取文件中的任何1个数据，适用于读写有固定长度记录结构的文本文件或者二进制文件。

(3) 二进制型。适用于读写任意结构的文件。

二进制访问能提供对文件的完全控制，除了没有数据类型或者记录长度的含义以外，它与随机存取很相似。但为了能正确地对它检索，必须精确地知道数据是如何写到文件中的。

从文本文件读数据到内存，要先转换为二进制形式，计算机处理的效率不如二进制文件。尽管如此，由于操作者可用Windows编辑器直接查看文本文件中的数据(二进制文件是给计算机"看"的)，使用较为普遍，因此以下仅介绍文本文件的操作。

又因为对文本文件的顺序存取比随机存取更为方便，因此本章只介绍文本文件的顺序存取。

8.2 文本文件的顺序存取

8.2.1 打开、关闭文本文件

必须先打开文件，此后才能从文件读入数据或写数据到文件。以"读"还是"写"的方式打开文件由Open语句决定，且在关闭文件前不可以改变(写文件结束后，需先关闭文件再重新打开文件读，或读文件结束后重新打开文件写)。

用Close语句关闭已打开的文件，应用程序终止运行时也会自动关闭文件。

1. 打开文件文本

格式：**Open <FileName> For Mode [Lock Lock_level] As [#]File_numb**

其中：

(1) FileName选项为字符串，是需要打开文件的文件标识符。

(2) Mode选项取下列关键字之一，说明以何方式打开文件。

①"Input"，以"只读"方式打开文件。

如果FileName指定的文件存在，则打开该文件，此时当前读文件位置在文件首部。如果FileName指定的文件不存在，则系统显示出错信息。

②“Output”，以“只写”方式打开文件。

如果 FileName 指定的文件已经存在，则刷新文件(原有信息被清空)。如果指定文件不存在，则系统新建该文本文件，当前写文件位置在文件首部。

③“Append”，以“追加”方式打开文件。

如果 FileName 指定的文件存在，则当前写文件的位置在文件尾部，此后向文件写入的数据是所谓“追加”数据。如果文件不存在，则新建该文件(等同于 Output 方式)。

(3) Lock_level 选项取下列关键字之一，说明数据文件是否或以何种方式与其他用户共享。

①“Read”，别的任务或进程不可读该文件。

②“Write”，别的任务或进程不可写该文件。

③“Read Write”，别的任务或进程不可读、写该文件。

若缺省该选项，用 Input 模式打开的文件默认该项为 Write；用 Output、Append 模式打开的文件默认该项为 Read Write。

(4) File_numb 选项为打开文件后使用的信道号，为正整数值，应从小到大使用。

同时打开多个文件时，不同文件必须使用不同信道，函数 Freefile 返回值为当前最小且未被使用信道号。如 n = Freefile: Open "d:\user\a. txt" For Output As n

由于教材中不存在打开很多、多得数不过来个文件的实例，故未使用函数 Freefile。

2. 关闭文本文件

结束访问文件后，应关闭该文件以保证其正确性和完整性，关闭文件使用 Close 语句。

格式：**Close [[#]File_numb]**

功能：关闭由信道号 File_numb 所指定的文件，若缺省[#]File_numb，则关闭所有用 Open 语句打开的文件。

8.2.2 写顺序文件

可以用 Print #语句或 Write #语句将数据写入到顺序文件。

1. Print #语句

格式：**Print #File_numb,[表达式列表]**

功能：将各表达式的值，顺序写入到以 File_numb 为信道号的文件。

用 Print #语句输出到文件的数据格式，与用 Print 语句输出到窗体上数据格式完全一致，只是输出设备不同而已。

例 8-2 用 Print #语句写若干数据到文本文件 bbb. txt。

过程代码如下：

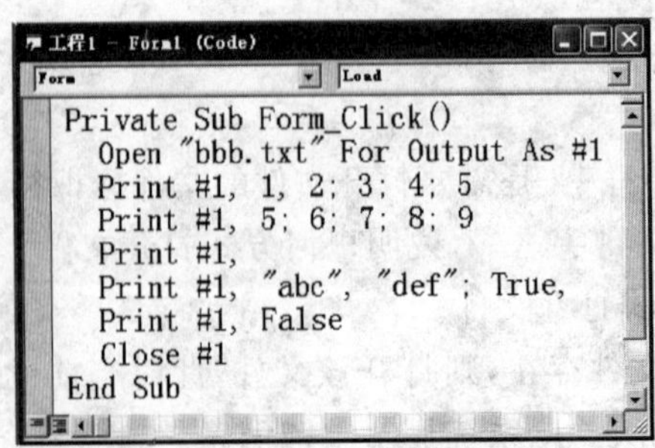
```
Private Sub Form_Click()
   Open "bbb.txt" For Output As #1
   Print #1, 1, 2; 3; 4; 5
   Print #1, 5; 6; 7; 8; 9
   Print #1,
   Print #1, "abc", "def"; True,
   Print #1, False
   Close #1
End Sub
```

可以利用记事本程序打开 bbb. txt，观察文件的实际内容，如图 8－3 所示，其中内容和格式与用 Print 语句输出到窗体别无二致。

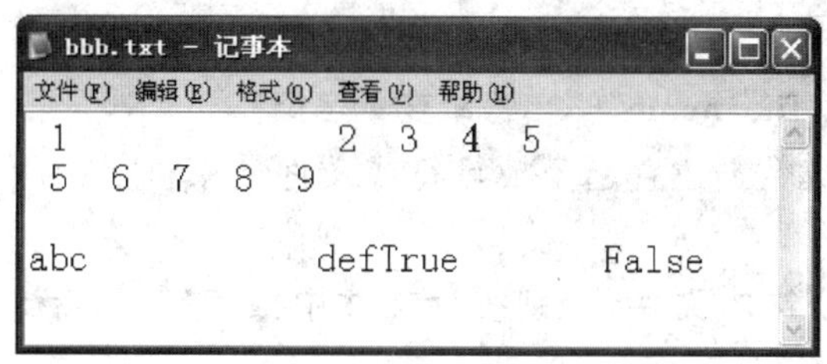

图 8－3　用记事本程序打开 bbb.txt

用 Print＃语句输出的文件，若再次以 Input 方式打开，为应用程序提供输入数据(为变量赋值)，如何区分非数值数据之间的分隔符呢？

如果从图 8－3 所示的文件 bbb. txt 读入数据，如何保证"abc"与"def"分别输入到两个字符串变量，而"True"与"False"分别输入到两个逻辑型变量呢？Print＃语句的输出的数据，特别是包含有字符、日期、Boolean 类型数据的情况下，不适合以 Input 方式打开，为应用程序提供输入数据。用下面介绍的 Write ＃语句输出，可以很好地解决这个问题。

2. Write ＃语句

格式：**Write ＃File_numb,[表达式列表]**

功能：将各表达式值顺序写入到信道号为 File_numb 的文本文件。

(1) 与 Print ＃语句相同的是，表达式列表末尾无分隔符，则输出回车、换行符到文件。

(2) 与 Print ＃语句不同的是：表达式列表中，无论用逗号或分号作间隔符，都在写入文件的数据间加入逗号；为字符串两端自动加双引号，为其他非数值类型数据两端加“＃”号。

例 8－3　用 Write ＃语句写若干数据到文本文件 ccc. txt。

程序的输出结果，如图 8－4 所示。结果表明：输出到文件的各表达式全部用逗号分隔，字符类型数据两端加双引号，逻辑、日期等其他类型数据两端加“＃”号。

图 8－4　用记事本程序打开 ccc.txt

过程代码如下：

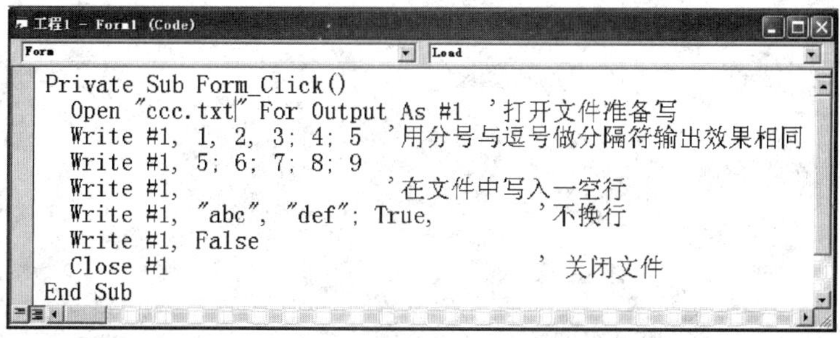

8.2.3 读顺序文件

1. Line Input #语句

格式：**Line Input #file_numb,＜字符串变量名＞**

功能：将文件当前读数据位置起至换行符或文件结束符前的所有字符，读入到字符串变量。

例 8-4 选择一个文本文件，分别统计文件中数字字符、英文字符以及其他字符的个数。

(1) 界面设计。将驱动器、目录、文件列表框控件结合使用选择文本文件，如图 8-5 所示。

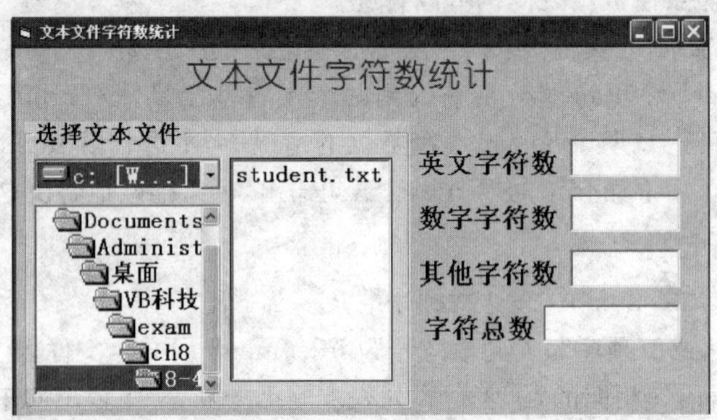

图 8-5 例 8-4 的界面设计

(2) 过程设计。选择文本文件的过程代码如下：

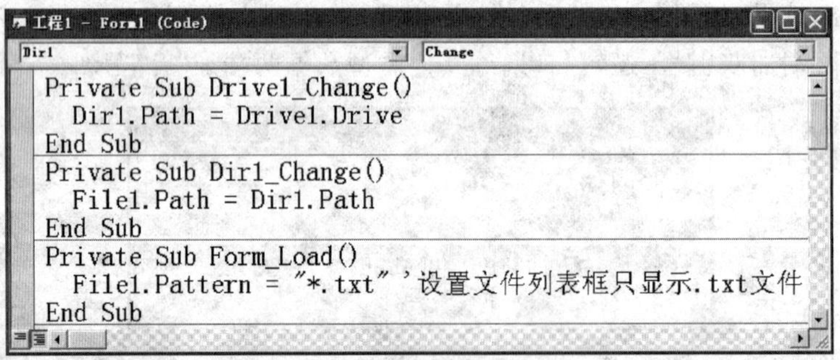


```
Private Sub Drive1_Change()
  Dir1.Path = Drive1.Drive
End Sub
Private Sub Dir1_Change()
  File1.Path = Dir1.Path
End Sub
Private Sub Form_Load()
  File1.Pattern = "*.txt" '设置文件列表框只显示.txt文件
End Sub
```

选中文件列表框中文本文件后，执行的过程代码如下：

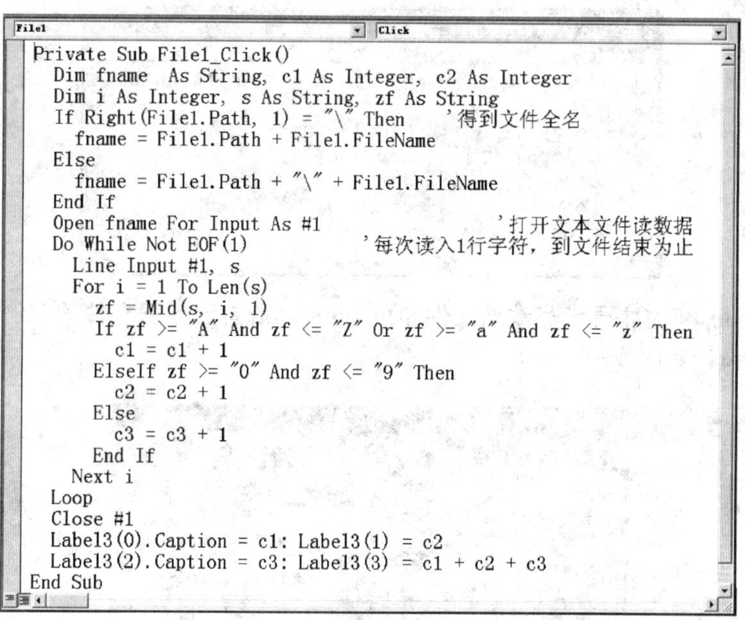

```
Private Sub File1_Click()
  Dim fname  As String, c1 As Integer, c2 As Integer
  Dim i As Integer, s As String, zf As String
  If Right(File1.Path, 1) = "\" Then    '得到文件全名
    fname = File1.Path + File1.FileName
  Else
    fname = File1.Path + "\" + File1.FileName
  End If
  Open fname For Input As #1                   '打开文本文件读数据
  Do While Not EOF(1)             '每次读入1行字符，到文件结束为止
    Line Input #1, s
    For i = 1 To Len(s)
      zf = Mid(s, i, 1)
      If zf >= "A" And zf <= "Z" Or zf >= "a" And zf <= "z" Then
        c1 = c1 + 1
      ElseIf zf >= "0" And zf <= "9" Then
        c2 = c2 + 1
      Else
        c3 = c3 + 1
      End If
    Next i
  Loop
  Close #1
  Label3(0).Caption = c1: Label3(1) = c2
  Label3(2).Caption = c3: Label3(3) = c1 + c2 + c3
End Sub
```

2. Input ＃语句

格式：**Input ＃File_numb,＜变量名列表＞**

功能：从以 File_numb 为信道号的文件当前读写位置起，将顺序读入的数据为变量名列表中各变量赋值。数据间的分隔符区分哪段字符与哪个变量对应，具体规则如下：

(1) 数值数据之间，以不可能在数值中出现的字符为分隔符(如逗号、空格、字母等)。

(2) 日期、逻辑类型数据的两端以"＃"号作分隔符，与其他类型数据间应有非空字符间隔。

(3) 逗号、换行符可以作为字符数据的分隔符，双引号作为字符数据分隔符必须成对出现。

根据 Write＃与 Input＃语句功能的介绍，可知：

如果文件中的数据是直接在编辑器中输入的，需要为字符串加引号，日期、逻辑类型数据前后都加"＃"号，所有不同数据之间加逗号，才便于应用程序读该文件。

如果文件中的数据是程序的输出结果，以采用 Write＃语句输出、Input＃语句输入为宜。

Input＃语句，特别适合于读用 Write＃语句所写、数据间分隔明确、数据类型表达清晰的文件。

8.2.4　常用函数和语句

1. EOF 函数

格式：**EOF(File_numb)**

功能：测试文件当前读写位置是否到达文件末尾，是则返回 True，否则返回 False。

文件打开后当前读写位置在文件首，用 Input ＃或 Line Input ＃语句读数据后当前读写位置自动跳到下一个数据项或下一行前，到达文件末尾后再继续读数据，程序将产生运行错误。

由于文件中数据个数一般未知，常用 EOF 函数来测试是否到了文件末尾，方法如下：

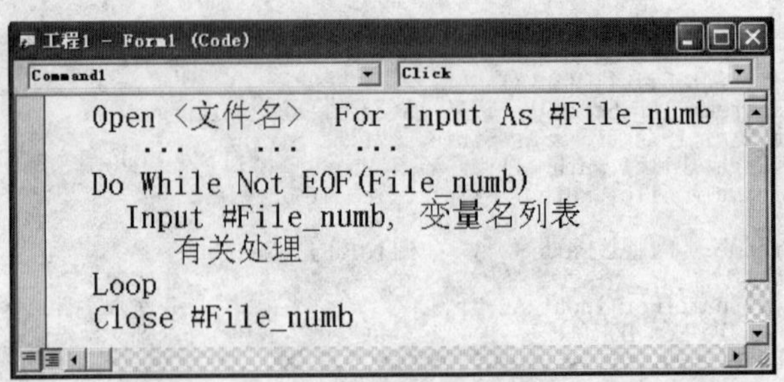
```
Open <文件名>  For Input As #File_numb
   ...    ...    ...
Do While Not EOF(File_numb)
  Input #File_numb, 变量名列表
     有关处理
Loop
Close #File_numb
```

例 8-5　用 Print# 语句写数据文件和用 Input# 语句读数据文件的示例。

(1) 界面设计如图 8-6 所示。

图 8-6　例 8-5 之界面设计

控件数组 Lablel2 分别显示标签"姓名"、"学号"、"出生日期"和"性别"。按 Command1 后,在 Do 循环中用 InputBox 对话框输入学生信息、写到文件 student. txt,再以 MsgBox 对话框问是否继续,回答"否"则退出循环、关闭文件。

Command2(按字段输入)在建立文件前不可用。按"按字段输入"按钮后,打开文件、逐个读文件中的数据并在控件数组 Lablel3 中显示。显示每个学生信息后,以 MsgBox 对话框问是否继续显示下一个学生信息,如图 8-7 所示。

用Write#写文件/用Input#读文件示例

输出到文件	姓名 wangwu	性别 男	8-4 是否继续?
按字段输入	学号 20110103		是(Y)　否(N)
	出生日期 1991-7-21		

图 8-7　例 8-5 按字段从文件读入数据的显示结果

(2) 过程设计。模块级变量声明和 Load 事件代码如下:

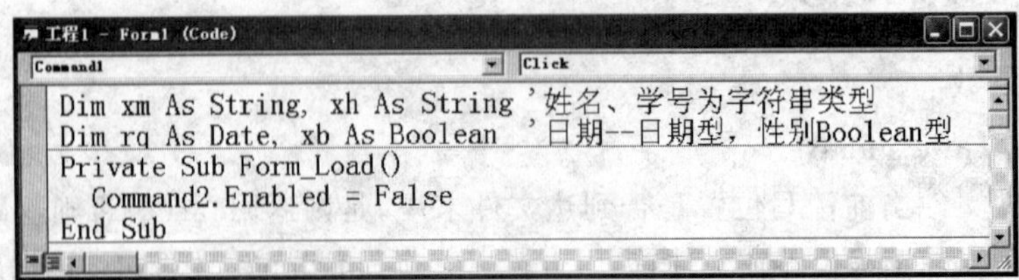
```
Dim xm As String, xh As String '姓名、学号为字符串类型
Dim rq As Date, xb As Boolean  '日期--日期型, 性别Boolean型
Private Sub Form_Load()
  Command2.Enabled = False
End Sub
```

因为文件未建立,所以 Command2 不可用。Command1_Click 事件过程代码如下:

```
工程1 - Form1 (Code)
Command1                                    Click
Private Sub Command1_Click()
  Dim K As Byte
  Open "student.txt" For Output As #1 '新建文件用于输入学生信息
  Do                                  '逐个输入各学生信息
    xm = InputBox("请输入姓名: ")
    xh = InputBox("请输入学号: ")
    rq = InputBox("日期格式 mm/dd/yy", "请输入日期")
    xb = InputBox("True  或  False", "请输入性别")
    Write #1, xm, xh, rq, xb
    K = MsgBox("是否继续? ", vbYesNo)
    If K = vbNo Then Exit Do
  Loop
  Close #1
  Command1.Enabled = False '文件输入结束,"输入到文件"按钮不可用
  Command2.Enabled = True  '"按字段输入"按钮可用,读文件开始
End Sub
```

循环用 InputBox 函数输入学生信息、用 Write # 语句写入数据到文件。退出循环后关闭文件、恢复 Command2 的可用性。

Command2_Click 事件过程代码如下:

```
工程1 - Form1 (Code)
Command2                                    Click
Private Sub Command2_Click()
  Open "student.txt" For Input As #1
  Do While Not EOF(1)   '执行Do循环直到读数据到文件末尾为止
    Input #1, xm, xh, rq, xb
    Label3(0).Caption = xm
    Label3(1).Caption = xh
    Label3(2).Caption = rq
    If xb Then Label3(3).Caption = "男"  _
       Else Label3(3).Caption = "女"
    K = MsgBox("是否继续? ", vbYesNo)
    If K = vbNo Then Exit Do
  Loop
  Close #1
End Sub
```

注意程序中对读文件是否到达文件末尾的处理。

在 Do 循环的循环体中,用 Input # 语句读入学生信息,每次读入 xm、xh、rq、xb 四个变量的值,用控件数组 Lable3 显示。当读数据到达文件末尾时,函数 EOF(1) 为 True 而 Not EOF(1) 为 False,终止循环。

在过程 Command1_Click 中,文件第一次打开的方式为"Output",是新建文件。若关闭文件后,再一次以同样方式打开文件时,文件中已输入信息将被清空。

过程 Command1_Click 中用 InputBox 函数输入学生信息,关闭对话框后界面无显示,操作者不能同时看到已输入的一个学生的全部信息,特别是学生姓名不便于输入中文字。

例 8-6　改进例 8-5 的程序,用 Append 方式打开、可向文件追加信息,用 Input 方式打开、可浏览文件中现有信息。信息显示或输入采用文本框和单选按钮。

(1) 界面设计如图 8-8 所示。

(2) 过程设计。

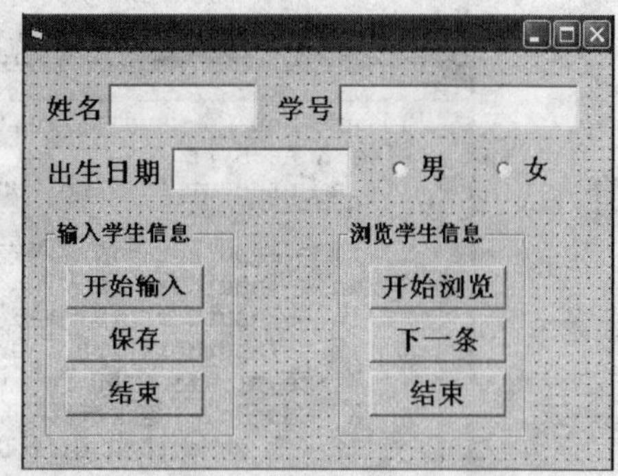

图 8-8　例 8-6 界面设计

① 建立两个框架控件分别放置控件数组 Command1(0)、Command1(1)、Command1(2) 和 Command2(0)、Command2(1)、Command2(2)，在 Load 事件中设置了各命令按钮的初态，只有“开始输入”和“开始浏览”按钮可用。

② 过程 cl 定义了清空 Text1.Text、Text2.Text 的操作，在 Text3.Text 中所显示的是出生日期的输入格式。

③ 过程 writefile 定义了将各文本框中所输入的姓名、学号、出生日期与性别写入文件的操作。其中性别只记录 Option1 的值，约定 True 为男、False 为女。

④ 过程 readfile 定义了从文件顺序读入学生姓名、学号、出生日期与性别并显示的操作。

相关代码如下：

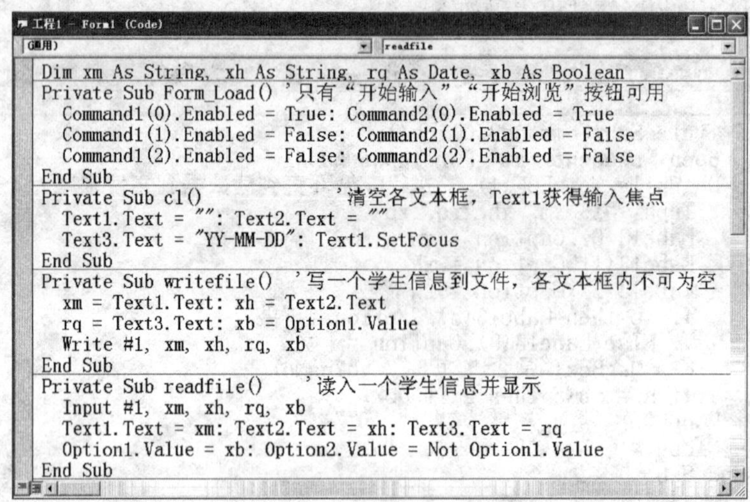

```
Dim xm As String, xh As String, rq As Date, xb As Boolean
Private Sub Form_Load() '只有“开始输入”“开始浏览”按钮可用
  Command1(0).Enabled = True: Command2(0).Enabled = True
  Command1(1).Enabled = False: Command2(1).Enabled = False
  Command1(2).Enabled = False: Command2(2).Enabled = False
End Sub
Private Sub cl()               '清空各文本框，Text1获得输入焦点
  Text1.Text = "": Text2.Text = ""
  Text3.Text = "YY-MM-DD": Text1.SetFocus
End Sub
Private Sub writefile()  '写一个学生信息到文件，各文本框内不可为空
  xm = Text1.Text: xh = Text2.Text
  rq = Text3.Text: xb = Option1.Value
  Write #1, xm, xh, rq, xb
End Sub
Private Sub readfile()    '读入一个学生信息并显示
  Input #1, xm, xh, rq, xb
  Text1.Text = xm: Text2.Text = xh: Text3.Text = rq
  Option1.Value = xb: Option2.Value = Not Option1.Value
End Sub
```

有关“输入学生信息”的三个命令按钮为一个控件数组 Command1，其中文件打开方式为 Append，若文件不存在则新建；否则追加数据写在文件末尾。相关代码如下：

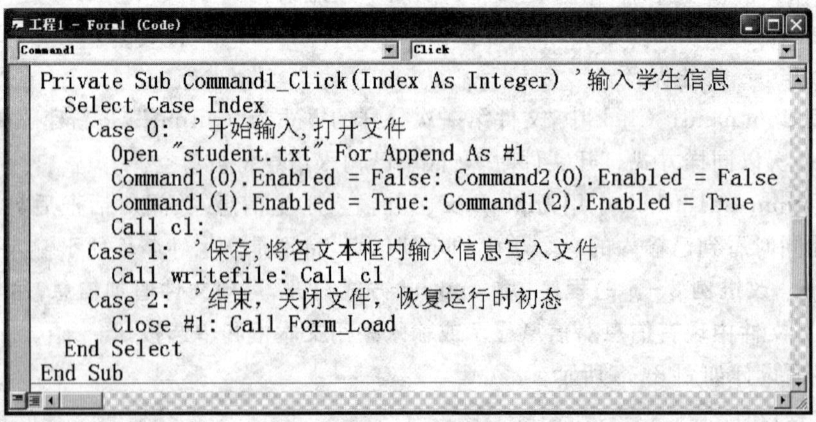

```
Private Sub Command1_Click(Index As Integer) '输入学生信息
  Select Case Index
    Case 0:  '开始输入，打开文件
      Open "student.txt" For Append As #1
      Command1(0).Enabled = False: Command2(0).Enabled = False
      Command1(1).Enabled = True: Command1(2).Enabled = True
      Call cl:
    Case 1:  '保存，将各文本框内输入信息写入文件
      Call writefile: Call cl
    Case 2:  '结束，关闭文件，恢复运行时初态
      Close #1: Call Form_Load
  End Select
End Sub
```

有关“浏览学生信息”的三个命令按钮为一个控件数组 Command2，相关代码如下：

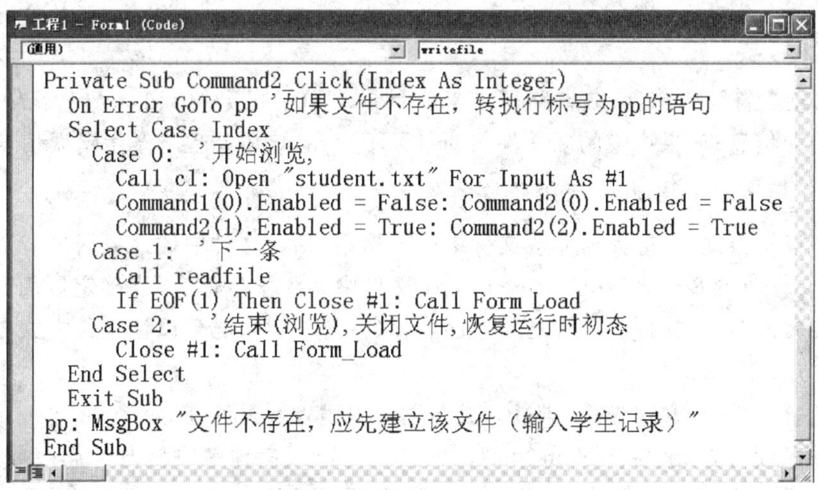

```
Private Sub Command2_Click(Index As Integer)
  On Error GoTo pp '如果文件不存在，转执行标号为pp的语句
  Select Case Index
    Case 0:  '开始浏览,
      Call cl: Open "student.txt" For Input As #1
      Command1(0).Enabled = False: Command2(0).Enabled = False
      Command2(1).Enabled = True: Command2(2).Enabled = True
    Case 1:  '下一条
      Call readfile
      If EOF(1) Then Close #1: Call Form_Load
    Case 2:   '结束(浏览),关闭文件,恢复运行时初态
      Close #1: Call Form_Load
  End Select
  Exit Sub
pp: MsgBox "文件不存在，应先建立该文件（输入学生记录）"
End Sub
```

运行时浏览学生信息的界面显示如图 8-9 所示。

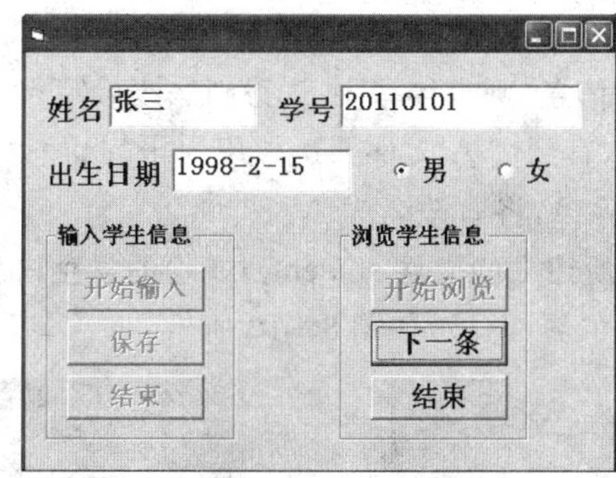

图 8-9　例 8-6 浏览学生信息界面显示

出于避免文件读、写状态冲突的考虑，程序对各命令按钮 Enabled 属性在不同时间点作了不同设置，并经反复、认真、耐心地调试(读者处理类似问题更应如此)，不逐一赘述。

2. Kill 语句

格式：**Kill ＜文件名＞**

功能：删除文件，如执行语句“Kill "d:\vb_4. doc"”，则删除名为 d:\vb_4. doc 的文件。

(1) 文件名中，缺省盘符指当前盘，缺省路径指当前目录。

(2) 文件名中可使用通配符，如执行语句“Kill "d:\ *. doc"”，则删除 d:\hts 文件夹中所有扩展名为. doc 的文件。

(3) 如果需要删除的文件未找到，系统显示出错信息。

3. Name 语句

格式：**Name ＜old_name＞ as ＜new_name＞**

功能：将 old_name 改名或移动为 new_name。

(1) 如果 old_name 与 new_name 具有相同的盘符和路径，则为改名。例如，执行语句“Name "d:\xxx\aaa. txt" as "d:\xxx\bbb. dat"”后，文件 d:\xxx\aaa. txt 被改名为 d:\xxx\bbb. dat。

(2) 如果 old_name 与 new_name 盘符和路径不同，则为移动。例如，执行语句“Name "e:\xxx\aaa.txt" as "e:\bbb.dat"”后，文件 e:\xxx\aaa.txt 被移动，新的文件名为 e:\bbb.txt。

(3) 缺省盘符为当前盘、缺省路径为当前目录。如果指定的 old_name 不存在，则该语句将产生错误信息；如果指定的新文件名的目录不存在，该语句也将产生错误信息。

4. Kill 与 Name 语句结合用于文件修改

在顺序读写方式下，应如何修改文件中的数据（包括在文件中插入数据）？

例如，要修改例 8－6 建立的 student.txt 文件中某个学生信息，当确定界面显示的已读入信息需要修改时，读文件的位置已经顺序后移（位置不对），况且以读文件方式打开也无法写入数据（方式不对）。

类似地，仅对一个文件操作，难以完成在文件中插入数据的任务。

采用顺序读写方式，结合 Name 和 Kill 语句，可以圆满地解决修改和插入数据的问题。以修改例 5、例 6 所建立的文件 student.txt 为例，操作步骤如下：

(1) 以 Input 方式打开原有文件 A，以 Output 方式打开临时文件 B。

(2) 从 A 读入一个学生的信息并显示。

(3) 如果无需修改当前信息，则直接写入 B；否则修改后写入 B。

(4) 重复执行步骤(2)，直到读 A 文件到达末尾为止（此时文件 B 是修改过的文件）。

(5) 关闭文件 A、B，删除 A，将 B 改名为 A。

例 8－7　修改例 8－6 所建立的文件 student.txt 中的学生信息。

(1) 界面设计和运行时的界面显示如图 8－10 所示。

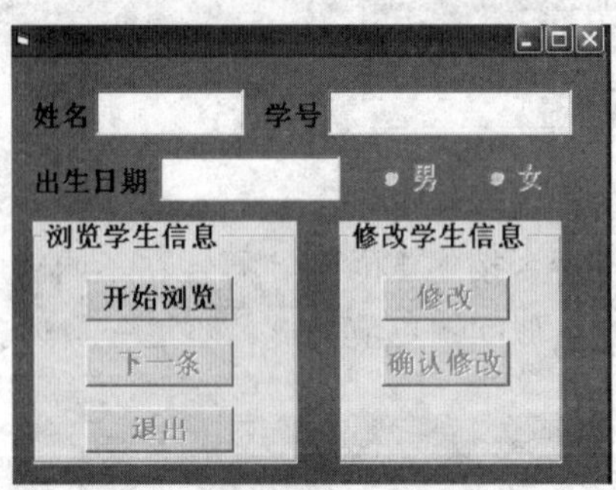

(a) 例8-7运行时初始界面

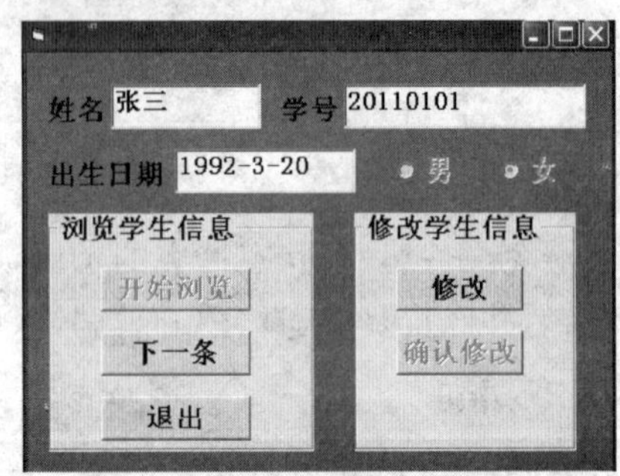

(b) 按“开始浏览”后界面显示

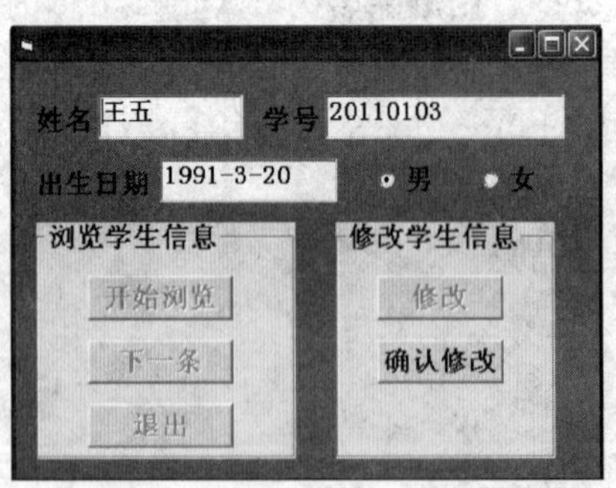

(c) 按“修改”可编辑“王五”信息

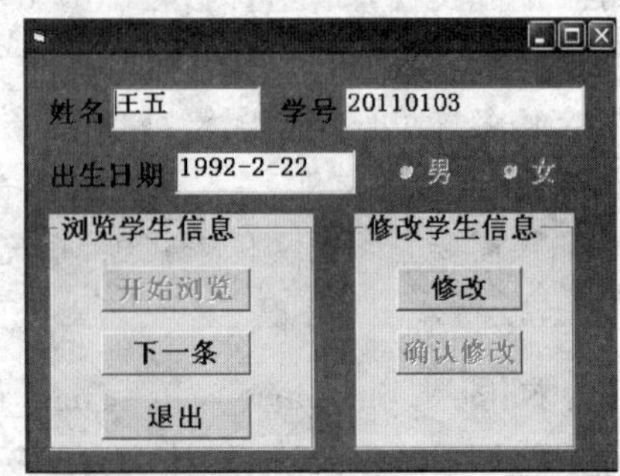

(d) 按“确认修改”后界面显示

图 8－10　界面设计和运行时的界面显示

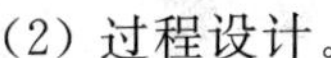

(2) 过程设计。

① 浏览学生信息框架中放置控件数组 Command1(0)、Command1(1)、Command1(2)，修改学生信息框架中放置控件数组 Command2(0)、Command2(1)。在 Load 事件中设置了各命令按钮的初态，只有“开始浏览”按钮可用。

过程 writefile 将各文本框显示的学生信息写入文件。

过程 readfile 将从文件顺序读入的学生信息显示。

过程 Form_Load 中设置文本框的 Locked 属性为 True 则只能显示、不可编辑。

由于文本框 Locked 属性在按“修改”后应设为 False，而按“确认修改”后要恢复为 True (单选按钮的 Enabled 属性也应作类似操作)，调用过程 Not_Locked_option 可实现 Boolean 类型属性在 True 与 False 之间的切换。相关代码如下：

```
(通用)                                    writefile
Dim xm As String, xh As String, rq As Date, xb As Boolean
Private Sub Not_Locked_option()
  Text1.Locked = Not Text1.Locked  '切换各文本框Locked属性
  Text2.Locked = Not Text2.Locked: Text3.Locked = Not Text3.Locked
  Option1.Enabled = Not Option1.Enabled  '切换单选按钮Enabled属性
  Option2.Enabled = Not Option2.Enabled
End Sub
Private Sub writefile()
  xm =Text1.Text: xh=Text2.Text: rq=Text3.Text: xb=Option1.Value
  Write #2, xm, xh, rq, xb
End Sub
Private Sub readfile()
  Input #1, xm, xh, rq, xb
  Text1.Text = xm: Text2.Text = xh: Text3.Text = rq:
  Option1.Value = xb: Option2.Value = Not Option1.Value
End Sub
Private Sub Form_Load()
  '设置只有开始浏览按钮可用
  Command1(0).Enabled = True: Command1(1).Enabled = False
  Command1(2).Enabled = False
  Command2(0).Enabled = False: Command2(1).Enabled = False
  '设置文本框、单选按钮初态都不可编辑或不可选择
  Text1.Locked = True: Text2.Locked = True: Text3.Locked = True
  Option1.Enabled = False: Option2.Enabled = False
End Sub
```

② 相对较为简单的修改学生信息的 Command2_Click 过程代码如下：

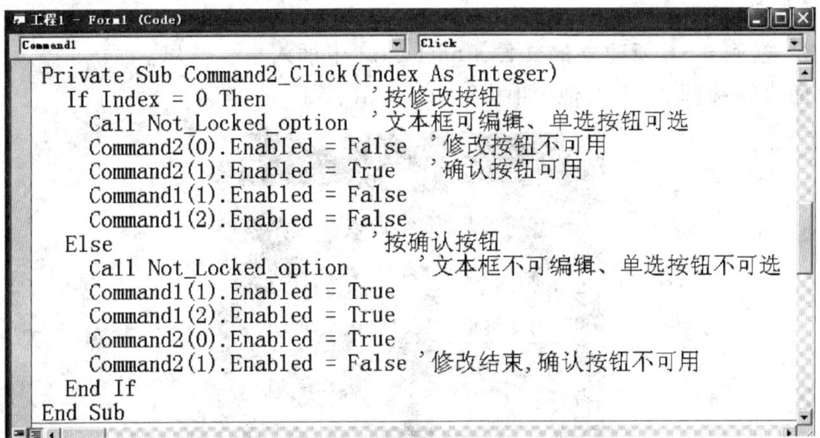

```
工程1 - Form1 (Code)
Command1                                  Click
Private Sub Command2_Click(Index As Integer)
  If Index = 0 Then              '按修改按钮
    Call Not_Locked_option       '文本框可编辑、单选按钮可选
    Command2(0).Enabled = False  '修改按钮不可用
    Command2(1).Enabled = True   '确认按钮可用
    Command1(1).Enabled = False
    Command1(2).Enabled = False
  Else                           '按确认按钮
    Call Not_Locked_option          '文本框不可编辑、单选按钮不可选
    Command1(1).Enabled = True
    Command1(2).Enabled = True
    Command2(0).Enabled = True
    Command2(1).Enabled = False '修改结束,确认按钮不可用
  End If
End Sub
```

③ Command1_Click 过程代码如下：

按“下一条”按钮后，首先要写入当前显示的、确认无需修改的学生信息，因此要先调用过程 writefile，然后再读下一个学生信息。

按“退出”按钮后，同样如此，还需要将当前读文件位置起直到文件末尾的数据全部写入到临时文件 temp. txt。

最后，通过删除 student. txt 将 temp. txt 改名为 student. txt，保证对原文件修改的正确性(按“下一条”按钮到文件末尾也做同样处理)。

```
Private Sub Command1_Click(Index As Integer)
  Select Case Index
    Case 0:      '开始浏览
      Open "student.txt" For Input As #1  '打开原文件读
      Open "temp.txt" For Output As #2    '打开临时文件写
      Command1(0).Enabled = False: Command1(1).Enabled = True
      Command1(2).Enabled = True: Command2(0).Enabled = True
      Call readfile
    Case 1:      '下一条
      If EOF(1) Then   '读到文件末尾
        Call writefile: Close #1: Close #2
        Kill "student.txt": Name "temp.txt" As "student.txt"
        Command1(0).Enabled = True
        Command1(1).Enabled = False: Command1(2).Enabled = False
      Else
        Call writefile: Call readfile
      End If
    Case 2:
      Call writefile
      Do While Not EOF(1)
       Input #1, xm, xh, rq, xb: Write #2, xm, xh, rq, xb
      Loop
      Close #1: Close #2
      Kill "student.txt": Name "temp.txt" As "student.txt"
      End
  End Select
End Sub
```

为流程控制正确，防止文件读写错误，对相关控件的 Enabled、Locked 属性的设置已经比较复杂，需要作大量调试工作。还没有考虑操作者在运行时随意按窗口菜单中关闭窗口按钮的情况，这会导致所有文件都被关闭，已做的修改全部废弃。

如果在界面设计时，将窗体的 ControlBox 属性设置为 False，可以使运行窗口无最大、最小、关闭等按钮。

例 8-8　在例 8-6 所建立的文件 student. txt 中插入学生信息。

(1) 界面设计和例 8—7 相似，如图 8-11 所示。

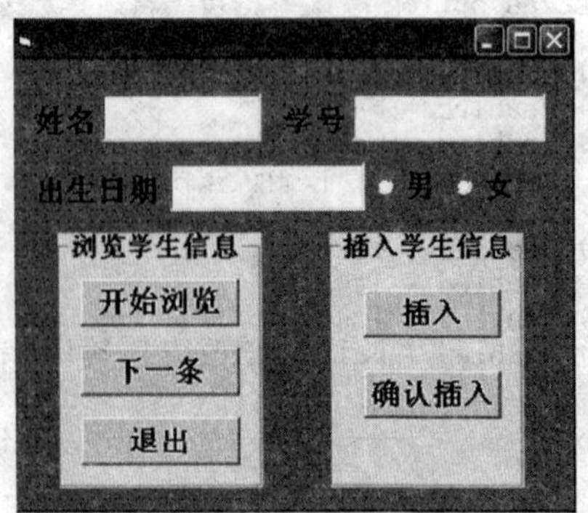

图 8-11　例 8-8 的界面设计

(2) 过程设计：过程代码与例 8－7 比较仅 Command2_Click 与之不同。

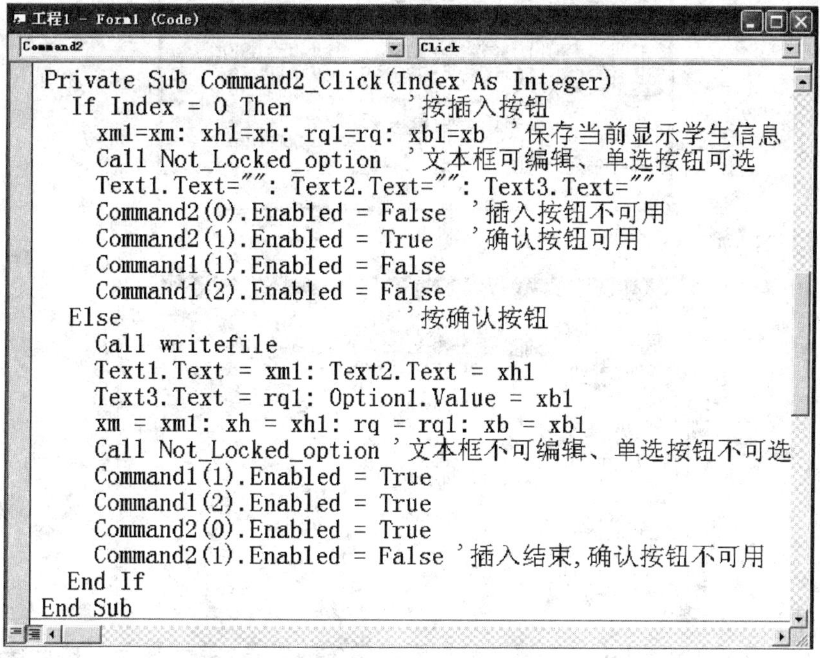

```
Private Sub Command2_Click(Index As Integer)
  If Index = 0 Then              '按插入按钮
    xml=xm: xh1=xh: rq1=rq: xb1=xb  '保存当前显示学生信息
    Call Not_Locked_option   '文本框可编辑、单选按钮可选
    Text1.Text="": Text2.Text="": Text3.Text=""
    Command2(0).Enabled = False   '插入按钮不可用
    Command2(1).Enabled = True    '确认按钮可用
    Command1(1).Enabled = False
    Command1(2).Enabled = False
  Else                           '按确认按钮
    Call writefile
    Text1.Text = xml: Text2.Text = xh1
    Text3.Text = rq1: Option1.Value = xb1
    xm = xml: xh = xh1: rq = rq1: xb = xb1
    Call Not_Locked_option '文本框不可编辑、单选按钮不可选
    Command1(1).Enabled = True
    Command1(2).Enabled = True
    Command2(0).Enabled = True
    Command2(1).Enabled = False '插入结束,确认按钮不可用
  End If
End Sub
```

在浏览学生信息时，按“插入”按钮后，要在当前学生记录前增加一个新输入的学生信息，需要执行的操作步骤如下：

① 保存各文本框中显示的当前学生信息，为此，与例 8－7 不同的是增加声明了模块级变量保存当前学生信息（Dim xml As String, xh1 As String, rq1 As Date, xb1 As Boolean）。

② 清空文本框，在各文本框输入要插入的新记录，并将新记录写入临时文件。

③ 再将先前保存在新增模块级变量中的信息写入临时文件。

文件的基本操作除修改、插入（插入到文件末尾是追加）记录外，还有删除记录。如果各记录按某字段有序（如按成绩从高分到低分）存放，则程序更为复杂。用本章介绍的语句完全可以实现对文本文件的任何操作，但在此我们已经看到，对不那么复杂的学生信息的简单操作，程序却相当繁杂。介绍例 8－7、8－8 的目的不是希望读者按照这种风格编写关于信息管理的程序，只是说明用顺序读写文本文件的方式，也可以对文件作修改、插入、删除记录等操作。

在学习第 9 章后我们可以了解数据库的相关概念及操作方法，掌握 Visual Basic 数据访问技术并应用相关数据访问控件，对解决此类问题将更为便利、快捷、精准。

8.3　实　例

例 8－9　文件 student.txt 格式如下（适合于用 Input ＃语句读入），编程，将其中男生、女生的信息分别写入新建文本文件 boy.txt 和 girl.txt。

(1) 界面设计略。

student.txt - 记事本

文件(F) 编辑(E) 格式(O) 查看(V) 帮助(H)

```
"张三","20110101",#1998-02-15#,#TRUE#
"李四","20110102",#1998-11-21#,#FALSE#
"王五","20110103",#1998-05-24#,#TRUE#
"赵六","20110104",#1998-03-25#,#FALSE#
"刘七","20110107",#1989-05-12#,#TRUE#
"周武","20110201",#1999-01-07#,#TRUE#
"石颍","20110202",#1998-12-15#,#FALSE#
```

(2) 过程代码如下：

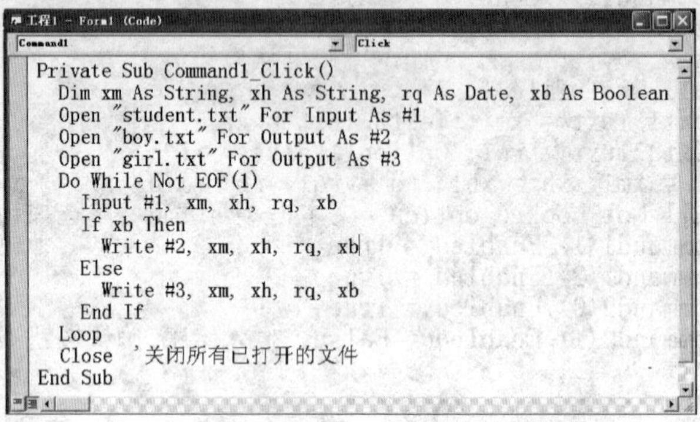

```
Private Sub Command1_Click()
  Dim xm As String, xh As String, rq As Date, xb As Boolean
  Open "student.txt" For Input As #1
  Open "boy.txt" For Output As #2
  Open "girl.txt" For Output As #3
  Do While Not EOF(1)
    Input #1, xm, xh, rq, xb
    If xb Then
      Write #2, xm, xh, rq, xb
    Else
      Write #3, xm, xh, rq, xb
    End If
  Loop
  Close '关闭所有已打开的文件
End Sub
```

例 8-10　文件 score.txt 中的数据分别表示学生的姓名、学号和三门考试课的成绩，要求在每行的末尾增加三门考试的总分。

根据如下所示文件中的数据格式，要在每行末尾增加一个总成绩，需要采用与例 8—7、例 8—8 类似的方法来实现。

score.txt - 记事本

文件(F) 编辑(E) 格式(O) 查看(V) 帮助(H)

```
"张三","20110101",65,76,56
"李四","20110102",75,86,91
"王五","20110103",66,78,87
"赵六","20110104",61,54,66
"刘七","20110107",67,78,81
"周武","20110201",74,78,80
"石颍","20110202",81,88,94
```

(1) 界面设计略。

(2) 过程代码如下：

```
Private Sub Command1_Click()
  Dim xm As String, xh As String
  Dim c1 As Integer, c2 As Integer, c3 As Integer
  Open "score.txt" For Input As #1
  Open "xxx.txt" For Output As #2
  Do While Not EOF(1)
    Input #1, xm, xh, c1, c2, c3
    Write #2, xm, xh, c1, c2, c3, c1 + c2 + c3
  Loop
  Close '关闭所有已打开的文件
  Kill "score.txt"                    '删除原文件
  Name "xxx.txt" As "score.txt"      '将临时文件更名
End Sub
```

例 8-11　**文件 yk.txt 中存放某考试应考考生的准考证号，文件 sk.txt 存放实际收到考试结果的压缩包文件信息。要求生成 qk.txt，写入所有缺考考生的准考证号。**

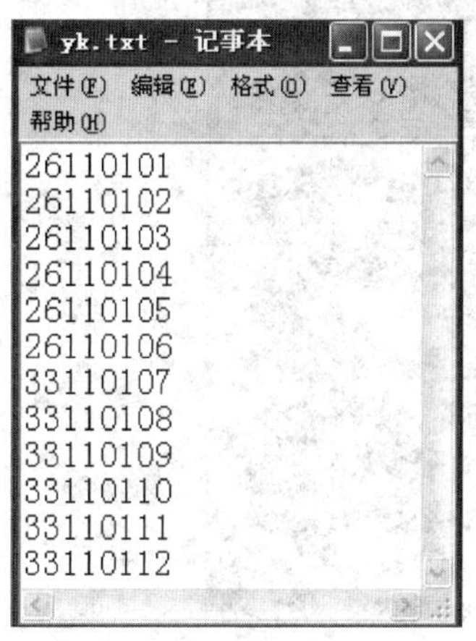

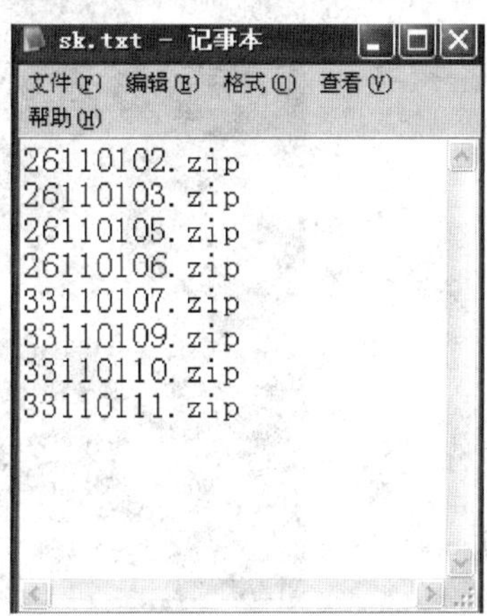

各文本文件中的数据适合于用 Line Input＃语句读入。

可以设想是对一次大型考试结果的处理，考生成千上万。类似于各文本文件中的信息很容易获得，而用程序处理、自动找出缺考考生，效率和准确性将大大提高。

(1) 界面设计略。

(2) 过程代码如下：

```
Private Sub Command1_Click()
  Dim A As String, B As String
  Open "yk.txt" For Input As #1    '打开yk.txt读数据
  Open "qk.txt" For Output As #2   '新建qk.txt写数据
  Do While Not EOF(1)
    Line Input #1, A     '读入应考考生考号
    Open "sk.txt" For Input As #3
    Do While Not EOF(3)
      Line Input #3, B
      If A = Left(B, 8) Then Exit Do
    Loop
    '完成对A的1次查找后，必须关闭以保证可重新打开
    Close #3
    If A <> Left(B, 8) Then Print #2, A
  Loop
  Close
End Sub
```

外循环的处理直至文件 yk.txt 末尾，在其循环体内，读入应考考生准考证号 A，如确认其缺考则将 A 写入 qk.txt。

确认 A 是否缺考的操作，由内循环完成。

打开文件 sk.txt 后，内循环处理直至文件 sk.txt 末尾，在其循环体内，读入实考考生准考证号到 B，如果 A 等于 Left(B,8)则退出否则继续循环。

如果内循环终止后 A 不等于 Left(B,8)，则确认考生 A 缺考。

例 8-12　**制作一个浏览.bmp 或.jpg 文件的程序。要求将所选择的文件名等信息保存在文本文件 FileList.txt 中，浏览图片时则根据文件中信息依次显示图像。**

(1) 界面设计如图 8-12 所示。

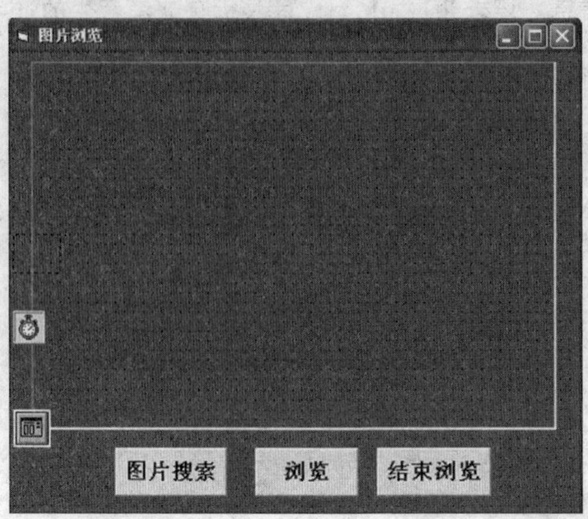

图 8-12　例 8-12 的界面设计

通用对话框控件 CD1,用于打开图像文件。

影像框控件缺省 Stretch 属性为 False,加载图像后其边界自动适应图像大小。

数码相机拍摄多为.jpeg 文件,加载后往往整个窗体不够其一角的显示,若设置 Stretch 属性为 True,加载文件会平铺在影像框内,导致变形。解决这一矛盾的方法如下:

设置 Image1 为不可见(Visible 为 False),加载图像后计算未变形的图像宽度与高度之比;设置 Image2 的 Stretch 属性为 True(防止变形),改变其宽度与高度之比与 Image1 相同后,再加载 Image1 中已加载图像(Image2. Picture = Image1. Picture)。

每选择一幅图像,将其文件名和 Image2 被调整后的宽度(高度不变)写入到 FileList. txt。浏览图像时打开该文件、读入信息,按文件名确定图像文件,按宽度调整 Image2 的 Width 属性加载文件。

浏览图像用定时器控制,每 3 秒钟换一张,到文件结束则关闭后重新打开、浏览。

(2) 过程代码如下:

Load 事件过程对通用对话框控件 CD1 设置使对话时只显示文件扩展名为.bmp 或.jpg 的文件。Cmmand1_Click 过程代用于在文件中追加写入文件名和 Iamge2 当前的宽度。

Command2_Click 过程中增加了捕获错误的语句,如果文件不存在,则跳转到标号为 pp 的语句执行,显示提示信息。该过程正常执行,将打开文件 FileList. txt 并激活定时器控件 Timer1。

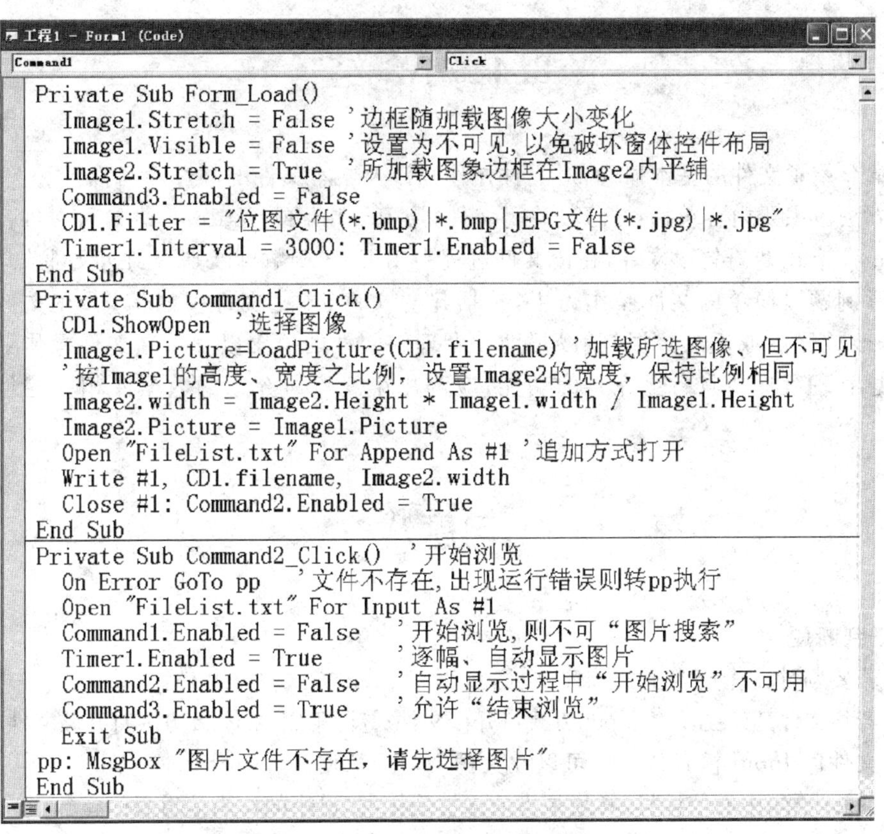

```
工程1 - Form1 (Code)
Command1                                  Click
Private Sub Form_Load()
  Image1.Stretch = False '边框随加载图像大小变化
  Image1.Visible = False '设置为不可见,以免破坏窗体控件布局
  Image2.Stretch = True  '所加载图象边框在Image2内平铺
  Command3.Enabled = False
  CD1.Filter = "位图文件(*.bmp)|*.bmp|JEPG文件(*.jpg)|*.jpg"
  Timer1.Interval = 3000: Timer1.Enabled = False
End Sub
Private Sub Command1_Click()
  CD1.ShowOpen  '选择图像
  Image1.Picture=LoadPicture(CD1.filename) '加载所选图像、但不可见
  '按Image1的高度、宽度之比例，设置Image2的宽度，保持比例相同
  Image2.width = Image2.Height * Image1.width / Image1.Height
  Image2.Picture = Image1.Picture
  Open "FileList.txt" For Append As #1 '追加方式打开
  Write #1, CD1.filename, Image2.width
  Close #1: Command2.Enabled = True
End Sub
Private Sub Command2_Click()  '开始浏览
  On Error GoTo pp   '文件不存在,出现运行错误则转pp执行
  Open "FileList.txt" For Input As #1
  Command1.Enabled = False    '开始浏览,则不可“图片搜索”
  Timer1.Enabled = True       '逐幅、自动显示图片
  Command2.Enabled = False    '自动显示过程中“开始浏览”不可用
  Command3.Enabled = True     '允许“结束浏览”
  Exit Sub
pp: MsgBox "图片文件不存在，请先选择图片"
End Sub
```

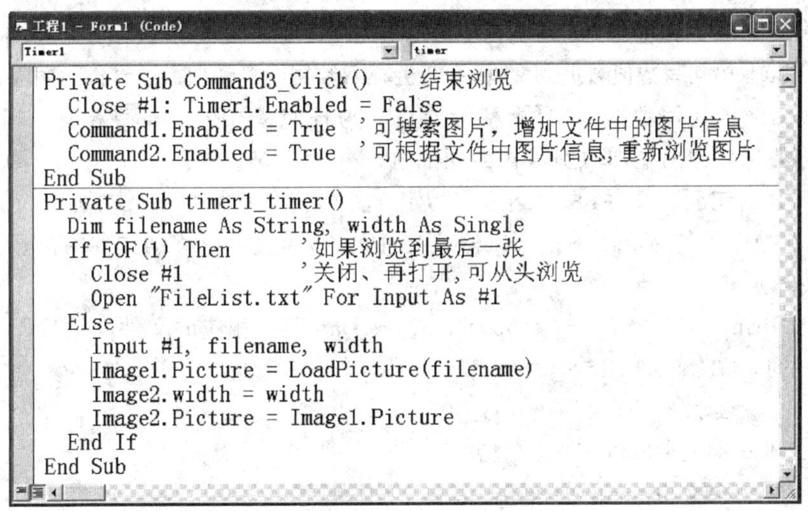

```
工程1 - Form1 (Code)
Timer1                                    timer
Private Sub Command3_Click()   '结束浏览
  Close #1: Timer1.Enabled = False
  Command1.Enabled = True  '可搜索图片，增加文件中的图片信息
  Command2.Enabled = True  '可根据文件中图片信息,重新浏览图片
End Sub
Private Sub timer1_timer()
  Dim filename As String, width As Single
  If EOF(1) Then       '如果浏览到最后一张
    Close #1           '关闭、再打开,可从头浏览
    Open "FileList.txt" For Input As #1
  Else
    Input #1, filename, width
    Image1.Picture = LoadPicture(filename)
    Image2.width = width
    Image2.Picture = Image1.Picture
  End If
End Sub
```

用本例所展示的程序，你可以在系统中搜索所喜欢的图像文件，并将有关信息保存在文件中，从而方便地浏览这些图像。

8.4 小　结

本章介绍了文件的基本概念，对文件操作只涉及文本文件的顺序读写以及相关的函数、语句和方法。主要内容包括：打开、关闭文件，用 Print ＃或 Write ＃语句写文件，用 Input ＃或 Line Input ＃语句读文件，在读文件过程中用 EOF 函数判断是否到达文件末尾。

本章例题以简单的文件操作为主，包括建立文件、浏览文件中的信息、在文件中查找信息、修改或删除或插入数据等，以帮助读者理解文件的概念以及掌握文件操作的基本步骤。信息管理程序要具备更完善的功能，应利用第 9 章所介绍的数据库相关控件和技术解决。

习题八

一、判断题

1. 若要新建一个磁盘上的顺序文件，可用 Output 方式打开文件。
2. 若某文件已存在，用 Output 方式打开该文件，等同于用 Append 方式打开该文件。
3. 文件以 Input 模式打开后可以往文件中写入数据。
4. Open 语句中的信道号，必须是当前未被使用的、最小的作为信道号的整数值。
5. Line Input＃语句读入文件中从当前读数据位置起直到换行符前的所有字符到字符变量。
6. 函数 Eof(1) 返回值为 False，表明从信道号为 1 的文件读入数据已到达文件末尾。
7. 用 Print＃语句写数值数据到文件，系统会在各数据间自动加入逗号作为间隔符。
8. 用 Write 语句写数据到文件，系统会自动为日期型、Boolean 型数据两端加井号、为字符类型数据两端加双引号作为间隔符。
9. 用 Kill 语句删除文件，只能删除与指定文件名完全匹配的一个文件。
10. 文件操作语句 Name 不仅可以修改文件名称，而且可以移动文件的位置。

二、选择题

1. 执行“Print ＃1, 234; －34.56, "hello"; Date”后，相应的文件内被写入________。
   A. 234,－34.56,hello,01－08－03
   B. 234 －34.56 "hello" 01－08－03
   C. 234 －34.56 hello01－08－03
   D. "234 －34.56 hello01－08－03"
2. 执行“Write ＃1, 234; －34.56, "hello"; Date”后，相应文件内被写入________。
   A. 234, －34.56, hello, 2001－08－03
   B. "234", "－34.56", "hello", "2001－08－03"
   C. 234, －34.56, "hello", ＃2001－08－03＃
   D. 234 －34.56 hello 2001－08－03

3. 执行"Input #1,k,s,a,d1"后（k、s、a、d1 分别是 Integer、Single、String、Date 类型，文件中相应字符为"234,－34.56,"hello",#2001－08－03#"），再执行"Print k;s;a;d1"，输出结果为________。
   A. 234,－34.56,hello,2001－08－03
   B. 234 －34.56 hello2001－08－03
   C. 234,－34.56,"hello",#2001－08－03#
   D. 234 －34.56 hello#2001－08－03#
4. 下列________方式打开的文件只能读不能写。
   A. Append　　B. Random　　C. Output　　D. Input
5. 语句"Open "c:\dat.txt" For Output"用于打开一个顺序文件，必定导致运行错误是因为没有指定________。
   A. 打开方式　　B. 信道号　　C. 文件名　　D. 共享方式
6. 执行"Open "aaa.txt" For OutputAs #1"，新建文件名缺省了盘符、路径，下列关于该文件描述错误的是________。
   A. aaa.txt 可能建立在系统缺省目录下
   B. aaa.txt 可能与窗体文件同处一个文件夹
   C. aaa.txt 一定建立在系统缺省目录下
   D. 缺省盘符、路径不会导致运行错误
7. 关于对 Open 语句中用于指定文件名的参数的描述，错误的是________。
   A. 可以是文件列表框控件的 FileName 属性返回值
   B. 只能是字符常量
   C. 可以是通用对话框控件的 FileName 属性返回值
   D. 可以是字符变量
8. 下列文件操作的语句中，格式正确的是________。
   A. Name "d:\gc.dat" As "d:\gc.txt"
   B. Name "d:\gc.dat","c:\gc.txt"
   C. Name "d:\gc.dat","c:\gc.dat"
   D. Name d:\gc.dat As gc.txt

三、填空题

1. 以 Output 方式打开的文件，在结束向文件写入数据后，要以 Input 方式重新打开文件，必须先________。

2. 以 Input 方式打开文件，当读数据到达文件末尾后，(能/不能)________接着用 Write #语句向文件中写入数据。

3. 若写入到文件中的数据，此后还要作为应用程序的输入数据，应当用________语句写入。

4. 关闭所有已经打开的文件，应执行________语句。

四、程序阅读题

程序 1. 写出程序运行时连续 4 次单击 Command1 后，文件 aaa.txt 中的各行文本。

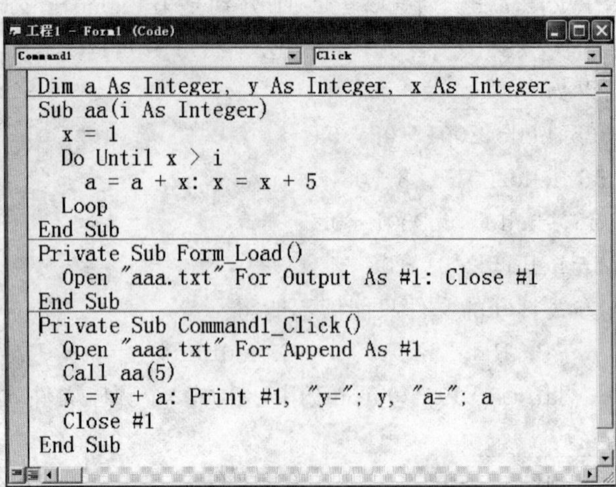

```
Dim a As Integer, y As Integer, x As Integer
Sub aa(i As Integer)
  x = 1
  Do Until x > i
    a = a + x: x = x + 5
  Loop
End Sub
Private Sub Form_Load()
  Open "aaa.txt" For Output As #1: Close #1
End Sub
Private Sub Command1_Click()
  Open "aaa.txt" For Append As #1
  Call aa(5)
  y = y + a: Print #1, "y="; y, "a="; a
  Close #1
End Sub
```

程序 2. 写出程序运行时单击窗体后，文件 e:\xxx.txt 中的结果。

```
Private Sub Form_Click()
  Dim i As Integer, f1 As Integer, f2 As Integer, f3 As Integer
  Open "e:\xxx.txt" For Output As #1
  f1 = 3
  f2 = 4
  Print #1, "NO.1"; f1: Print #1, "NO.2"; f2
  For i = 3 To 5
    f3 = f1 + f2
    Print #1, "NO." + Trim(Str(i)); f3
    f1 = f2: f2 = f3
  Next i
  Close #1
End Sub
```

程序 3. 写出程序运行时单击窗体后，e:\bbb.txt 文件的结果和窗体上的输出结果。

```
Private Sub Form_Click()
  Dim a(1 To 6) As Integer, k As Integer, i As Integer
  Open "e:\bbb.txt" For Output As #1
  For i = 1 To 6
    Print #1, i * i;
  Next i
  Close #1
  Open "e:\bbb.txt" For Input As #1
  k = 0
  Do While Not EOF(1)
    k = k + 1: Input #1, a(k)
  Loop
  Close #1
  For i = k To 1 Step -1
    Form1.Print a(i);
  Next i
End Sub
```

程序 4. 程序运行时文件 aa.txt 中的数据为“12,25,31,9,64,6,8,7”，文件 bb.txt 中的数据为“6,23,31,9,15,12,17”，写出单击窗体后的显示结果。

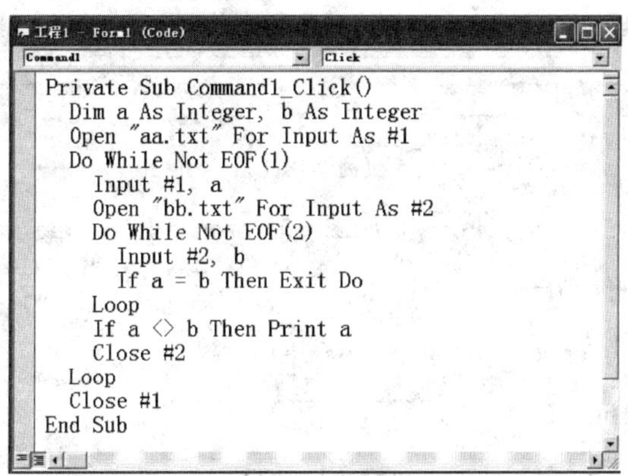

```
Private Sub Command1_Click()
  Dim a As Integer, b As Integer
  Open "aa.txt" For Input As #1
  Do While Not EOF(1)
    Input #1, a
    Open "bb.txt" For Input As #2
    Do While Not EOF(2)
      Input #2, b
      If a = b Then Exit Do
    Loop
    If a <> b Then Print a
    Close #2
  Loop
  Close #1
End Sub
```

程序 5. 文件 e:\xxx.txt 中已有 4 个数如下：

```
7
13
31
48
```

写出运行时 4 次单击 Command1，每次分别输入 1、11、21、51 后，文件 e:\xxx.txt 中的所有数据。

```
Private Sub Command1_Click()
  Dim a As Integer, b As Integer, flag As Boolean
  a = Val(InputBox("x="))
  Open "e:\xxx.txt" For Input As #1
  Open "e:\aaa.txt" For Output As #2
  flag = True
  Do While Not EOF(1)
    Input #1, b
    If a <= b And flag Then
      Write #2, a, b
      flag = False
    Else
      Write #2, b
    End If
  Loop
  If flag Then Write #2, a
  Close
  Kill "e:\xxx.txt"
  Name "e:\aaa.txt" As "e:\xxx.txt"
End Sub
```

五、程序填空题

1. 程序说明：右击窗体打开通用对话框选择扩展名为.exe 的文件并执行(如计算器程序 calc.exe，记事本程序 notepad.exe，Word 程序 Winword.exe 等)；单击“退出”按钮时将右击窗体的次数写入磁盘文件 e:\c.txt。

```
工程1 - Form1 (Code)
Command1                          Click
      (1)
Private Sub Form_Load()
  CommonDialog1.Filter = "EXE|*.exe"
End Sub
Private Sub Form_MouseUp(Button As Integer, _
    Shift As Integer, X As Single, Y As Single)
  If Button = 2 Then
    n = n + 1
    CommonDialog1.ShowOpen
    Call Shell(        (2)          )
  End If
End Sub
Private Sub Command1_Click()
  Open "e:\c.txt" For        (3)
  Print #1, n: Close #1
      (4)
End Sub
```

2. 程序说明：文件 e:\a1.txt 中存放若干个学生信息的记录(行)，按 Command1 按钮后输入一个学生姓名，查找文件中姓名与输入姓名相同的记录则删除之。

```
工程1 - Form1 (Code)
Command1                          Click
Private Sub Command1_Click()
  Dim bs As String, cs As String
  Open "e:\a1.txt" For Input As #1
  Open "temp.dat" For  (1)  As #2
  bs = InputBox("输入学生姓名")
  Do While Not  (2)
    Line Input #1, cs
    If InStr(cs,Trim(bs))=  (3)  Then Print #2, cs
  Loop
  Close
  Kill "e:\a1.txt"
  Name      (4)
End Sub
```

3. 程序说明：界面设计如图 8－13 所示。图片框控件 P1 已加载一幅显微放大后获得的铁谱图像。按“开始标记”后可选择较大金属磨粒绘制矩形将其包围，并将标记磨粒所在位置和大小的两个点的坐标值写入文件。按“退出”关闭文件。

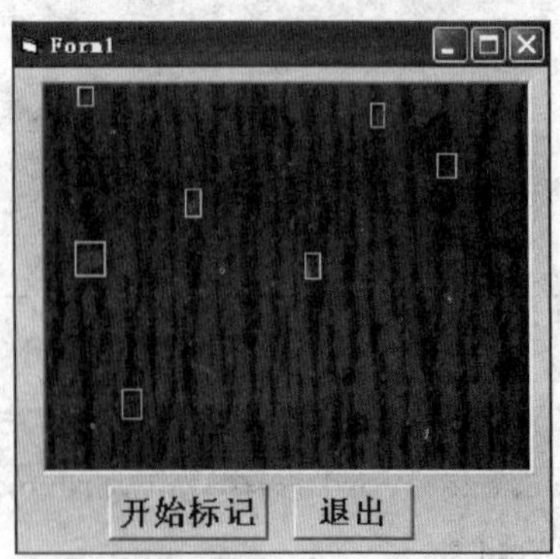

图 8－13　界面设计和运行时开始标记的显示

过程代码如下：

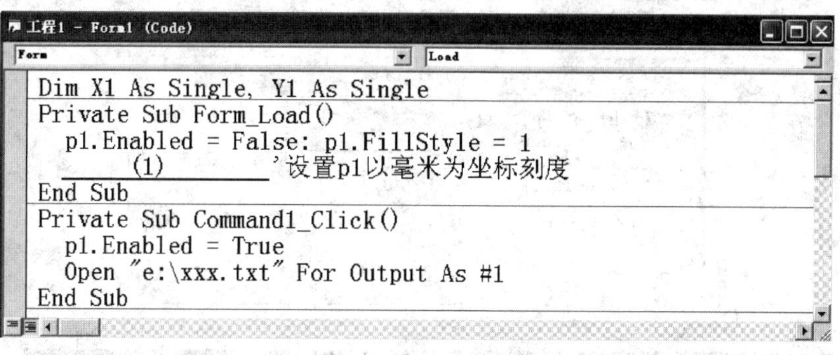

```
Dim X1 As Single, Y1 As Single
Private Sub Form_Load()
  p1.Enabled = False: p1.FillStyle = 1
  ____(1)________ '设置p1以毫米为坐标刻度
End Sub
Private Sub Command1_Click()
  p1.Enabled = True
  Open "e:\xxx.txt" For Output As #1
End Sub
```

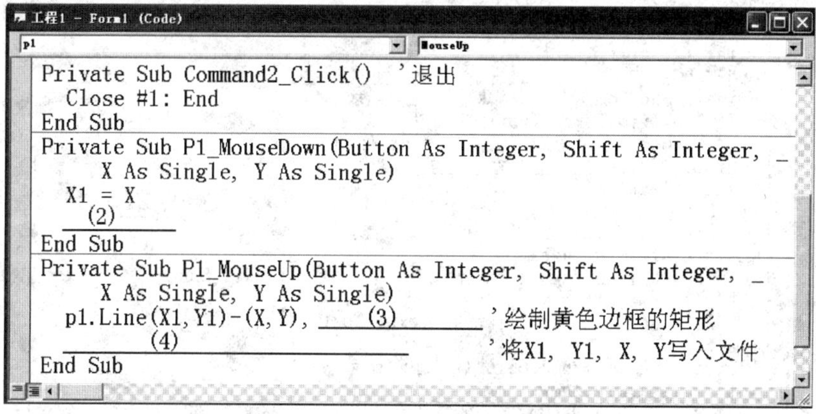

```
Private Sub Command2_Click()   '退出
  Close #1: End
End Sub
Private Sub P1_MouseDown(Button As Integer, Shift As Integer, _
     X As Single, Y As Single)
  X1 = X
  __(2)____
End Sub
Private Sub P1_MouseUp(Button As Integer, Shift As Integer, _
     X As Single, Y As Single)
  p1.Line(X1,Y1)-(X,Y), ____(3)______  '绘制黄色边框的矩形
  _______(4)_____________              '将X1, Y1, X, Y写入文件
End Sub
```

4. 程序说明：磁盘文件 student.txt 存放若干学生姓名、学号、两门统考课程成绩，界面设计和文件数据格式如图 8－14 所示，运行时先将文件中各行数据显示在列表框中。

要求：输入在文本框中的文本可以追加；单击列表框某项，则该项显示在文本框中，可删除、可修改(修改文本框中的文本后按“修改记录”)。首次运行时文件可为空，退出前应保存文件。

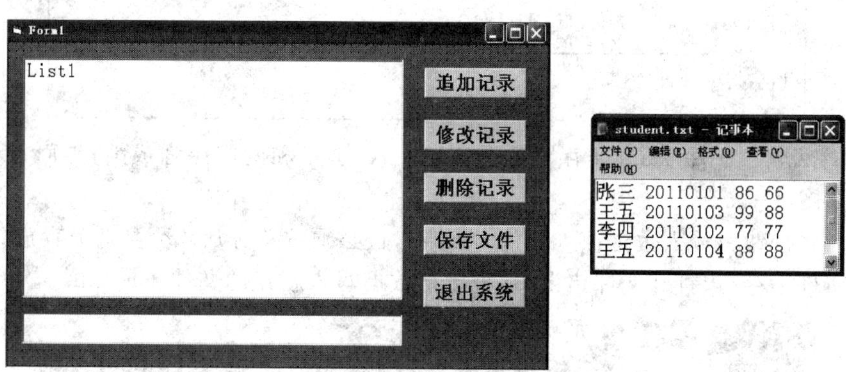

图 8－14　界面设计和文件 student.txt 的数据格式

过程代码如下：

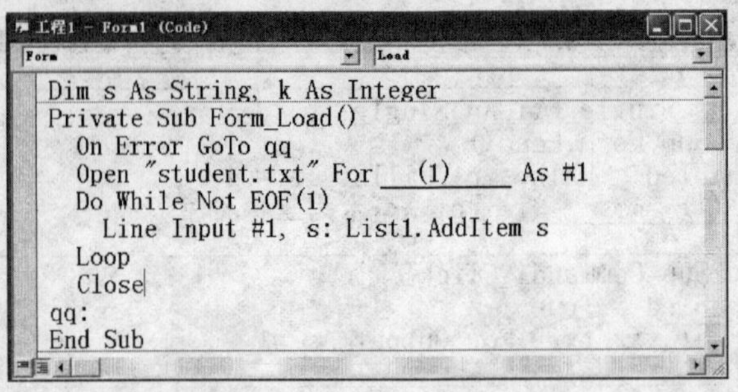

```
Dim s As String, k As Integer
Private Sub Form_Load()
  On Error GoTo qq
  Open "student.txt" For ___(1)___ As #1
  Do While Not EOF(1)
    Line Input #1, s: List1.AddItem s
  Loop
  Close
qq:
End Sub
```

```
Private Sub List1_Click()
  Text1.Text = List1.Text
End Sub
Private Sub Command1_Click() '追加记录
  If Len(Trim(Text1.Text)) = 0 Then _
     MsgBox "不可追加空记录！": Exit Sub
  List1.AddItem ___(2)___
  Text1.Text = ""
End Sub
Private Sub Command2_Click() '修改记录
  k = List1.ListIndex
  If k < 0 Then MsgBox "请先选中一个表项！": Exit Sub
  List1.RemoveItem k
  List1.AddItem Text1.Text, k : Text1.Text = ""
End Sub
Private Sub Command3_Click() '删除记录
  k = List1.ListIndex
  If k < 0 Then MsgBox "请先选中一个表项！": Exit Sub
  List1.RemoveItem___(3)___
  Text1.Text = ""
End Sub
Private Sub Command4_Click() '保存文件
  Open "student.txt" For Output As #1
  For k = 0 To List1.ListCount - 1
    Print #1, List1.List(k)
  Next k
  Close #1
End Sub
Private Sub Command5_Click()
  Call___(4)___ '保存文件
  End
End Sub
```

5. 程序说明：文件 aaa.txt 存放若干学生姓名、学号和两门课程成绩，界面设计和文件数据格式如图 8－15 所示。

按"保存"按钮将输入数据存入文件 aaa.txt，且必须按总分从高分到低分存放。

如果文件不存在、打开文件错误，则直接将数据写入新建的文件 aaa.txt。

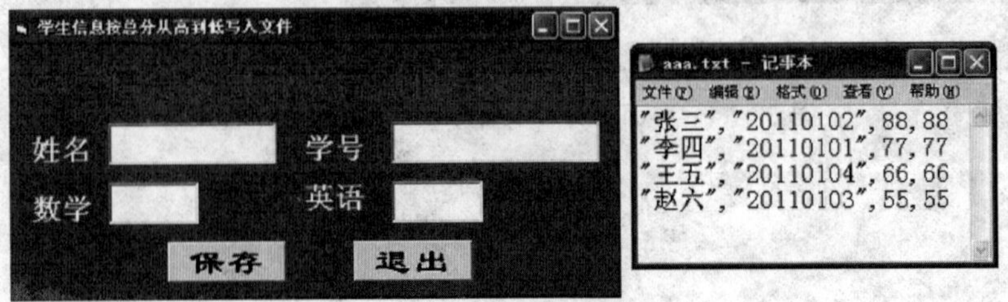

图 8－15　界面设计和文件 aaa.txt 的数据格式

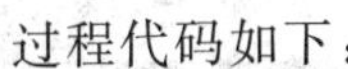

过程代码如下：

```
工程1 - Form1 (Code)
Command1                                    Click
Dim xm As String, xh As String, m As Integer, e As Integer, bz As Boolean
Dim xm1 As String, xh1 As String, m1 As Integer, e1 As Integer
Private Sub Command1_Click()
  On Error GoTo qq
  xm = Text1.Text: xh = Text2.Text: m = Text3.Text: e = Text4.Text
  Open "aaa.txt" For Input As #1
  Open "temp" For ___(1)___ As #2
  bz = False
  Do While Not EOF(1)
    Input #1, xm1, xh1, m1, e1
    If m + e >= m1 + e1 And ___(2)___ Then
      Write #2, xm, xh, m, e
      bz = True
    End If
    Write #2, xm1, xh1, m1, e1
  Loop
  If Not bz Then ______(3)______
  Close
  Kill "aaa.txt": Name ______(4)______
  Text1.Text = "": Text2.Text = "": Text3.Text = "": Text4.Text = ""
  Exit Sub
qq: Open "aaa.txt" For Output As #1
  Write #1, xm, xh, m, e
  Close #1
  Text1.Text = "": Text2.Text = "": Text3.Text = "": Text4.Text = ""
End Sub
```

六、程序设计题

1. 编程，处理一个4行4列的二维数据，将每行所有元素都除以该行上绝对值最大的元素。

为方便运行调试，数组中数据已经编辑在文件aaa.txt中，如图8-16所示，从文件中读入数组、处理后的结果以与aaa.txt相同的格式输出到文件bbb.txt，如图8-17所示。

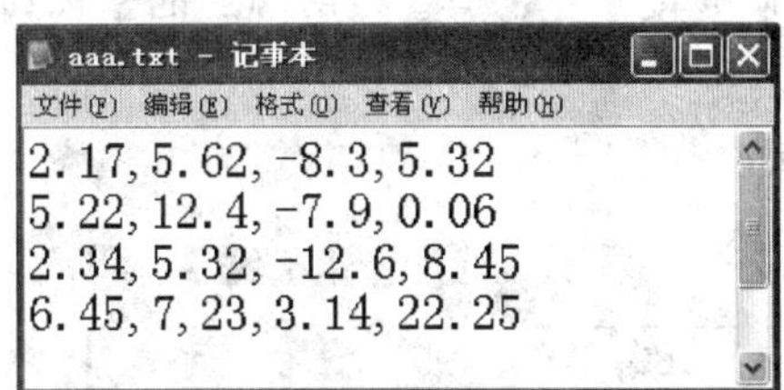
aaa.txt - 记事本
文件(F) 编辑(E) 格式(O) 查看(V) 帮助(H)
2.17,5.62,-8.3,5.32
5.22,12.4,-7.9,0.06
2.34,5.32,-12.6,8.45
6.45,7,23,3.14,22.25

图8-16 从aaa.txt中输入的数据

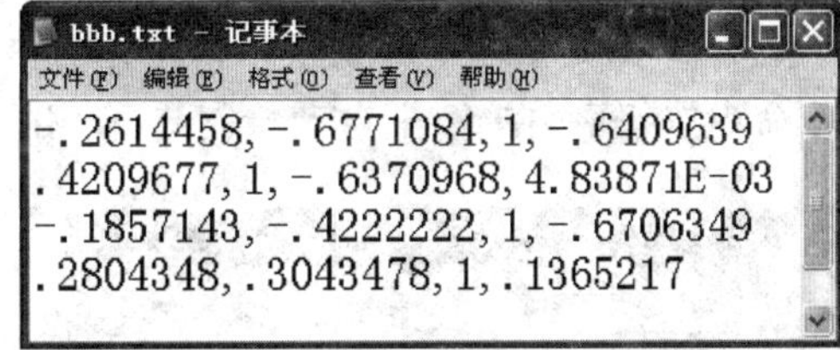
bbb.txt - 记事本
文件(F) 编辑(E) 格式(O) 查看(V) 帮助(H)
-.2614458,-.6771084,1,-.6409639
.4209677,1,-.6370968,4.83871E-03
-.1857143,-.4222222,1,-.6706349
.2804348,.3043478,1,.1365217

图8-17 输出到bbb.txt中的数据

2. 文件score.txt中存储了若干学生的姓名、学号和3门考试课的成绩。编程，将所有两门以上(含两门)课程不及格的学生信息输出到文件bad.txt，其他学生信息输出到pass.txt。

文件score.txt中的数据格式如图8-18(a)所示，读入后将数据分别写入到文件bad.txt、pass.txt，如图8-18(b)所示。

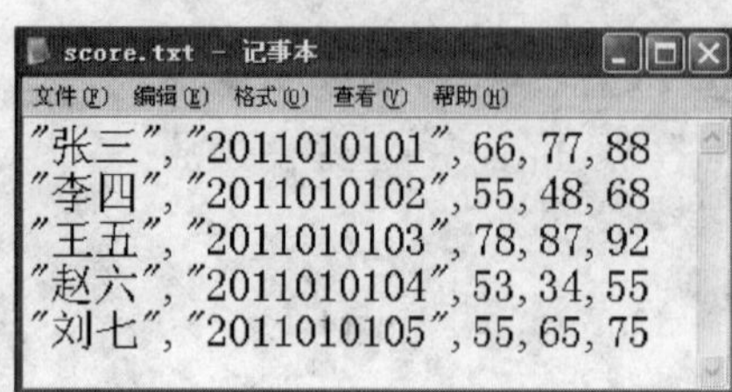

（a）从score.txt中输入的数据

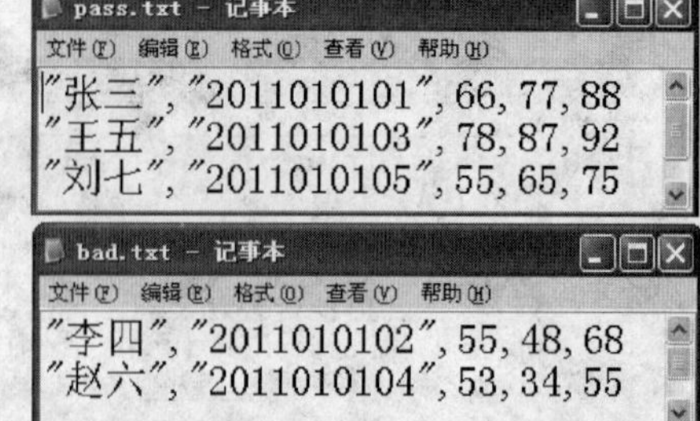

（b）输出到pas.txt、bad.txt中的数据

图 8-18　文件 score.txt 中的数据格式

3. 文件 kucun.txt 存放若干商品的名称、类别、品牌、库存数量，数据格式如图 8-19 所示。编程，删除文件中库存数量为 0 的商品信息。

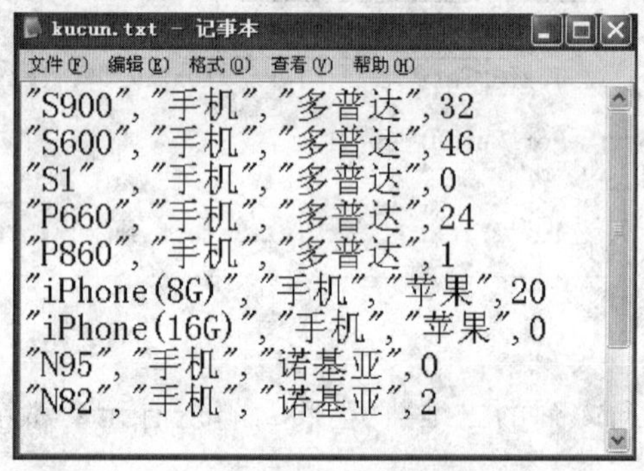

图 8-19　程序设计 3 文件 kucun.txt 中现存数据

4. 在 p1 拖动鼠标，可根据单选按钮的设置绘制直线或矩形，如图 8-20 所示，并将相关信息写入图 8-21 所示文件：每行第一个数为 1，则其余 4 个数是直线两端点的坐标；每行第一个数为 2，则其余 4 个数是矩形两对角点坐标。

按命令按钮后，在 p2 中自动绘制与 p1 相同的图形，如图 8-22 所示。

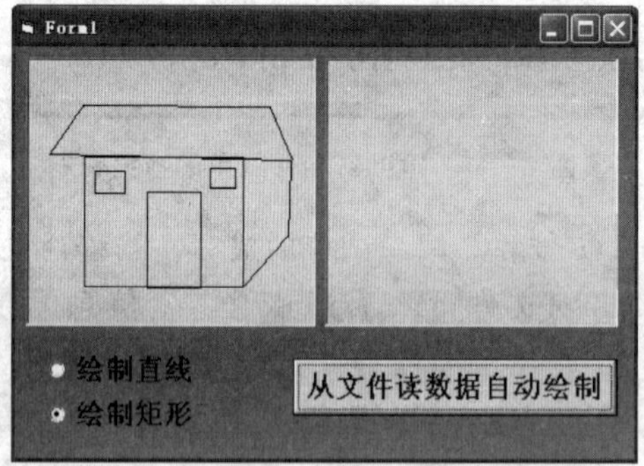

图 8-20　程序设计 4 运行时的界面显示

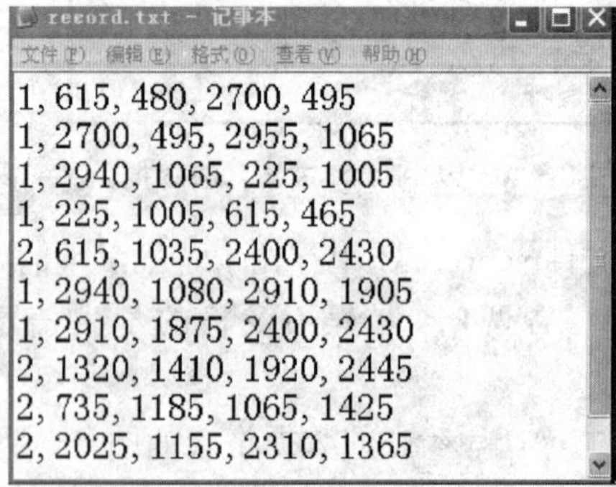

图 8-21　程序设计 4 文件 record.txt 中现存数据

请仔细阅读下列已经给出的部分代码，编制事件过程 Command1_Click，将程序补充完整。

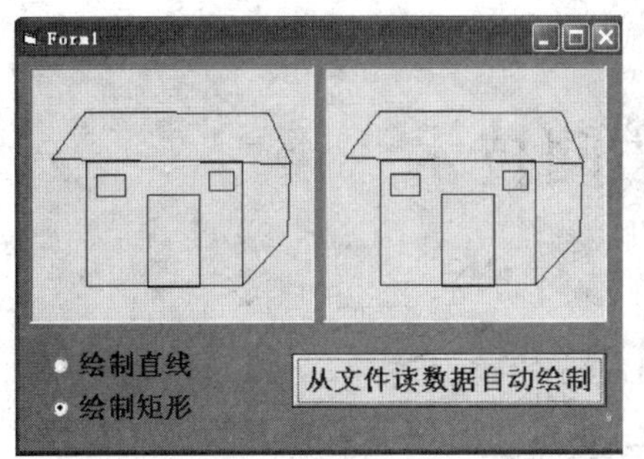

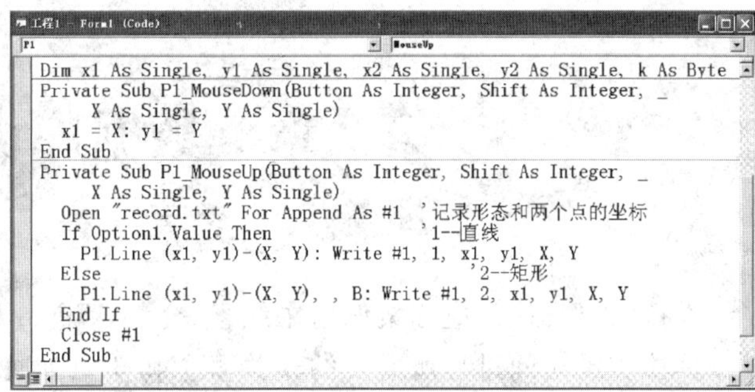

```
Dim x1 As Single, y1 As Single, x2 As Single, y2 As Single, k As Byte
Private Sub P1_MouseDown(Button As Integer, Shift As Integer, _
      X As Single, Y As Single)
  x1 = X: y1 = Y
End Sub
Private Sub P1_MouseUp(Button As Integer, Shift As Integer, _
      X As Single, Y As Single)
  Open "record.txt" For Append As #1  '记录形态和两个点的坐标
  If Option1.Value Then                '1--直线
    P1.Line (x1, y1)-(X, Y): Write #1, 1, x1, y1, X, Y
  Else                                 '2--矩形
    P1.Line (x1, y1)-(X, Y), , B: Write #1, 2, x1, y1, X, Y
  End If
  Close #1
End Sub
```

图 8-22 从文件读数据后自动绘制

5. 界面设计如图 8-23 所示，Load 事件从文件 aaa. txt(图 8-24)读入所有人姓名，并添加到可多选的列表框控件 List1(图 8-25 所示)，按命令按钮后所有已选项被写入文件 bbb. txt，如图 8-26 所示。

提示：界面设计时，将 List1 设置为多选。

图 8-23 界面设计

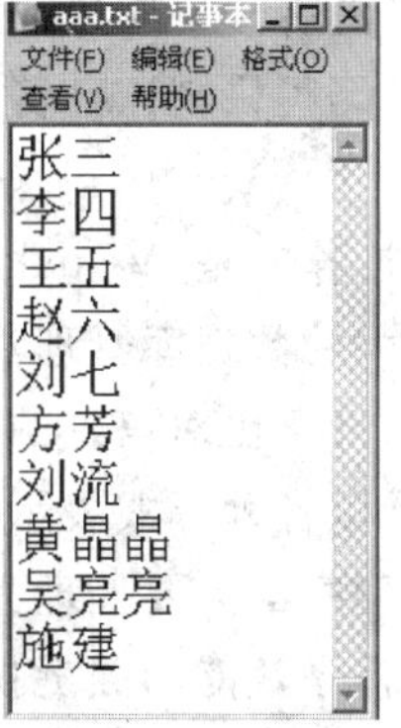

图 8-24 读入姓名

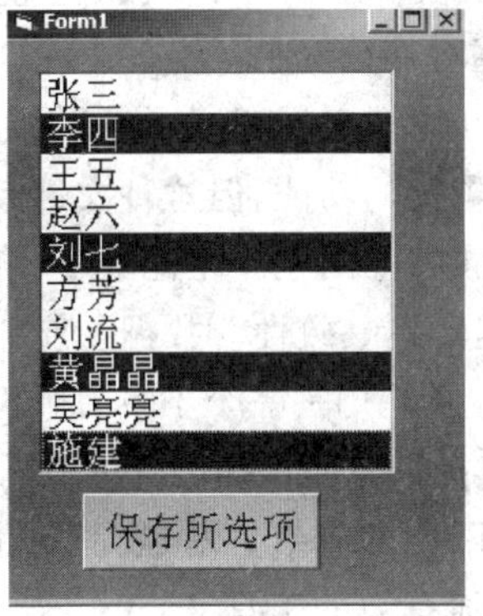

图 8-25 添加到列表框控件

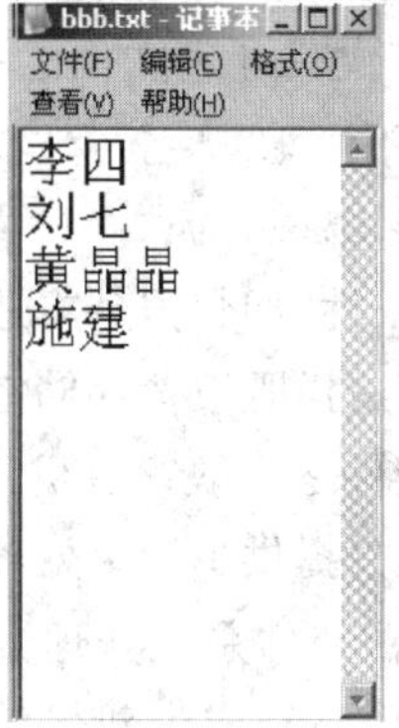

图 8-26 写入文件中

第 9 章　数据库访问技术

本章将以具体的应用案例为主线索，介绍 Visual Basic 的数据访问技术，数据访问控件以及具体实现访问过程所需要的相关概念和知识。通过本章学习使读者在开发应用程序时具有对数据处理的能力。

9.1　Visual Basic 的数据访问技术

Visual Basic 不但具有用于世界上最广泛使用的平台 Microsoft Windows 之上的应用程序能力，而且具有开发应用程序需要的许多特征，如结合可视化平台的面向对象程序设计方法（事件驱动编程机制）、字符串处理、图形绘制、错误入陷处理、多媒体及文件处理和数据库访问等。

特别值得推荐的是，Visual Basic 提供了强有力的数据库访问能力，将 Windows 的各种先进特征与强大的数据库管理功能有机地结合在一起。

我们知道，计算机对信息的处理早已占据了计算机用途的 80%左右。我们通常所说的信息，实际上是以各种形式表示的数据，如数字数据、文字数据、声音数据和图像数据等。几乎所有的应用程序都需要处理大量的数据，如何有效地组织和存取程序中所需要的数据，是一项决定应用程序效能的关键技术。

在前面的章节中我们讨论了 Visual Basic 的文件处理功能。我们可以将程序中所需要的数据按一定的格式组织存储于外部介质上的数据文件中。当应用程序要处理文件的所有或是大部分数据时，可以利用顺序文件的处理方式解决。而对于需要快速查找和更新某些数据块，并且一次只处理文件的一小部分数据的应用程序（特别是事务处理），也许顺序文件的处理方式并不可取，甚至会显得有些笨拙，此时随机文件的处理方式也许更为合适。

虽然 Visual Basic 为这两种文件处理形式提供了丰富的功能，但这种文件系统处理方式也存在很大的局限性，如数据基本还是面向应用的。不同的应用程序不能共享相同的数据，因此数据冗余度大，这样既浪费存储空间，又容易造成数据的不一致性。数据与应用程序缺乏独立性，而且数据文件之间缺乏有机的关联机制，因此文件系统仍是一个不具有弹性的无结构的系统。此外，它也只提供了简单处理数据的功能，却没有提供方便快捷的查询数据的功能。

弥补和完善文件系统处理数据方式的缺陷或局限性的有效方法就是采用数据库访问技术。数据库管理已经成为现代信息管理的最主要和强有力的工具。

下面就让我们先了解一下本章应用范例数据库的基础数据关联，并以此作为基奠，进一步学习和掌握 Visual Basic 的数据访问技术及其相关数据访问控件的特性与应用，以满足我们在开发应用程序时对数据处理的技术需求。

9.1.1 应用示例数据库

1. 示例数据库

一个数据库由若干个有关联的数据表组成。数据库作为信息管理的软件集成环境，为数据库中的表以及表与表之间的数据管理提供了一整套的操作规则与便捷工具。

图 9-1 所示是一个“学籍”数据库中的 3 个表文件（“学生”、“课程”和“成绩”）以及它们之间的关联方式。“学生”表和“成绩”表的联系通过“学号”字段的匹配，而“课程”表与“成绩”表之间的联系则由“课程号”决定。

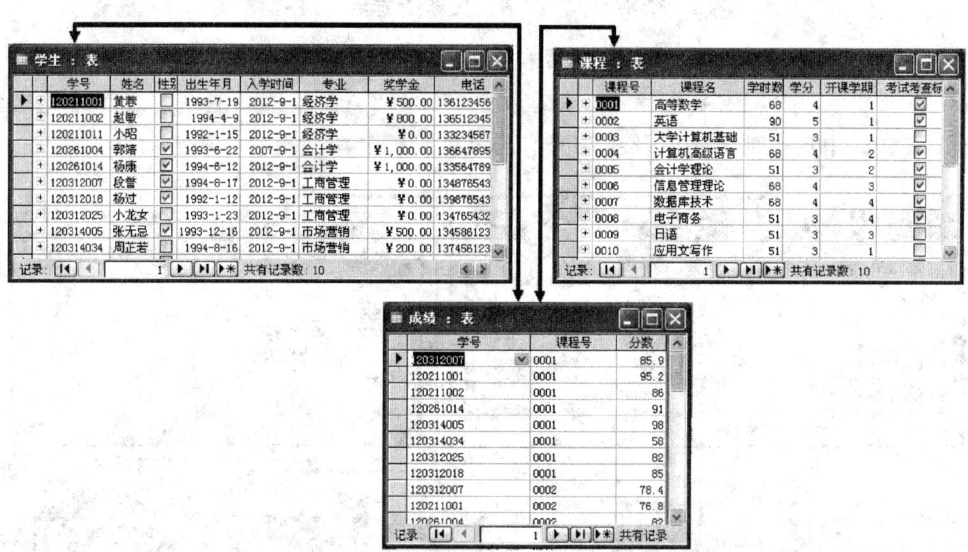

学生 : 表

学号	姓名	性别	出生年月	入学时间	专业	奖学金	电话
120211001	黄蓉	☐	1993-7-19	2012-9-1	经济学	¥500.00	136123456
120211002	赵敏	☐	1994-4-9	2012-9-1	经济学	¥800.00	136512345
120211011	小昭	☐	1992-1-15	2012-9-1	经济学	¥0.00	133234567
120261004	郭靖	☑	1993-6-22	2007-9-1	会计学	¥1,000.00	136647895
120261014	杨康	☑	1994-6-12	2012-9-1	会计学	¥1,000.00	133564789
120312007	段誉	☑	1994-8-17	2012-9-1	工商管理	¥0.00	134876543
120312018	杨过	☑	1992-1-12	2012-9-1	工商管理	¥0.00	139876543
120312025	小龙女	☐	1993-1-23	2012-9-1	工商管理	¥0.00	134765432
120314005	张无忌	☑	1993-12-16	2012-9-1	市场营销	¥500.00	134586123
120314034	周芷若	☐	1994-8-16	2012-9-1	市场营销	¥200.00	137456123

记录: 1 共有记录数: 10

课程 : 表

课程号	课程名	学时数	学分	开课学期	考试考查标
0001	高等数学	68	4	1	☑
0002	英语	90	5	1	☑
0003	大学计算机基础	51	3	1	☐
0004	计算机高级语言	68	4	2	☑
0005	会计学理论	51	3	2	☑
0006	信息管理理论	68	4	3	☑
0007	数据库技术	68	4	4	☑
0008	电子商务	51	3	4	☑
0009	日语	51	3	3	☐
0010	应用文写作	51	3	1	☐

记录: 1 共有记录数: 10

成绩 : 表

学号	课程号	分数
120312007	0001	85.9
120211001	0001	95.2
120211002	0001	86
120261014	0001	91
120314005	0001	98
120314034	0001	58
120312025	0001	82
120312018	0001	85
120312007	0002	78.4
120211001	0002	76.8
120261004	0002	82

记录: 1 共有记录

图 9-1 “学籍”数据库中的 3 个表文件（“学生”、“课程”和“成绩”）以及它们之间的关联方式

2. 关系操作

选择、投影和连接是关系数据库的 3 种基本操作，使用很频繁。

(1) 选择：按照一定条件在给定关系中选取若干记录（即选取若干行）。

图 9-2 所示是关系“学生”表的选择操作（在“学生”表中选择获得奖学金的记录）。

学生 : 表

学号	姓名	性别	出生年月	入学时间	专业	奖学金	电话
120211001	黄蓉	☐	1993-7-19	2012-9-1	经济学	¥500.00	136123456
120211002	赵敏	☐	1994-4-9	2012-9-1	经济学	¥800.00	136512345
120211011	小昭	☐	1992-1-15	2012-9-1	经济学	¥0.00	133234567
120261004	郭靖	☑	1993-6-22	2007-9-1	会计学	¥1,000.00	136647895
120261014	杨康	☑	1994-6-12	2012-9-1	会计学	¥1,000.00	133564789
120312007	段誉	☑	1994-8-17	2012-9-1	工商管理	¥0.00	134876543
120312018	杨过	☑	1992-1-12	2012-9-1	工商管理	¥0.00	139876543
120312025	小龙女	☐	1993-1-23	2012-9-1	工商管理	¥0.00	134765432
120314005	张无忌	☑	1993-12-16	2012-9-1	市场营销	¥500.00	134586123
120314034	周芷若	☐	1994-8-16	2012-9-1	市场营销	¥200.00	137456123

记录: 1 共有记录数: 10

学生按奖学金查询 : 选择查询

学号	姓名	性别	出生年月	入学时间	专业	奖学金	电
120211001	黄蓉	☐	1993-7-19	2012-9-1	经济学	¥500.00	136123
120211002	赵敏	☐	1994-4-9	2012-9-1	经济学	¥800.00	136512
120261004	郭靖	☑	1993-6-22	2007-9-1	会计学	¥1,000.00	136647
120261014	杨康	☑	1994-6-12	2012-9-1	会计学	¥1,000.00	133564
120314005	张无忌	☑	1993-12-16	2012-9-1	市场营	¥500.00	134586
120314034	周芷若	☐	1994-8-16	2012-9-1	市场营	¥200.00	137456

记录: 1 共有记录数: 6

图 9-2 关系“学生”表的选择（筛选若干行）操作

(2) 投影：在给定关系中选取确定的若干字段（即选取若干列）。

图 9-3 所示是关系“学生”表的投影操作（在“学生”表中选择部分字段）。

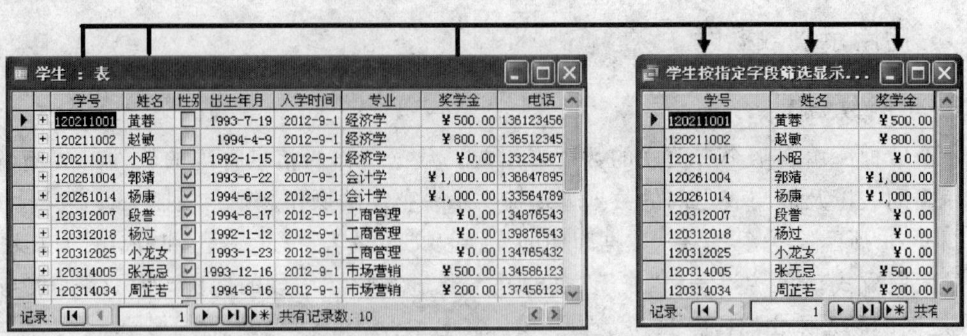

图 9-3 关系“学生”表的投影(筛选若干列)操作

(3) 连接：按照一定条件将多个关系的记录连接(即连接多张表)。

图 9-4 所示是“学籍”数据库中 3 个表文件(“学生”、“课程”和“成绩”)之间的连接操作(在 3 个表文件中选择部分字段及相匹配的记录组成一个新的符合应用需要的关系)。

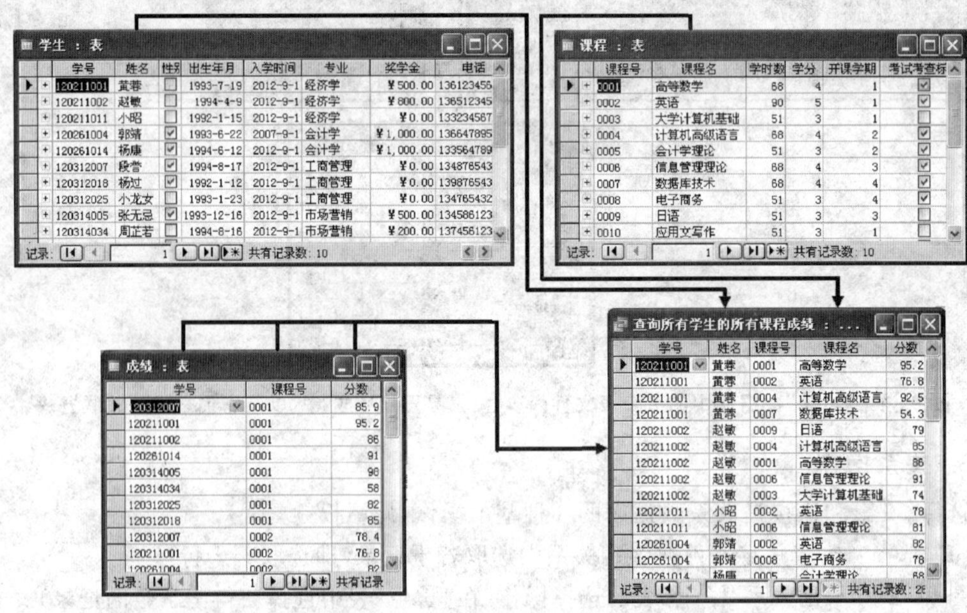

图 9-4 “学籍”数据库中 3 个表文件之间的连接(将不同表中的字段组织到同一个表中)操作

9.1.2 应用示例功能说明

在学习了解了示例数据库组成之后，让我们先看一个用 Visual Basic 编制的访问数据库的应用示例的运行界面(该例题设计过程的程序代码将在本章稍后章节中介绍)，旨在帮助读者更直观更快捷地理解数据库访问的效果与应用目标。

例 9-1 编制一个学生学籍信息管理系统(简单型，程序中处理的所有数据均来源于存储学生学籍信息的数据库)。

该系统可以实现如下功能：

(1) 提供用户进入系统的初始界面。当用户点击“进入”按钮，系统会关闭初始界面，跳出一个登录口令验证界面。初始运行界面及口令验证后的界面如图 9-5 所示。

图 9-5　学生学籍信息管理系统(简单型)初始运行界面及口令验证后的界面

(2) 口令验证界面，运行界面如图 9-6 所示，用户输入的口令不以原口令字符形式显示。系统口令预存在数据库表文件的字段(学生.学号)中，系统自动验证口令正确与否。

若正确，关闭口令验证窗，回到初始界面，并且初始界面中的“编辑信息”和“查询信息”两个按钮可以使用；否则，显示警告信息，通过“返回”按钮可以关闭口令验证窗，回到初始界面，但初始界面中的“编辑信息”和“查询信息”两个按钮仍然不可以使用。

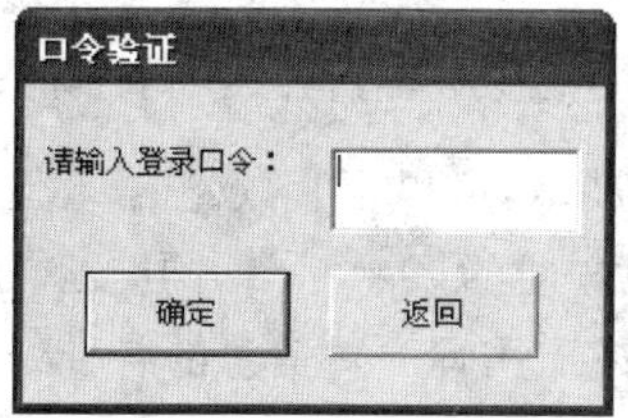

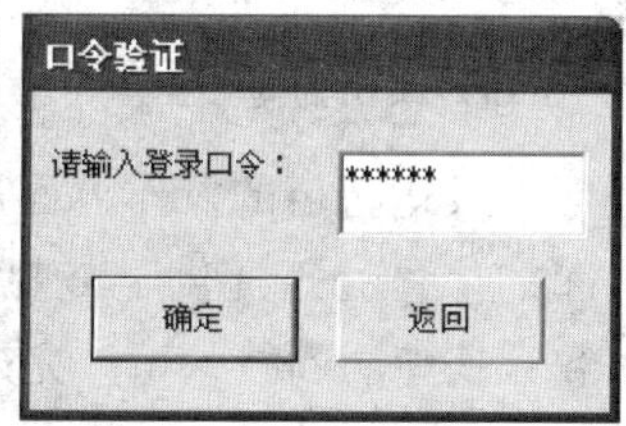

图 9-6　当用户点击“进入”按钮出现的口令验证界面

(3) 当用户点击“编辑信息”按钮时，系统会自动关闭初始界面，跳出一个对数据库中 3 个表文件进行编辑浏览的窗体界面，如图 9-7 所示。

该窗体的功能是：提供任用户翻动和编辑(输入、修改、删除)“学生”表、“成绩”表或“课程”表记录信息的命令按钮组。

如果当前浏览的是“学生”、“课程”或“成绩”表中的某个表中的信息，则翻动按钮对相应表记录指针起作用。同时，当记录指针指到表头或表尾时，相应的命令按钮自动设置为不可访问(“返回”同上)。

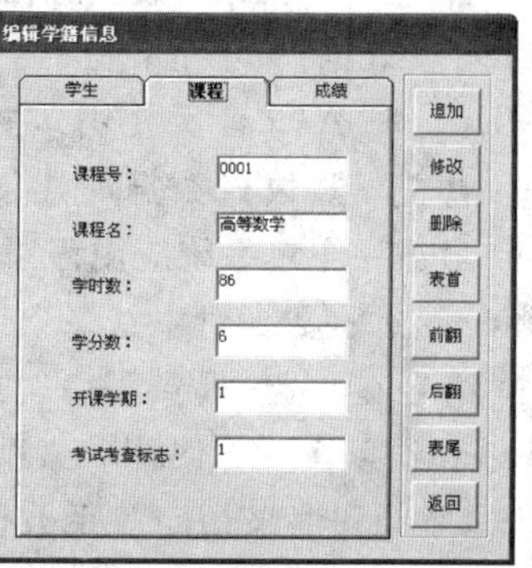

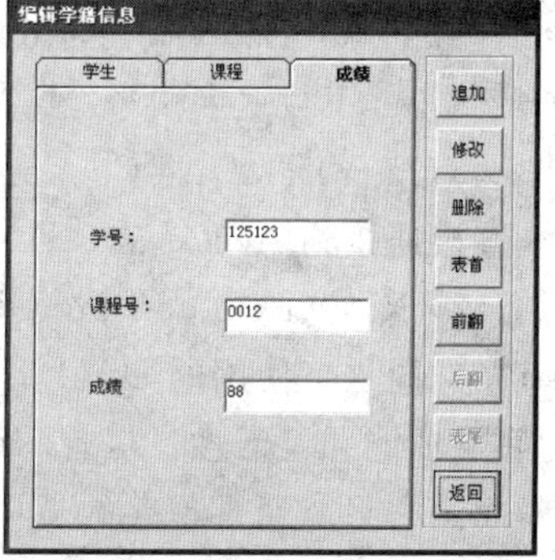

图 9-7　当用户点击“编辑信息”按钮时跳出的对数据库中 3 个表文件进行编辑浏览的窗体界面

(4) 当用户点击“查询信息”按钮时，系统会自动关闭初始界面，跳出一个对学生成绩及课程信息进行查询的窗体界面，如图 9－8 所示。

该窗体的功能是：提供任用户选择的学生姓名列表。随着用户选择学生的不同，该学生选修的相应各门课程的课程名和成绩信息及总平均成绩会自动地定位显示，课程名和成绩信息显示项可根据表中满足条件的记录个数动态地调整，如果某学生尚无选修任何课程，则在总平均成绩显示项中显示无选修课程的信息。考试课程成绩与考查课程成绩将分两栏显示，且考试课程成绩以百分制形式显示，而考查课程成绩以等级档次(优、良、中、及格和不及格)形式显示(“返回”同上)。

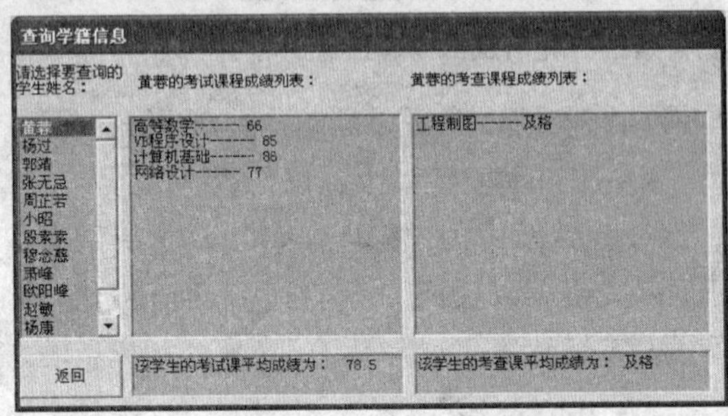

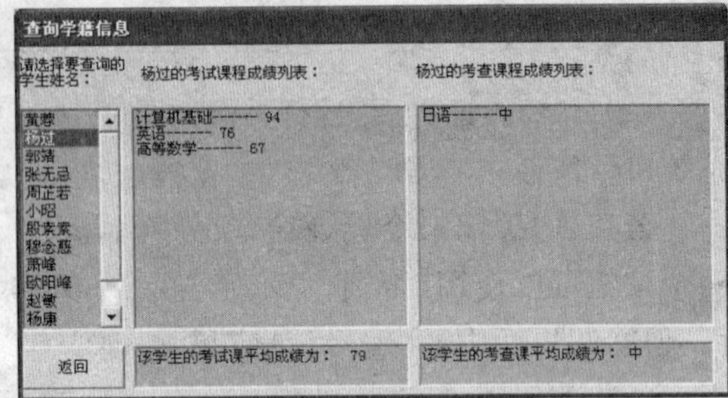

图 9－8 当用户点击“查询信息”按钮时跳出的对数据库中学生成绩及课程信息进行查询的窗体界面

由上述示例的程序功能说明以及运行后的操作界面展示，可以很直观地看到，Visual Basic 运用可视化的控件界面为数据库的信息处理提供了直观方便的展示平台，同时运用面向对象程序设计方法(事件驱动机制)和数据库访问技术可以完成应用程序对信息的各种处理工作。

9.1.3 Visual Basic 的数据访问方式

在 Visual Basic 中，应用程序并不是直接访问数据库中的数据信息，而只是通过特定的接口技术根据需要在数据库的基础上先生成记录集(Recordset)对象，再以此为数据源并借助数据绑定控件进行记录的操作与浏览。

1. 数据访问接口

在 Visual Basic 中，可用的数据访问接口主要有 3 种：ActiveX 数据对象(ADO)、远程数据对象(RDO)和数据访问对象(DAO)。

数据访问接口是一个对象模型，它代表了访问数据的各个方面。

(1) DAO(Data Access Objects)数据访问对象是第一个面向对象的接口，它显露了 Microsoft Jet 数据库引擎(由 Microsoft Access 所使用)，并允许 Visual Basic 开发者通过 ODBC(Open DataBase Connectivity——开放式数据库连接)像直接连接到其他数据库一样，直接连接到 Access 表。DAO 最适用于单系统应用程序或小范围本地分布使用。

(2) RDO(Remote Data Objects)远程数据对象是一个到 ODBC 的面向对象的数据访问接口，它同易于使用的 DAO 形式组合在一起，提供了一个接口，形式上展示出所有 ODBC 的底层功能和灵活性。尽管 RDO 在访问 Jet 或 ISAM(索引顺序存取法)数据库方面受到限制，而且它只能通过现存的 ODBC 驱动程序来访问关系数据库。但是，RDO 已被证明却是许多诸如 SQL Server、Oracle 以及其他大型关系数据库开发者经常选用的最佳接口。RDO 提供了用来访问存储过程和复杂结果集的更多和更复杂的对象、属性以及方法。

(3) ADO(ActiveX Data Objects)是 DAO/RDO 的后继产物。ADO 在功能上与 RDO 更相

似，而且一般来说，在这两种模型之间有一种相似的映射关系。ADO“扩展”了 DAO 和 RDO 所使用的对象模型，这意味着它包含较少的对象，更多的属性、方法（和参数）以及事件。

对于新工程，推荐使用 ADO 作为数据访问接口。图 9-9 直观地表现了 Visual Basic 数据访问技术的框架示意图。

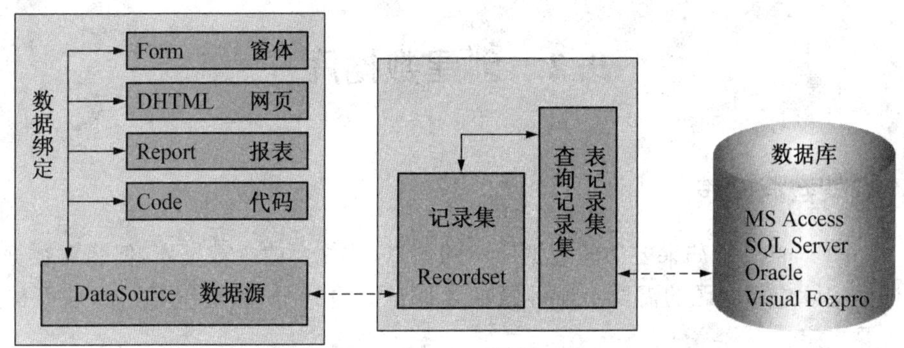

图 9-9　Visual Basic 数据访问技术的框架示意图

ADO 最主要的优点是易于使用、速度快、内存支出少和磁盘遗迹小。ADO 支持建立客户端/服务器和基于 Web 的应用程序的关键功能。ADO 的另一个功能是“远程数据访问”（RDS），能够通过一个来回的传输将数据从服务器移动到客户端应用程序或 Web 页中，然后在客户端对数据进行操作，最后将更新数据返回服务器。

Visual Basic 中的 3 种数据访问接口分别代表了该技术的不同发展阶段。ADO（ActiveX Data Object）数据访问接口是 Microsoft 处理数据库信息的最新技术。它是一种 ActiveX 对象，采用了被称为 OLE DB 的数据访问模式，是数据访问对象 DAO、远程数据对象 RDO 和开放数据库互连 ODBC 三种方式的扩展，它比 RDO 和 DAO 更加简单和更加灵活。

2. 记录集（Recordset）

记录集是一种处理数据库信息的工具，用户根据需要，通过使用记录集对象选择数据。Recordset 对象表示的是来自基本表或命令执行结果的记录全集。任何时候，Recordset 对象所指的当前记录均为集合内的单个记录，可使用 Recordset 对象操作来自提供者的数据。

使用 ADO 时，通过 Recordset 对象可对几乎所有数据进行操作。所有 Recordset 对象均使用记录（行）和字段（列）进行构造。

3. 数据源（DataSource）

顾名思义，数据源是一种易于访问的对象，它向任何数据使用者（任何可以和外部数据源绑定的类或控件）提供数据。

在 Visual Basic 中，数据源包括内部的 Data 控件、RemoteData 控件和新的 ADO 控件，它们允许创建丰富的应用程序以查看和编辑数据。

DataSource 是应用程序中数据绑定控件的一个属性，它可以返回或设置一个数据源，通过该数据源，数据使用者被绑定到一个数据库。

语法：**object. DataSource [=datasource]**

DataSource 属性的语法说明：

object 是一个对象表达式，其值为一个对象。

Datasource 是一个对象引用，作为一个数据源限定，包括 ADO Recordset 对象，以及定义为类或用户控件（DataSourceBehavior 属性＝vbDataSource）。

在代码中可以使用 Set 语句设置 DataSource，如下所示：

```
Set Text1.DataSource=Adodc1
```

9.2 创建数据库

9.2.1 构架数据库表

在 Visual Basic 中，如果要访问数据库中的信息，首先要建立数据库，但建立数据库的第一步是根据实际应用问题的需要对所涉及的数据信息进行分析、组织、设计，进而构架数据库。这需要决定：

- 把相关联的信息有效地存储在数据库中的几个表文件中？
- 每个表文件应该包含哪些类型的信息（字段）？
- 每个表文件具体包含多少信息（记录）？
- 各个表文件之间如何建立联系（主关键字）？

构架数据库是一项关键而复杂的工作，这需要有经验的系统分析和系统设计人员对应用任务的整体考量与全盘分析。合理的设计是创建能够有效、准确、及时地完成所需功能的数据库的基础，但这部分的知识内容已经超出本教程的教学范围。所以在本教程中涉及的“学籍”数据库以及其中包含的 3 个表文件“学生”、“课程”和“成绩”已经构架好了，读者只要根据要求建立数据库及表并录入相应数据信息即可使用。

图 9－10 所示是“学籍”数据库中包含的 3 个表文件“学生”、“课程”和“成绩”的结构列表（在 Microsoft Access 2003 环境下创建的数据库）。

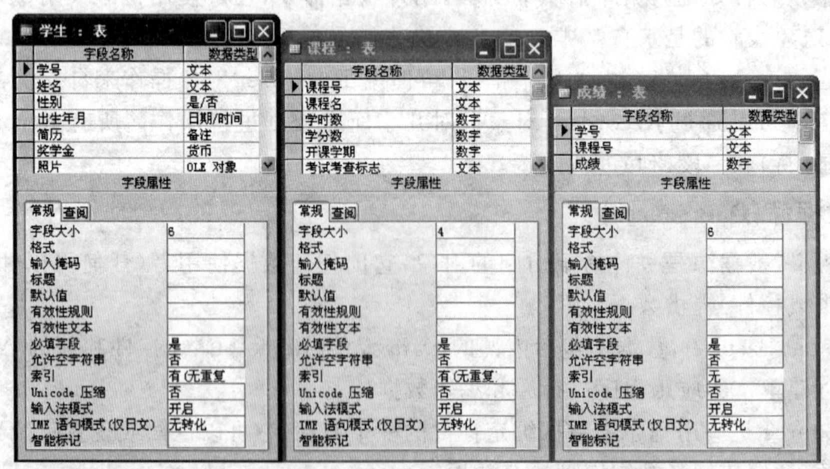

图 9－10 “学籍”数据库中的 3 个表文件“学生”、“课程”和“成绩”的结构列表

在 Visual Basic 中，数据库表中的数据既可以在相应的数据库管理系统的软件环境中管理（构建、编辑和查询等），也可以在 Visual Basic 提供的内部插件——可视化数据管理器

(VisData)中管理。

通过 Visual Basic 内部挂接的可视化数据管理器(VisData)管理的 Microsoft Access 数据库仅限于 Microsoft Access 7.0 版，如果是在 Microsoft Access 2003 环境下创建的数据库，必须先通过版本转换，才可以在 Visual Basic 的应用程序中使用。

在本教程中以 Mirosoft Access 关系数据库为例，至于其他数据库的访问方法与 Mirosoft Access 数据库的访问方法类似。

9.2.2　建立数据库

1. 在 Microsoft Access 2003 环境中创建数据库

Microsoft Access 2003 是 Microsoft Office 2003 的一个应用程序组件，所以它的操作方法(启动、关闭、菜单和工具栏)与 Microsoft Office 2003 其他应用程序操作方法类似。

(1) 创建数据库和表。按照图 9-10 所示的“学籍”数据库中的 3 个表文件“学生”、“课程”和“成绩”的结构设计，在设计视图中定义数据表的各字段并选择主关键字(主键)。

数据表的各字段中，只有一个字段可以被选为数据表的主关键字，用来惟一标识表中的一条记录。在“学生”表中，学号应为表的主关键字，因为每个学生的学号都不同，学号惟一地标识了一个学生。在“学号”字段上右击，在弹出的快捷菜单中单击“主关键字”。在添加“成绩”表时，可以不设主关键字，尤其不要将“成绩”表中的字段“学号”设为主关键字，因为在该表的多个记录中“学号”字段值并不是惟一的，如图 9-11 所示。

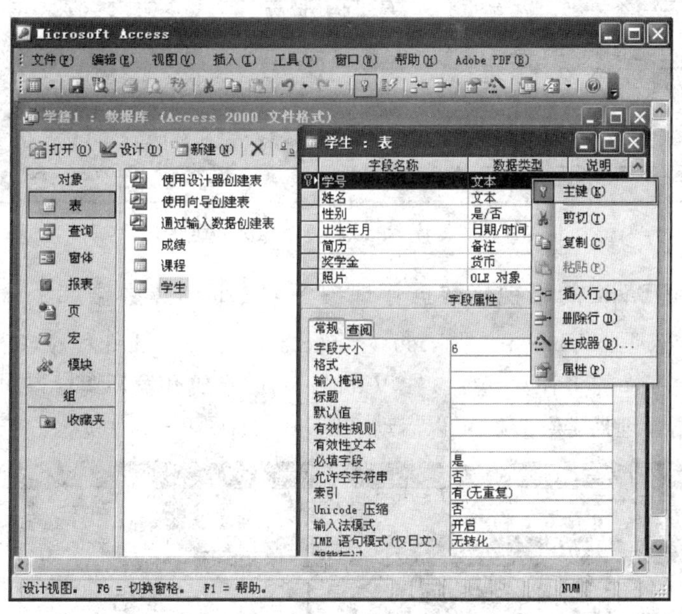

图 9-11　在数据表的设计视图中定义表结构

在图 9-11 所示的“数据库”窗口内，显示了该数据库文件中所添加数据表的全部图标。至此，完成了建立包括 3 个表的数据库“学籍.mdb”。

如果在新建表时没有在表中输入数据，那么此时数据库学籍.mdb 中没有任何记录，为空数据库，可以用下列方法向表中输入和修改数据。

(2) 向表中输入数据。在图 9-12 所示的数据库窗口中，选择“学生”表后，单击“打开”

按钮，出现“学生”数据表的编辑窗口，可以向表中输入数据。输入结束，关闭相应窗口即可。

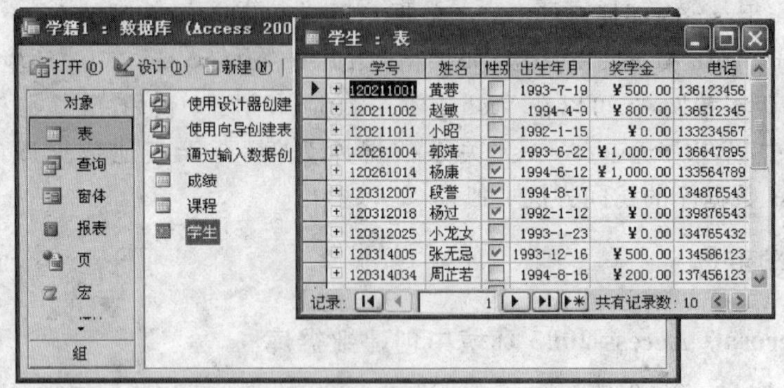

图 9－12 在“学生”表窗口输入记录

如果数据库是使用 Microsoft Access 2003 创建的，在当前的 Visual Basic 环境中不能直接使用，需要将其转换为较低版本的 Access 数据库。

在 Access 窗口中选择“工具”→“数据库实用工具”→“转换数据库”→“到早期 Access 数据库版本”即可完成转换，如图 9－13 所示。

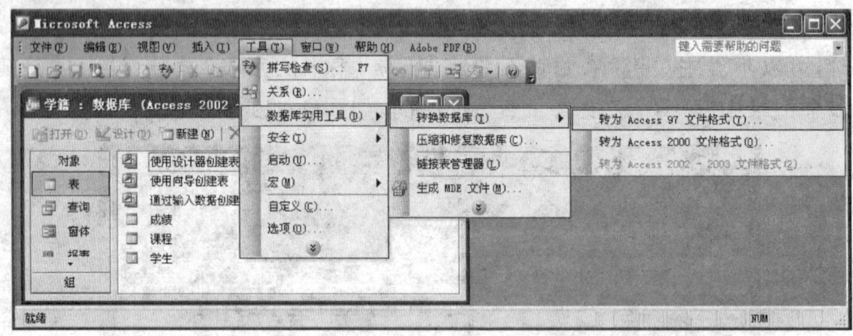

图 9－13 转换 Access 数据库为较低的版本

2. 用 Visual Basic 的可视化数据管理器 VisData 创建数据库

可视化数据管理器(VisData)是 Visual Basic 自带的一个插件程序，能够用来创建和访问包括 Access 数据库的多种数据库。在 Visual Basic 集成开发环境窗口中单击“外接程序”中的“可视化数据管理器”菜单项，可以启动 VisData，如图 9－14 所示。

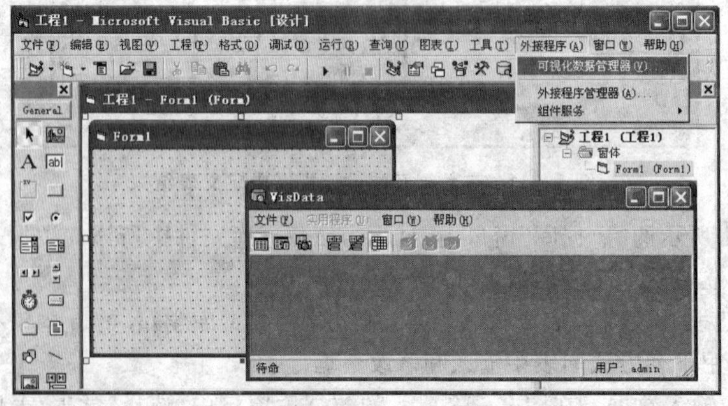

图 9－14 Visual Basic 的可视化数据管理器 VisData

(1) 创建数据库。单击“文件”→“新建”→“Microsoft Access”→“Version7.0 MDB”菜单项，在出现的“保存”对话框中输入新建数据库文件名，然后单击“确定”按钮，VisData 便创建并打开相应的数据库，如图 9－15 和图 9－16 所示。

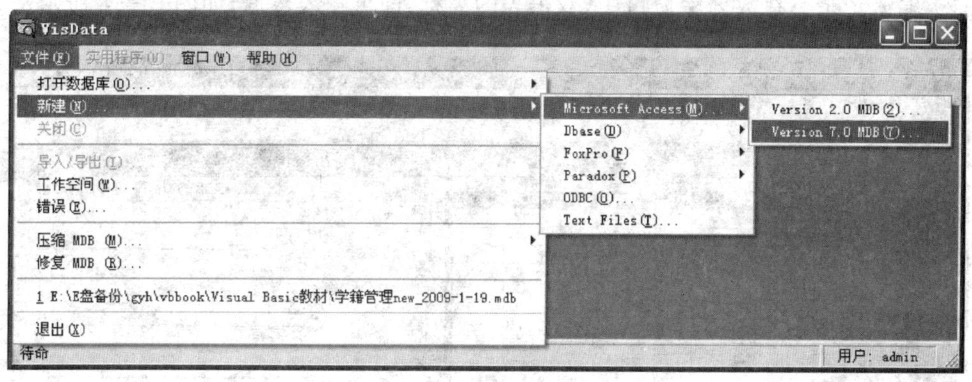

图 9－15　新建的数据库菜单项

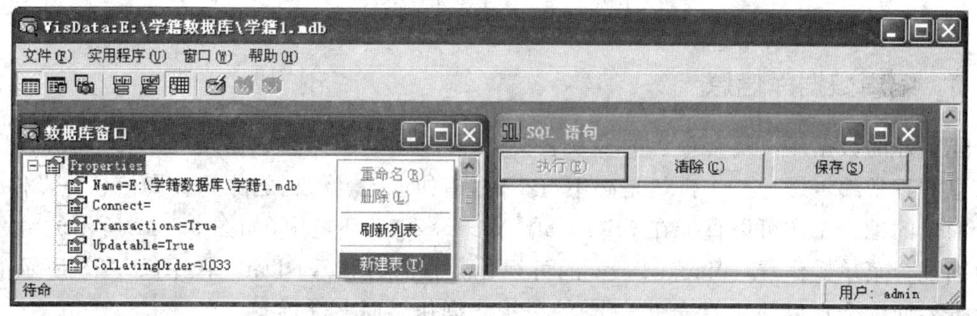

图 9－16　已经存在的数据库 E:\学籍数据库\学籍 1.mdb 新建的数据库菜单项

(2) 创建数据表结构。在图 9－16 的数据库窗口中单击右键，在弹出的快捷菜单上单击“新建表”，打开表结构对话框，在表名称文本框中输入表的名称(如学生)，单击“添加字段”按钮，出现“添加字段”对话框，如图 9－17 所示。

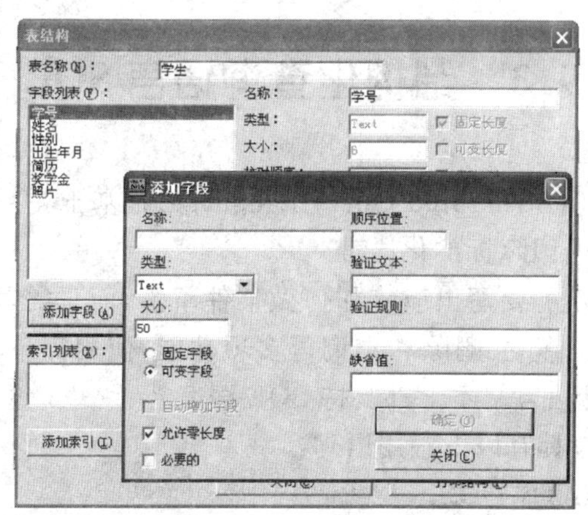

图 9－17　表设计窗口

在“添加字段”对话框中，输入字段名称、类型、大小等信息，然后单击“确定”按钮，即在表中增加一个字段。重复添加字段操作，直到所有的字段定义完毕。单击“关闭”按钮，返回到表结构对话框，单击“生成表”按钮，则创建表结束。

(3) 输入记录。在数据库窗口中，双击表的名称，即可输入数据，如图 9-18 所示。

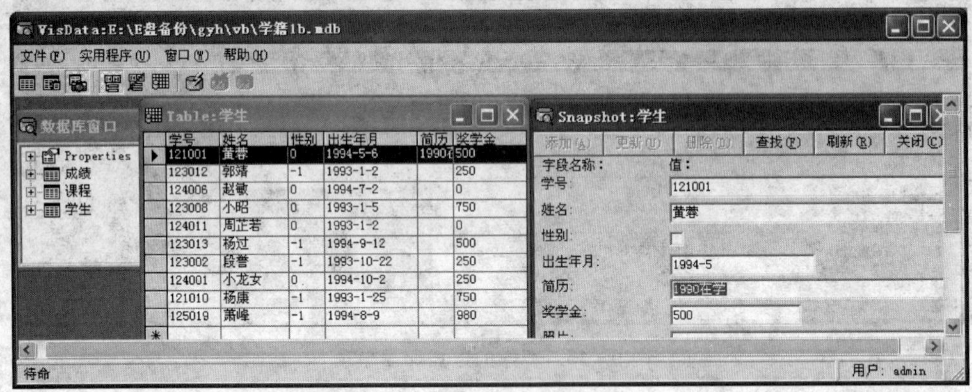

图 9-18　输入学生表数据

9.2.3　编辑数据库信息

建立好的数据库以及其包含的多个表文件，除了初始的部分数据录入工作外，对数据库中信息的日常编辑维护工作自然是必不可少的，诸如追加、修改、删除和查询信息等操作。

简单的编辑工作可以直接在 Microsoft Access 2003 环境中(如图 9-12 所示的输入数据界面配合菜单操作)或 Visual Basic 的可视化数据管理器 VisData 中(图 9-18 所示的输入数据界面配合提供的功能按钮操作)的可视化操作界面上进行。

但这种交互式的操作模式效率极低，关键是无法实现程序的自动访问功能。而我们使用数据库的最终目的是通过程序方式自动访问数据库信息并实现我们所要求的应用功能。

下面要引入的概念——结构化查询语言 SQL 可以满足我们应用任务对数据库信息编辑查询的需求。

9.3　结构化查询语言 SQL

结构化查询语言 SQL(Structured Query Language)是基于关系数据库的数据库查询语言，也是数据库信息处理的国际标准化语言。

利用 SQL 语言我们不需要写出应该如何做某件事情，而只需写出要做什么就可以了。SQL 语言具有定义、插入、修改、删除和查询等多项功能，使用简单、功能强大，实现数据库系统应用的各种程序设计语言基本上都支持 SQL 语言。

SQL 结构化查询语言具有以下常用语句：

- **创建表语句：CREATE TABLE-SQL**
- **修改表语句：ALTER TABLE-SQL**
- **删除信息语句：DELETE-SQL**

- **插入信息语句：INSERT-SQL**
- **修改信息语句：UPDATE-SQL**
- **查询信息语句：SELECT-SQL**

在 SQL 语言的诸多语句中，使用最频繁且应用最广泛的是 SELECT-SQL 查询语句。一个查询指的是从一个或多个数据库中提取信息的一种方法，特别是要依照一定的顺序或符合一定的标准，SELECT-SQL 语句是这种规则和标准的具体体现，如图 9－19 所示。

图 9－19　SELECT-SQL 语句完成的功能示意图

当设计完数据库之后，多数应用程序都是利用 SQL 语言来访问存储在数据库中的所需信息。从简单表的分类类型到从多个表中挑选拥有同一个特征条件的记录子集，SQL 语言被认为是完成数据库信息操作的一个功能强大的实用工具。也许，将 SQL 语言理解为子语言更为合适，因为 SQL 没有任何屏幕处理或用户输入、输出的能力，一般需要嵌入到其他的宿主语言(如 Visual Basic、Visual C、Delphi 等)中调用。它的主要目的在于提供访问数据库的标准方法，而不管数据库应用的其余部分是用什么语言编写的，它既是为数据库信息的交互式查询而设计的(动态 SQL)，也可以在过程化语言编写的数据库应用程序中使用(嵌入 SQL)。

添加到应用程序中的查询，可以对数据源进行各种组合，并有效地筛选记录、管理数据并对结果排序。所有这些工作都是用 SELECT-SQL 语句完成的。通过使用 SELECT-SQL 语句，我们可以完全控制查询结果以及结果的存放位置。由于 SQL 语言大量用于实现各种查询功能，所以本章重点介绍在 Visual Basic 中运用 SQL 语言的 SELECT 语句实现查询的应用方法。

9.3.1　SELECT 数据查询语句

利用 SELECT 语句可以实现多种查询功能，该语句的格式选项很多，但本节重点只介绍其中最常用的部分。

1. SELECT 语句格式

(1) SELECT 语句完整格式。

SELECT [ALL | DISTINCT] [TOP <数值表达式> [PERCENT]]
**　　　[别名.]字段表达式[AS 列标题][，[别名.]字段表达式 [AS 列标题] ...]**
FROM [FORCE][数据库名!]表名 [别名]
[[INNER | LEFT [OUTER] | RIGHT [OUTER] | FULL [OUTER] JOIN
**　　　[数据库名!]表名 [别名][ON 连接条件 ...]**

[[INTO 查询结果存放目标] | [TO FILE 文件名 [ADDITIVE] | TO PRINTER [PROMPT]

| TO SCREEN]]

[PREFERENCE 引用名][NOCONSOLE][PLAIN][NOWAIT]

[WHERE 连接条件 [AND 连接条件...][AND | OR 筛选条件 [AND | OR 筛选条件...]]]

[GROUP BY 组列 [,组列 ...]][HAVING 筛选条件]

[UNION [ALL] SELECT 命令]

[ORDER BY 索引标识 [ASC | DESC] [,索引标识[ASC | DESC] ...]]

(2) SELECT 语句常用格式。

SELECT <待选字段表> FROM <数据表> [WHERE 选取条件] [ORDER BY 排序字段名]

常用格式给出了SELECT语句的主要选项框架，具体细节可以参考前面的完整格式，其中：

◆ 待选字段表：指语句中所要查询的数据表字段表达式的列表，多个字段表达式必须用逗号隔开。如果在多个表中提取字段，最好在字段前面冠以该字段所属的表名做前缀，如学生.姓名，成绩.学号。如果选取的是需要加工处理的字段表达式，那么在字段表达式中可以使用以下函数：AVG(求平均值)、COUNT(计数)、SUM(求和)、MAX(求最大)、MIN(求最小)，同时最好选用[AS 列标题]选项。

◆ 数据表：指语句中查询所涉及的数据表列，多个表必须用逗号隔开。

◆ 选取条件：指语句的查询条件(逻辑表达式)，如果是从单一表文件中提取数据，此查询条件表示筛选记录的条件；如果是从多个表文件中提取数据，那么此查询条件除了筛选记录的条件外，还应该加上多个表文件的连接条件。选取条件除了逻辑运算符和关系运算符之外，还可以使用下列运算符：BETWEEN(指定运算值范围)、LIKE(格式匹配)、IN(值包含在枚举的列表项目中)。

◆ 排序字段名：该语句中有此项，则对查询结果进行排序。ASC表示按字段升序排序，DESC表示按字段降序排序。缺省该选项，则按各记录在数据表中原先的先后次序排列。

2. SELECT 语句查询示例

前面提及将SQL语言理解为子语言更为合适，因为SQL没有任何屏幕处理或用户输入、输出的能力，一般需要嵌入到其他的宿主语言(如Visual Basic、Visual C、Delphi等)中调用，所以为了学习和测试SELECT语句的功能，可以直接在Visual Basic的可视化数据管理器VisData中的“SQL语句”窗口中进行。

(1) 查询单表所有字段内容。例如，选择数据库学籍的学生表中所有记录的所有字段(“*”表示所有的字段全部选取)，如图9-20所示，Select语句为：

```
Select * from 学生
```

(2) 查询单表部分字段内容。例如，选择数据库学籍的学生表中所有记录的部分字段，Select语句为：

```
Select 学号, 姓名, 奖学金 from 学生
```

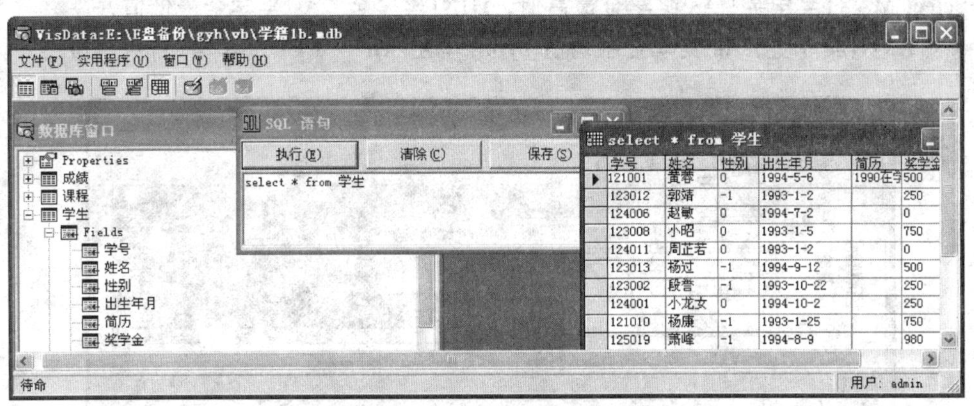

图 9-20　可视化数据管理器 VisData 中的“SQL Select 语句”窗口测试 SELECT 查询语句

例如，将“学生”表中所有记录的字段名“学号”、“姓名”和“奖学金”改名为“学生编号”、“姓名”和“所获奖学金”显示出来，如图 9-21 所示，Select 语句为：

Select 学号 As 学生编号，姓名，奖学金 As 所获奖学金 From 学生

说明：关键字 As 后面就是重新命名的字段标题，用来代替原表中的字段名。

VisData:E:\E盘备份\gyh\vb\学籍1b.mdb

文件(F)　实用程序(U)　窗口(W)　帮助(H)

数据库窗口：Properties、成绩、课程、学生（Fields、Indexes、Properties）

SQL 语句　执行(E)　清除(C)　保存(S)

Select 学号 as 学生编号, 姓名, 奖学金 from 学生

Select 学号 as 学生编号, 姓名, 奖学

学生编号	姓名	奖学金
121001	黄蓉	500
123012	郭靖	250
124006	赵敏	0
123008	小昭	750
124011	周芷若	0
123013	杨过	500
123002	段誉	250
124001	小龙女	250
121010	杨康	750
125019	萧峰	980

待命　用户: admin

图 9-21　可视化数据管理器 VisData 中的“SQL Select 语句”窗口测试 SELECT 查询语句

(3) 查询单表满足条件内容。例如，选择“成绩”表中所有分数小于 60 的学号，Select 语句为：

Select distinct 学号 from 成绩 where 成绩<60

说明：使用关键字 distinct 是因为假如用 select 学号 from 成绩，则如果某个学生有多门课程不及格，则该学生的学号会显示多次，在本例中只需显示一次即可。关键字 distinct 可以将重复记录去掉。

例如，将“学生”表中原有奖学金超过 100 元的再增加 20%作为实发奖学金并显示，Select 语句为：

Select 学号，姓名，奖学金 ＋ 奖学金 * 0.2 as　实发奖学金 _

From 学生 where 奖学金>100

例如，找出“121”班所有学生奖学金的最高值、最低值和平均值，如图 9-22 所示，Select 语句为：

Select MAX(奖学金) As 奖学金最高值, MIN(奖学金) As 奖学金最低值, _
AVG(奖学金) As 奖学金平均值 From 学生 where LEFT(学号,3)="121"

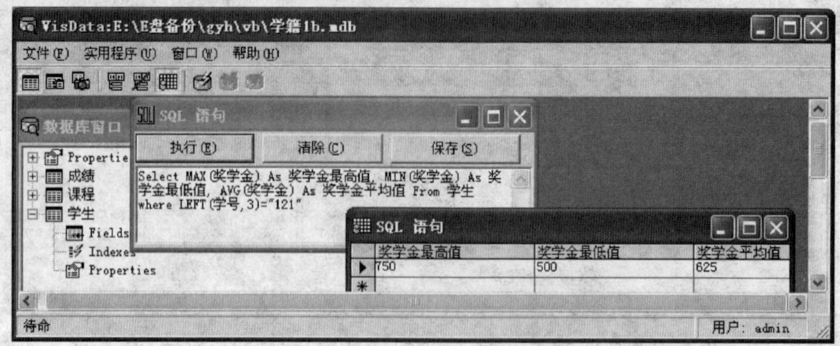

图 9-22 可视化数据管理器 VisData 中的"SQL Select 语句"窗口测试 SELECT 查询语句

说明：其中 MAX、MIN、AVG 分别为求最大、最小和平均值的函数，奖学金最高值、奖学金最低值和奖学金平均值分别为存放最高奖学金、最低奖学金和平均奖学金的标题名。

例如，选择"学生"表中姓名为"黄蓉"的记录，Select 语句为：

Select * From 学生 Where 姓名 = "黄蓉"

例如，选择"学生"表中，"121"班获奖学金的学生的学号、姓名、性别和奖学金额，如图 9-23所示，Select 语句为：

Select 学号, 姓名, 性别, 奖学金 From 学生 Where _
LEFT(学号,3) = "121 " and 奖学金 > 0

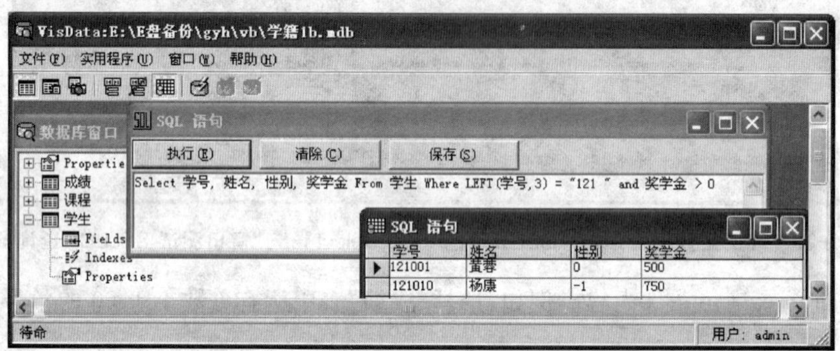

图 9-23 可视化数据管理器 VisData 中的"SQL Select 语句"窗口测试 SELECT 查询语句

(4) 查询单表符合匹配内容。例如，选择"学生"表中姓"黄"的所有学生，Select 语句为：

Select * From 学生 Where 姓名 Like "黄*"

说明：Like 运算符常与通配符如"*"、"?"等同时使用，实现特殊匹配要求的查询。

例如，选择"121"班和"124"班所有学生的学号、姓名和出生年月，如图 9-24 所示，Select 语句为：

Select 学号, 姓名, 出生年月 From 学生 Where LEFT(学号,3) In ("121", "124")

说明：In 运算符类似于数学当中集合的"包含"运算。本例也可以写为：

Select 学号,姓名,出生年月 From 学生 _
Where_LEFT(学号,3)="121" OR LEFT(学号,3)= "124"

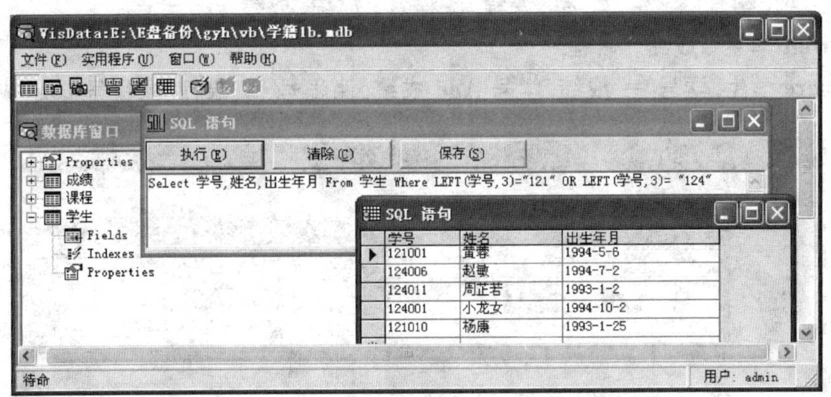

图 9-24　可视化数据管理器 VisData 中的“SQL Select 语句”窗口测试 SELECT 查询语句

(5) 查询单表指定顺序内容。例如，要将“学生”表中“121”班的所有学生查找出来，如图 9-25 所示，并按照奖学金的降序排列的 Select 语句为：

```
Select 学号, 姓名, 出生年月, 奖学金 From 学生 _
    Where LEFT(学号,3)="121"   Order by 奖学金 Desc
```

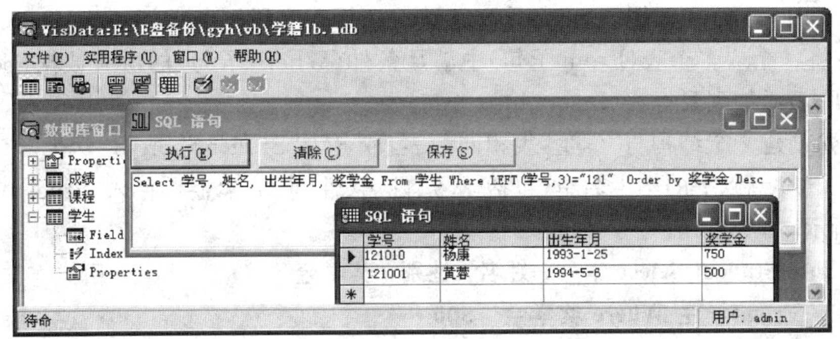

图 9-25　可视化数据管理器 VisData 中的“SQL Select 语句”窗口测试 SELECT 查询语句

(6) 查询多表内容。例如，查看所有学生的成绩(包括学号、姓名、课程号)，Select 语句为：

```
Select 成绩.学号, 学生.姓名, 成绩.课程号,成绩.成绩 From 学生,成绩 _
    Where 学生.学号 =成绩.学号
```

说明：该查询涉及“学生”和“成绩”表，要对两张表实现关联(学生.学号 = 成绩.学号)，由于学号字段在两张表中都存在，所以需要用学生.学号及成绩.学号指定。

例如，查看所有学生的成绩(包括学号、姓名、课程名)，Select 语句为：

```
Select 成绩.学号, 学生.姓名, 课程.课程名, 成绩.成绩 _
    From 学生, 成绩, 课程 _
        Where 学生.学号 = 成绩.学号 And 成绩.课程号 = 课程.课程号
```

说明：该查询涉及“学生”、“成绩”和“课程”表，需要对 3 张表实现关联，即语句中的“学生.学号=成绩.学号 and 成绩.课程号=课程.课程号”部分。

例如，查看所有成绩优秀(>=90)的学生的学号、姓名、课程名和成绩，如图 9-26 所示，Select 语句为：

Select 成绩.学号, 学生.姓名, 课程.课程名, 成绩.成绩 _

From 学生, 成绩, 课程 _

Where 学生.学号 = 成绩.学号 And 成绩.课程号 = 课程.课程号 And 成绩>=90

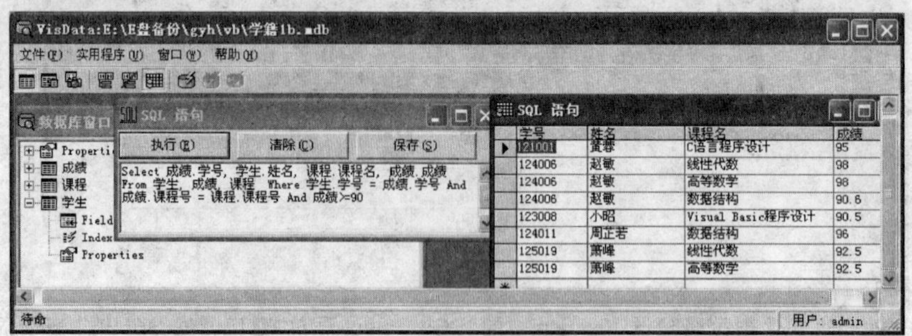

图 9-26 可视化数据管理器 VisData 中的“SQL Select 语句”窗口测试 SELECT 查询语句

9.3.2 SQL 语言的其他常用语句

1. INSERT 数据插入语句

格式 1：**Insert Into 数据表名(字段列表)Select 源表字段列表 From 表 Where 条件**

说明：将一个或多个表(From 子句)中满足条件(Where 子句)的所有数据(Select 子句的源字段列表)添加到目标表(Insert Into 子句)中。

例如，先创建一个结构与“学生”表相同的表，取名为“Student”，取出“学生”表中所有获取奖学金在 500 元以上的学生名单(包括学号、姓名、性别、奖学金)，存入“Student”表中，如图 9-27 所示，用 SQL 语句可以写作：

Insert Into Student Select 学号, 姓名, 性别, 奖学金 _

From 学生 Where 奖学金>500

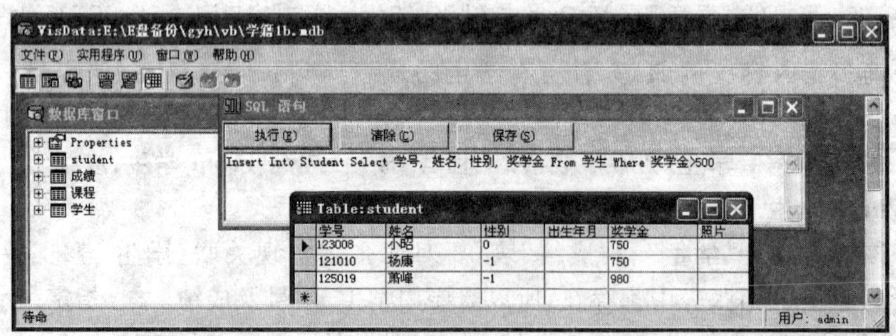

图 9-27 可视化数据管理器 VisData 中的“SQL Insert 语句”窗口测试 SELECT 查询语句

格式 2：**Insert Into 数据表名 (字段列表) Values(取值列表)**

说明：将数据值(values 子句)添加到目标表(insert into 子句)中。

例如，向“Student”表中添加一条记录，学号、姓名分别为“123026”和“华筝”，其余字段取值暂不确定，如图 9-28 所示，用 SQL 语句可以写作：

Insert Into Student (学号, 姓名) Values("123026", "华筝")

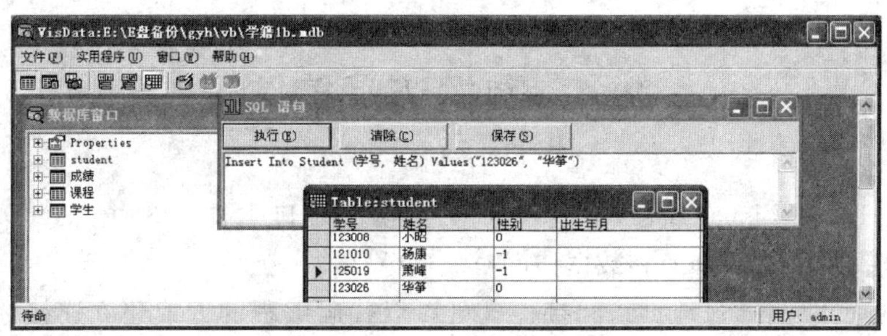

图 9-28 可视化数据管理器 VisData 中的“SQL Insert 语句”窗口测试 SELECT 查询语句

2. DELETE 数据删除语句

格式：**Delete [Table. *] From 表 Where 条件**

说明：删除表(Delete 子句)中满足条件(From 子句和 Where 子句)的所有数据。

例如，要将“学生”表中学号为“123026”的记录信息删除，如图 9-29 所示，用 SQL 语句可以写作：

```
Delete student. *  From student Where 学号 = "123026"
```

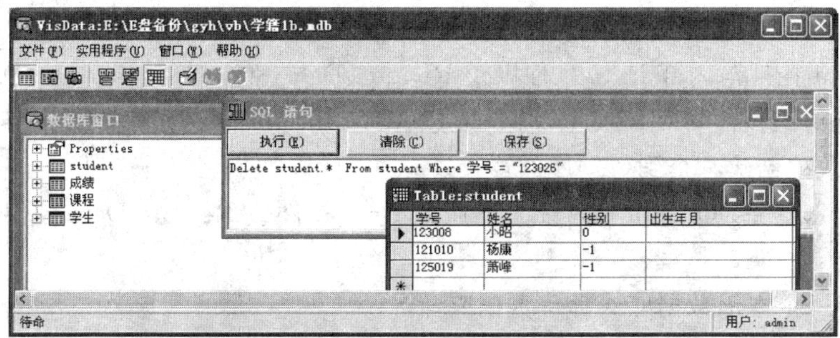

图 9-29 可视化数据管理器 VisData 中的“SQL Delete 语句”窗口测试 SELECT 查询语句

3. UPDATE 数据更新语句

格式：**Update 数据表名 Set 新值 Where 条件**

说明：修改表(Update 子句)中满足条件(Where 子句)的所有记录，修改为由 Set 子句中所指定的取值。

例如，将“学生”表中原奖学金数额在 500～1000 元之间的增加 100 元，如图 9-30 所示，用 SQL 语句可以写作：

Update 学生 Set 奖学金 = 奖学金 + 100 Where 奖学金 >= 100 And 奖学金 <= 500

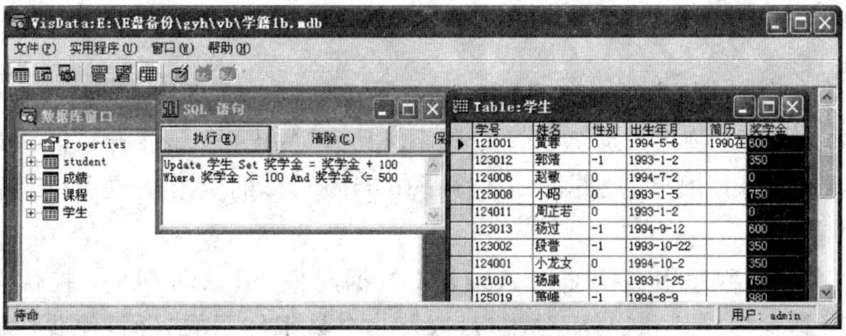

图 9-30 可视化数据管理器 VisData 中的“SQL Update 语句”窗口测试 SELECT 查询语句

9.4 数据访问控件

前面介绍过,在 Visual Basic 中,可用的数据访问接口主要有 3 种:ActiveX 数据对象(ADO)、远程数据对象(RDO)和数据访问对象(DAO)。

在实际的应用中,通过数据访问接口既可以以代码编程的方式建立连接数据库的记录集并实现数据库信息的访问,也可以用可视化数据访问控件的形式建立连接数据库的记录集并完成数据库信息操作。

考虑到直观性和易接受程度,本教程以可视化数据访问控件为主要形式介绍访问数据库信息的方法。

9.4.1 概 述

在 Visual Basic 中,与 3 种接口相对应有 3 种可视化数据访问控件分别为:ADO Data 控件、Data 控件和 RDO(Remote Data)控件。它们的功能是建立数据库的连接,并作为应用程序中数据绑定控件或类的数据源。

ADO Data 控件与内部 Data 控件以及 Remote Data 控件相似,但 ADO Data 控件是最新版本的数据访问控件。ADO Data 控件通过 Microsoft ActiveX Data Objects (ADO)可以更快速、更有效地创建一个到数据库的连接。

无论是全新的 ADO Data 控件还是旧版的 Data 控件或 Remote Data 控件,都可以实现以下基本功能:

(1) 连接一个本地数据库或远程数据库。

(2) 打开一个指定的数据库表,或定义一个基于结构化查询语言(SQL)的查询、或存储过程、或该数据库中的表的视图的记录集合。

(3) 将数据字段的数值传递给数据绑定的控件,可以在这些控件中显示或更改这些数值。

(4) 添加新的记录,或根据对显示在绑定的控件中的数据的任何更改来更新一个数据库。

要创建一个客户或前端数据库应用程序,应在窗体中添加 Data 控件或 ADO Data 控件,以及其他所需要的任何 Visual Basic 控件。

本节只介绍最常用的数据访问控件 ADO Data 的属性、事件和方法及其应用。

9.4.2 ADO Data 控件的引用和添加

ADO Data 控件使用 Microsoft ActiveX 数据对象(ADO)来快速建立数据绑定的控件和数据提供者之间的连接。数据绑定控件是任何具有"数据源"属性的控件。数据提供者可以是任何符合 OLE DB 规范的数据源。使用 Visual Basic 的类模块也可以很方便地创建子集的数据提供者。

尽管可以在应用程序中直接使用 ActiveX 数据对象,但 ADO Data 控件有作为一个图形控件的优势(具有"向前"和"向后"按钮),以及一个易于使用的界面,使我们可以用最少的代码创建数据库应用程序。

ADO Data 控件并不属于 Visual Basic 的标准内部控件，所以不在原有的工具箱中，使用前需要额外添加。具体添加步骤如下：

1. 引用 ADO Data 控件

“引用”ADO 的对象库：在菜单“工程”中选择“引用”，在“引用”窗口中选择“Microsoft ActiveX Data Object 2.5 Library”，并按“确定”按钮，如图 9－31 所示。

图 9－31　“引用”ADO 的对象库

2. 添加 ADO Data 控件

添加“部件”ADO 对象到工具箱：在菜单“工程”中选择“部件”，在“部件”窗口中选择“Microsoft ADO Data Control 6.0 (OLE DB)”，并按“确定”按钮，如图 9－32 所示。

图 9－32　添加“部件”ADO 到工具箱

添加到工具箱中的 ADO Data 控件的图标为，当 ADO Data 控件被添加到窗体上时，数据控件缺省的名称分别为：Adodc1、Adodc2……而在窗体上呈现的图标为 Adodc1 。

如图 9－33 所示，是一个利用 DataGrid 表格控件(需要通过“部件”特别添加)作为数据绑定控件来呈现数据访问控件 Adod1 所连接的数据库中信息的，而 Adod1 连接的数据库名是 E:\GYH\VB\学籍.mdb，记录源为“学生”表。

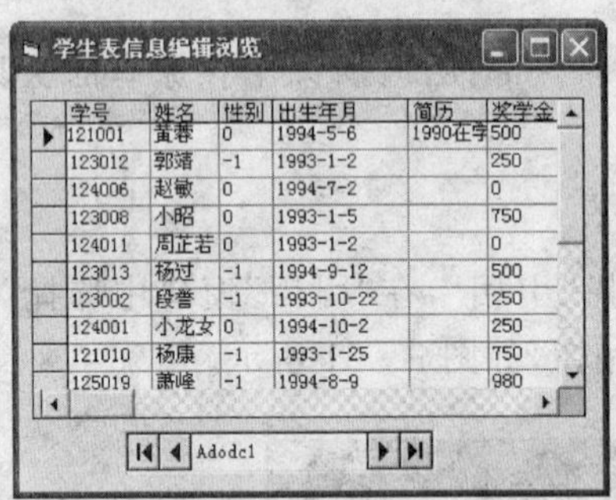

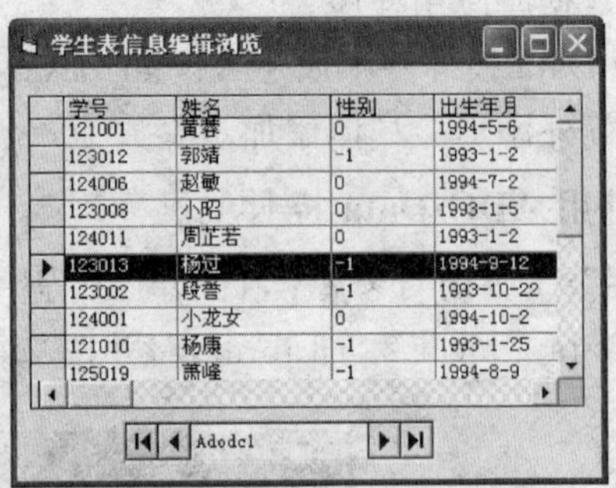

图 9-33 利用 DataGrid 表格控件作为数据绑定控件来呈现数据源中信息

单击 Adodc 控件上的 4 个按钮时，可以翻动数据源中的记录，单击 ⏮ 则移到第一条记录；单击 ◀ 则移到上一条记录；单击 ▶ 则移到下一条记录；单击 ⏭ 则移到最后一条记录。

Adodc 控件只承担连接数据库负责提供应用程序的数据源工作，但并不具备显示数据库中具体信息内容的功能，也就是说，要想观察数据库中的数据信息，必须通过相应的数据绑定控件才能实现。

9.4.3 ADO Data 控件的常用属性

1. ConnectionString

包含用来建立到数据源的连接的信息，如图 9-34、图 9-35 和图 9-36 所示。其中包括的主要参数有 Provider 和 Data Source。

Provider 参数可设置或返回连接提供者的名称。Access 的连接提供者的名称为：

Provider＝Microsoft. Jet. OLEDB. 4. 0。

Data Source 参数指定包含预先设置连接信息的特定提供者的文件名称（如持久数据源对象）。

Data Source＝E:\GYH\VB\学籍. mdb。

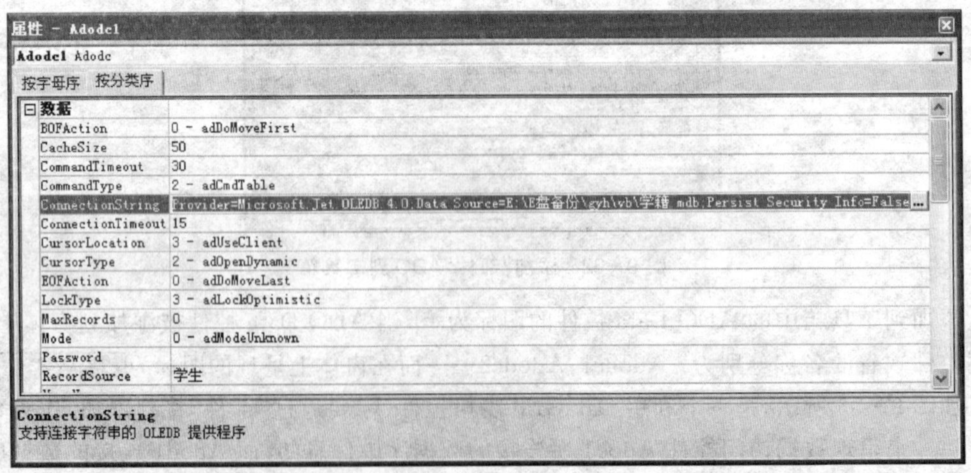

图 9-34 数据访问控件 Adodc1 的主要属性设置情况

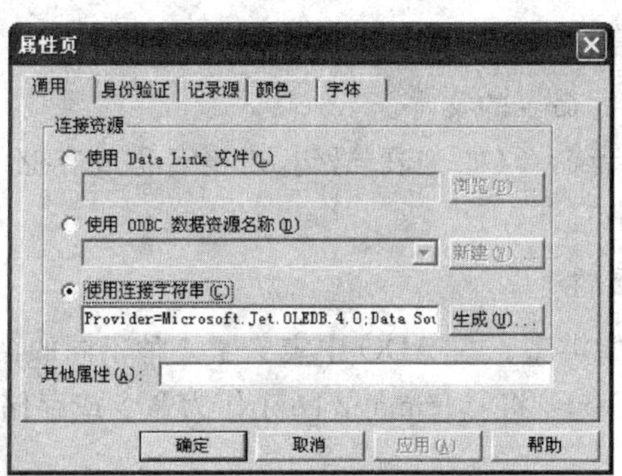

图 9-35 数据访问控件 Adodc1 的连接属性 ConnectionString 通过属性页的设置界面

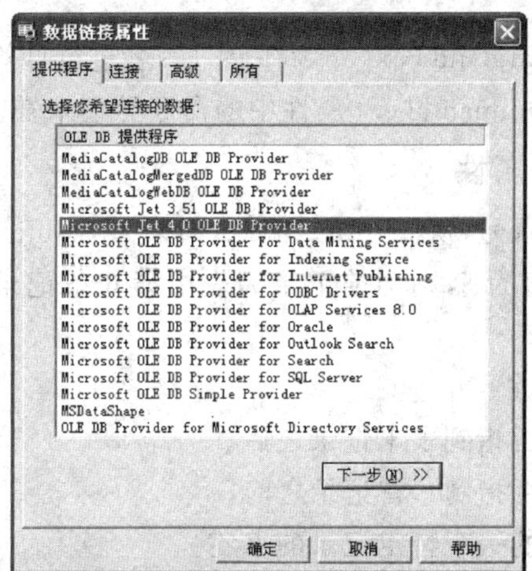

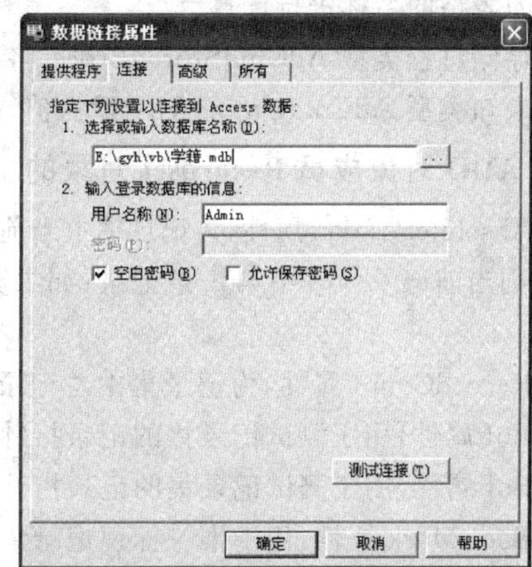

图 9-36 数据访问控件 Adodc1 的连接属性 ConnectionString 的具体设置界面

2. RecordSource

返回或设置一个记录集的查询,可以是一个数据库表的名称,也可以是一个 SQL 查询,即一个有效的 SQL 字符串,该字符串使用了适合于数据源的语法,如图 9-37 所示。

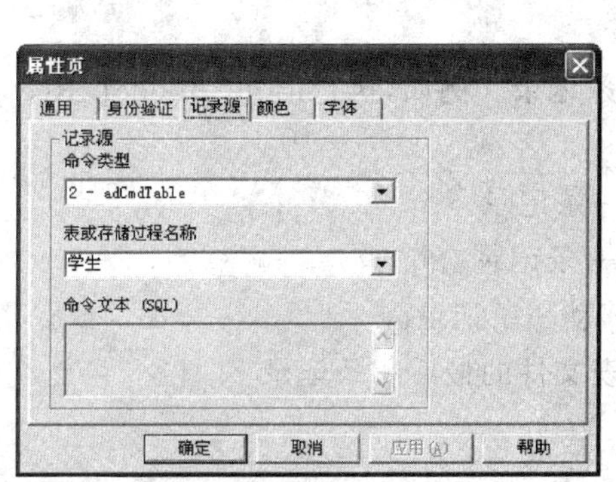

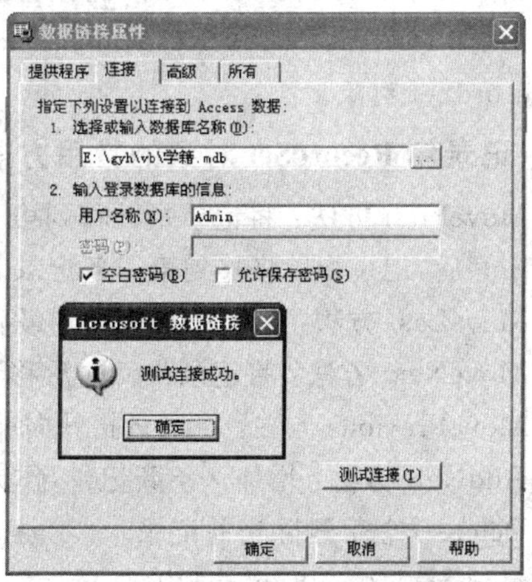

图 9-37 数据访问控件 Adodc1 的记录源属性 RecordSource、CommandText 和 CommandType 设置界面

3. CommandText 属性

包含要发送给提供者的命令的文本。

设置或返回包含提供者命令(如 SQL 语句、表格名称或存储的过程调用)的字符串值，默认值为""(零长度字符串)。

4. CommandType 属性

指示 Command 对象的类型。在 ADO 中定义了 4 种不同的命令类型：

◆ 文本类型 AdCmdText：将 CommandText 作为命令或存储过程调用的文本化定义进行计算。

◆ 表格名称类型 AdCmdTable：将 CommandText 作为其列全部由内部生成的 SQL 查询返回的表格的名称进行计算。

◆ 存储过程类型 AdCmdStoredProc：将 CommandText 作为存储过程名进行计算。

◆ 未知类型 AdCmdUnknown：默认值。CommandText 属性中的命令类型未知。

5. ADO 对象成员 Recordset 对象的主要属性

◆ AbsolutePosition 属性,为记录集中当前记录号,从 0 开始。因此,如果 AbsolutePosition 值为 0,则当前记录为表中第 1 条记录;如果其值为 5,则当前记录为表中第 6 条记录,依此类推。

◆ RecordCount 属性,为记录集中总记录个数。

◆ Eof 属性,用于测试记录集的记录指针是否指到了末记录之后。

◆ Bof 属性,用于测试记录集的记录指针是否指到了首记录之前。

◆ BookMark 属性,用于惟一标识记录集中的一个特定记录的书签。

◆ Fields 属性,收集记录集中一个字段对象。

9.4.4 ADO Data 控件的常用方法

1. Refresh 方法

刷新集合中的对象以便反映来自并特定于提供者的对象。更改 ADO Data 控件的数据源属性后(如 DatabaseName、ReadOnly、Exclusive 或 Connect 属性值发生改变时),重新创建其 RecordSet 对象。

2. 记录集 RecordSet 对象的常用方法

◆ MoveFirst 方法：将记录指针移到第一条记录。例如,执行语句“Adodc1. RecordSet. MoveFirst”后,记录指针将移到第一条记录。

◆ MoveLast 方法：将记录指针移到最后一条记录。

◆ MoveNext 方法：将记录指针向后移动一条记录。

◆ MovePrevious 方法：将记录指针向前移动一条记录。

◆ AddNew 方法：增加一条新记录,作为表文件的最后一条记录。

◆ Delete 方法：删除当前记录。

◆ Updata 方法：更新记录内容。

◆ UpdataBatch 方法：批量更新记录内容。在批更新模式中修改 RecordSet 对象时,使用 UpdateBatch 方法可将 Recordset 对象中的所有更改传递到现行数据库。如果 Recordset 对象支持批更新，那么在调用 UpdateBatch 方法之前可以将一个或多个记录的多重更改缓存在本地。如果在调用 UpdateBatch 方法时正在编辑当前记录或者添加新的记录，那么在将批更新传送到提供者之前，ADO 将自动调用 Update 方法保存当前记录的所有挂起更改。注意：只能对键集或静态游标使用批更新。

◆ Find 方法：搜索 Recordset 中满足指定条件的记录。如果条件符合，则记录集位置设置在找到的记录上；否则，位置将设置在记录集的末尾。

如图 9－38 所示，是一个可以完成指定信息查找功能的界面。

图 9－38　在"学籍"数据库的"学生"表中查找指定学生的运行界面

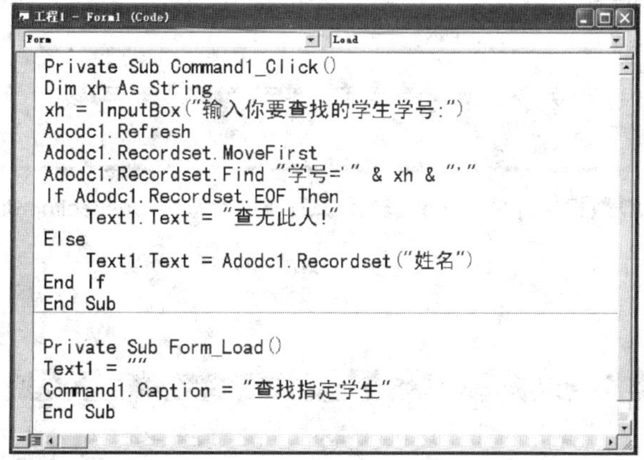

```
Private Sub Command1_Click()
Dim xh As String
xh = InputBox("输入你要查找的学生学号:")
Adodc1.Refresh
Adodc1.Recordset.MoveFirst
Adodc1.Recordset.Find "学号='" & xh & "'"
If Adodc1.Recordset.EOF Then
    Text1.Text = "查无此人!"
Else
    Text1.Text = Adodc1.Recordset("姓名")
End If
End Sub

Private Sub Form_Load()
Text1 = ""
Command1.Caption = "查找指定学生"
End Sub
```

9.4.5　ADO Data 控件应用

利用 ADO Data 控件创建一个简单的前端数据库应用程序几乎可以不编写任何代码就可以完成所有操作，如前面介绍过的图 9－33 所示，是一个利用 DataGrid 表格控件作为数据绑定控件来呈现数据访问控件 Adod1 所连接的数据库中信息的，而 Adod1 连接的数据库名是 E:\GYH\VB\学籍.mdb，记录源为"学生"表。

具体设计步骤如下：

(1) 窗体上放置一个 ADO Data 控件。如果该控件不在"工具箱"中，可以按 CTRL＋T 键显示"部件"对话框，在这个"部件"对话框中，单击"Microsoft ADO Data Control 6.0 (OLEDB)"。

(2) 在"工具箱"中，双击选定"ADO 数据控件"，然后按 F4 键显示"属性"窗口，创建一个"ConnectionString"连接字符串。

在"属性"窗口中，单击"ConnectionString"显示"ConnectionString"对话框。

创建一个连接字符串，选择"使用 ConnectionString"，单击"生成"，然后使用"数据链接属性”对话框创建一个连接字符串。在创建连接字符串后，单击“确定”。ConnectionString属性包含用来建立到数据源的连接的信息。其中包括的主要参数有 Provider 和 Data Source。Provider 参数可设置或返回连接提供者的名称，Data Source 参数指定包含预先设置连接信息的特定提供者的文件名称(如持久数据源对象)，如图 9-39 所示。

Provider=Microsoft. Jet. OLEDB. 4. 0;Data Source=E:\GYH\VB\学籍. mdb;

Persist Security Info=False。

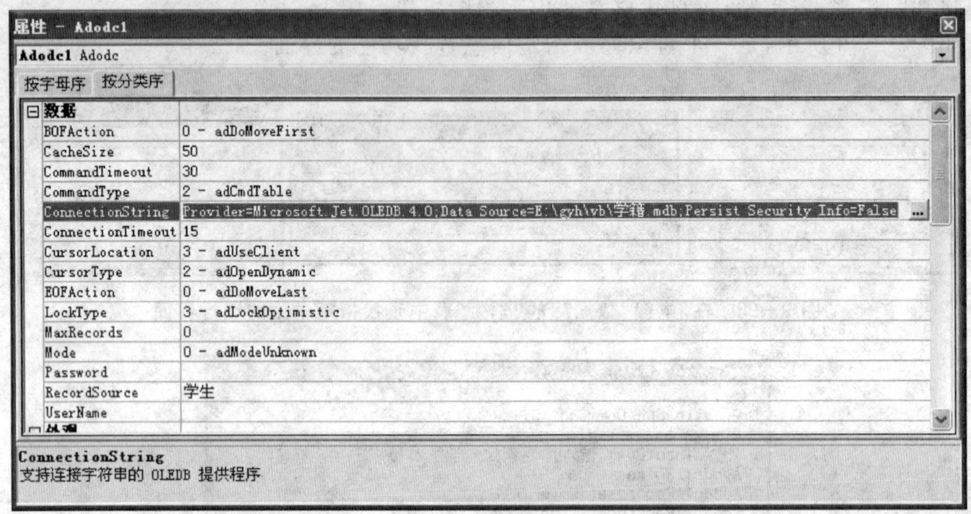

图 9-39 ADO 数据控件的 Access 数据库的连接字符串 ConnectionString 属性设置

(3) 在“属性”窗口中，将“记录源”RecordSource 属性设置为一个表名或者一个 SQL 语句，如图 9-40 所示。

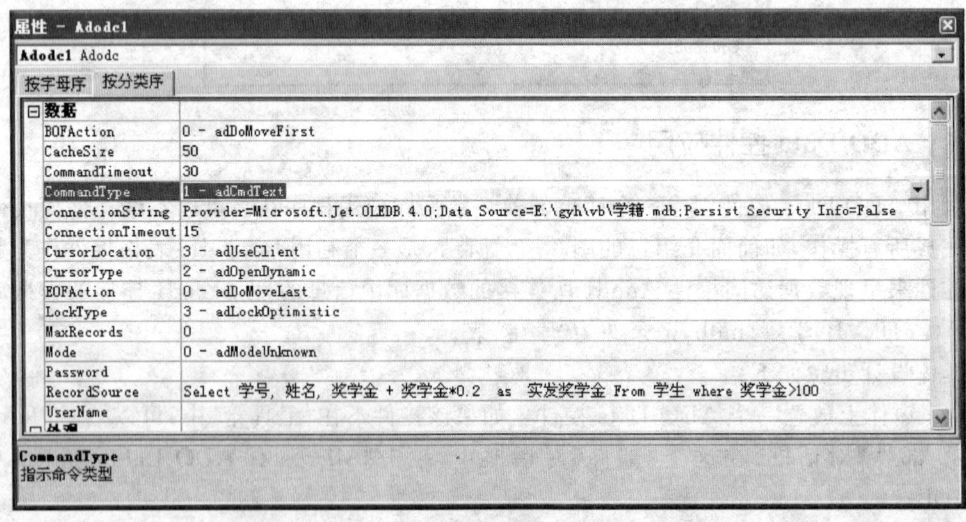

图 9-40 ADO 数据控件的记录源 CommandType 和 RecordSource 属性设置

当 CommandType 属性设置为“2—adcmdtable”时，可以将 RecordSource 属性设置为一个表文件名，如“学生”表；当 CommandType 属性设置为“1—adcmdtext”时，可以将

RecordSource 属性设置为一个 SQL 语句。例如：

```
Select 学号，姓名，奖学金 + 奖学金 * 0.2 as  实发奖学金 _
   From 学生 where 奖学金>100
```

(4) 在窗体上再放置一个数据绑定控件 DateGrid,用来显示数据库信息,如图 9-41 所示。

该控件不在“工具箱”中,可以按 CTRL+T 键,显示“部件”对话框,在这个“部件”对话框中,单击“Microsoft DataGrid Control 6.0(OLEDB)”并按“确定”即可。

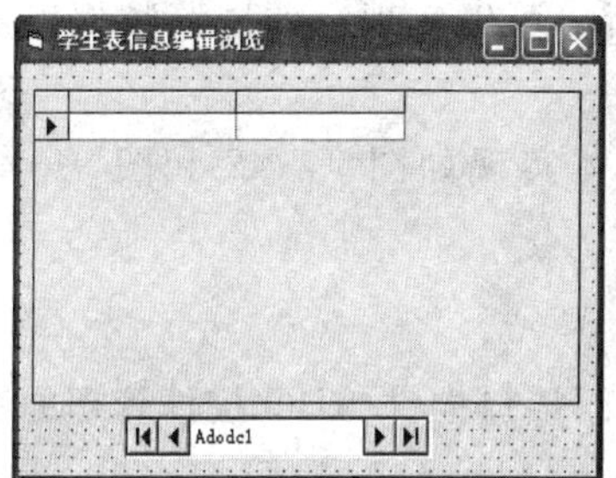

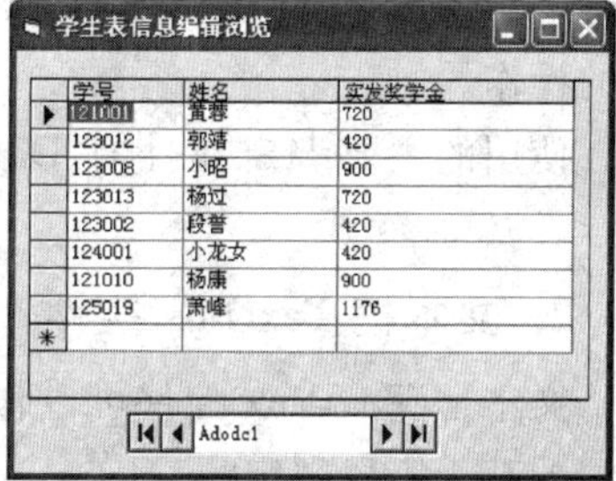

图 9-41　利用 DataGrid 表格控件作为数据绑定控件来呈现数据源中信息

在其“属性”窗口中,将 DateGrid 的“数据源”DataSource 属性设为 ADO Data 控件的名称(ADODC1),这样就将这个 DateGrid 和 ADO Data 控件绑定在一起。

如果在浏览的同时,还希望可以随意修改、删除或添加记录信息,那么需要将 DateGrid 的 AllowAddNew、AllowUpdate、AllowDelete 属性设为 True。

(5) 按“F5”键运行该应用程序。可以在 ADO Data 控件使用 4 个箭头按钮,从而可以到达数据的开始、记录的末尾,或在数据内从记录移动到另一个记录。

9.5　数据绑定控件

数据绑定控件可以通过数据接口控件(ADO 的数据控件)提供对数据库中一个特定字段或一些字段进行存取操作,即提供对数据库中特定数据的访问功能。

在 Visual Basic 的控件“工具箱”中的数据绑定控件主要有 Label、TextBox、CheckBox 和 OLE,通常在窗体上改变这些数据绑定控件中的数据,将会直接反映到相应的数据源中,这些数据绑定控件使用的主要属性有 DataSource 和 DataField。

另外,可以添加的数据绑定控件有 DBList、DBCombo、DataList、DataCombo、DataGrid 以及 MSFlexGrid 和 MSHFlexGrid,此类控件可以通过相应的属性决定是否将窗体上数据绑定控件中数据的改变直接反映到相应的数据源中,这些数据绑定控件使用的主要属性有 DataSource、DataField、RowSource、ListField 和 BoundColumn。

ADO 控件可以使用的数据绑定控件有 Label、TextBox、CheckBox 以及 DataList、DataCombo、DataGrid 和 MSHFlexGrid。

下面将常用的数据绑定控件做简要介绍。

9.5.1 “工具箱”中原有的数据绑定控件

Visual Basic 内部的 Label、TextBox 和 CheckBox 控件都可以和由数据访问接口控件管理的 RecordSet 的一个字段相联结，从而实现在窗体上完成对数据源中信息的操作。

1. 标签 Label 控件

标签 Label 控件可以作为数据绑定控件与数据访问接口控件 ADO 控件管理的数据源的某个字段绑定。由于显示在标签中的数据是只读形式，所以可以实现一些浏览数据库信息的操作。

使用的主要绑定属性有 DataSource 和 DataField。具体实现如图 9 - 42 和图 9 - 43 所示。

2. 文本框 TextBox 控件

文本框 TextBox 控件可以作为数据绑定控件与数据访问接口控件 ADO 控件管理的数据源的某个字段绑定。

与标签 Label 控件不同的是，在文本框 TextBox 控件中显示的数据信息可以被用户编辑，并且这种数据的改变会直接反映到相应的数据源中，另外文本框 TextBox 控件可以显示多行信息。所以利用文本框 TextBox 控件可以实现一些编辑数据库信息的操作。

使用的主要绑定属性有：DataSource 和 DataField。具体实现如图 9 - 42 和图 9 - 44 所示。

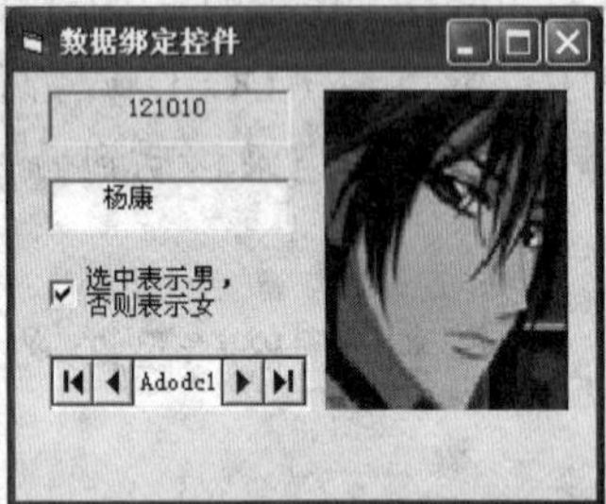

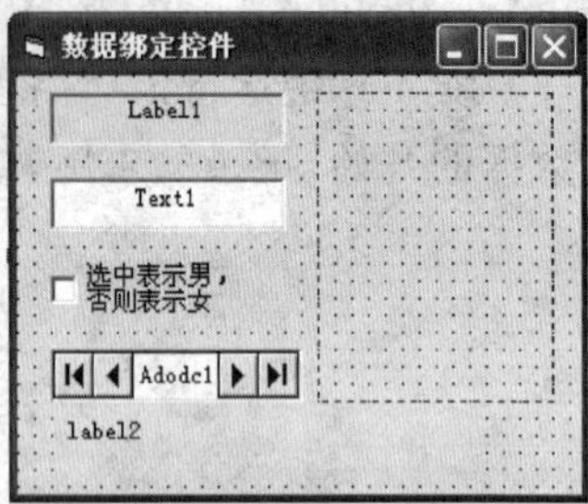

图 9 - 42　数据绑定控件呈现数据界面以及数据绑定控件编辑界面

图 9 - 43　标签主要属性设置情况

图 9 - 44　文本框主要属性设置情况

3. 复选框 CheckBox 控件

复选框 CheckBox 控件可以作为数据绑定控件与数据访问接口控件 Data 控件或 ADO

控件管理的数据源的某个字段绑定。

复选框 CheckBox 控件中显示的数据信息可以被用户编辑，并且这种数据的改变会直接反映到相应的数据源中，另外复选框 CheckBox 控件只可以显示二值数据信息。所以，利用复选框 CheckBox 控件可以实现对数据源中 boolean 类型字段信息的操作。

使用的主要绑定属性有 DataSource 和 DataField。具体实现如图 9-45 所示。

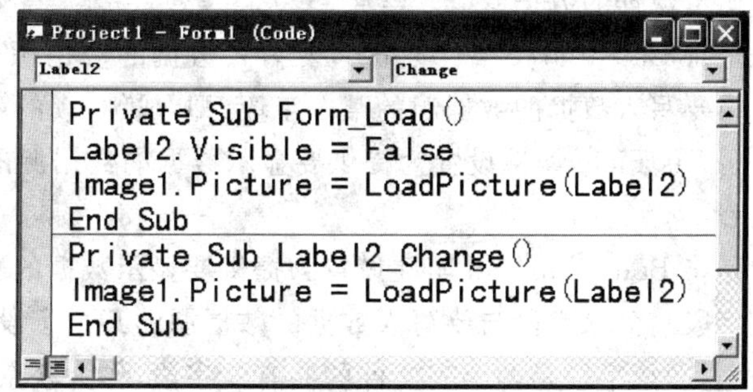

图 9-45 复选框属性设置情况和对象事件代码

此类数据绑定控件一般都是通过它的 DataSource 和 DataField 属性被绑定在数据接口控件上的。管理单个字段的被绑定控件一般显示当前记录中某特定字段的值。被绑定的控件的 DataSource 属性指定一个合法的数据源，DataField 属性则指定一个在数据源所创建的 RecordSet 对象中的合法的字段名称，这些属性一起说明哪些数据出现在该被绑定的控件中。

当通过数据接口控件的箭头从一个记录移动到下一个记录时，已连接在这个数据接口控件上的所有被绑定的控件都变为显示来自当前记录中字段的数据。当在一个被绑定的控件中修改数据，然后移动到不同的记录中时，所做的修改将被自动保存到数据库中。具体范例实现代码和界面如图 9-42 和图 9-45 所示。

9.5.2 ActiveX 数据绑定控件

除了原有内部的数据绑定控件外，Visual Basic 还提供了许多可添加的 ActiveX 数据绑定控件，以配合数据访问接口控件 ADO 的使用。主要有 DataList 控件、DataCombo 控件、DataGrid 控件和 Hierarchical FlexGrid 控件。

这些控件都不在 Visual Basic 的工具箱中，使用时需要通过菜单“工程”的“部件”选项来自己添加。

1. DataList 控件和 DataCombo 控件

(1) 基本功能。DataList 控件和 DataCombo 控件只适用于 ADO 数据控件。

DataCombo 控件和 DataList 控件与众不同的特性是具有访问两个不同的表，并且将第一个表的数据链接到第二个表的某个字段的能力。这是通过使用两个数据源(如 ADO Data 控件)，3 个字段，而且不需要编码就可以简单实现这个功能。

例如，我们在对“学籍”数据库中的“成绩”表进行数据浏览和编辑时，由于“成绩”表中只有“学号”字段，而没有“姓名”字段，所以在浏览和编辑时很不直观。

现在我们可以利用 DataCombo 控件或 DataList 控件来显示“学生”表的“姓名”字段，而在“成绩”表中进行数据的浏览和编辑时,对应当前学生“学号”的“姓名”将会自动在列表项中更新并显示。同时,如果单击选定列表项中的某个学生姓名时,对应这个学生的“学号”字段的值就可以直接写入“成绩”表的当前记录中。

解决这个问题的步骤如下:

一是通过“属性”窗口,将 DataCombo 控件或 DataList 控件的 RowSource 属性设置为提供要显示数据的数据源(即“学生”表)。

二是将 DataSource 属性设置为要写入数据的数据源(即“成绩”表),再将 DataField 属性设置为要写入数据的数据源的某个字段(即“成绩”表的“学号”字段)。

三是 ListField 属性设置为提供要显示数据的数据源的某个字段(即“学生”表的“姓名”字段)。

四是将 BoundColumn 属性设置为提供要显示数据的数据源的某个字段(即“学生”表的“学号”字段),而该字段与要写入数据的数据源的某个字段(即“成绩”表的“学号”字段)是同名同类型,即该字段是两个表文件的共有的字段,作为联系两个表文件的纽带桥梁。

(2) 常用属性。DataList 控件和 DataCombo 控件也可以与单个数据控件一起使用。要实现这一点,可以将 DataSource 和 RowSource 属性设置为同一个数据控件,并且将 DataField 和 BoundColumn 属性设置为该数据控件的记录集中的同一个字段。

在这种情形下,将使用 ListField 的值来填充该列表,且这些值来自于被更新的同一个记录集。如果指定了一个 ListField 属性,但没有设置 BoundColumn 属性,则 BoundColumn 将自动被设置为 ListField 字段。

表 9-1 为 DataList 控件和 DataCombo 控件常用属性,概要地介绍 DataList 控件和 DataCombo 控件的属性及其使用方法。

表 9-1 DataList 控件和 DataCombo 控件常用属性

属 性	描 述
DataSource	DataList 或 DataCombo 所绑定的数据控件的名称
DataField	由 DataSource 属性所指定的记录集中的一个字段名称。这个字段将用于决定在列表中高亮显示哪一个元素。如果作出了新的选择,则它就是当移动到一个新记录时所需更新的字段
RowSource	将用于填充列表的数据控件的名称
BoundColumn	由 RowSource 属性所指定的记录集中的一个字段名称。这个字段必须和将用于更新该列表的 DataField 的类型相同
ListField	由将用于填充该列表的 RowSource 所指定的记录集中的一个字段名称

(3) 应用示例。

例 9-2 创建一个简单的 DataList 应用程序,实现为“学籍”数据库的“成绩”表创建一个数据浏览和编辑界面。

具体实现界面如图 9-46 所示。在运行后的界面上,通过翻动与“成绩”表连接的 ADO Data 控件的箭头按钮,可以在 DataGrid 的成绩表上实现浏览“成绩”表所有信息并随时修改“成绩”表中的“学号”或“课程号”及其“成绩”的功能。

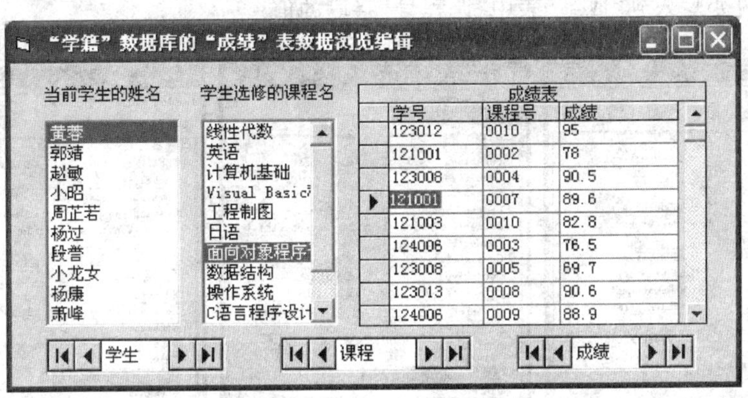

学号	课程号	成绩
123012	0010	95
121001	0002	78
123008	0004	90.5
121001	0007	89.6
121003	0010	82.8
124006	0003	76.5
123008	0005	69.7
123013	0008	90.6
124006	0009	88.9

图 9-46　运行后的界面

在两个 DataList 中显示的是当前"成绩"表中当前记录对应的学生"姓名"和该学生所选修的"课程名"。

只要单击两个 DataList 中显示的学生"姓名"和"课程名"的任何一个列表项，与这个列表项相对应的学生的"学号"或是"课程号"将被直接写入当前"成绩"表的当前记录的对应字段中，通过这种方法，可以直接完成对"成绩"表中信息的输入或修改。

本程序不需要编写任何事件过程代码，只需要在设计时对相关控件的部分属性进行设置即可(当然，也可以将控件的属性以代码的形式写在事件过程中)。

具体设计步骤如下：

(1) 在 Visual Basic 中创建一个新的工程。

(2) 如果"DataGrid"、"DataList"或"ADO Data"控件不在"工具箱"中，则右键单击"工具箱"，然后使用"部件"对话框来添加控件。

(3) 添加 2 个 DataList 控件、3 个 ADO Data 控件以及 1 个 DataGrid 控件和 2 个标签 Label 控件到窗体中，如图 9-47 所示。

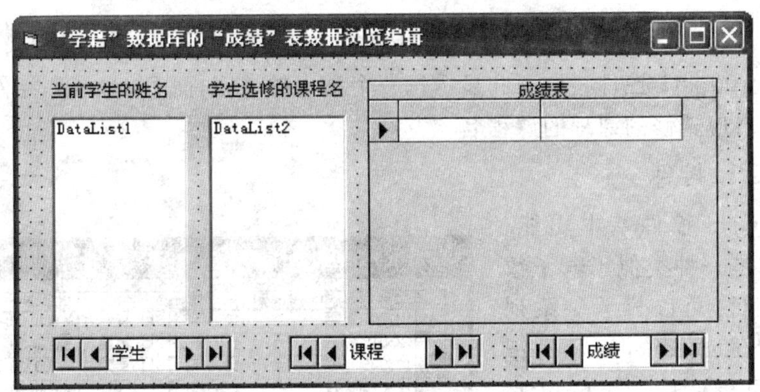

图 9-47　编辑设计时的界面

(4) 窗体上数据绑定控件的主要属性设置情况，如图 9-48 所示。

(5) 窗体上数据访问接口控件的主要属性设置情况，如图 9-49 所示。

如果要编辑"学号"字段，在列表 DataList1 中单击一个不同的学生姓名，来改变写入到"成绩"表中"学号"字段的值；如果要编辑"课程号"字段，在列表 DataList2 中单击一个不同的课程名，来改变写入到“成绩”表中“课程号”字段的值。

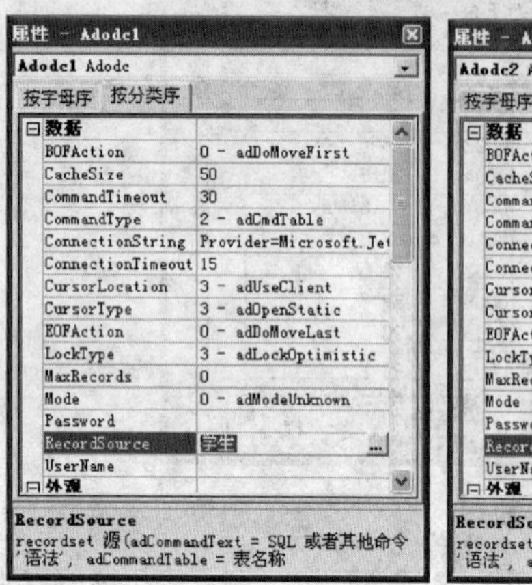

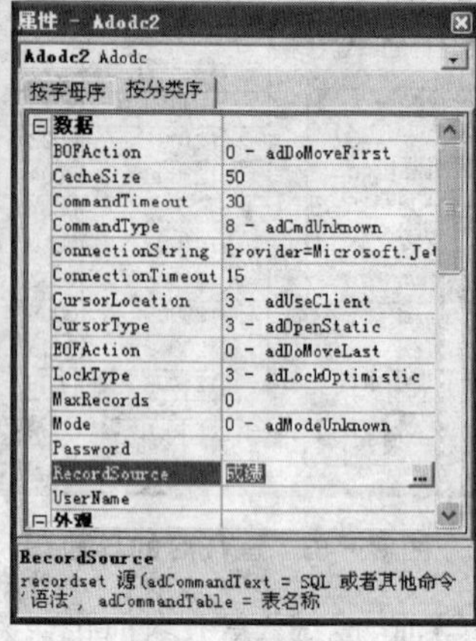

图 9-48 Adodc1、Adodc2 和 Adodc3 的主要属性设置

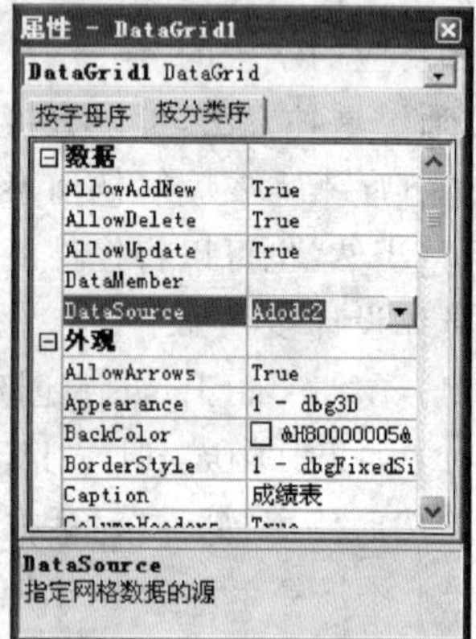

图 9-49 DataList1、DataList2 和 DataGrid 的主要属性设置

(6) 最后，运行该工程。可以通过单击可视的 ADO Data 控件上的箭头来浏览记录集。如果这样做，DataList1 控件将更新和显示每一个学生的名字，而 DataList2 控件将更新和显示每一个学生对应选修的课程的课程名。

2. DataGrid 控件

(1) DataGrid 控件基本功能。DataGrid 控件是一种类似于电子数据表的绑定控件，可以显示一系列行和列来表示 RecordSet 对象的记录和字段，也可以使用 DataGrid 来创建一个允许最终用户阅读和写入到绝大多数数据库的应用程序，图 9-50所示为是 DataGrid 控件显示信息的一种界面。

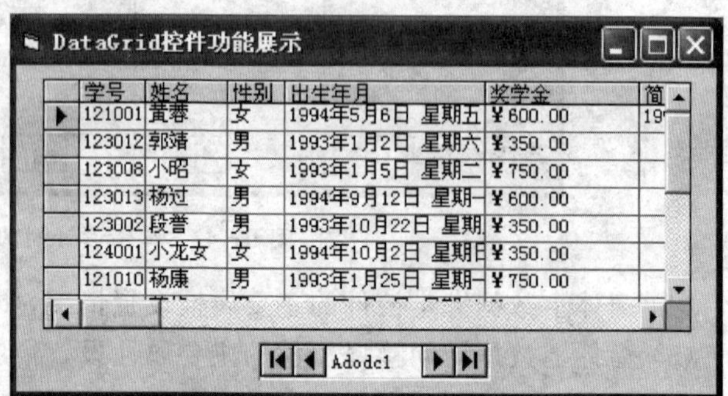

图 9-50 DataGrid 基本功能展示界面

DataGrid 控件的基本功能：

◆ DataGrid 控件只适用于 ADO Data 控件。

◆ 可以查看和编辑在远程或本地数据库中的数据。

◆ 与另一个数据绑定的控件(诸如 DataList 控件)联合使用,使用 DataGrid 控件来显示一个表的记录,这个表通过一个公共字段链接到由第二个数据绑定控件所显示的表。

◆ 在运行时,可以在程序中切换 DataSource 来查看不同的表,或者可以修改当前数据库的查询,以返回一个不同的记录集合(即重写 ADO Data 控件的 RecordSource 属性并刷新该 ADO Data 控件)。

(2) DataGrid 控件的主要属性、方法和事件。

◆ DataSource 属性:返回或设置一个数据源,通过该数据源,数据使用者被绑定到一个数据库。

◆ AllowAddNew 属性:返回或设置一个值,指出用户是否能够向与 DataGrid 控件连接的 RecordSet 对象中添加新记录。

◆ AllowDelete 属性:返回或设置一个值,指出用户能否从与 DataGrid 控件连接的 RecordSet 对象中删除记录。

◆ AllowUpdate 属性:返回或设置一个值,指示用户能否修改 DataGrid 控件中的数据。

◆ Bookmark 属性:返回或设置非绑定 DataGrid 控件中 RowBuffer 对象内部指定行的书签。

◆ Text 属性:返回或设置包含在对象中的文本。

◆ Columns 属性:返回一个 Column 对象的集合。

◆ Col、Row 属性:返回或设置 DataGrid 控件中的活动单元,设计时不可用。

◆ CellText 方法:从一个 DataGrid 控件单元格返回一个格式化文本值。

◆ CellValue 方法:对一个在 DataGrid 控件中指定的行,返回其中某列的原始数据。

◆ RowColChange 事件:在当前单元改变为一个不同的单元时该事件发生。

(3) DataGrid 控件的设计属性。DataGrid 控件可以在设计时快速进行配置,只需少量代码或无需代码。当在设计时设置了 DataGrid 控件的 DataSource 属性后,就会用数据源的记录集来自动填充该控件,以及自动设置该控件的列标头,如图 9-51 所示。

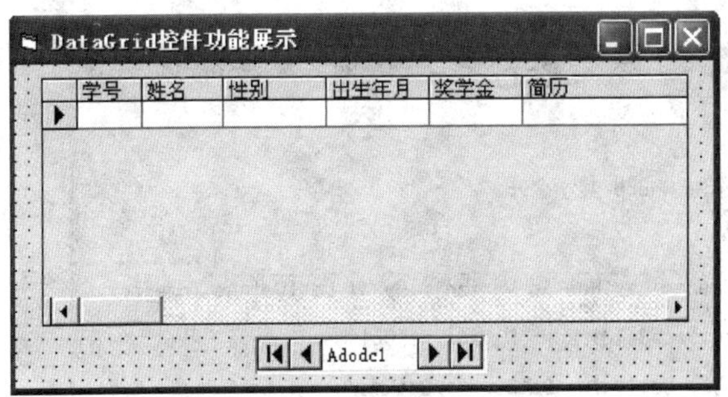

图 9-51 DataGrid 数据绑定控件编辑界面和 DataGrid 属性设置界面

另外,在设计时可以编辑该网格的列:删除、重新安排、添加列标头,或者调整任意一列的宽度以及设置列数据的显示格式和字体外观等,如图 9-52 所示。

使用 DataGrid 控件的 Columns 集合的 Count 属性和 RecordSet 对象的 RecordCount,

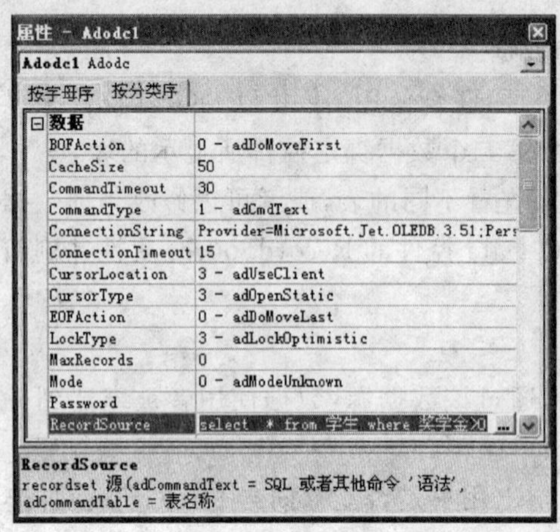

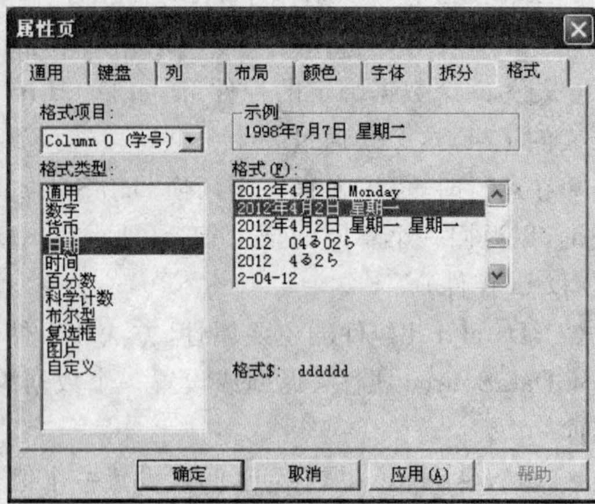

图 9-52 Adodc1 属性设置界面和 DataGrid 设计时属性页设置界面

可以决定控件中行和列的数目。DataGrid 控件可包含的行数取决于系统的资源，而列数最多可达 32767 列。

(4) DataGrid 控件的返回值。

◆ DataGrid1. Text 属性、DataGrid1. Row 属性和 DataGrid1. Col 属性。

在 DataGrid 控件被连接到一个数据库后，如果想要知道用户单击了哪一个单元，可以使用 DataGrid 控件的 RowColChange 事件(而不是 Click 事件)，如图 9-54 所示。

◆ CellText 方法、CellValue 方法和 CellText 方法。

当一个列使用格式设置后，CellText 和 CellValue 方法是很有用的。

例如，一个网格 DataGrid，其中包含一个名为“出生年月”的列，通过 DataGrid 的属性设置以特定的日期形式的格式来显示“出生年月”数据。换句话说，尽管在“出生年月”字段中所包含的实际数值为“2012－05－06”，但该网格所显示的值将是“2012 年 5 月 6 日星期二”。

要返回数据库中所包含的实际值，应使用 CellValue 方法；相反地，如果要返回该字段的格式化的值，应使用 CellText 方法，具体代码如下：

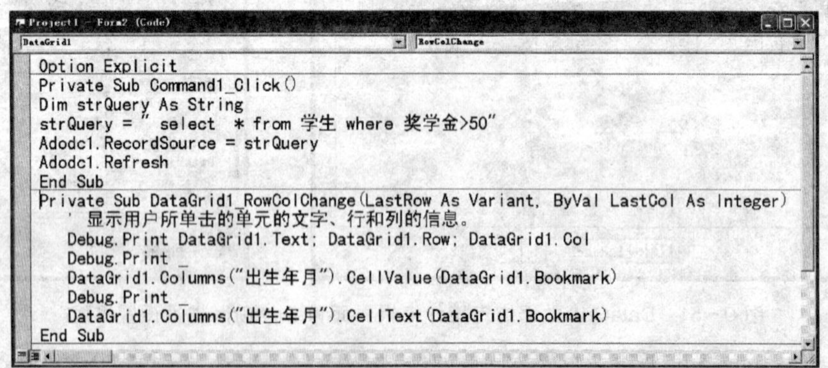

```
Option Explicit
Private Sub Command1_Click()
Dim strQuery As String
strQuery = " select  * from 学生 where 奖学金>50"
Adodc1.RecordSource = strQuery
Adodc1.Refresh
End Sub
Private Sub DataGrid1_RowColChange(LastRow As Variant, ByVal LastCol As Integer)
    ' 显示用户所单击的单元的文字、行和列的信息。
    Debug.Print DataGrid1.Text; DataGrid1.Row; DataGrid1.Col
    Debug.Print _
    DataGrid1.Columns("出生年月").CellValue(DataGrid1.Bookmark)
    Debug.Print _
    DataGrid1.Columns("出生年月").CellText(DataGrid1.Bookmark)
End Sub
```

注意事件代码中所用的 CellValue 和下面所用的 CellText 值，都需要将 Bookmark 属性作为一个参数，功能才正确。而事件代码中的 CellText 方法等价于使用 DataGrid 控件的 Text 属性。上面输出的信息将显示在“立即”窗口上。

(5) DataGrid 控件应用示例。

例 9-3　创建一个简单的 DataGrid 应用程序，实现为“学籍”数据库的“成绩”表创建一个数据查询界面。

具体实现界面如图 9-53 所示。在运行后的界面上，通过在 DataList 中点击想要查询的学生“姓名”，在 DataGrid 控件中就会自动显示选定学生所选修的相应成绩信息。

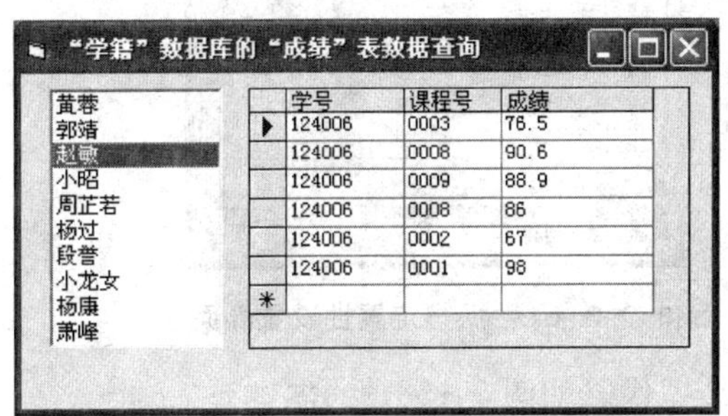

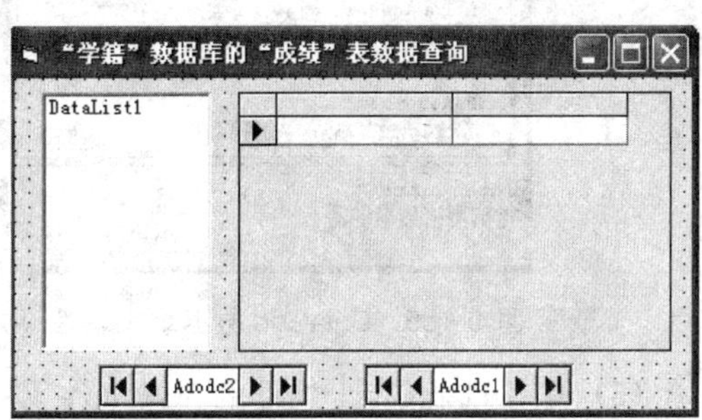

图 9-53　运行后的窗体界面和设计时窗体界面

具体设计步骤如下：

(1) 在 Visual Basic 中创建一个新的工程。

(2) 如果“DataGrid”、“DataList”或“ADO Data”控件不在“工具箱”中，则右键单击“工具箱”，然后使用“部件”对话框来添加控件。

(3) 添加 1 个 DataList 控件、2 个 ADO Data 控件以及 1 个 DataGrid 控件到窗体中。

(4) 窗体上数据访问接口控件的主要属性设置情况如图 9-54 所示。

图 9-54　Adodc1 主要属性设置和 Adodc2 主要属性设置

(5) 窗体上数据绑定控件的主要属性设置情况如图 9-55 所示。

图 9-55　DataGrid 数据绑定属性设置界面和 DataList 数据绑定属性设置界面

(6) 编写 DataList1 控件的单击事件代码,具体代码如图 9-56 所示。

```
Project1 - 教程例5 (Code)
Form                                  Load
Private Sub DataList1_Click()
Adodc2.RecordSource = "select * from 成绩 where 学号='" & DataList1.BoundText & "'"
Adodc2.Refresh
End Sub
```

图 9-56　DataList1 的单击事件代码

在单击 DataList1 的某个列表项时,随着选定的学生姓名的不同,通过属性 BoundText 返回的学生学号也不同,也就是说,希望改变在 DataGrid 控件中显示数据的数据源。在 DataList1 控件的单击事件代码中,根据属性 BoundText 返回的学生学号来重新设置 Adodc2 控件的数据源查询语句,并及时刷新 Adodc2 控件,这样在 DataGrid 控件中将显示最新数据源的数据。

3. MSHFlexGrid 控件 以及 MSFlexGrid 控件

Microsoft Hierarchical FlexGrid(MSHFlexGrid 只适用于 ADO Data 控件)和 Microsoft FlexGrid(MSFlexGrid 只适用于 Data 控件)控件是以网格的形式显示 RecordSet 数据的,数据可以来自单个表或者多个表。

Hierarchical FlexGrid 控件提供了在网格中显示数据的高级功能,它与 Microsoft Data Bound 网格(DataGrid)控件类似,但也有显著区别: Hierarchical FlexGrid 控件不允许用户对它绑定或包含的数据进行编辑。

因此,这种控件在显示数据的同时能够确保原始数据的安全,使数据不被用户修改。不过,通过将它与文本框结合起来使用,Hierarchical FlexGrid 控件的单元格编辑能力也是可以实现的。

限于篇幅,具体使用方法在此不再详述,有兴趣的读者可以自己参阅相关书籍进一步学习它的深层应用。

9.6　实　例

在学习和掌握了数据库知识以及 Visual Basic 数据访问技术和数据访问控件的使用之后，我们就可以运用这些技术和工具，实现我们要解决的问题和功能。

9.6.1　数据库应用程序编制步骤

数据库应用程序编制步骤如下：

◆ 在相应的数据库管理系统环境或 Visual Basic 自带的插件程序——可视化数据管理器(VisData)中创建数据库及其中相关的表文件。

◆ 在 Visual Basic 中创建一个新的“标准 EXE”工程或者“VB 企业版控件”工程。

◆ 添加数据接口访问控件到窗体。如果使用“ADO Data”控件(不在“工具箱”中)，则需要右键单击“工具箱”，然后使用“部件”对话框来添加控件(如果是“VB 企业版控件”工程就不需要额外添加数据访问控件)。

◆ 添加数据绑定控件到窗体(如果需要的话)。如果使用“DataGrid”、“DataList”或“DBList”等控件(不在“工具箱”中)，则需要右键单击“工具箱”，然后使用“部件”对话框来添加控件。

◆ 在设计编辑界面，设置窗体上的数据接口访问控件和数据绑定控件的相关属性。

◆ 编写相应的事件过程代码。

◆ 运行并调试程序，直到实现所需要的功能和界面效果。

9.6.2　综合应用实例(一)

例 9 - 4　编制一个口令验证界面程序，要求如图 9 - 57 所示，用户输入的口令不以原口令字符形式显示。系统口令预存在“学籍”数据库的“学生”表文件的“学号”字段中，用户输入口令后直接按回车键，系统自动验证口令正确与否，如果正确，显示欢迎信息；否则，显示警告信息。

1. 界面说明

图 9 - 57 所示的界面是我们非常熟悉的对话窗口，我们在使用 Windows 系列软件时，常常要输入口令以确定自己的登录身份。

可以看出，该窗体是一个信息接收、验证和显示的窗口界面。用户输入的口令字符采取了保密措施。根据用户输入的口令系统会自动判断其真伪，并在窗体上给出提示信息。

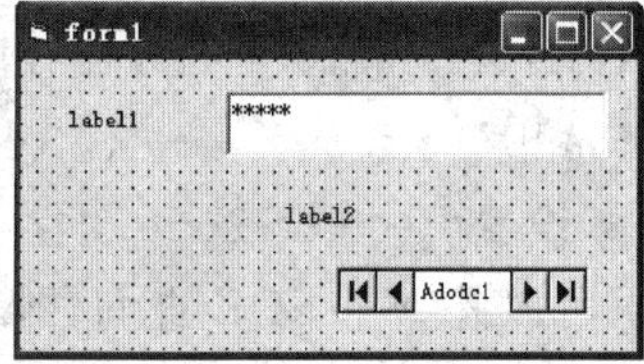

图 9 - 57　输入正确口令和错误口令的界面和控件布局的编辑界面

2. 控件的选取及布局

根据问题的需要，我们除窗体本身，还选用了标签控件用于提示和显示信息，文本框控件用于接收用户输入的口令信息。当然，最重要的是数据访问接口控件，因为口令是预存在"学籍"数据库的"学生"表文件的"学号"字段中，所以必须建立与数据库的信息连接，才可以在窗体上实现数据库信息的访问。在此，我们使用 Adodc 控件，具体布局情况如图 9－57 所示。

其操作过程说明：首先需要在相应的数据库管理系统环境或 Visual Basic 自带的插件程序——可视化数据管理器(VisData)中创建数据库"学籍"及其中相关的表文件"学生"，然后，在 Visual Basic 中创建一个新的标准的 EXE 工程；添加一个数据接口访问控件 Adodc 控件到窗体；添加 1 个文本框 TextBox 和 2 个标签 Label 控件到窗体。

3. 属性的设置

(1) 设置数据接口访问控件 Adodc 控件的主要属性，具体设置情况如图 9－58 所示。

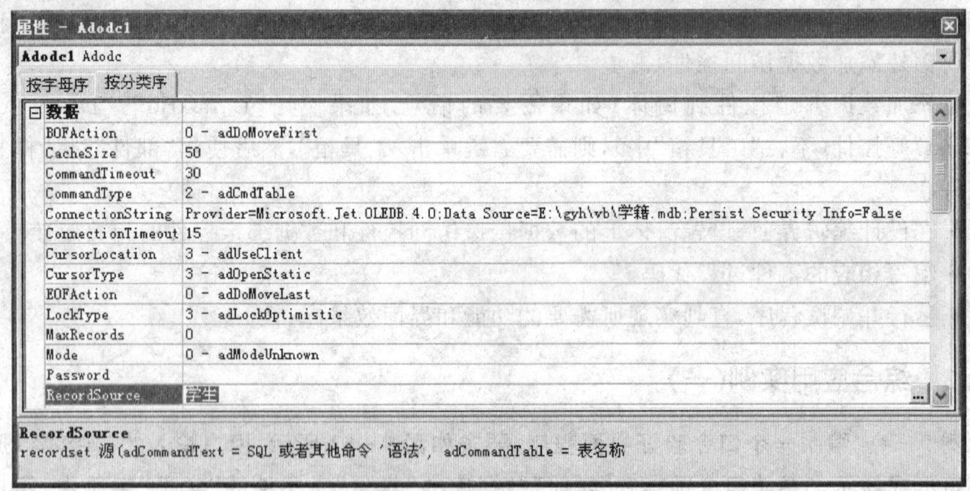

图 9－58　Adodc 控件的相关属性设置界面

◆ 设置 ConnectionString 属性：包含用来建立到数据源的连接的信息。其中包括的主要参数有 Provider 和 Data Source。

Provider 参数可设置或返回连接提供者的名称。Access 的连接提供者的名称为：

Provider＝Microsoft.Jet.OLEDB.4.0

Data Source 参数指定包含预先设置连接信息的特定提供者的文件名称(如持久数据源对象)。

Data Source＝E:\GYH\VB\学籍.mdb

ConnectionString＝"Provider＝Microsoft.Jet.OLEDB.4.0;Data Source＝E:\gyh\vb\学籍.mdb"

◆ 设置 RecordSource 属性：返回或设置一个记录集的查询。可以是一个数据库表的名称，也可以是一个 SQL 查询，即一个有效的 SQL 字符串，该字符串使用了适合于数据源的语法。

RecordSource＝"学生"

◆ CommandType 属性：指示 Command 对象的类型。如文本类型 AdCmdText，将 CommandText 作为命令或存储过程调用的文本化定义进行计算，或表格名称类型 AdCmdTable，将 CommandText 作为其列全部由内部生成的 SQL 查询返回的表格的名称进行计算。

CommandType＝2　(AdCmdTable)

Adodc 控件其他属性根据需要设置或选用系统默认设置。

(2) 其他控件属性的设置。以下控件属性可以在设计编辑界面的属性窗口中直接设置，也可以在事件代码中设置，本例题采用了后一种方法，如图 9－59 所示。

```
工程1 - form1 (Code)
Form                                  Load
Private Sub Form_Load()
    form1.Caption = "表中预存口令验证"      '窗体Form1的标题
    Label1.Caption = "输入口令:"
    Label2.Caption = ""
    Label2.FontName = "华文行楷"
    Label2.FontSize = 20
    Label2.FontBold = True              '标签Label2的文本加粗设置为".T.-真"
    Label2.ForeColor = RGB(0, 0, 255)   '标签Label2的文本颜色设置为蓝色
    Adodc1.Visible = False              'Adodc1数据控件不可见
    Text1 = "": Text1.PasswordChar = "*"  '用户输入字符信息用"*"来替代显示
End Sub
```

图 9－59　信息接收、显示控件的相关属性的设置代码

4. 事件的选择及过程代码的编写

除了窗体的加载事件 LOAD 之外，我们选择了文本框的 KeyPress 事件。

先将记录集的记录指针定位到首记录，如果用户输入了回车，那么说明用户的口令输入完毕，可以将文本框的当前值和记录集中对应字段所在的记录逐条比较，如果存在，则将显示欢迎信息的标签赋予新的标题值，并结束搜索比较的操作；否则，继续比较，直到所有的记录集中的记录都比较完毕。

最后将文本框 Text1 的文本选定属性 SelStart 设置为 0，SelLenght 设置为 Len(Text1.Text)。这样做使得该控件获得焦点时自动选定所有文本内容，用户新输入的口令将覆盖原有内容，具体事件代码如下所示。

```
工程1 - form1 (Code)
Text1                                 KeyPress
Private Sub Text1_KeyPress(KeyAscii As Integer)   '输入任何信息触发此事件
    Dim xh As String                              '存放输入的待确认的学号
    If KeyAscii = 13 Then                         '如果按了回车
        xh = Trim(Text1)                          '获取文本框中的字符
        Adodc1.Refresh                            '刷新数据源记录集
        Adodc1.Recordset.MoveFirst                '定位数据源记录集记录到首位
        Adodc1.Recordset.Find "学号='" & xh & "'"  '在表中查找指定学号字符
        If Adodc1.Recordset.EOF Then              '如果到达记录集末尾就没找到
            Label2 = "你无权使用本系统！"
            Text1.SelStart = 0
            Text1.SelLength = Len(Text1)          '选取文本框当前内容
            Text1.SetFocus                        '焦点定位在文本框
        Else
            Label2 = "欢迎使用本系统!"
        End If
    End If
End Sub
```

9.6.3 综合应用实例(二)

例 9-5 编制一个抽奖程序,可以完成对“学籍”数据库中表文件(“学生”)中预定内容(字段:“学号”)的多次不重复随机抽取操作,并罗列出中奖名单。

1. 界面说明

从图 9-60 和图 9-61 所示可以看出,该窗体是一个接收用户动作触发控制并显示表中相关信息的窗口界面。在一些媒体上有观众参与的游戏中,我们时常可以看到类似的界面。

窗体中有一个用于显示参与抽奖的号码信息显示区,该显示区的内容在用户按了“开始跳号”按钮后将动态跳动。当用户按了“抽奖定格”按钮后该显示区的内容将停止跳动并定格显示中奖号码(当然,此号码一旦中奖,那么它将不再参与后面的跳号显示)。

当用户按了“中奖清单”按钮后,所有定格显示过的中奖号码将以列表形式显示在窗体的另一个显示区域。

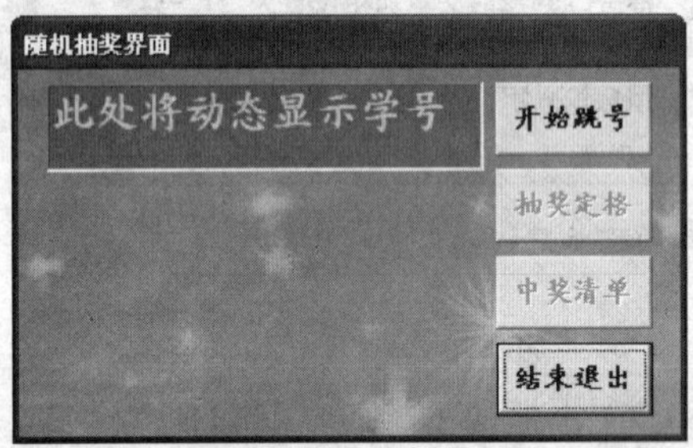

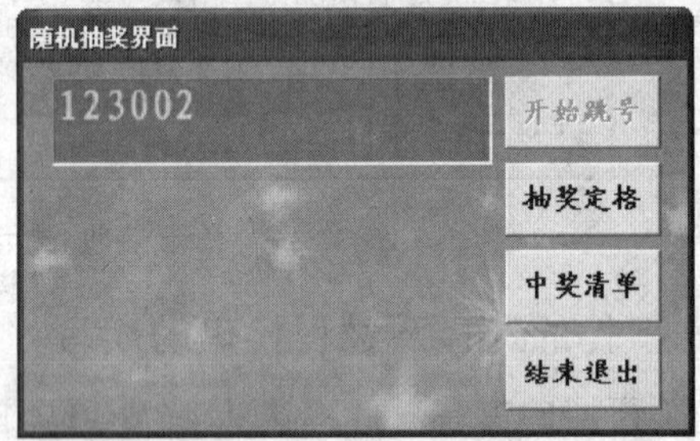

图 9-60 运行后的初始界面和用户按了“开始跳号”按钮后的界面

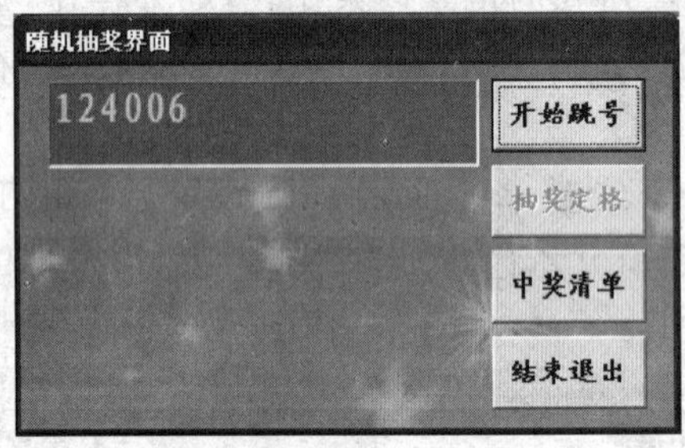

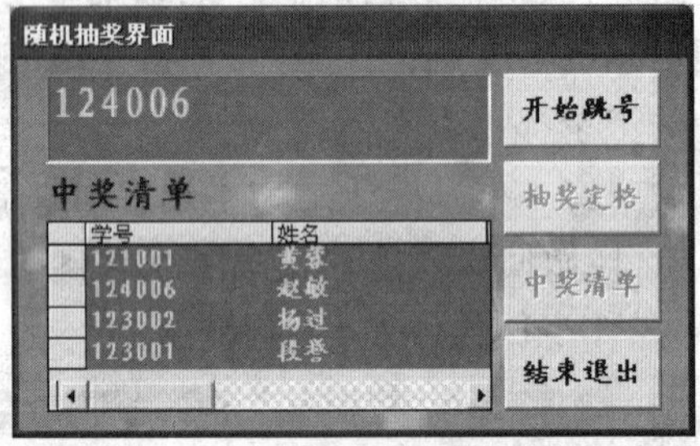

图 9-61 用户按了“抽奖定格”按钮后的界面和用户按了“中奖清单”按钮后的界面

2. 控件的选取及布局

控件布局编辑界面如图 9-62 所示。

根据问题的需要,除窗体本身,还选用了文本框控件用于显示表文件中相关字段的值。4 个命令按钮控件用于接收用户的动作控制。定时器控件用于控制抽奖时的记录动态跳动。一个数据表格 DataGrid 用于显示中奖号码的清单。

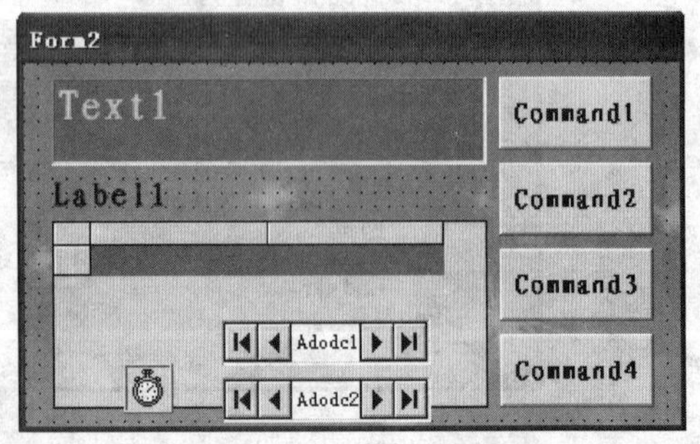

图 9-62 控件布局编辑界面

当然，最重要的是数据访问接口控件，因为抽奖号码是预存在“学籍”数据库的“学生”表文件的“学号”字段中，所以必须建立与数据库的信息连接，才可以在窗体上实现数据库信息的访问。在此使用了 2 个 Adodc 控件，一个用于收集抽中的记录集，另一个用于收集未抽中的记录集。

同样必须先在相应的数据库管理系统环境或 Visual Basic 自带的插件程序——可视化数据管理器(VisData)中创建数据库“学籍”及其中相关的表文件“学生”(在表中加一个“中奖标志”的逻辑型字段，用于标记是否抽中)。

◆ 在 Visual Basic 中创建一个新的工程。

◆ 添加一个数据接口访问控件 Adodc 控件到窗体。

◆ 添加 1 个文本框 TextBox(作为数据绑定控件)、1 个数据表格 DataGrid、1 个定时器 Timer 和 4 个命令按钮 CommandButton(是一个命令按钮组)控件到窗体。

3. 属性的设置

(1) 设置数据接口访问控件 Adodc 的相关属性。具体设置情况如图 9-63 和图 9-64 所示。

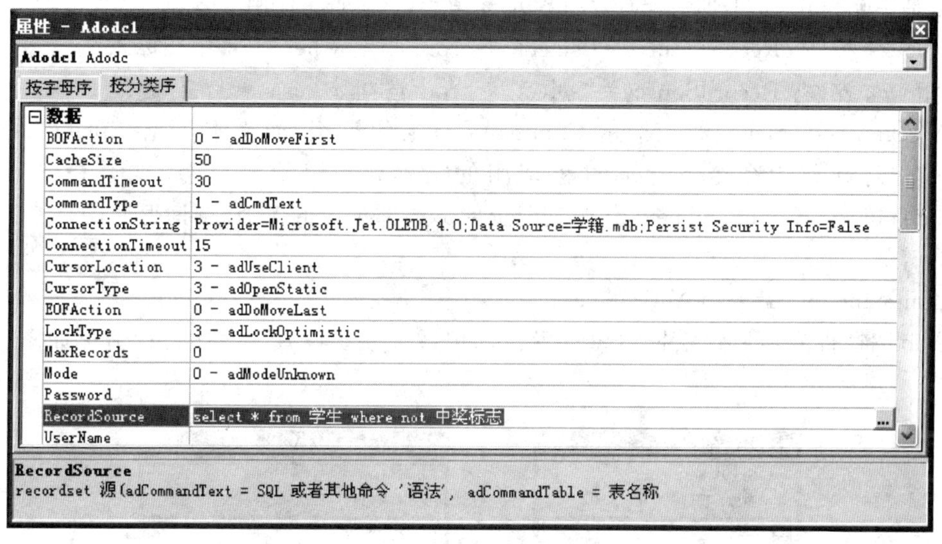

图 9-63 Adodc1 控件的相关属性设置界面

◆ 设置 ConnectionString 属性：包含用来建立到数据源的连接的信息。其中包括的主要参数有 Provider 和 Data Source。

Provider 参数可设置或返回连接提供者的名称。Access 的连接提供者的名称为：

Provider=Microsoft.Jet.OLEDB.4.0。

Data Source 参数指定包含预先设置连接信息的特定提供者的文件名称(如持久数据源对象)。

Data Source=E:\GYH\VB\学籍.mdb。

ConnectionString="Provider=Microsoft.Jet.OLEDB.4.0;Data Source=学籍.mdb"

◆ 设置 RecordSource 属性：返回或设置一个记录集的查询。可以是一个数据库表的名称，

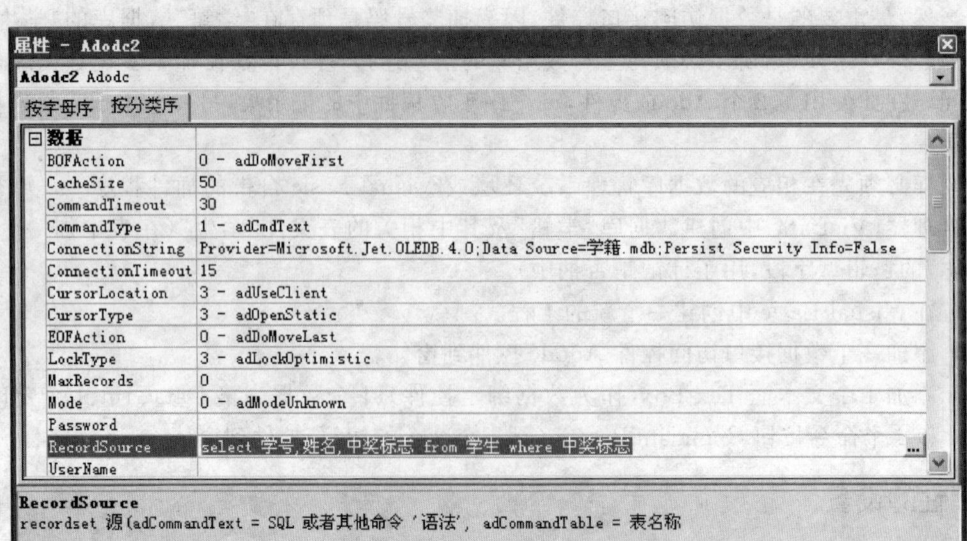

图 9-64　Adodc2 控件的相关属性设置界面

也可以是一个 SQL 查询，即一个有效的 SQL 字符串，该字符串使用了适合于数据源的语法。

Adodc1 控件：RecordSource="select * from 学生 where not 中奖标志"

Adodc2 控件：RecordSource="select * from 学生 where　中奖标志"

◆ CommandType 属性：指示 Command 对象的类型，如文本类型 AdCmdText，将 CommandText 作为命令或存储过程调用的文本化定义进行计算，或表格名称类型 AdCmdTable，将 CommandText 作为其列全部由内部生成的 SQL 查询返回的表格的名称进行计算。

CommandType=1　(AdCmdText)

Adodc 控件其他属性根据需要设置或选用系统默认设置。具体设置情况如图 9-65 所示。

图 9-65　数据表格 DataGrid 属性和窗体图片属性的设置

(2) 其他控件属性的设置。将数据表格 DataGrid 控件的 DataResource 属性设置为 Adodc2，用于收集抽中的获奖清单。另外，将窗体的 Picture 属性设置为一幅图片，装饰界面。具体设置如图 9-65 所示。

此外，其他控件属性可以在设计编辑界面的属性窗口中直接设置，也可以在事件代码中设置，本例题大部分属性的设置采用了后一种方法。

4. 事件的选择及过程代码的编写

(1) 窗体 Form1 的装载事件 Load 过程代码。

对于窗体上信息显示控件、定时器控件和命令按钮组的相关属性的设置，可以选择窗体的装载事件，具体代码如下：

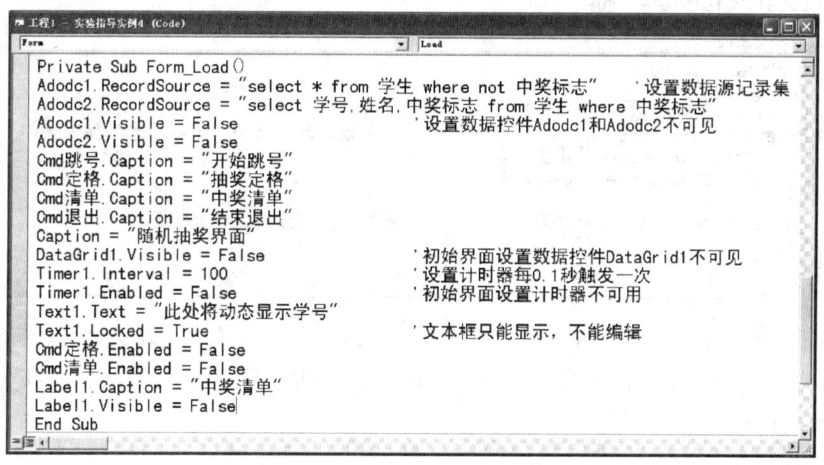

```
Private Sub Form_Load()
Adodc1.RecordSource = "select * from 学生 where not 中奖标志"    '设置数据源记录集
Adodc2.RecordSource = "select 学号,姓名,中奖标志 from 学生 where 中奖标志"
Adodc1.Visible = False                     '设置数据控件Adodc1和Adodc2不可见
Adodc2.Visible = False
Cmd跳号.Caption = "开始跳号"
Cmd定格.Caption = "抽奖定格"
Cmd清单.Caption = "中奖清单"
Cmd退出.Caption = "结束退出"
Caption = "随机抽奖界面"
DataGrid1.Visible = False                  '初始界面设置数据控件DataGrid1不可见
Timer1.Interval = 100                      '设置计时器每0.1秒触发一次
Timer1.Enabled = False                     '初始界面设置计时器不可用
Text1.Text = "此处将动态显示学号"
Text1.Locked = True                        '文本框只能显示，不能编辑
Cmd定格.Enabled = False
Cmd清单.Enabled = False
Label1.Caption = "中奖清单"
Label1.Visible = False
End Sub
```

(2) 4 个命令按钮控件的单击事件(Click)过程代码。

① 当用户单击了“开始跳号”按钮，希望在文本框(Text1)中动态滚动显示表文件“学生”中字段“学号”的值。

② 当用户单击了“抽奖定格”按钮后，在文本框(Text1)中的内容将停止跳动并定格显示中奖号码(当然，此号码一旦中奖，那么它将不再参与后面的跳号显示)。具体代码如下：

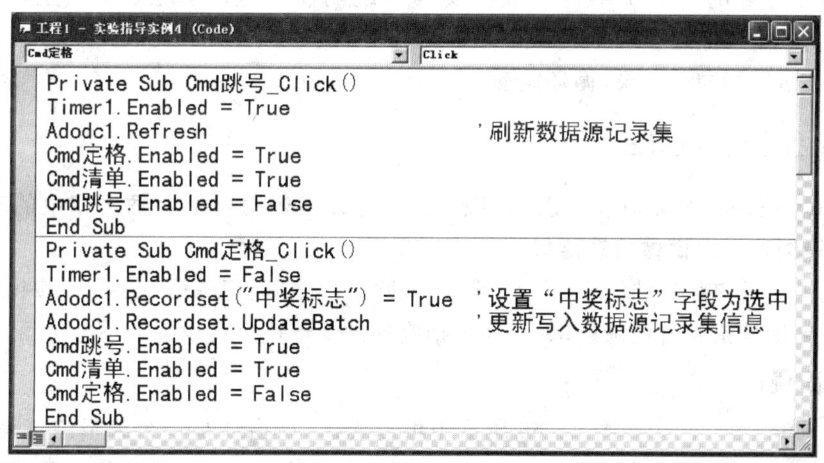

```
Private Sub Cmd跳号_Click()
Timer1.Enabled = True
Adodc1.Refresh                              '刷新数据源记录集
Cmd定格.Enabled = True
Cmd清单.Enabled = True
Cmd跳号.Enabled = False
End Sub
Private Sub Cmd定格_Click()
Timer1.Enabled = False
Adodc1.Recordset("中奖标志") = True         '设置“中奖标志”字段为选中
Adodc1.Recordset.UpdateBatch                '更新写入数据源记录集信息
Cmd跳号.Enabled = True
Cmd清单.Enabled = True
Cmd定格.Enabled = False
End Sub
```

③ 当用户单击了“中奖清单”按钮后，所有定格显示过的中奖号码将以表格形式显示在窗体的数据表格(DataGrid1)显示区域。

当用户单击了“结束退出”按钮后，结束操作并恢复数据库表中的原始数据状态。

具体代码如下：

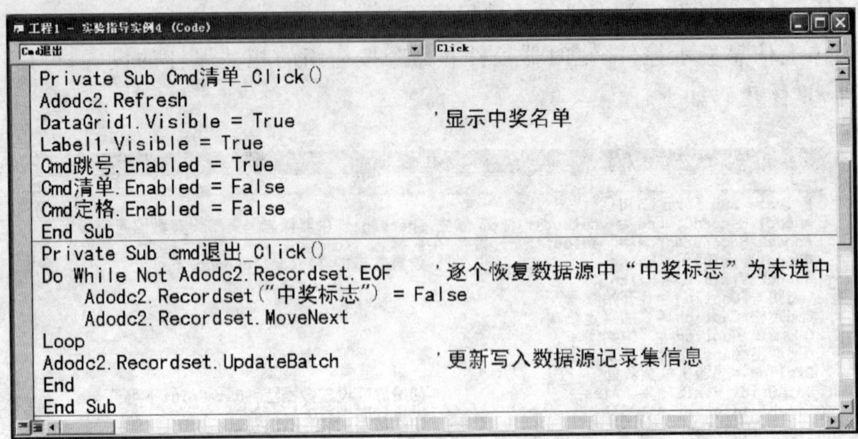

```
工程1 - 实验指导实例4 (Code)
Cmd退出                                   Click
Private Sub Cmd清单_Click()
Adodc2.Refresh
DataGrid1.Visible = True                       '显示中奖名单
Label1.Visible = True
Cmd跳号.Enabled = True
Cmd清单.Enabled = False
Cmd定格.Enabled = False
End Sub
Private Sub cmd退出_Click()
Do While Not Adodc2.Recordset.EOF          '逐个恢复数据源中“中奖标志”为未选中
    Adodc2.Recordset("中奖标志") = False
    Adodc2.Recordset.MoveNext
Loop
Adodc2.Recordset.UpdateBatch               '更新写入数据源记录集信息
End
End Sub
```

(3) 定时器对象 Timer1 的 Timer 事件过程代码。学号显示的动态滚动效果选用了定时器控件控制，即每过 0.1 秒就自动执行 Timer 过程，所以我们将滚动记录的部分程序代码写在 Timer 过程中。

具体代码如下：

```
工程1 - 实验指导实例4 (Code)
Timer1                                    Timer
Private Sub Timer1_Timer()
Adodc1.Recordset.MoveNext                                          '每0.1秒自动跳一个记录
If Adodc1.Recordset.EOF Then Adodc1.Recordset.MoveFirst  '每如果触底就自动定位到首
Text1.Text = Adodc1.Recordset("学号")                               '在文本框中显示当前学号
End Sub
```

在定时器控件的 Timer 事件过程中实现系统功能的基本算法是：当定时器控件的 Timer 事件发生时，将记录集的记录指针向下跳动一次，如果记录指针已经指到了有效范围之外，将记录指针指向首记录(循环跳动)。

9.6.4 综合应用实例(三)

例 9-6 编制一个编辑表信息的界面程序，可以实现对“学籍”数据库中的表文件“学生”进行编辑浏览。该窗体的功能如下：

(1) 提供任用户翻动和编辑(输入、修改、删除)“学生”表记录信息的命令按钮组。

(2) 记录指针指到首记录或末记录时，相应的命令按钮自动设置为不可访问。

1. 界面说明

从图 9-66、图 9-67 和图 9-68 所示中可以看出，该窗体是一个编辑浏览表中相关信息的窗口界面。窗体中有若干个用于显示表信息的显示区，有若干个任用户翻动和编辑(输入、修改、删除)“学生”表记录信息的命令按钮。每个按钮可以实现对当前显示记录的一个特定操作。

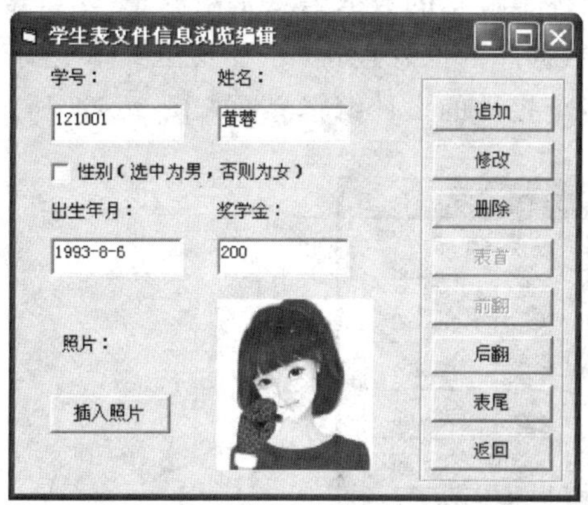

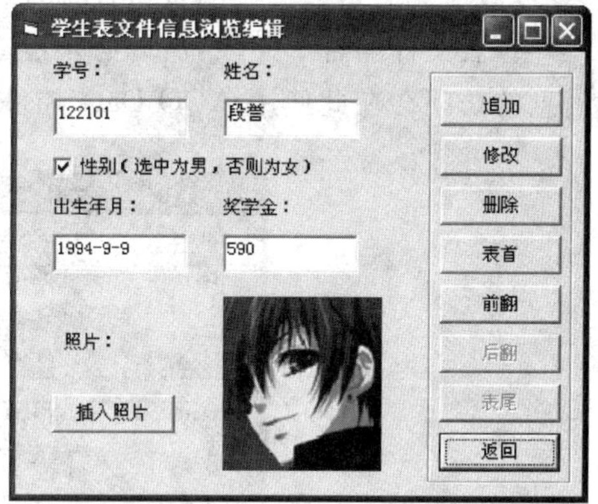

图 9-66 用户按了“表首”按钮后的界面和用户按了“表尾”按钮后的界面

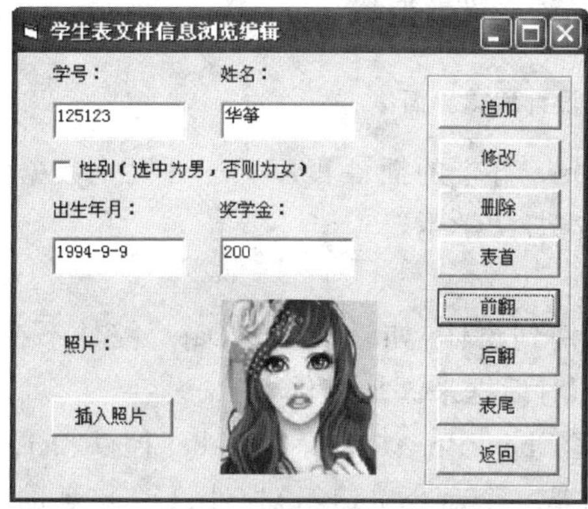

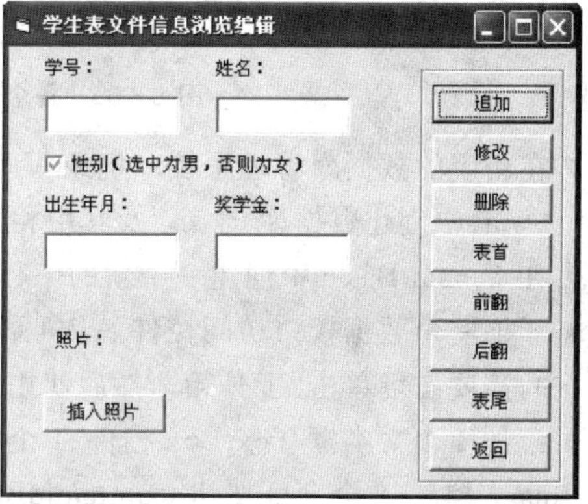

图 9-67 用户按了“前翻”按钮后的界面和用户按了“追加”按钮后的界面

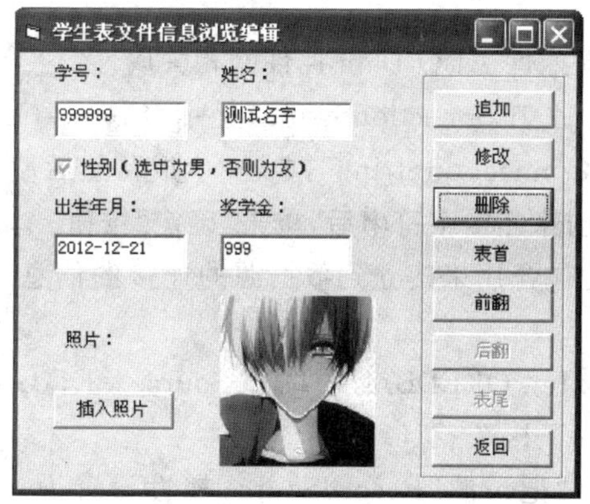

图 9-68 用户按了“删除”按钮时的界面和窗体

2. 控件的选取及布局

根据问题的需要，除窗体本身，还选用了 4 个文本框控件、6 个标签控件、1 个复选框控件和 1 个影像框控件用于显示表文件中相关字段的值。8 个命令按钮控件(一个控件数组)用于接收用户的动作控制，另外还有一个命令按钮和通用对话框控件(用于加载照片)。

当然，最重要的是数据访问接口控件，因为窗体上显示的数据信息是来源于“学籍”数据库的“学生”表文件的各个字段，所以必须建立与数据库的信息连接，才可以在窗体上实现数据库信息的访问。在此使用 ADO Data 控件。各个控件的设计编辑界面如图 9－69 所示。

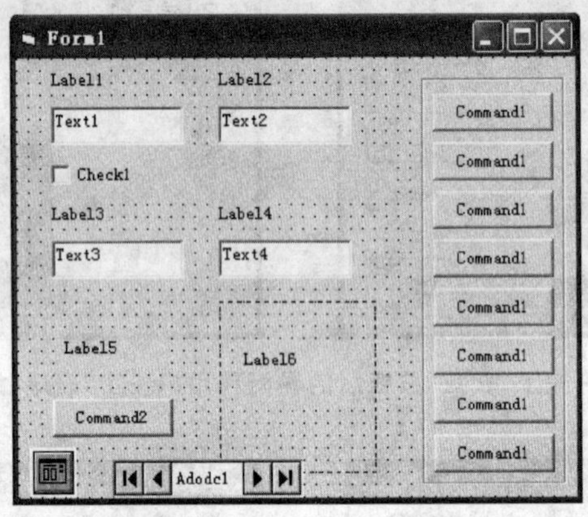

图 9－69　各个控件的设计编辑界面

◆ 在相应的数据库管理系统环境或 Visual Basic 自带的插件程序——可视化数据管理器（VisData）中创建数据库“学籍”及其中相关的表文件“学生”。

◆ 在 Visual Basic 中创建一个新的工程。

◆ 添加一个数据接口访问控件 ADO Data 控件到窗体，如果“ADO Data”控件不在“工具箱”中，需要右键单击“工具箱”，然后使用“部件”对话框来添加控件。

◆ 添加 4 个文本框 TextBox 控件、1 个复选框 CheckBox、6 个标签 Label 控件和 1 个影像框 Image 控件、8 个命令按钮 CommandButton（是一个命令按钮组）控件、1 个单独的命令按钮控件和通用对话框控件 CommonDialog 到窗体。

3. 属性的设置

(1) 设置数据接口访问控件 ADO Data 控件的相关属性。

◆ 在“属性”窗口中，单击“ConnectionString”显示“ConnectionString”对话框。创建一个连接字符串，选择“使用 ConnectionString”，单击“生成”，然后使用“数据链接属性”对话框创建一个连接字符串。在创建连接字符串后，单击“确定”按钮。

ConnectionString 属性包含用来建立到数据源的连接的信息。Access 数据库的连接字符串为：

Provider＝“Microsoft. Jet. OLEDB. 4. 0；Data Source＝E:\GYH\VB\学籍. mdb；
Persist Security Info＝False”

◆ 在“属性”窗口中，将“记录源”RecordSource 属性设置为一个表名或者一个 SQL 语句。当 CommandType 属性设置为“2－adcmdtable”时，可以将 RecordSource 属性设置为一个表文件名，如“学生”表；当 CommandType 属性设置为“1－adcmdtext”时，可以将 RecordSource 属性设置为一个 SQL 语句，如 SELECT * FROM 学生 。

◆ 将 ADO Data 控件的 Visible 属性设置为假，目的是在窗体运行后隐藏 ADO Data 控件，因为本程序对数据库数据的操作直接通过在窗体界面上命令按钮来实现。

◆ 将 Mode 属性设置为 3－adModeReadWrite，设置对 Connection 的访问权限（因为本

例中涉及添加、修改和删除操作)。

具体设置情况如图 9－70 和图 9－71 所示。

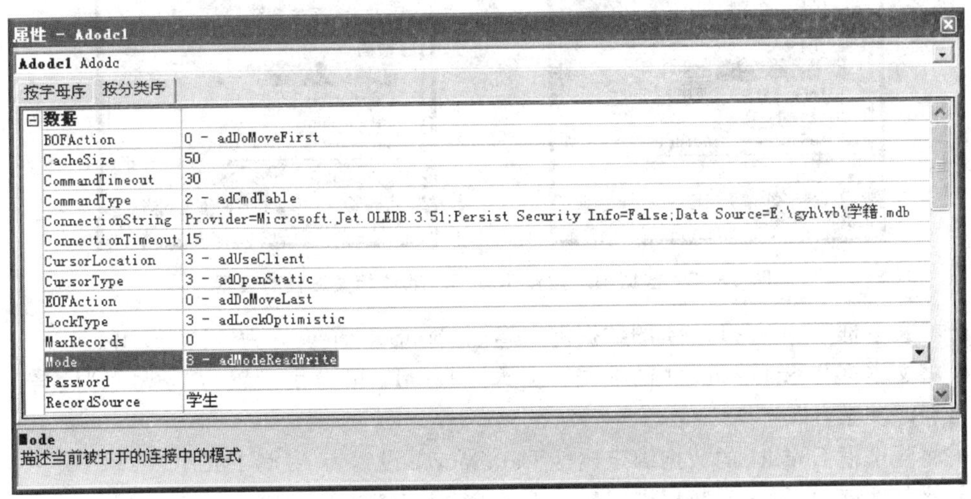
属性 － Adodc1

Adodc1 Adodc

按字母序　按分类序

数据	
BOFAction	0 － adDoMoveFirst
CacheSize	50
CommandTimeout	30
CommandType	2 － adCmdTable
ConnectionString	Provider=Microsoft.Jet.OLEDB.3.51;Persist Security Info=False;Data Source=E:\gyh\vb\学籍.mdb
ConnectionTimeout	15
CursorLocation	3 － adUseClient
CursorType	3 － adOpenStatic
EOFAction	0 － adDoMoveLast
LockType	3 － adLockOptimistic
MaxRecords	0
Mode	3 － adModeReadWrite
Password	
RecordSource	学生

Mode

描述当前被打开的连接中的模式

图 9－70　数据接口访问控件 ADO Data 相关属性的设置

学生：表

学号	姓名	性别	出生年月	奖学金	简历	照片
121001	黄蓉	0	1994-5-6	¥600.00	1990在	E:\gyh\vb\t1.jpg
123012	郭靖	-1	1993-1-2	¥350.00		E:\gyh\vb\t2.jpg
124006	赵敏	0	1994-7-2	¥0.00		E:\gyh\vb\t3.jpg
123008	小昭	0	1993-1-5	¥750.00		E:\gyh\vb\t4.jpg
124011	周芷若	0	1993-1-2	¥0.00		E:\gyh\vb\t10.jpg
123013	杨过	-1	1994-9-12	¥600.00		E:\gyh\vb\t6.jpg
123002	段誉	-1	1993-10-22	¥350.00		E:\gyh\vb\t7.jpg
124001	小龙女	0	1994-10-2	¥350.00		E:\gyh\vb\t12.jpg
121010	杨康	-1	1993-1-25	¥750.00		E:\gyh\vb\t9.jpg
125019	萧峰	-1	1994-8-9	¥980.00		E:\gyh\vb\t11.jpg

记录：1　共有记录数：10

图 9－71　学生表中相关信息的存放形式

ADO Data 控件的其他属性都采用系统默认设置。

(2) 其他控件属性的设置。以下控件属性可以在设计编辑界面的属性窗口中直接设置，也可以在事件代码中设置，本例题大部分属性的设置采用了后一种方法。

① 数据绑定控件的属性设置如图 9－72 和图 9－73 所示。

属性 － Text1

Text1 TextBox

按字母序　按分类序

数据	
DataField	学号
DataFormat	通用
DataMember	
DataSource	Adodc1

DataField

返回/设置一个值，将控件绑定到当前记录的一个字段。

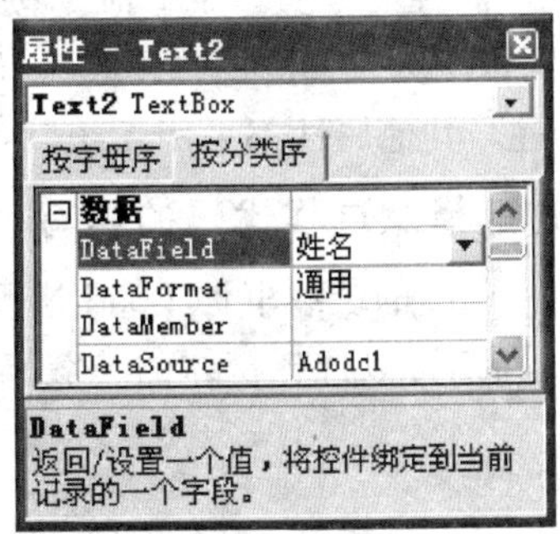
属性 － Text2

Text2 TextBox

按字母序　按分类序

数据	
DataField	姓名
DataFormat	通用
DataMember	
DataSource	Adodc1

DataField

返回/设置一个值，将控件绑定到当前记录的一个字段。

图 9－72　数据绑定控件 Text1 和 Text2 相关属性的设置

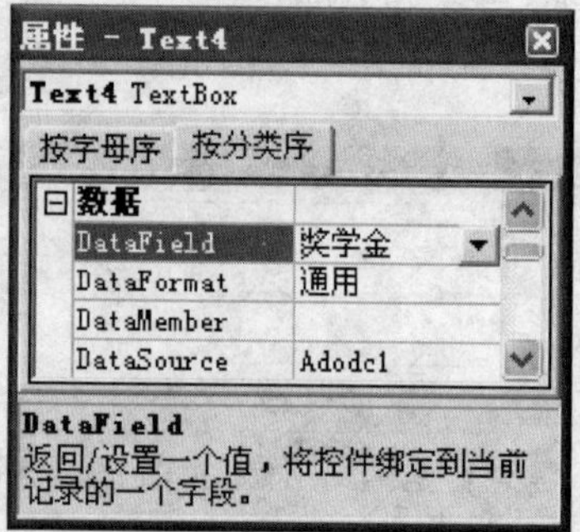

图 9-73 数据绑定控件 Text3 和 Text4 相关属性的设置

◆ 将文本框 Text1～Text4 的数据绑定属性 DataSource 设置为 ADO Data1。

◆ 将文本框 Text1～Text4 的数据绑定属性 DataField 分别设置为“学号”、“姓名”、“出生年月”和“奖学金”。

◆ 将复选框 Check1 的数据绑定属性 DataSource 设置为 ADO Data1。

◆ 将复选框 Check1 的数据绑定属性 DataField 设置为“性别”。

◆ 将标签 Label6 的数据绑定属性 DataSource 设置为 ADO Data1。

◆ 将标签 Label6 的数据绑定属性 DataField 设置为“照片”(标签 Label6 的 Caption 属性绑定了“照片”字段中的照片文件的存放路径，通过此路径就可以加载影像框 Image1 的 Picture，从而看到照片)。

其他控件相关属性都采用系统默认设置或在代码中设置，如图 9-74 所示。

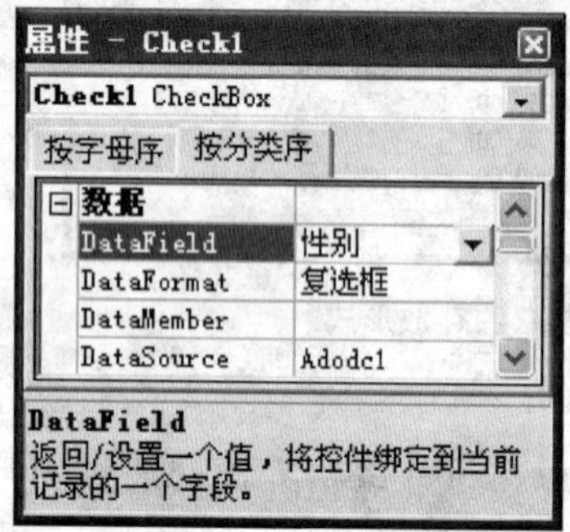

图 9-74 数据绑定控件 Check1 和数据绑定控件 Label6 相关属性的设置

② 其他控件属性的设置。8 个命令按钮控件 Command1(0)～Command(7)的标题属性 Caption 分别设置为：“追加”、“修改”、“删除”、“表首”、“前翻”、“后翻”、“表尾”和“返回”，都在代码中设置。其他属性都采用系统默认设置。

4. 事件的选择及过程代码的编写

(1) 窗体 Form1 的装载事件 Load 过程代码。对于窗体上信息显示控件和命令按钮组的相关属性的设置，可以选择窗体的装载事件。

具体代码如下：

```
Private Sub Form_Load()
Dim i As Integer
For i = 0 To 7                                    '为命令按钮组设置标题属性
    Command1(i).Caption = Mid("追加修改删除表首前翻后翻表尾返回", 2 * i + 1, 2)
Next i
   Command1(3).Enabled = False
   Command1(4).Enabled = False
   教程例8.Caption = "学生表文件信息浏览编辑"
   Label1.Caption = "学号："
   Label2.Caption = "姓名："
   Label3.Caption = "出生年月："
   Label4.Caption = "奖学金："
   Label5.Caption = "照片："
   Command2.Caption = "插入照片"
   Check1.Caption = "性别（选中为男，否则为女）"
   Image1.Picture = LoadPicture(Label6.Caption) '为初始界面加载照片图片
End Sub
```

代码如下：

(2) 命令按钮组 Command1 控件的单击事件(Click)过程代码。

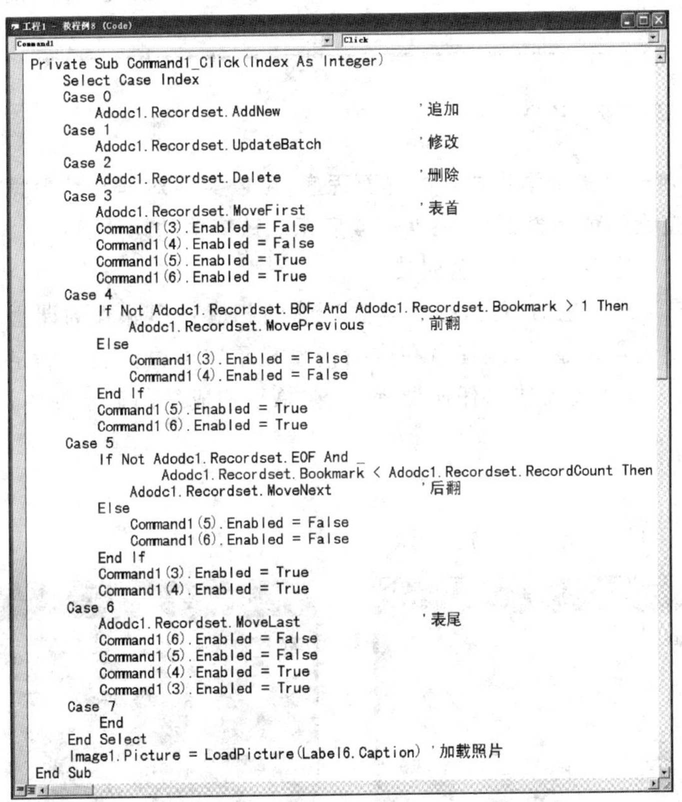

```
Private Sub Command1_Click(Index As Integer)
   Select Case Index
   Case 0
      Adodc1.Recordset.AddNew                 '追加
   Case 1
      Adodc1.Recordset.UpdateBatch            '修改
   Case 2
      Adodc1.Recordset.Delete                 '删除
   Case 3
      Adodc1.Recordset.MoveFirst              '表首
      Command1(3).Enabled = False
      Command1(4).Enabled = False
      Command1(5).Enabled = True
      Command1(6).Enabled = True
   Case 4
      If Not Adodc1.Recordset.BOF And Adodc1.Recordset.Bookmark > 1 Then
         Adodc1.Recordset.MovePrevious        '前翻
      Else
         Command1(3).Enabled = False
         Command1(4).Enabled = False
      End If
      Command1(5).Enabled = True
      Command1(6).Enabled = True
   Case 5
      If Not Adodc1.Recordset.EOF And _
            Adodc1.Recordset.Bookmark < Adodc1.Recordset.RecordCount Then
         Adodc1.Recordset.MoveNext            '后翻
      Else
         Command1(5).Enabled = False
         Command1(6).Enabled = False
      End If
      Command1(3).Enabled = True
      Command1(4).Enabled = True
   Case 6
      Adodc1.Recordset.MoveLast               '表尾
      Command1(6).Enabled = False
      Command1(5).Enabled = False
      Command1(4).Enabled = True
      Command1(3).Enabled = True
   Case 7
      End
   End Select
   Image1.Picture = LoadPicture(Label6.Caption) '加載照片
End Sub
```

在命令按钮组控件的单击事件(Click)过程中实现系统功能的基本算法如下：

◆ 当用户单击了"追加"按钮，可以在表文件中新添一个记录，用户可以直接在窗体上的文本框和复选框中输入相应的记录值。

◆ 当用户按了"修改"按钮后，可以将当前在窗体上显示的数据信息改写到数据源中。

◆ 当用户按了"删除"按钮后，可以将当前在窗体上显示的数据信息从数据源中删除。

◆ 当用户按了“表首”、“前翻”、“后翻”和“表尾”其中某一个按钮后，可以在窗体上显示数据源中的不同记录信息，并且当记录指针指到有效范围边界时，相应命令按钮自动变成不可访问状态。

当用户按了“返回”按钮后，结束操作。

(3) 命令按钮 Command2 控件的单击事件(Click)过程代码。点击命令按钮 Command2 控件，系统自动跳出一个打开文件对话框(设置通用对话框的属性 Active=1)，用户可以确定一个要插入的图片文件，而图片文件的路径存放到标签 Label6 控件的标题属性中，由于标签 Label6 控件事先与数据库表“学生”中的“照片”字段绑定，这样通过影像框 Image1 控件就可以直接加载图片到窗体上。

具体代码如下所示。

9.6.5 综合应用实例(四)

例 9-7 编制一个查询学生成绩的界面程序，可以实现对“学籍”数据库中的学生成绩及课程信息进行查询的窗体界面，如图 9-74 所示。该窗体的功能是：

(1) 提供任用户选择的学生姓名列表。

(2) 随着用户选择学生的不同，指定学生选修的相应各门课程的课程名和成绩信息及总平均成绩会自动地定位显示，课程名和成绩信息显示项可根据表中满足条件的记录个数动态地调整，如果某学生尚无选修任何课程，则在总平均成绩的显示项中，显示无选修课程的信息。

1. 界面说明

运行界面如图 9-74 和图 9-75 所示。

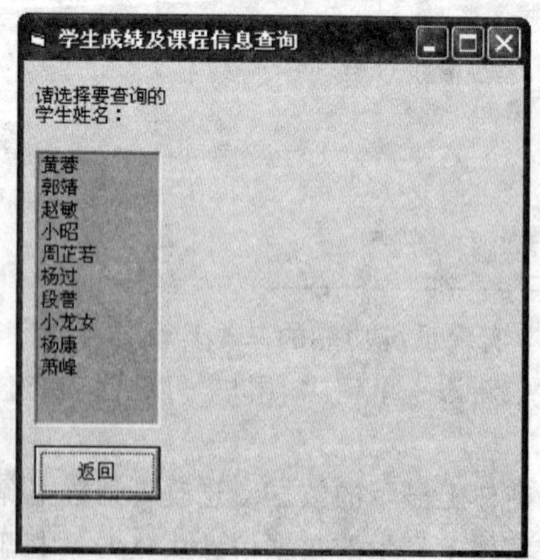

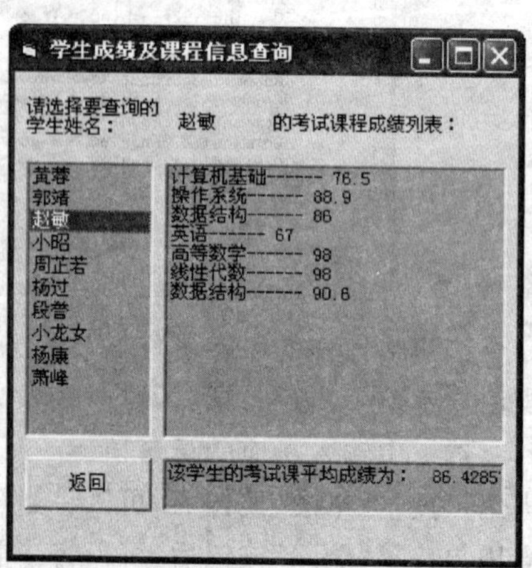

图 9-74 运行后的初始界面和用户选择学生“王平”后的界面

该窗体是一个显示并查询表中相关信息的窗口界面。窗体中有一个用于供用户选择表信息的显示区，有一个用于显示由用户指定条件的查询结果信息的显示区。在运行后的界面上，通过在左侧显示区中点击想要查询的学生“姓名”，在右侧显示区中就会自动显示选定学生所选修的相应成绩信息。

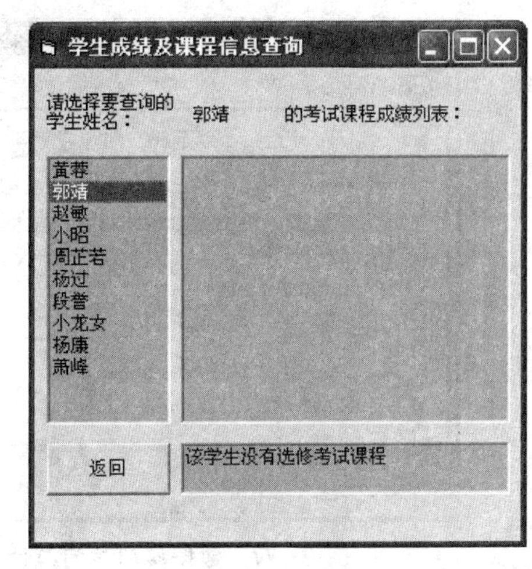

图 9－75　用户选择学生“余霞”后的界面和窗体

2. 控件的选取及布局

根据问题的需要，除窗体本身，还选用了一个 DataList 列表框控件用于显示表文件中相关字段的值。一个 List 列表框和一个文本框 Text 控件用于显示查询结果信息。当然，最重要的是数据访问接口控件，因为窗体上显示的数据信息是来源于“学籍”数据库的各个表文件，所以必须建立与数据库的信息连接，才可以在窗体上实现数据库信息的访问。在此我们使用 2 个 ADO Data 控件。各个控件的设计编辑界面如图 9－76 所示。

操作过程说明：

◆ 在相应的数据库管理系统环境或 Visual Basic 自带的插件程序——可视化数据管理器(VisData)中创建数据库“学籍”及其中相关的各个表文件。

◆ 在 Visual Basic 中创建一个新的工程。

◆ 添加 2 个数据接口访问控件 ADO Data 控件到窗体，如果“ADO Data”控件不在“工具箱”中，需要右键单击“工具箱”，然后使用“部件”对话框来添加控件。

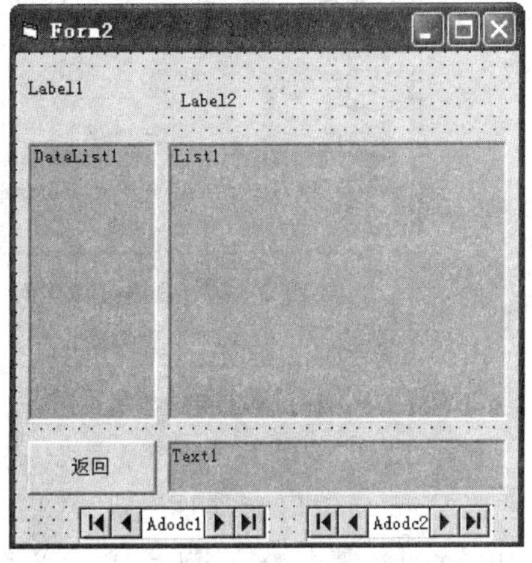

图 9－76　各个控件的设计编辑界面

◆ 添加 1 个列表框 DataList(作为数据绑定控件)、1 个列表框 ListBox、1 个文本框 TextBox 控件、1 个命令按钮 CommandButton 和 2 个标签 Label 控件到窗体。如果列表框 DataList 控件不在“工具箱”中，需要右键单击“工具箱”，然后使用“部件”对话框来添加控件。

3. 属性的设置

(1) 设置数据接口访问控件 ADO Data 的相关属性，具体设置情况如图 9－77 和图 9－78所示。

◆ 在“属性”窗口中，单击“ConnectionString”显示“ConnectionString”对话框。

创建一个连接字符串，选择“使用 ConnectionString”，单击“生成”，然后使用“数据链接属性”对话框创建一个连接字符串。在创建连接字符串后，单击“确定”。ConnectionString 属性包含用来建立到数据源的连接的信息。Access 数据库的连接字符串为：

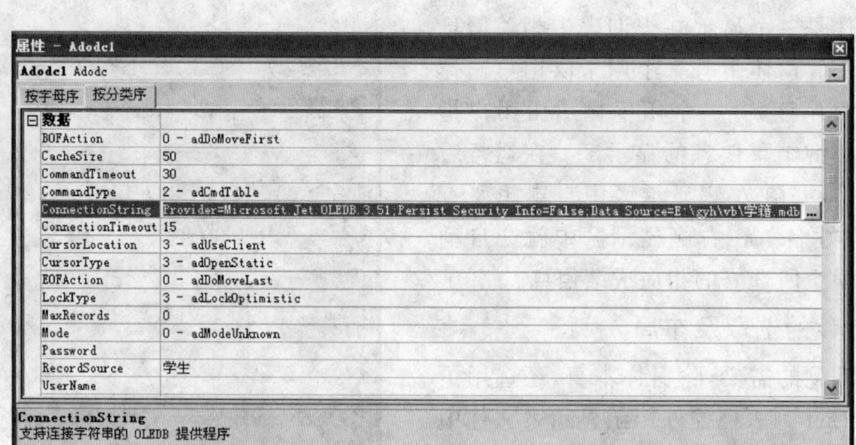

图 9-77 数据接口访问控件 ADO Data(Adodc1)相关属性的设置

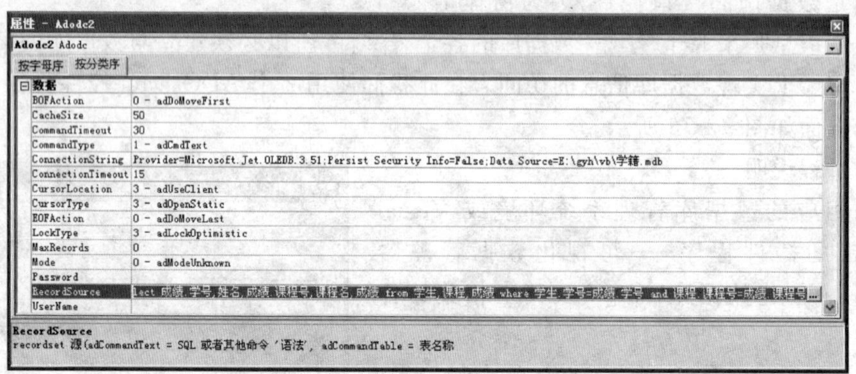

图 9-78 数据接口访问控件 ADO Data(Adodc2)相关属性的设置

Provider=Microsoft. Jet. OLEDB. 4. 0;Data Source=E:\GYH\VB\学籍 1b. mdb; Persist Security Info=False

◆ 在“属性”窗口中,将“记录源”RecordSource 属性设置为一个表名或者一个 SQL 语句。

当 CommandType 属性设置为“2-adcmdtable”时,可以将 RecordSource 属性设置为一个表文件名,如“学生”表;当 CommandType 属性设置为“1-adcmdtext”时,可以将 RecordSource 属性设置为一个 SQL 语句。

例如:select 成绩.学号,姓名,成绩.课程号,课程名,成绩 from 学生,课程,成绩

where 学生.学号=成绩.学号 and 课程.课程号=成绩.课程号

◆ 将 ADO Data 控件的 Visible 属性设置为假,目的是在窗体运行后隐藏 ADO Data 控件,因为本程序对数据库数据的操作直接通过在窗体界面上的控件事件来实现。

(2) 其他控件属性的设置。数据绑定控件的属性设置如图 9-79 所示。

图 9-79 DataList1 相关属性的设置

其他控件属性可以在设计编辑界面的属性窗口中直接设置，也可以在事件代码中设置，本例题大部分属性的设置采用了后一种方法，如图 9－80 所示。

4. 事件的选择及过程代码的编写

(1) 窗体 Form1 的装载事件 Load 过程代码如下所示。

```
工程1 - 教程例9 (Code)
Command1                    Click

Private Sub Form_Load()
    Caption = "学生成绩及课程信息查询"
    Label1.Caption = "请选择要查询的学生姓名："
    Label2.Caption = "考试课程成绩列表："
    Text1.Text = ""
    Label2.Visible = False
    Text1.Visible = False
    List1.Visible = False
End Sub
Private Sub Command1_Click()
   End
End Sub
```

图 9－80　窗体 Form1 的装载事件 Load 过程代码

(2) DataList 控件的单击事件(Click)过程代码如下所示。当用户在 DataList 控件中选择了某个列表单项时(即单击某个学生姓名)，系统就会自动在右侧的列表框 List 控件显示区中显示选定学生所选修的相应成绩信息。

```
工程1 - 教程例9 (Code)
DataList1                    Click

Private Sub DataList1_Click()
    Dim kscj As Single, n As Integer, sql As String
    kscj = 0: n = 0
    Adodc2.Refresh
    sql = "select 成绩.学号,姓名,成绩.课程号,课程名,成绩 from 学生,课程,成绩" & _
          " where 学生.学号=成绩.学号 and 课程.课程号=成绩.课程号" & _
          " and trim(学生.姓名)='" & Trim(DataList1.Text) & "'"
    Adodc2.RecordSource = sql                              '将最新查询记录集作为数据源
    Adodc2.Refresh
    If Not Adodc2.Recordset.EOF Then Adodc2.Recordset.MoveFirst   '将指针定位到首记录
    List1.Clear
    While Not Adodc2.Recordset.EOF                         '列表中逐个添加对应课程名的成绩
        List1.AddItem Trim(Adodc2.Recordset("课程名")) _
                     & "------" & Str(Adodc2.Recordset("成绩"))
        kscj = kscj + Adodc2.Recordset("成绩")                 '累加成绩信息
        n = n + 1
        Adodc2.Recordset.MoveNext
    Wend
    If n <> 0 Then
        Text1.Text = "该学生的考试课平均成绩为：" & Str(kscj / n) '计算平均成绩信息
    Else
        Text1.Text = "该学生没有选修考试课程"
    End If
    Label2.Visible = True
    Label2.Caption = DataList1.Text & "的考试课程成绩列表："        '显当前示数据列表姓名
    Text1.Visible = True
    List1.Visible = True
End Sub
```

具体实现算法是：当用户在 DataList 控件中选择了某个列表单项时(即单击某个学生姓名)，系统就会自动根据这个 DataList 控件的当前值(DataList. Text)来重新生成数据接口访问控件 Adodc2 的记录源，使得 Adodc2 的记录源只体现满足用户指定学生的相应数据信息。之后逐条将 Adodc2 的记录源中的记录添加到列表框 List 控件中，在添加的同时对该学生的平均成绩进行统计。

9.6.6 综合应用实例(五)

例 9-8 实现本章例 9-1 的学生学籍信息管理系统(简单型,程序中处理的所有数据均来源于存储学生学籍信息的数据库)的程序设计。

本系统是一个多窗体的数据库应用程序,由于其中的各个窗体模块功能的实现在前面都有类似的例题介绍过,在此仅仅给出简单的功能实现说明和主要控件的事件过程代码。

1. 程序初始界面(frm 学籍管理)的模块代码

(1) 功能说明。提供用户进入系统的初始界面,当用户点击"进入"按钮,系统会关闭初始界面,跳出一个登录口令验证界面。当验证口令正确,关闭口令验证窗,回到初始界面,并且初始界面中的"编辑信息"和"查询信息"2 个按钮可以使用,用户可以点击"编辑信息"或"查询信息"按钮进入下一步的操作。具体实现界面如图 9-81 所示。

图 9-81 学生学籍信息管理系统(简单型)初始运行界面及编辑界面

(2) 事件过程代码如下所示。

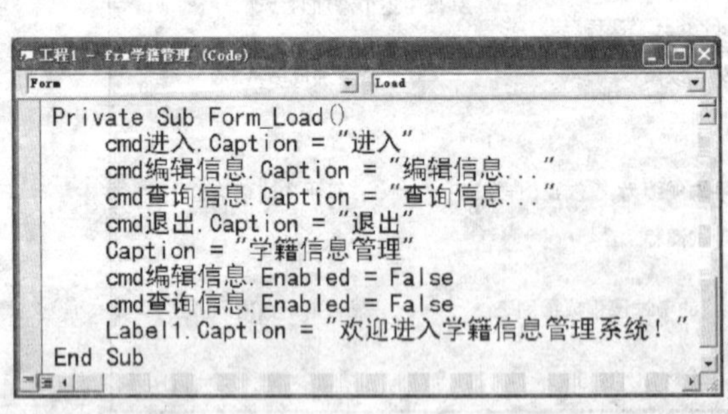

```
Private Sub Form_Load()
    cmd进入.Caption = "进入"
    cmd编辑信息.Caption = "编辑信息..."
    cmd查询信息.Caption = "查询信息..."
    cmd退出.Caption = "退出"
    Caption = "学籍信息管理"
    cmd编辑信息.Enabled = False
    cmd查询信息.Enabled = False
    Label1.Caption = "欢迎进入学籍信息管理系统!"
End Sub
```

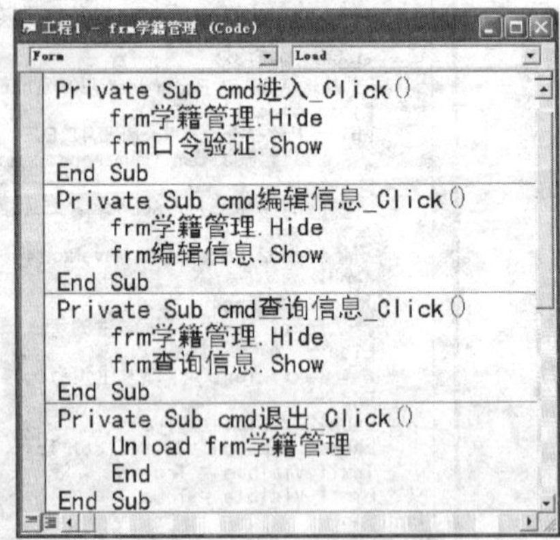

```
Private Sub cmd进入_Click()
    frm学籍管理.Hide
    frm口令验证.Show
End Sub
Private Sub cmd编辑信息_Click()
    frm学籍管理.Hide
    frm编辑信息.Show
End Sub
Private Sub cmd查询信息_Click()
    frm学籍管理.Hide
    frm查询信息.Show
End Sub
Private Sub cmd退出_Click()
    Unload frm学籍管理
    End
End Sub
```

2. 口令验证界面(frm 口令验证)的模块代码

(1) 功能说明。口令验证界面要求如图 9-82 所示,用户输入的口令不以原口令字符形式显示。系统口令预存在数据库表文件的字段(学生.学号)中,自动验证口令正确与否,正确,关闭口令验证窗,回到初始界面,并且初始界面中的"编辑信息"和"查询信息"2 个按钮可以使用;否则,显示警告信息,通过"返回"按钮可以关闭口令验证窗,回到初始界面,但初始界面中的“编辑信息”和“查询信息”2 个按钮仍然不可以使用。

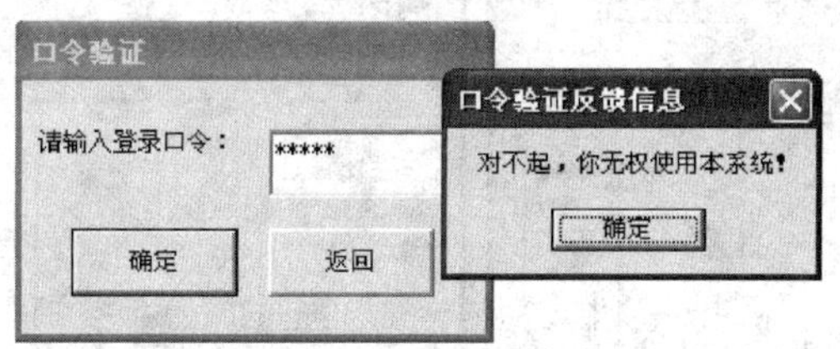

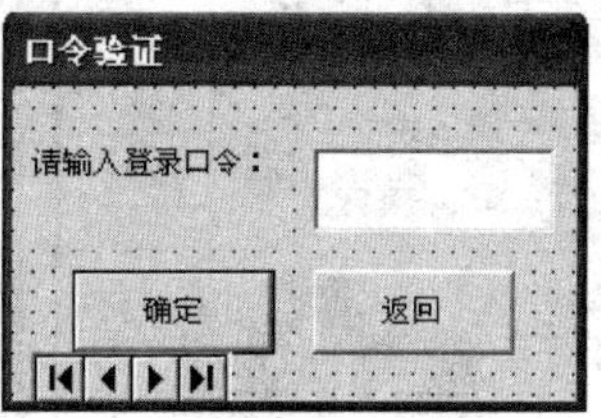

图 9-82　当用户点击“进入”按钮出现的口令验证界面及编辑界面

数据接口访问控件 ADO Data 的相关属性设置，具体设置情况如下：

◆ Access 数据库的连接字符串 ConnectionString 属性为：

Provider＝Microsoft. Jet. OLEDB. 4. 0；Data Source＝E:\GYH\VB\学籍 1b. mdb；Persist Security Info＝False

◆ CommandType 属性设置为“2－adcmdtable”，将 RecordSource 属性设置为一个表文件名“学生”表。

◆ 将 ADO Data 控件的 Visible 属性设置为假，目的是在窗体运行后隐藏 ADO Data 控件。

(2) 事件过程代码。具体事件过程代码如下所示。

```
工程1 - frm口令验证 (Code)
Command2                                  Click

Private Sub Command1_Click()
    Adodc1.Refresh
    Adodc1.Recordset.Find "xh='" & Trim(Text1.Text) & "'"    '查找指定学号
    If Not Adodc1.Recordset.EOF Then                        '如果找到
        frm口令验证.Hide
        frm学籍管理.Show
        frm学籍管理.cmd进入.Enabled = False
        frm学籍管理.cmd编辑信息.Enabled = True
        frm学籍管理.cmd查询信息.Enabled = True
    Else
        MsgBox "对不起，你无权使用本系统！", , "口令验证反馈信息"
        frm口令验证.Hide
        frm学籍管理.Show
    End If
End Sub
Private Sub Command2_Click()
    frm口令验证.Hide
    frm学籍管理.Show
End Sub
```

3. 编辑学籍信息界面(frm 编辑信息)的模块代码

(1) 功能说明。当用户点击“编辑信息”按钮时，显示一个对数据库中 3 个表文件进行编辑浏览的窗体界面(承载 3 个表文件 SSTab 选项卡控件，需要通过“部件”选择“Microsoft Tabbed Dialogg Control 6. 0”添加到控件工具箱中)，如图 9－83 所示。

该窗体的功能是：提供任用户翻动和编辑(输入、修改、删除)“学生”表、“成绩”表或“课程”表记录信息的命令按钮组。

如果当前浏览的是“学生”、“课程”或“成绩”表中的某个表中的信息，则翻动按钮对相应表记录指针起作用。同时当记录指针指到表头或表尾时，相应的命令按钮自动设置为不可访问。

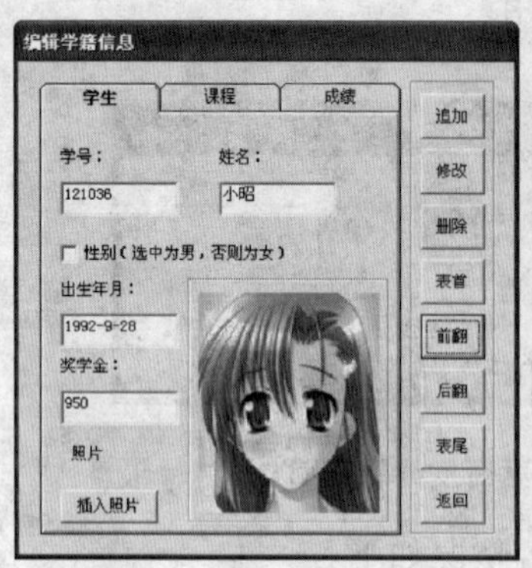

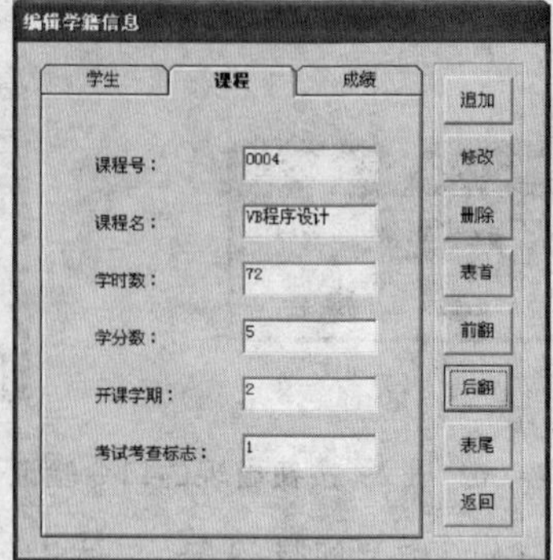

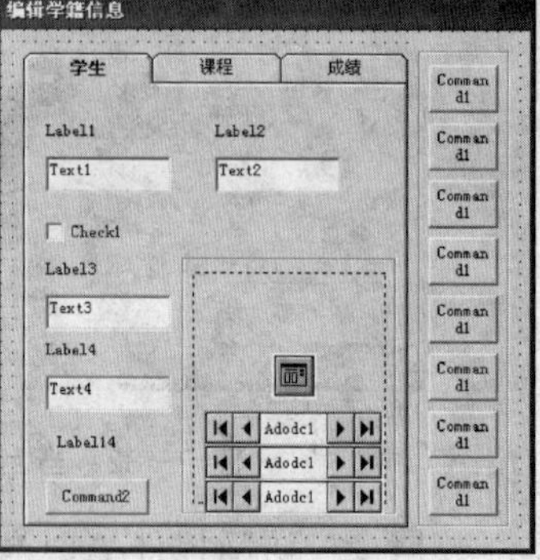

图 9-83　当用户点击"编辑信息"按钮时跳出的对数据库表文件进行编辑浏览的界面及编辑界面

（2）数据接口访问控件 ADO Data 的相关属性设置。3 个 ADO Data 控件作为一个控件数组添加。其相关属性、具体设置情况如下：

◆ Access 数据库的连接字符串 ConnectionString 属性为：

Provider＝Microsoft. Jet. OLEDB. 4. 0；Data Source＝E:\GYH\VB\学籍 1b. mdb；Persist Security Info＝False

◆ CommandType 属性设置为"2－adcmdtable"，可以将 RecordSource 属性设置为一个表文件名。

◆ 将 Mode 属性设置为 3－adModeReadWrite，设置对 Connection 的访问权限。

◆ 记录源 RecordSource 属性设置分别为：1 个表名"学生"Adodc1(0)、"课程"Adodc1(1) 和"成绩"Adodc1(2) 表。

◆ 将 3 个 ADO Data 控件的 Visible 属性设置为假，窗体运行后隐藏 ADO Data 控件。

（3）事件过程代码。具体实现事件过程代码如下所示。

```
工程1 - frm编辑信息 (Code)
Form                                    Load
Private Sub Form_Load()
    Dim i As Integer
    For i = 0 To 7
        Command1(i).Caption = Mid("追加修改删除表首前翻后翻表尾返回", 2 * i + 1, 2)
    Next i
   Command1(3).Enabled = False
   Command1(4).Enabled = False
   Label1.Caption = "学号："
   Label2.Caption = "姓名："
   Label3.Caption = "出生年月："
   Label4.Caption = "奖学金："
   Check1.Caption = "性别（选中为男，否则为女）"
   Label5.Caption = "课程号："
   Label6.Caption = "课程名："
   Label7.Caption = "学时数："
   Label8.Caption = "学分数："
   Label9.Caption = "开课学期："
   Label10.Caption = "考试考查标志："
   Label11.Caption = "学号："
   Label12.Caption = "课程号："
   Label13.Caption = "成绩"
   Command2.Caption = "插入照片"
   Label14.Caption = "照片"
   Label15.Visible = False
   Image1.Picture = LoadPicture(Label15.Caption)
End Sub
```

```
工程1 - frm编辑信息 (Code)
Command2                                    Click
Private Sub Command2_Click()
    CommonDialog1.Filter = "图片|*.jpg|位图|*.bmp|所有|*.*"  '设置打开文件类型
    CommonDialog1.Action = 1                                  '打开文件对话框
    Label15.Caption = CommonDialog1.FileName                  '获取图片文件名
    Image1.Picture = LoadPicture(Label15.Caption)             '加载图片文件
End Sub
```

```
工程1 - frm编辑信息 (Code)
Command1                                    Click
Private Sub Command1_Click(Index As Integer)
    Select Case Index
        Case 0
            Adodc1(SSTab1.Tab).Recordset.AddNew               '追加
        Case 1
            Adodc1(SSTab1.Tab).Recordset.UpdateBatch          '修改
        Case 2 '
            Adodc1(SSTab1.Tab).Recordset.Delete               '删除
            Adodc1(SSTab1.Tab).Recordset.MoveFirst
        Case 3
            Adodc1(SSTab1.Tab).Recordset.MoveFirst            '表首
            Command1(3).Enabled = False
            Command1(4).Enabled = False
            Command1(5).Enabled = True
            Command1(6).Enabled = True
        Case 4
            If Not Adodc1(SSTab1.Tab).Recordset.BOF And _
                  Adodc1(SSTab1.Tab).Recordset.Bookmark > 1 Then
                Adodc1(SSTab1.Tab).Recordset.MovePrevious '前翻
            Else
                Command1(3).Enabled = False
                Command1(4).Enabled = False
            End If
            Command1(5).Enabled = True
            Command1(6).Enabled = True
        Case 5
            If Not Adodc1(SSTab1.Tab).Recordset.EOF And _
                 Adodc1(SSTab1.Tab).Recordset.Bookmark < _
                    Adodc1(SSTab1.Tab).Recordset.RecordCount Then
               Adodc1(SSTab1.Tab).Recordset.MoveNext      '后翻
            Else
               Command1(5).Enabled = False
               Command1(6).Enabled = False
            End If
            Command1(3).Enabled = True
            Command1(4).Enabled = True
        Case 6
            Adodc1(SSTab1.Tab).Recordset.MoveLast             '表尾
            Command1(6).Enabled = False
            Command1(5).Enabled = False
            Command1(4).Enabled = True
            Command1(3).Enabled = True
        Case 7
            frm编辑信息.Hide                                  '返回
            frm学籍管理.Show
            frm学籍管理.cmd进入.Enabled = False
            frm学籍管理.cmd编辑信息.Enabled = True
            frm学籍管理.cmd查询信息.Enabled = True
    End Select
    If SSTab1.Tab = 0 Then Image1.Picture = LoadPicture(Label15.Caption) '加载图片
End Sub
```

4. 查询学籍信息界面(frm 查询信息)的模块代码

(1) 功能说明。当用户点击“查询信息”按钮时,系统会自动关闭初始界面,跳出一个对学生成绩及课程信息进行查询的窗体界面,如图 9-84 所示。

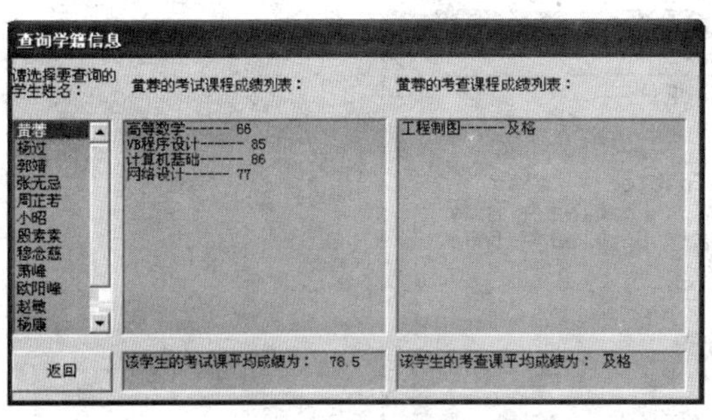

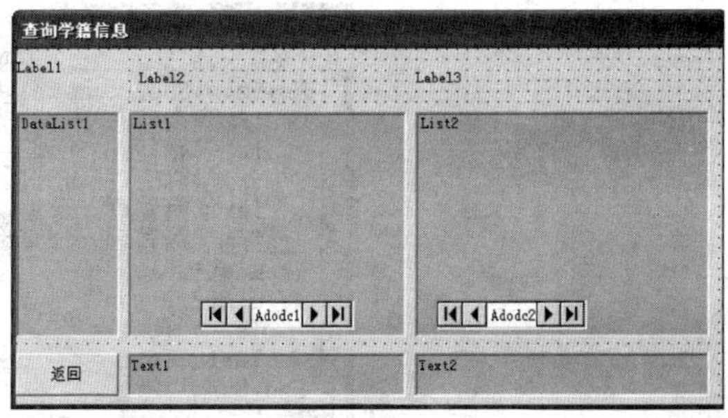

图 9-84 对学生成绩及课程信息进行查询的界面及编辑界面

该窗体的功能是：提供任用户选择的学生姓名列表。随着用户选择学生的不同，该学生选修的相应各门课程的课程名和成绩信息及总平均成绩会自动地定位显示，课程名和成绩信息显示项可根据表中满足条件的记录个数动态地调整。

如果某学生尚无选修任何课程，则在总平均成绩显示项中显示无选修课程的信息。考试课程成绩与考查课程成绩将分两栏显示，且考试课程成绩以百分制形式显示，而考查课程成绩以等级档次(优、良、中、及格和不及格)形式显示。

(2) 数据接口访问控件 ADO Data 的相关属性设置。2 个 ADO Data 控件的相关属性具体设置情况如下：

◆ Access 数据库的连接字符串 ConnectionString 属性为：

Provider＝Microsoft. Jet. OLEDB. 4. 0; Data Source＝E:\GYH\VB\学籍 1b. mdb; Persist Security Info＝False。

◆ Adodc1 的 CommandType 属性设置为“2－adcmdtable”，将 RecordSource 属性设置为一个表文件名“学生”。

◆ Adodc2 的 CommandType 属性设置为“1－adcmdtext”，将 RecordSource 属性设置为一个 SQL 查询语句。

select 成绩. 学号，姓名，成绩. 课程号，课程名，考试考查标志，成绩 _

from 学生，课程，成绩 where 学生. 学号＝成绩. 学号 and _课程. 课程号＝成绩. 课程号

◆ 将 2 个 ADO Data 控件的 Visible 属性设置为假，目的是在窗体运行后隐藏 ADO Data 控件。

(3) 事件过程代码。具体实现事件过程代码如下所示。

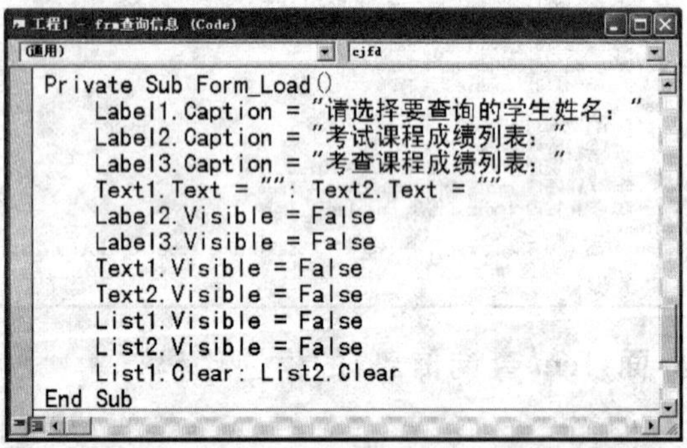

```
工程1 - frm查询信息 (Code)
(通用)        cjfd
Private Sub Form_Load()
    Label1.Caption = "请选择要查询的学生姓名："
    Label2.Caption = "考试课程成绩列表："
    Label3.Caption = "考查课程成绩列表："
    Text1.Text = "": Text2.Text = ""
    Label2.Visible = False
    Label3.Visible = False
    Text1.Visible = False
    Text2.Visible = False
    List1.Visible = False
    List2.Visible = False
    List1.Clear: List2.Clear
End Sub
```

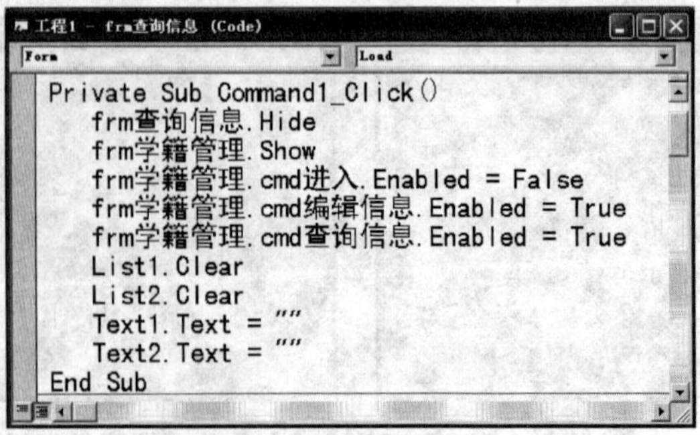

```
工程1 - frm查询信息 (Code)
Form        Load
Private Sub Command1_Click()
    frm查询信息.Hide
    frm学籍管理.Show
    frm学籍管理.cmd进入.Enabled = False
    frm学籍管理.cmd编辑信息.Enabled = True
    frm学籍管理.cmd查询信息.Enabled = True
    List1.Clear
    List2.Clear
    Text1.Text = ""
    Text2.Text = ""
End Sub
```

```
工程1 - frm查询信息 (Code)
DataList1                                   Click
Private Sub DataList1_Click()
    Dim kscj As Single, kccj As Single, n As Integer, m As Integer
    kscj = 0: kccj = 0: n = 0: m = 0
    Adodc2.Refresh
    Adodc2.RecordSource = "select cj.xh,xs.xm,cj.kch,kc.kcm,kc.kskcbz,cj.cj " & _
                           "from xs,kc,cj where xs.xh=cj.xh and kc.kch=cj.kch " & _
                              "and trim(xs.xm)='" & Trim(DataList1.Text) & "'"
    Adodc2.Refresh
    If Not Adodc2.Recordset.EOF Then Adodc2.Recordset.MoveFirst
    List1.Clear: List2.Clear
    While Not Adodc2.Recordset.EOF
        If Adodc2.Recordset("kskcbz") = "1" Then
            List1.AddItem Adodc2.Recordset("kcm") & "------" & Str(Adodc2.Recordset("cj"))
            kscj = kscj + Adodc2.Recordset("cj")
            n = n + 1
        Else
            List2.AddItem Adodc2.Recordset("kcm") & "------" & cjfd(Adodc2.Recordset("cj"))
            kccj = kccj + Adodc2.Recordset("cj")
            m = m + 1
        End If
        Adodc2.Recordset.MoveNext
    Wend
    If n <> 0 Then
        Text1.Text = "该学生的考试课平均成绩为： " & Str(kscj / n)
    Else
        Text1.Text = "该学生没有选修考试课程"
    End If
    If m <> 0 Then
        Text2.Text = "该学生的考查课平均成绩为： " & cjfd(kccj / m)
    Else
        Text2.Text = "该学生没有选修考查课程"
    End If
    Label2.Visible = True
    Label3.Visible = True
    Label2.Caption = DataList1.Text & "的考试课程成绩列表："
    Label3.Caption = DataList1.Text & "的考查课程成绩列表："
    Text1.Visible = True
    Text2.Visible = True
    List1.Visible = True
    List2.Visible = True
End Sub
```

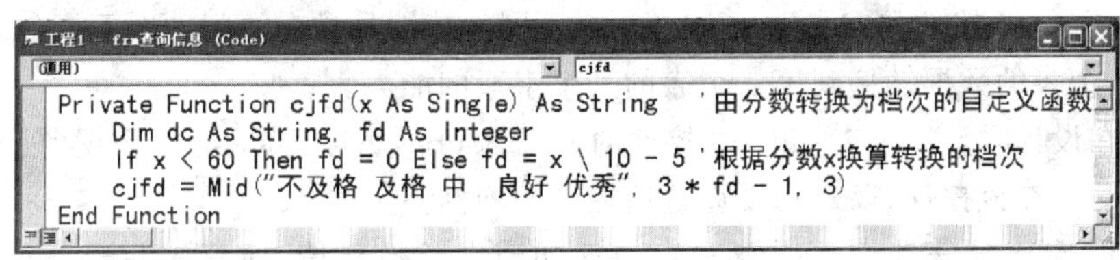

```
工程1 - frm查询信息 (Code)
(通用)                                      cjfd
Private Function cjfd(x As Single) As String    '由分数转换为档次的自定义函数
    Dim dc As String, fd As Integer
    If x < 60 Then fd = 0 Else fd = x \ 10 - 5 '根据分数x换算转换的档次
    cjfd = Mid("不及格 及格 中  良好 优秀", 3 * fd - 1, 3)
End Function
```

9.7 小　结

本章简单叙述了数据库概念和数据库操作，重点介绍了数据访问技术、数据接口访问控件、数据绑定控件以及通过数据接口访问控件访问数据库的设计过程，其中涉及数据接口访问控件和数据绑定控件的几个常用属性和方法。将数据接口访问控件和数据绑定控件两者结合，只需要编写少量的代码就可以实现对数据库的浏览、添加、更新、删除和查询等操作。

本章介绍的另一个内容是 SQL 语言，该语言功能强大、应用广泛、语句结构简单清晰，是关系数据库的国际标准语言。SQL 语言提供了对数据库的定义、查询、插入、更新和删除等操作语句，在设计各种数据库应用程序时，通过 SQL 语言实现数据库操作是最常用的手段之一。

习题九

一、判断题

1. RecordSet 对象表示的是来自基本表或命令执行结果的记录全集。所有 RecordSet 对象均使用记录(行)和字段(列)进行构造。
2. DataSource 是应用程序中数据绑定控件的一个属性,它可以返回或设置一个数据源。
3. 如果数据库是使用 Microsoft Access 2003 创建的,在当前的 Visual Basic 环境中不能使用。
4. 将数据控件的 Visible 属性设置为 True,则数据绑定控件无法绑定到该数据控件上。
5. ADO Data 控件与内部 Data 控件以及 Remote Data 控件功能和使用方法完全相同。
6. 数据控件的记录集属性 EOF 和 BOF 用于测试记录集的记录指针是否指到了有效记录范围之外。
7. ADO Data 控件并不属于 Visual Basic 的标准内部控件,所以不在原有的工具箱中。
8. ADO 控件可以使用的数据绑定控件有:Label、TextBox、CheckBox、OLE 以及 DBList、DBCombo 和 MSFlexGrid。
9. DataCombo 控件和 DataList 控件与众不同的特性是具有访问两个不同的表,并且将第一个表的数据链接到第二个表的某个字段的能力。
10. 当在设计时设置了 DataGrid 控件的 DataSource 属性后,就会用数据源的记录集来自动填充该控件,以及自动设置该控件的列标头。
11. 利用 SQL 语言我们不需要写出应该如何做某件事情,而只需写出要做什么就可以了。
12. 同一窗体中的各个数据绑定控件不能绑定到两个不同的数据控件上。
13. 通过数据控件和数据绑定控件操作数据库时,必须编写代码才能实现记录的显示和修改。
14. 在属性窗口中设置的数据控件的 RecordSource 属性,运行时不允许更改。
15. SQL 语言的 select 语句可以对查询结果实现按照升序或降序的排列。

二、选择题

1. Microsoft Access 97/2000 数据库文件的扩展名为________。

   A. .mdb　　B. .bas　　C. .vbp　　D. .frm

2. 以下 4 个控件中,不属于数据绑定控件的是________。

   A. Text 控件　　B. OLE 控件　　C. Option 控件　　D. Label 控件

3. 标准 SQL 语言本身不提供的功能是________。

   A. 数据表定义　　B. 查询　　C. 修改、删除　　D. 绑定到数据库

4. 下列 4 个选项中不能使用 Refresh 方法的是________。
   A. 数据控件　　B. DataGrid 控件　　C. 窗体　　D. Timer 控件

5. 如果想将 DataList 控件或 DataCombo 控件上显示的数据的某一项写入数据库，那么它们与数据库的绑定通过属性________实现。
   A. BoundColumn 和 BoundText　　B. RowSource 和 ListField
   C. DataSource 和 DataField　　D. DataSource 和 RowSource

三、程序设计题

1. 编制一个学籍信息浏览查询的程序，运行界面及编辑设计界面如图 9－85 和图 9－86 程序设计题 1 运行界面和编辑设计界面所示。要求实现下面功能：

(1) 单击数据控件的移动记录按钮时，显示当前记录所代表学生的个人信息。

(2) 显示该学生所学的全部课程的信息。

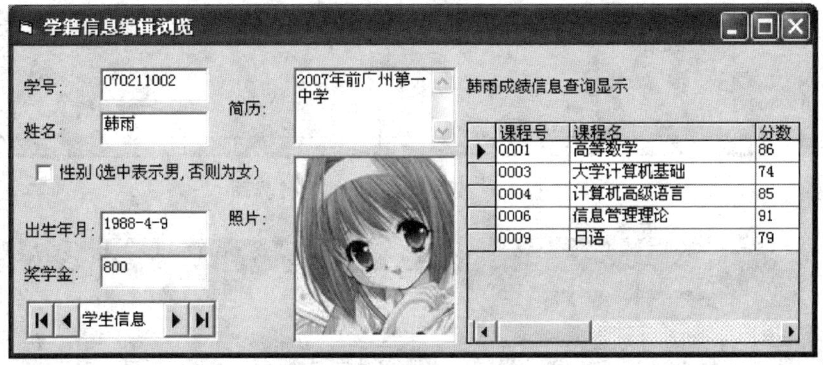

图 9－85　程序设计 1 运行界面和编辑设计界面

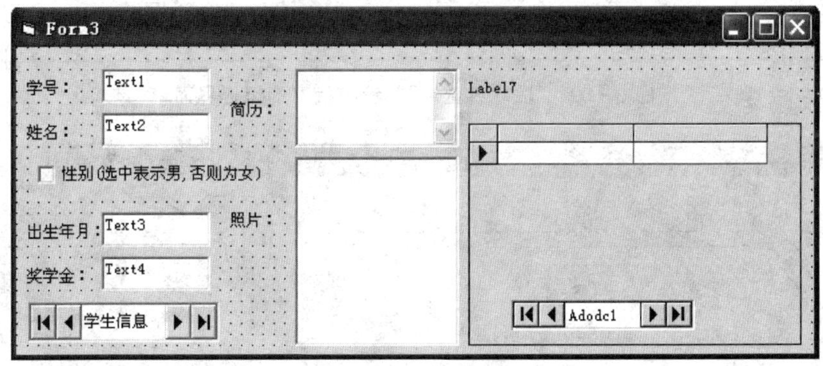

图 9－86　程序设计 1 运行界面和编辑设计界面

2. 编制一个学籍信息浏览查询的程序，运行界面及编辑设计界面如图 9－87、图 9－88、图 9－89 和图 9－90 所示。要求实现下面功能：

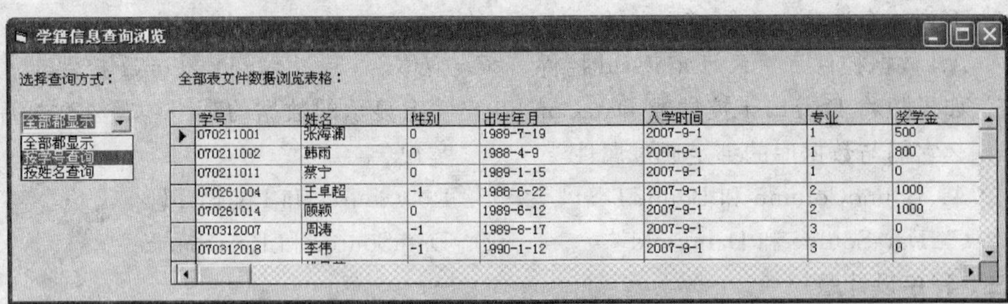

图 9-87 “全部都显示”的运行界面

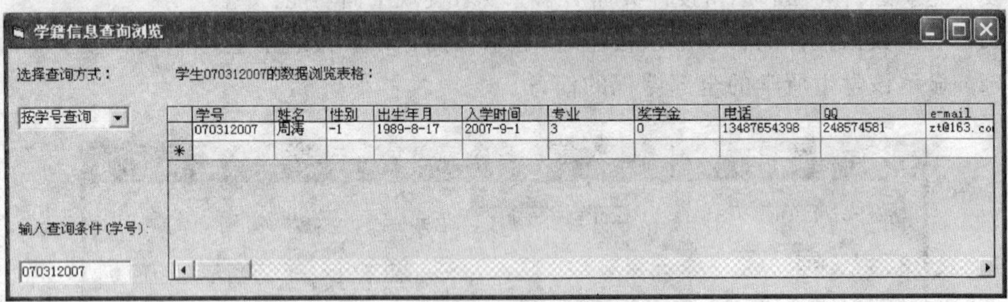

图 9-88 “按学号查询”的运行界面

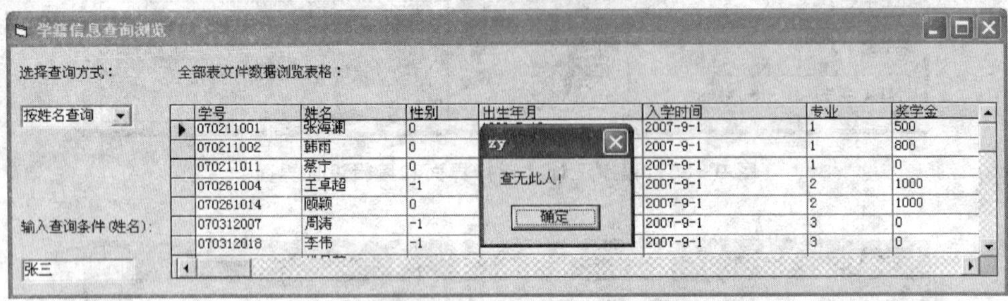

图 9-89 “按姓名查询”并没有找到的运行界面

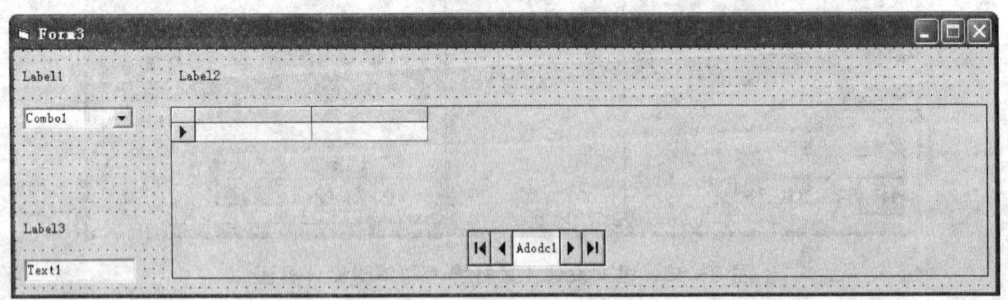

图 9-90 编辑设计界面

(1) 在 Combo1 中显示 3 项：“全部显示”、“按学号查询”、“按姓名查询”。

(2) 如果 Combo1 中选择“全部都显示”，则在 DataGrid1 中显示“学生”表全部记录，并且 Text1 不允许输入信息。

(3) 如果 Combo1 中选择“按学号查询”，则在 Text1 中输入待查询学生的学号，输入完毕按回车键后，在 DataGrid1 中显示该学生记录或显示“查无此人”。

(4) 如果 Combo1 中选择“按姓名查询”，则在 Text1 中输入待查询学生的姓名，输入完毕按回车键后，在 DataGrid1 中显示该学生记录或显示“查无此人”。

3. 编制一个学籍信息浏览查询的程序，运行界面及编辑设计界面如图 9-91、图9-92 和图 9-93 所示。要求实现下面功能：

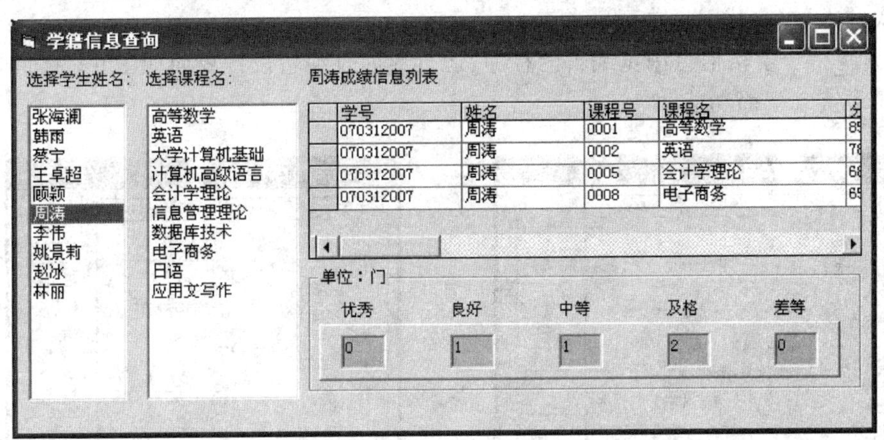

图 9-91　程序设计 3 选择学生姓名之后的运行界面

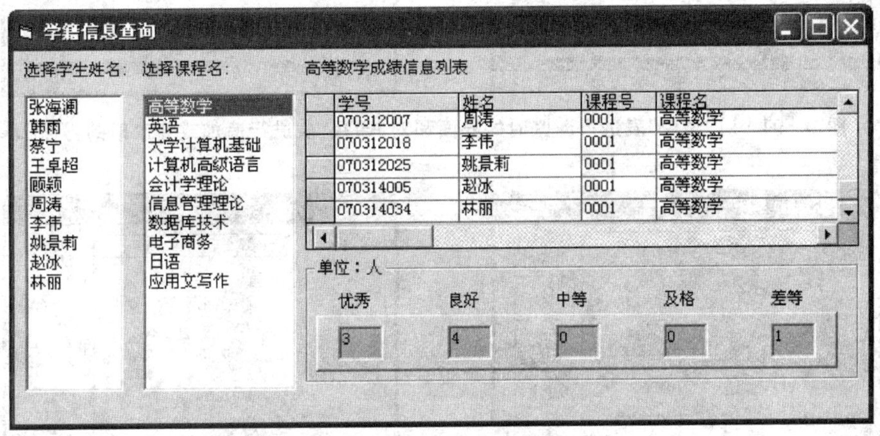

图 9-92　程序设计 3 选择课程名之后的运行界面

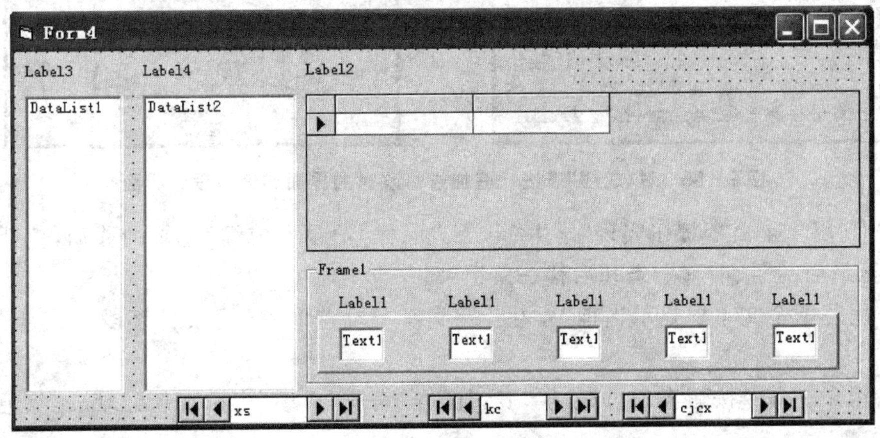

图 9-93　程序设计 3 编辑设计界面

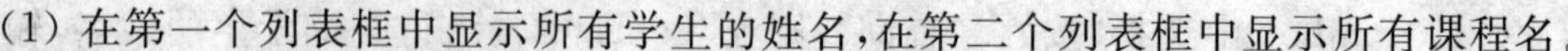

(1) 在第一个列表框中显示所有学生的姓名，在第二个列表框中显示所有课程名。

(2) 选择第一个列表框中的某个学生姓名后，显示该学生所有课程成绩信息，并统计各个成绩档次的门数(分优、良、中、及、差)。

(3) 选择第二个列表框中的某门课程后，显示学习该课程学生的成绩信息，并统计各个成绩档次的人数(分优、良、中、及、差)。

4. 编制一个学籍信息浏览编辑的程序，运行界面及编辑设计界面如图 9-94 和图9-95 所示。要求实现下面功能：

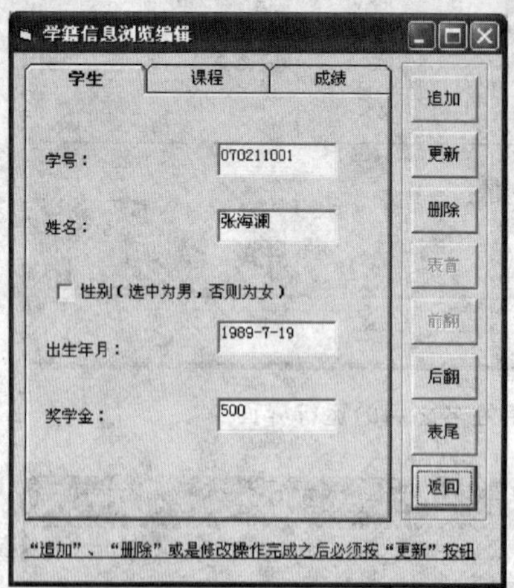

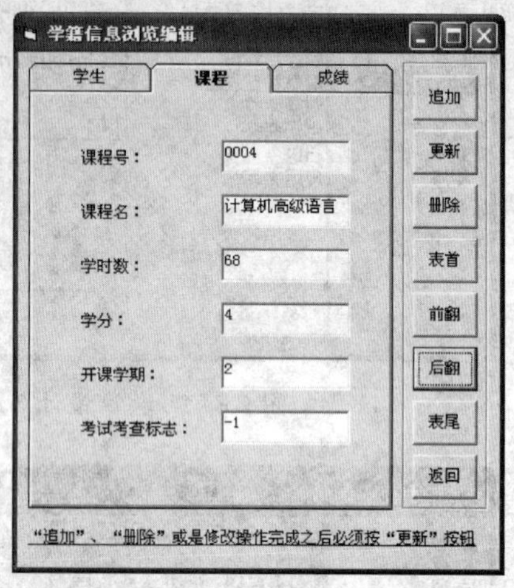

图 9-94 对"学生"表进行浏览时的界面和对"课程"表进行追加或修改时的界面

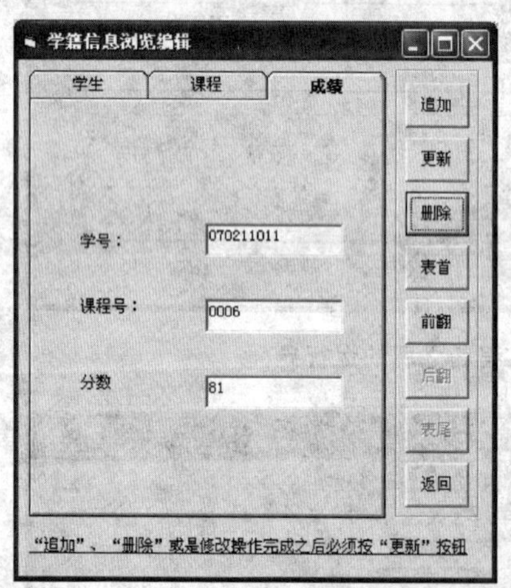

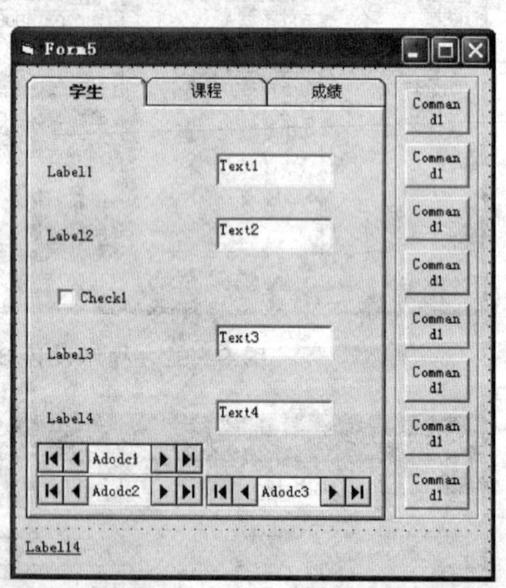

图 9-95 对"成绩"表进行追加或修改时的界面和编辑设计界面

(1) 利用 4 个命令按钮实现"学生"记录、"课程"记录、"成绩"记录的移动，包括移至第一条、移至最后一条、前移一条和后移一条记录。

(2) 用若干个文本框显示当前"学生"记录各字段、"课程"记录各字段、"成绩"记录各字段。

(3) 用 4 个命令按钮实现对"学生"表、"课程"表或"成绩"表添加新记录、删除记录和更新操作功能。

(4) 向“学生”表中添加新记录时，输入的学号若已存在，则给出提示，并要求重新输入。

(5) 在修改“学生”表记录时，更新后的学号如果已经存在，则给出提示，并要求重新更新。

(6) 向“课程”表中添加新记录时，输入的课程号若已存在，则给出提示，并要求重新输入。

(7) 在修改“课程”表记录时，更新后的课程号若已存在，则给出提示，并要求重新更新。

(8) 向“成绩”表中添加新记录时，输入的学号必须在“学生”表中存在，课程号必须在“课程”表中存在；否则，给出提示并要求重新输入。

(9) 修改“成绩”表中记录时，更新后的学号必须在“学生”表中存在，课程号必须在“课程”表中存在；否则，给出提示并要求重新更新操作。

(10) 如果要删除“学生”表中的某个学生记录时，经用户确认后，需要将“成绩”表中待删除学生的学习信息一并删除。

(11) 如果要删除“课程”表中的某门课程记录时，经用户确认后，需要将“成绩”表中待删除课程的信息一并删除。

(12) 上述所有操作均可以对“学生”表、“课程”表、“成绩”表完成，每次可以选择对 3 个表中的哪个表进行操作，通过选项卡实现操作表的选择。

(13) 单击“退出”按钮后结束。

附　录

附录 1　ASCII 字符集

ASCII 码	字　符	ASCII 码	字　符	ASCII 码	字　符	ASCII 码	字　符
000	??	032	空　格	064	@	096	`
001	??	033	!	065	A	097	a
002	??	034	“	066	B	098	b
003	??	035	#	067	C	099	c
004	??	036	$	068	D	100	d
005	??	037	%	069	E	101	e
006	??	038	&	070	F	102	f
007	??	039	‘	071	G	103	g
008	退行	040	(	072	H	104	h
009	制表	041	)	073	I	105	i
010	换行	042	*	074	J	106	j
011	??	043	+	075	K	107	k
012	??	044	‘	076	L	108	l
013	回车	045	—	077	M	109	m
014	??	046	.	078	N	110	n
015	??	047	/	079	O	111	o
016	??	048	0	080	P	112	p
017	??	049	1	081	Q	113	q
018	??	050	2	082	R	114	r
019	??	051	3	083	S	115	s
020	??	052	4	084	T	116	t
021	??	053	5	085	U	117	u
022	??	054	6	086	V	118	v
023	??	055	7	087	W	119	w
024	??	056	8	088	X	120	x

续　表

ASCII码	字　符	ASCII码	字　符	ASCII码	字　符	ASCII码	字　符
025	??	057	9	089	Y	121	y
026	??	058	：	090	Z	122	z
027	??	059	；	091	[	123	{
028	??	060	＜	092	\	124	|
029	??	061	＝	093	]	125	}
030	??	062	＞	091	[	126	～
031	??	063	?	091		127	

注：表中的"??"表示 Windows 不支持的字符。

附录 2　Visual Basic 常用系统函数

函数名称	功　能
Abs	以相同数据类型返回 1 个数的绝对值，如 Abs(5.8)、Abs(.5.8)均为 5.8
Asc	返回指定字符串中第 1 个字符的 ASCII 码，Asc("A")为 65、Asc("abc")为 97
Atn	返回一个数的反正切值(函数值以弧度为单位)，如 Atn(1)－0.785
Chr	返回指定的 ASCII 码值所对应的字符，如 Chr(65)为"A"
Cos	返回余弦值，白变量以弧度为单位，如 Cos(30＊3.14159/180)即数学中的 Cos30°
Date	返回系统当前日期，执行命令"Print Date"可显示类似"08－28－01"的结果
Day	返回日期类型数据中"号"的读数，如 Data 为"08－28－01"，则 Day(Date)为 28
EOF	当文件指针移到文件尾部时返回真，否则返回假
Exp	返回以 e 为底的指数，如 Exp(5)即数学中的 e^5
FileDateTime	返回指定文件初次建立或最后一次修改的日期和时间
FileLen	返回指定文件的长度(字节数)
Fix	返回数值的整数部分，如 Fix(3.5)为 3、Fix(－3.5)为－3
Format	以字符串形式返回经过格式化后的表达式，如 Format(5,"0.00%")为"500.00%"，Format(1234567.8,"##,###.00")为"1,234,567.80"
FreeFile	返回 Open 命令能够使用的下一个文件通道号
GetAttr	函数 GetAttr(fn)返回一个整数，表示名为 fn 的文件属性：0 常规，1 只读，等等
Hex	以字符串形式返回一个数的十六进制值，如 Print Hex(23)显示输出 17
Hour	返回一个整数，表示时间类型数据中的"小时"的读数
Input	从已打开的文件中读取数据

续　表

函数名称	功　能
InputBox	输入对话框函数
Instr	函数 Instr(a,b)返回字符串 b 在 a 中首次出现的位置,若 b 在 a 中不存在则返回 0
Int	返回不大于自变量的最大整数,如 Int(3.5)为 3、Int(.3.5)为－4
Lcase	将指定字符串中的全部大写字母转换成对应的小写字母,其余字符保持不变。如 Lcase("aBcl2XYz")为"abc12xyz"
Left	返回指定字符串左边指定个数的字符组成的子串,如 Left("aBc12XYz",4)为"aBcl"
Len	返回指定字符串的字符个数或返回存储某个变量所需要的字节数,如 Len("aBc12XYz")为 9,Len(x%)为 2
LoadPicture	加载指定的图形
LOF	返回已用 Open 命令打开的指定文件的字节数
Log	返回一个正数的自然对数,如 Log(5)为以 e 为底 5 的对数
Ltrim	返回删除指定字符串的所有前导空格后的字符串,如 Ltrim(" aBc 12XYz ")为" aBc 12XYz "
Mid	返回指定字符串中从指定位置开始指定个数的字符所组成的子串,如 Mid(" aBc 12XYz",3,6)为"C 12X"
Minute	返回一个整数,表示时间类型数据中“分钟”的读数,如 Time 为“17:20:12”,则 Minute (Time)为 8
Month	返回一个整数,表示日期类型数据中“月”的读数,如 Data 为“08－28－01”,则 Month (Date)为 8
MsgBox	消息对话框函数
Now	返回系统当前日期和时间,Now 的值为形如"01－8－28 16:11:18"的字符串
Oct	以字符串形式返回一个数的八进制值,如 Print Oct(12)显示 14
QBColor	颜色函数,如 QBColor(12)返回红色的颜色值
RGB	颜色函数,如 RGB(255,0,0)返回红色的颜色值
Right	返回指定字符串右边指定个数的字符组成的子串,如 Right("aBc l2XYz",4)为"2XYz"
Rnd	随机数函数
Rtrim	删除指定字符串所有尾随空格,如 Rtrim("aBc 12XYz ")返回"aBc 12XYz"
Second	返回时间类型数据中“秒”的读数,如 Time 为 17:20:12,则 Second(Time)为 12
Sgn	返回 1、－1 或 0 分别表示正数、负数或零,如 Sgn(3)为 1、Sgn(－5)为－1、Sgn(0)为 0
Sin	返回正弦值,自变量以弧度为单位,如 Sin(30 * 3.14159/180)为 30 度正弦值
Space	返回指定个数的空格组成的字符串,如 Space(3)&"A"为" A"
Spc	在 Print # 或 Print 方法中插入空格,以确定数据输出位置
Sqr	返回一个数的平方根,自变量必须大于等于 0,如 Sqr(4)为 2

续　表

函数名称	功　能
Str	将一个数值转换成对应的数字字符串，如 Str(123)为"123"
String	返回由指定个数的同一个字符组成的字符串，如 String(5,"A")为"AAAAA"
Tab	在 Print#或 Print 方法中确定数据输出位置
Tan	返回正切值，自变量以弧度为单位，如 Tan(30 * 3.14159/180)返回 30 度的正切值
Time	返回系统的当前时间，如语句 Print Time 的显示形如 17:20:12
Timer	返回自午夜以来所经过的秒数，如语句 Print Timer 的显示形如 62499.88
Trim	返回删除指定字符串的前导和尾随空格后的字符串，如 Trim(" aBc 12XYz ")为"aBc 12XYz"
Ucase	将指定字符串中全部小写字母转换成对应的大写字母，其余字符保持不变，如 Ucase("aBc 12XYz")为"ABC 12XYZ"
Val	将字符串中第一个连续可表示成数值的子串转换成对应的数值并返回，如 Val("123.45XY8829")为 123.45、Val("A－3.45X")为－3.45
Weekday	返回星期数，其参数为日期类型数据，如 Weekday(Date)
Year	返回一个表示年份的整数，如 Year(Date)

附录 3　Visual Basic 常用属性

属　性	说　明
Action	设置被调用的通用对话框控件的类型
Align	确定图片框、Data 控件在窗体上的位置，如 Picturel.Align＝1 在窗体顶部显示图片
Alignment	决定标签、复选框、单选按钮、文本框控件标题或显示文本的对齐方式，决定 DBGrid 控件各列值的对齐方式。复选框、单选按钮和文本框控件该属性为只读属性
AllowAddNew	设置通过 DBGrid 控件是否可以添加记录到基本记录集
AllowDelete	设置通过 DBGrid 控件是否可删除编辑基本记录集中整行记录
AllowUpdate	设置通过 DBGrid 控件是否可以编辑基本记录集中的数据
AutoSize	确定图片框、标签控件是否自动改变大小以显示其全部内容
BackColor	设置运行时可见的、除影像框、滚动条以外控件的背景颜色
BackStyle	设置标签或形状控件的背景是透明的还是非透明的
BOF	集中当前记录定位于第一条记录之前，值为 True，否则值为 False
BorderColor	设置形状、直线控件的边框颜色

续　表

属　性	说　明
BorderStyle	指定标签框、文本框、框架、形状、直线、图片框、影像框控件的边框样式
BorderWidth	设置直线、形状控件边框的宽度
Cancel	设置命令按钮控件是否为取消按钮
Caption	标签、框架、命令按钮、复选框、单选按钮、Data 控件标题栏中的文本
Checked	确定复选框的选项旁是否显示复选标记
ClipControls	确定 Paint 事件中的图形方法是重绘整个对象还是只绘被显示出的区域；确定 Windows 运行环境是否创建一个不包括该对象的非图形控件剪裁区
Color	通用对话框的该属性值可由对话中选的颜色确定
Columns	确定列表框控件的列表是水平还是垂直滚动以及如何显示列中的项目。如果水平滚动，则 Columns 属性决定显示多少列。如 list1. Columns＝2（注意列表框的属性事先必须先设为非 O 值，才有效），列表框水平滚动列表项，显示 2 列
Connect	指定待访问的数据库类型
Contro1Box	确定在运行时窗体的控制菜单框是否显示
Copies	设置对象 Printer（打印机）需要打印的份数，如 Printer. Copies＝3
Count	属性值为窗体中控件个数，女 H Forml. Count 为 9，则窗体中有 9 个控件
CurrentX	确定下一次打印或绘图方法的水平坐标
CurrentY	确定下一次打印或绘图方法的垂直坐标
DatabaseName	指定待连接的数据库文件名或目录名
DataField	指定将当前控件绑定到当前记录的字段
DataSource	指出控件被绑定到的数据库
Default	确定哪一个命令按钮控件是窗体的缺省命令按钮
DefaultCancel	决定某个控件是否可以充当标准的命令按钮
DialogTitle	设置对话框标题栏所显示的字符串
DragMode	确定在拖放操作中所用的是手动还是自动拖动方式
DrawMode	决定图形方法的输出外观或者 Shape 及 Line 控件的外观
DragIcon	设置鼠标拖放的图标，如预设 Picturel. Dragmode＝l（自动方式），再定义 Picturel. Draglcon＝LoadPicture（"c:\windows\winupd. ico"），当在图片内拖动鼠标时，鼠标显示为地球仪
DrawStyle	决定图形方法输出的线型的样式
DrawWidth	设置图形方法输出的线宽
Drive	设置运行时选择的驱动器

续　表

属　性	说　明
Enabled	确定控件(图形、直线控件除外)是否能够对用户事件作出反应
EOF	记录集中当前记录定位于最后一条记录之后,值为 True,否则值为 False
FileCount	该属性返回与给定部件相关联的文件号
FileName	设置所选文件的路径和文件名(文件全名)
FileNumber	设置当保存或加载对象时要使用的文件号,或者返回最近使用的文件号
FileTitle	返回某个被打开或被存储的文件的名称(不包括路径),当在“文件”对话框中选择一个文件并单击“确定”按钮时,FileTitle 属性就记录该文件的名称
FillColor	设置填充形状的颜色,如可用来填充由 Circle 和 Line 图形方法生成的图形
FillStyle	设置用来填充形状控件、由 Circle 和 Line 方法生成的圆和方框的模式
Filter	设置指定对话框中类型列表框的过滤表达式
Filterlndex	设置过滤器的默认索引值
Flags	设置指定对话框的选项
FontBold	设置 Font 对象的字形是粗体或非粗体
FontCount	设置当前显示设备或活动打印机可用的字体
Fontltalic	设置 Font 对象的字形是斜体或非斜体
FontName	设置在控件上显示文本、画图或打印操作中所用的字体
FontSize	设置在控件上显示的文本、画图或打印操作中所用的字体的大小
FontStrikethru	设置字体是否加删除线
FontTransparent	设置字体是否与背景叠加
FontUnderline	设置字体是否加下划线
ForeColor	设置在控件中显示图片和文本的前景颜色
FromPage	设置打印对话框中的起始页
Height	设置对象的高度
HelpFile	表示 Microsoft Windows 帮助文件的完整限定路径
Hidden	设置文件列表框是否显示隐含文件
HideSelection	决定当控件失去焦点时选择文本是否加亮显示
Icon	设置窗体最小化时显示的图标,如下设置当窗体最小化时显示地球仪图标 Foml. Icon=LoadPicture("c:\windows\winupd. ico")
Index	设置惟一的标识控件数组中一个控件的编号

续 表

属 性	说 明
InitDir	设置初始化目录
Interal	设置对 Timer 控件的计时事件各次调用间间隔的毫秒数
ItemData	设置 CornboBox 或 ListBox 控件中每个项目具体的编号
KeyPreview	决定是否在控件的键盘事件之前激活窗体的键盘事件
LargeChange	设置当单击滚动条和滚动箭头之间的区域时，滚动条控件 Value 属性值的改变量
Lbound	控件数组中控件的最小下标值
Left	为控件左边缘与控件所在容器左边缘之间的距离
List	设置控件的列表部分的项目
ListCount	控件的列表部分项目的个数
ListIndex	设置控件中当前选择项目的索引
max	设置当滚动框处于底部或最右位置时，滚动条 Value 属性最大值
maxButton	标识窗体是否具有“最大化"按钮
maxFileSize	CommandDialog 控件所打开的文件的最大尺寸
maxLength	设置在文本框控件中能够输入字符的最大个数，不得超过 65535，缺省值 0 即指 65535
Min	设置当滚动框处于顶部或最左位置时，滚动条 Value 属性最小值
MinButton	指示窗体是否有“最小化”按钮
MouseIcon	设置自定义的鼠标图标，它在 MousePointer 属性设为 99 时使用
MousePointer	指示运行时当鼠标移到对象的一个特定部分时，被显示鼠标指针的类型
Multiline	指示文本框控件是否能够接受和显示多行文本
MultiSelect	指示是否能在列表框、文件列表框控件中进行复选，以及如何进行复选
Name	在代码中用于标识窗体、控件、或数据访问对象的名字
NewIndex	最近加 ComboBox 或 ListBox 控件的项的索引
Normal	决定 FileListBox 是否以普通属性来显示文件
Number	表示错误的数值
Page	返回当前页号
Parent	返回控件所在的窗体
PasswordChar	指示所键入字符或占位符在 TextBox 控件中是否要显示；设置占位符
Path	设置当前路径
Pattern	指示在运行时显示在 FileListBox 控件中的文件名
Picture	设置图片框、影像框控件中要显示的图片，其他具有该属性的控件还必须设置 Style 属性为 1(Graphical)模式才可以显示图片

续　表

属　性	说　明
ReadOnly	决定文件列表框控件是否含有只读属性文件
RecordSet	一个记录集合，能用来添加、更新或删除记录的单个数据库表
RecordsetType	决定 RecordSet 对象的类型
RecordSource	指定待访问的数据库表的名称
ScaleMode	自定义的坐标系的单位
ScaleWidth	自定义的坐标系的横坐标值
ScaleTop	自定义的坐标系起点的纵坐标值
ScrollBars	指示一个控件是否有水平滚动条还是有垂直滚动条
Selected	设置在文件列表框或列表框控件中的一个选项的选择状态
SelLength	被选中的一段文本的字符数
SelStart	在字符串中所选择文本的起始点；如果没有文本被选中，则指出插入点的位置
SelText	返回当前选中的文本；如果没有字符被选中，则为零长度字符串(空串)
Shape	决定形状控件显示矩形、正方形、椭圆、圆、圆角矩形或者圆角正方形
Shortcut	设置一个值，该值为 Menu 对象指定一个快捷键，为菜单命令提供键盘快捷方式，可使用“菜单编辑器”来设置该属性
SmallChange	当用户单击滚动箭头时，滚动条控件 Value 属性值的改变量
Sorted	指定控件的元素、列表框中各表项是否自动按字母表顺序排序
Stretch	指定一个图形是否要调整大小，以适应与 Image 控件的大小
Style	设置组合框的类型和显示方式
System	设置文件列表框是否显示系统文件
TabIndex	设置控件的选取顺序
TabStop	指示是否能够使用 Tab 键来将焦点从一个对象移动到另一个对象
Text	设置在文本框中显示的内容，或组合框中作为输入区接受用户输入的内容，或列表框中列表框部分的选项项目
Title	设置应用程序的标题
Top	设置对象的顶部和它的容器的顶边之间的距离
ToPage	设置打印对话框中的结束页
TopIndex	设置一个值，该值指定在组合框、驱动器列表框、文件夹列表框、文件列表框、列表框控件中的哪个项被显示在顶部的位置
Ubound	返回控件数组中控件的最大下标值
Value	设置滚动条的滚动框当前所在的位置，或单选钮和复选钮控件的状态等
Visible	设置对象是否可见

续 表

属 性	说 明
Weight	设置组成 Font 对象字符的权重(指字符的宽度或"粗体因素")
Width	设置对象的宽度
WindowState	表示窗体运行时的显示状态,如 Forml. WindowState=2 窗体开始运行时即最大化显示
WordWarp	设置一个值,用来指示一个 AutoSize 属性设置为 True 的 Label 控件是否要进行水平或垂直展开以适合其 Caption 属性中指定的文本的要求
x1,y1,x2,y2	设置 Line 控件的起点(x1,y1)和终止点(x2,y2)的坐标。水平坐标是 x1 和 x2;垂直坐标是 y1 和 y2
Zoom	设置用来扩大或缩小打印输出比例的百分比

附录 4　Visual Basic 常用事件

事件名称	功 能
Change	当控件的内容被用户或程序代码改变时发生
Click	当用户单击对象时发生
Dblclick	当用户双击对象时发生
DragDrop	在一个完整的拖放动作(将控件拖动到一个对象上并松开鼠标按钮)完成、或使用 Drag 方法并将其 action 参数被设置为 2 时,该事件发生
DragOver	它在拖放操作过程中发生,可用该事件对鼠标指针在一个有效目标上的进入、离开或停顿等进行监控,鼠标指针位置决定接收事件的目标对象
DropDown	该事件是当 ComboBox 控件的列表部分正要被放下时发生,如果 ComboBox 控件的 Style 属性设置为 1(简单组合框)时,此事件不会发生
GotFocus	当焦点进入对象或子控件时,发生该事件
KeyDown	当一个对象具有焦点时,按下一个键时发生,参数说明如下: ◆ Keycode 是一个键代码,要指定键代码,可使用对象浏览器中的 Visual Basic 对象库中的常数。 ◆ Shift 是在该事件发生时响应 Shift、Ctrl 和 Alt 键状态的一个整数。该参数是一个位域,它用最少的位响应 Shift 键(位 0)、Ctrl 键(位 1)和 Alt 键(位 2),这些位分别对应于值 1、2 和 4。 例如,若 Ctrl 和 Alt 这两个键都被按下,则 Shift 值为 6
KeyUp	当一个对象具有焦点时,松开(KeyUp)一个键时发生。参数 Keycode、Shift 的含义与在 KeyDown 事件中相同
KeyPress	当用户按下和松开一个 ANSI 键时发生。参数 Keyascii 返回一个标准数字 ANSI 键代码的整数。将 Keyascii 改为 0 可取消击键、使对象接收不到字符

续 表

事件名称	功 能
Load	当窗体被加载时发生(无参过程)
LostFocus	当对象失去焦点时发生
MouseDown	当用户按下鼠标键的同时发生(形参 X、Y 可返回鼠标点击处坐标)
MouseMove	当移动鼠标时发生(形参 X、Y 可返回鼠标点击处坐标)
MouseUp	当松开鼠标时发生
PathChange	当指定新 FileName 或 Path 属性从而改变路径时发生
PatternChange	当指定新 FileName 或 Pattern 属性、改变当前文件类型时发生
QueryUnload	当窗 FI 关闭或应用程序结束之前发生
Resize	当一个对象第一次显示或当一个对象的窗口状态改变时,该事件发生
Scroll	当用户鼠标在滚动条内拖动滚动框时发生
Timer	当计时器控件中 Interval 属性所规定的时间间隔经过时发生
Unload	当某个窗口被关闭或用 Unload 命令卸载时发生

附录 5 Visual Basic 常用方法

方法名称	说 明
AddItem	将一个项目添加到 ListBox 或 ComboBox 控件
Circle	在窗体、图片框等对象上画圆、椭圆或弧
Clear	清除 ListBox、ComboBox 或系统剪贴板的内容
Cls	清除运行时在 Form 或 PictureBox 上用 Print 或图形方法显示的文本或图形,而用 Picture 属性设置的图片或程序设计时在 Form 或 PictureBox 上建立的控件不受 Cls 影响。 如：Forml. Cls 和 Picturel. Cls
GetData	返回系统剪贴板中的图形,如：Picture1. Picture=Clipboard. GetData()
GetText	返回系统剪贴板中的文本字符串,如：Textl. Text =Clipboard. GetText ()
Hide	隐藏 Form 对象,但不能使其卸载
Line	在容器对象上画直线或矩形
Move	用于移动窗体或控件,并同时可改变其宽度和高度。 格式：对象名. Move left,top,width,height,其中(1eft,top)为移动后左上角的坐标,width 和 height 为新的宽度和高度。 如：Form1. Move 100,200 和 Form1. Move 100,200,Width/2,Height/2
Point	返回 Form 或 PictureBox 上指定坐标位置的颜色值

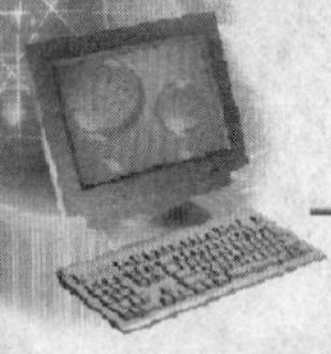

续 表

方法名称	说 明
Print	在指定对象上显示输出文本信息
Pset	在指定对象上或在指定坐标位置用指定的颜色画点
RemoveItem	从 ListBox 或 ComboBox 控件中删除一个项目
Scale	用于定义容器对象的坐标系统
SetData	将图片放到系统剪贴板上，如：Clipboard. SetData Picturel. Picture
SetFocus	将焦点移到指定的对象上
SetText	将文本放到系统剪贴板上，如：Clipboard. SetText Textl. Text
Show	用于显示窗体对象
ShowColor	显示通用对话框控件的“颜色”对话框
ShowFont	显示通用对话框控件的“字体”对话框
ShowOpen	显示通用对话框控件的“打开”对话框
ShowPrinter	显示通用对话框控件的“打印”对话框
ShowSave	显示通用对话框控件的“另存为”对话框

附录 6　部分对象能使用的常用方法

对象 / 方法	窗体	命令按钮	标签	文本框	复选框	单选按钮	框架	滚动条	列表框	组合框	驱动器列表框	目录列表框	文件列表框	图片框	影像框	形状	直线	打印机
AddItem									★	★								
Circle	★													★				★
Clear									★	★								
Cls	★													★				
Hide	★																	
Line	★													★				★
Move	★	★	★	★	★	★	★	★	★	★	★	★	★	★	★	★		
Point	★													★				
Print	★													★				★
Pset	★													★				★

续表

对象 方法	窗体	命令按钮	标签	文本框	复选框	单选按钮	框架	滚动条	列表框	组合框	驱动器列表框	目录列表框	文件列表框	图片框	影像框	形状	直线	打印机
RemoveItem									★	★								
Scale	★													★				★
SetFocus	★	★		★	★	★		★	★	★	★	★	★	★				
Show	★																	